国家科学技术学术著作出版基金资助出版

洞穴生物学
Cave Biology

刘志霄 著

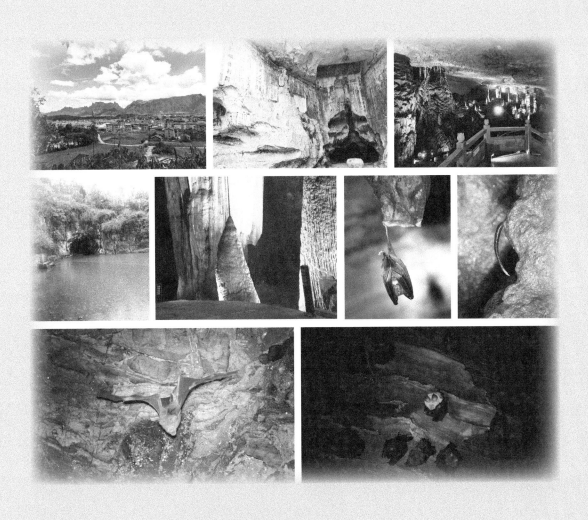

科学出版社
北京

内 容 简 介

本书是关于洞穴中的生物学现象及其规律的综合性著作，较为系统地阐述了洞穴生物学的基本范畴、研究简史及相关的洞穴学基础，提供了新的材料；基于新的分类框架，比较全面地展现了洞穴生物多样性的基本面貌及真洞穴动物普遍性的生态生物学特征，体现了新的发现；就洞穴古生物学、洞穴考古、洞穴旅游与探险等方面的国内外研究进展进行了系统性的归纳与总结，融入了新的内容；对于洞穴的基础性功能、民生作用、受胁状况及洞穴资源的可持续利用与保护问题进行了新的梳理，提出了新的概念和新的见解，特别对于洞穴生物的类群划分，洞栖性蝙蝠的栖息生态和伞护性，以及洞穴生物多样性的特征、形成路径与机制进行了新的论述，反映了国内外洞穴生物学与生态学新近的学术成果、研究趋势与前景。

本书图文并茂，适合用作高校教师、研究生、高年级本科生，以及洞穴学、生物学、生态学、保护生物学及其他相关学科的科研工作者和自然保护学者的课程学习与综合性的科研参考书，普通读者读后也会受益匪浅。

图书在版编目（CIP）数据

洞穴生物学 / 刘志霄著. —北京：科学出版社，2021.4
ISBN 978-7-03-067756-3

Ⅰ. ①洞… Ⅱ. ①刘… Ⅲ. ①溶洞－生物学 Ⅳ. ①P931.5②Q14

中国版本图书馆CIP数据核字（2020）第265303号

责任编辑：马 俊 李 迪 孙 青 / 责任校对：郑金红
责任印制：吴兆东 / 封面设计：无极书装

科学出版社 出版
北京东黄城根北街16号
邮政编码：100717
http://www.sciencep.com

北京中科印刷有限公司 印刷
科学出版社发行 各地新华书店经销

*

2021年4月第 一 版 开本：889×1194 1/16
2023年4月第三次印刷 印张：17 1/2
字数：541 000

定价：268.00元
（如有印装质量问题，我社负责调换）

序　一

　　喀斯特地貌，是地球表层最富有特色的地质构造，而溶洞是喀斯特地区最迷人的生态单元，是生物圈的重要组成部分。溶洞里有奇妙的生物世界，不仅生活着许多盲而缺乏色素的奇特动物、具有特殊功用的微生物类群，也生长着许多珍稀的植物，如节毛耳蕨、洞生蜘蛛抱蛋、报春苣苔等。因此，溶洞是生物多样性的宝库，吸引着人们不断地探索。

　　武陵山地区地处云贵高原的东缘，是具有全球意义的生物多样性分布中心之一，境内喀斯特地貌发育良好，溶洞众多。作者抓住这一特色，进行广泛的野外调查，收集了大量第一手资料，同时参考国内外相关的文献资料，完成了这一著作。该书的主要特色在于建立了洞穴生物学的基本框架和概念体系；展现了洞穴生物多样性的基本面貌；反映了国内外洞穴生物学、生态学与保护生物学的研究进展、发展趋势和前景；图文并茂，凸显了综合性、系统性、新颖性和直观性；融入了作者的学术思想、新的见解与新的发现，在许多方面都显现出前瞻性和开创性。

　　因此，该书的出版是我国生物学与生态学领域的一件喜事，有助于我国及国际洞穴生物学的深入研究，促进洞穴生态系统和生物多样性的保护，值得庆贺和推荐！

洪德元

洪德元

中国科学院院士

发展中国家科学院院士（TWAS）

中国植物学会名誉理事长

国家自然科学基金委生命科学部原主任

中国科学院生物学部原副主任

2020 年 12 月 29 日

序　二

　　人类社会的可持续发展离不开保护生物多样性。生物多样性的调查、编目和保护是当前保护生物学研究的重点。溶洞系统是地球表层长期演化而形成的地下空间，在黑暗、潮湿、气温相对稳定的溶洞生态系统中，许多生物衍生出了不同于地面物种的生态生物学特征。因此溶洞系统是进化生物学和保护生物学研究的天然实验室。

　　由于多方面的原因，国际上对于洞穴生物及洞穴生态系统的调查与研究相对滞后。具体到我国的情况是，一方面喀斯特地域广布，溶洞资源非常丰富，另一方面我国洞穴生物多样性的本底不清，严重制约着我国洞穴生物多样性的保护实践。

　　湘西及武陵山地区是我国喀斯特地貌的集中分布区之一，也是我国生物多样性分布的热点地区之一。其境内崇山峻岭、沟壑纵横、水系发达、溶洞繁多，是开展洞穴生物学研究的优选区域。吉首大学地处武陵山地区的腹地，具有开展该研究的良好条件。刘志霄教授带领学生充分利用这一区位优势，在国家自然科学基金项目的支持下，进行了较为系统的洞穴生物调查与生态学研究。他们发现了武陵洞蛭、红盲高原鳅等一些新物种，以及一些有趣的洞穴生物学和生态学现象。这些成果汇集成了《洞穴生物学》著作，并得到"国家科学技术学术著作出版基金"的资助，可喜可贺！

　　作者在充分汲取国际洞穴生物学研究最新成果的基础上，力图构建我国洞穴生物学学科框架，展现洞穴生物学的研究前景。该书的出版将推动我国洞穴生物学的发展，深化对全球生物多样性的认识。

　　谨此予以推荐，是为序！

魏辅文

中国科学院院士

发展中国家科学院院士（TWAS）

中国动物学会副理事长兼秘书长

中华人民共和国濒危物种科学委员会常务副主任

2021 年 1 月 8 日

序　三

数十载以来，中国的科学引擎隆隆轰鸣，科研成果如雨后春笋般地涌现，论著的数量快速增长，质量也显著提升。洞穴生物学（或生物洞穴学）领域的发展就是明显的例证，许多新物种得以描述，其中一些具有世界上别的地方洞穴物种所没有的形态特征[①]。

时下，吉首大学生物资源与环境科学学院的刘志霄教授更是与时俱进，完成了一部《洞穴生物学》新著。他首先恰当地阐述了该领域的发展简史，更重要的是，梳理了该学科在中国演进的基本脉络，特别展现了许多在国外难以见到的很有价值的资料。刘博士还强调了产生洞穴独特性质的非生物因素，这些因素通常没有引起生物洞穴学领域的足够重视。

第二部分着力论述洞穴中的生物多样性。这一块很重要，既涉及了各类洞穴动物、微生物，也讲到了洞穴中的植物多样性。许多研究人员在讨论洞穴生态学问题时，很少考虑植物，而刘博士从整体上将动物、植物、微生物一并视为洞穴生物区系不可或缺的组分，植物在洞穴生态系统中也的确发挥着不容忽视的作用。

第三部分涵盖了洞穴生态学的诸多方面，特别强调了蝙蝠作为洞穴中重要的能量来源的意义，这是研究热带和亚热带洞穴的重要考虑。

第四部分凸显了刘博士对洞穴更广阔的视野，他冲破了类型学的传统思维习惯，对于洞穴考古和洞穴旅游问题进行了系统思考，这在生物洞穴学研究领域是难能可贵的。洞穴旅游问题至关重要，因为越来越多的数据显示，对于旅游业开放的洞穴管理不善，脆弱的洞穴生态系统遭受到了严重的破坏，颇令人担忧！

本书的最后一部分对洞穴保护问题进行了通盘考虑，提供了更翔实的资料，提出了更丰富、全面和新颖的观点。

总之，在该著作中，刘博士提出了比较系统而独特的观点，很值得称赞。我希望该书能尽快译成英文，以便他的观点更广为人知。

阿尔德玛洛·罗梅罗 博士、教授

美国纽约市立大学巴鲁克学院

2020 年 12 月 14 日

---

① Romero A, Zhao Y, Chen X. 2009. The hypogean fishes of China. *Environmental Biology of Fishes*, 86(1): 211-278.

Foreword III

In the last couple of decades, China has emerged as a powerhouse of science. We have seen not only when it comes to total scientific output in terms of the number of publications, but also when it comes to the quality of such output. Biospeleology has been one of those fields where such a trend is evident. Many new species of cave organisms have been described, some of them with morphological characteristics not found among many other cave species elsewhere in the world[1].

Now, Dr. Zhixiao Liu, a professor in the College of Biology and Environmental Sciences at Jishou University, has written a biospeleological treatise that incorporates modern views in that area of knowledge. He rightly begins by providing a historical context about the history of the field, more importantly, details of the development of that particular branch of science in China, with a lot of valuable information never published outside his country. Dr. Liu also provides the abiotic factors that create the unique nature of caves around the world, factors many times sidelined in biospeleology.

Part two of the book is dedicated to surveying the biodiversity in caves. That is an important step not only because it gives a comprehensive view of the wide range of organisms inhabiting caves but also because it includes plant diversity. Unlike many other researchers that tend not to include these species into their understanding of cave ecology, Dr. Liu has them as part of the cave biota because they play an essential role in such ecosystems' ecology.

Part three of the book is dedicated to covering many aspects of the ecology of caves, which particular emphasis on the role of bats as a significant source of energy in caves, a critical consideration for the study of tropical and subtropical caves.

Part four shows that Dr. Liu takes a broad view of caves far from typological thinking by incorporating other aspects of cases very rarely dealt with in biospeleology such as archaeology and tourism. The latter is a crucial one because more and more, we have been accumulating data that show how badly managed caves open to tourism have negatively influenced these fragile ecosystems.

The book concludes with a consideration of cave conservation, providing more holistic views than those generated in the usual literature.

In summary, Dr. Liu should be applauded for providing these perspectives, which are rarely found in other publications. I hope that this book is soon translated into English, so his views become more widely known.

Aldemaro Romero Jr., Ph.D.
Professor
Baruch College, City University of New York
The United States of America
December 14th, 2020

---

[1] Romero A, Zhao Y, Chen X. 2009. The hypogean fishes of China. *Environmental Biology of Fishes*, 86(1): 211-278.

前　言

溶洞，是地球表层自身演化而形成的重要地质构造，是岩石圈、水圈、大气圈共同并持续作用的地下空间，是生物圈的重要组成部分。洞穴生物学，就是以溶洞作为主要研究对象的一门综合性的学科。除溶洞外，还涉及与溶洞密切相关的地下水体，以及具有与溶洞相类似的环境条件的其他类型的陆地洞穴，同时也关注人工洞穴和被海洋淹没的天然洞穴、海蚀洞、海陆边际洞等洞穴类型的生态生物学现象，旨在探究洞穴生物多样性的基本特征及其发生发展规律，为全球生物多样性起源演化的深入研究与保护提供理论依据和实践基础。

洞穴，不仅是地球生物多样性的一个陈列窗及全球气候变化的信息库，同时也是人类历史与文化的档案馆。人类的成长历程无不留下丰厚的"洞穴情缘"与洞穴印记。培根的"洞穴假象"的深刻哲理、印度尼西亚苏拉威西岛史前岩壁画的远古艺涵、美国肯塔基州猛犸洞的发掘传奇、中国贵州双河洞的新世纪神韵……还有不计其数、广布于世界各地、鲜为人知的各类大小不一的洞穴或洞穴系统及其相关的生态服务功能，无不是教学、探究、科普、宣导、想象、创作、事业发展与人类进步可以依托的优质资源。

武陵山脉，位于湘鄂渝黔四省（直辖市）交汇处，地处云贵高原东缘，系我国第二阶梯向第三阶梯的过渡区域，通过乌蒙山、苗岭、大娄山、雪峰山、大巴山等山脉与云贵高原腹地、南岭山系和秦岭山系相连，是我国华中、华南、西南三大动物地理区物种相互渗透，以及东洋界与古北界物种南北迁移与东西往来的重要"驿区"，被列为具有国际意义的生物多样性分布中心之一。该区域属于亚热带向暖温带过渡的季风性湿润气候，境内碳酸盐岩溶洞穴发育良好，溶洞众多，是我国洞栖性蝙蝠和洞穴生态生物学研究与保护实践的优选区域。有关其洞穴生物多样性的研究一直受到国内外学者的广泛关注。

在懵懂的大学时期，我就隐隐约约地感觉到了洞穴的玄妙与神秘。大学毕业之后，经过15年的奔忙，在不断加码学习、增长见识和科研磨炼的过程中逐渐认识到了洞穴的魅力与价值。在2002年7月回到吉首大学工作的那段时间里，开始考虑结合湘西及武陵山地区的实际，在洞穴动物研究方面做点具体的事。后来，在国内外同仁、专家的帮助下逐渐投身于洞栖性蝙蝠的研究。2011～2012年，在澳大利亚访学期间，更广泛地查阅了有关洞穴生物学与生态学方面的文献资料。回国后，在一些学界前辈及同仁的勉励和扶持下，开始专注于洞栖性蝙蝠资源、生态、行为及保护等方面的系统研究。2014年，在湖南小溪国家级自然保护区动物资源本底调查期间，对区内的洞穴生物进行了逐月的调查，并综合采用传统方法与红外相机技术对洞内蝙蝠的行为生态进行了一些观察。随后，在执行国家自然科学基金项目（No.31560130）的过程中，先后调查了湘西土家族苗族自治州（以下简称湘西州）境内的100多个洞穴，并带领学生到武陵山地区及其周边进行了更广泛的洞穴生物与生态调查，其间有一些新的发现与新的思考。本书即是多年野外调查与理论探究相结合的产物。

基于对国内外相关文献的系统梳理与提炼，同时对武陵山地区洞穴生物的实地调查与探究，以及对洞穴生态生物学现象的认识与思考，本书提出了一个较为完整的洞穴生物学框架，对"洞穴""洞穴动物""洞穴生物学""时间生态位"等许多概念提出了自己的见解，并且提出了"洞生性""洞生动物""洞生统""栖点选择""点域性""零次资源"等新的概念；还提出了"洞穴动物连续统""集群连续统""真洞穴动物多样性的形成路径""洞栖性蝙蝠的伞护性"等新的论述。另外，对于项目组新发现的洞穴盲鱼新种（红盲高原鳅 *Triplophysa erythraea* sp. nov., Liu & Huang, 2019）、可能专一性吸食蝙蝠血液的陆生蛭类新属种（中国洞蛭属 *Sinospelaeobdella*、武陵洞蛭 *Sinospelaeobdella wulingensis* sp. nov., Liu, Huang & Liu, 2019），以及蝙蝠的"教飞行为""侦察行为""救幼行为""撞醒行为""留守现象"等新发现也进行了简要的记述。同时，提议建造"溶洞主题公园"，倡导设立"蝙蝠日"，宣扬新的生物保护伦理观，并尝试以图文并茂的方式真实地展现洞穴与洞穴生物的一般性与特殊性，旨在抛砖引玉，激发读者丰富的想象力、创造力与行动力，从而能够自觉地投身于洞穴生物多样性的调查、研究与保护事业，促进洞穴生物学、生态学与保护生物学等学科的全面发展。

全书分为 4 篇 16 章，第 1～3 章主要讲述洞穴生物学的基本范畴、研究简史及相关的洞穴学基础；第 4～9 章着重论及洞穴生物的类群多样性；第 10 章简略归纳真洞穴动物的生态生物学特征；第 11～12 章阐述洞栖性蝙蝠的栖息生态、生态位与伞护性；第 13 章专门介绍洞穴古生物学与洞穴考古学；第 14 章涉及洞穴旅游与探险；第 15 章概述洞穴的基础性功能与民生作用；第 16 章综合论述洞穴的可持续利用与洞穴资源保护。文后列出了主要的参考文献及一些重要词汇的中英文对照索引。

本书的写作和出版得到多方面的教益、鼓励、支持与帮助。首先，我深切地感觉到，如果没有厚实的基础教育、严格的学位要求和浓厚的学术熏陶，我不可能具备写作本书的知识结构与能力，因此我非常感谢二十多年求学生涯中所有的老师对我的悉心教导与培养，特别感谢导师许设科、盛和林、Colin Groves 等教授多年如一日的勉励、关怀和指导。

其次，我切实地体会到，一个人只有在关爱励行、帮扶相长的学习与工作环境中才有可能不断地挑战自我，砥砺前行，因此我很感激今生有幸遇到的各位领导、同学、同事、同仁、朋友及学生，尤其感谢张富春、赵建成、张大铭、李明、胡德夫、张佑祥、刘世彪、张代贵、彭清忠、张礼标、梁亮、刘志伟等长期以来的真诚相待与无私帮助，同时非常感谢与我一起开展野外研究的黄太福、吴涛、龚小燕、彭兴文、邵永刚、毛正祥等研究生和本科生，他们随我翻山越岭、披荆斩棘、寻洞觅蝠、探幽猎奇，一同享受每一次发现的惊异与乐趣。

再者，非常感谢科学出版社的编辑马俊老师，是他早在 2013 年就与我协商该书的写作与出版事宜，之后一直关注和督促我的写书进展。

本书的出版得到国家科学技术学术著作出版基金、湖南省研究生高水平教材项目基金、生态学湖南省双一流建设学科基金、动物学湖南省一流课程基金、吉首大学 MTI 教育中心，以及国家自然科学基金重点国际（地区）合作与交流项目基金（31961123003）的共同资助。在项目申报和著作出版过程中，还得到中国科学院动物研究所蒋志刚研究员、新疆农业大学谭敦炎教授（兼任吉首大学生物资源与环境科学学院院长）、广东省科学院动物研究所邹发生研究员，以及吉首大学廖志坤、方东辉、刘晗、吴晓、汤志军、简功友等领导的鼎力支持。

特别令人感动的是，耄耋高寿且思想敏锐的洪德元院士，以及科研工作忙碌仍乐于助人的魏辅文院士还欣然挥毫作序，为本书落下点睛之笔。国际著名的洞穴生物学家 Aldemaro Romero 教授也在百忙之中认真审阅了本书的主体框架与基本内容，并在序言中给予本人以勉励和期望。谨此，一并致以崇高的敬意和谢意。

值此付梓之际，我还要告慰含辛茹苦养育我并送我读书的父母的在天之灵，同时感恩已是耄耋之年但仍时刻关怀着我的岳父和去年已飘然仙逝的岳母。尤其感谢与我朝夕相处、善良且善解人意的妻子袁闯和女儿刘心源、刘心海，还有哥、嫂、姐等许多挚爱暖心、乐于鼓励和帮助的亲朋好友。我真切地感受到，是那片厚实催励的红土地、淳朴细腻的民风、关怀备至的家人和勤勉向善的亲友赋予我持续向上的精神、勇气和力量。

　　然而，尽管近 20 年以来，我得到来自多方的助益，自己也在不懈地努力，但由于洞穴生物学内容广博，涉及多学科的概念、理论和技术，较难全面而准确地把握，虽夜以继日，反复查阅网络资源与相关著作，细细研读有关文献资料，反复推敲琢磨，几易其稿，在尝试展现其广博融合式基本构架的同时，也尽可能地提出一些新的见解或前瞻性的问题，可是限于个人的知识结构、时间、精力和能力，书中必定存在疏漏或须要改进之处，恳切期盼各位读者予以不吝批评和指教。同时，衷心地感谢书中所列参考文献中的各位作者，以及为洞穴学、洞穴生物学、洞穴生态学与保护生物学的发展做出过重要贡献的诸多前辈和同仁。

刘志霄

2020 年 11 月 18 日

目 录

第一篇 学科范畴与洞穴学基础

第二篇 洞穴生物类群多样性

第三篇　真洞穴动物的生态生物学特征与洞栖性蝙蝠的栖息生态

第四篇　洞穴古生物学与洞穴考古学、旅游探险及资源保护

Contents

Chapter 3 Abiotic factors in caves, information transmission of stalagmites and their paleoclimatological implications

Part two Taxonomic Diversity of Cave Life

Chapter 4 Classification of cave creatures and the continuum of cave animals

Chapter 5 Microbes in caves

Part three Eco-biological Characteristics of Troglobites and Roosting Ecology of Cave-dwelling Bats

Part four Cave Paleobiology & Archaeology, Eco-tourism & Caving, Resource Conservation

第一篇 学科范畴与洞穴学基础

洞穴生物学是一门综合性的交叉学科，它以洞穴生态系统作为研究对象，涉及多学科的概念、理论和方法，其历史渊源久远，内涵丰富，在科学新世纪也焕发着勃勃生机。开展洞穴生物学研究，需要丰富的生物学知识，洞穴学基础也必不可少。

第1章

绪　　论

　　洞穴生物学（cave biology / speleobiology），是由生物学、生态学和洞穴学融合而形成的一门综合性的学科，涉及与地面环境（surface environment）迥然不同的各种地下环境（underground environment）或地下空间（洞穴）的生态生物学现象及其发生发展规律。地下环境因子为生物的生存和演化提供特异的条件，使得适应于地下环境生活的生物体逐渐衍生出有别于地表生物的形态、生理、生态与行为特征；另一方面，生活在地下环境中的生物对于地下环境的演变也发挥着重要的作用。保护地下（洞穴）生态系统及其生态过程是时代赋予我们的历史使命。

1.1 洞穴生物学的基本范畴

　　洞穴生物学作为一门综合性的交叉学科，主要研究在洞穴内部环境中生活的各生物类群的空间分布、形态结构、生理功能、行为生态、繁育遗传、适应进化，以及洞穴生态系统的保护与利用等诸多方面。根据研究侧重点的不同可大致分为基础洞穴生物学（fundamental cave biology）和应用洞穴生物学（applied cave biology），前者着重研究洞穴生态系统中各类生物的生态生物学特征及其发生发育规律，后者倾向于从旅游休闲、医疗保健、生物保护、文化演进等方面研究人类对洞穴生态环境、洞穴生物资源及洞穴文化的开发利用、多样性保护与区域文化承扬。

　　广义上，凡是在土层或岩层中自然形成、动物挖掘或人工开凿的地下环境或空间都可称之为洞穴（cave）。狐狸、兔、鼠、穿山甲、昆虫、蚯蚓等动物在土壤中挖掘的洞道虽然可能长而复杂，但人无法进入，不便于人类直接研究，通常不纳入洞穴生物学的研究界域；生活在土壤缝隙之间的生物，以及生活在地面湖泊、河流底层等昏暗及黑暗水体环境中的生物也不属于"洞穴生物"（cave creatures）。

　　洞穴生物学中通常所谓的洞穴是指人体能够直接进入或通过一定的技术手段（如开扩洞口或借助潜水设备等）能够进入的地下空间及与之连通的地下水体（地下水体实际上就是已被水占据的地下空间），主要包括陆地上的各种天然溶洞（karst cave）、火山岩浆喷发流动而形成的岩熔洞穴（lava tube）、海陆边际洞（anchialine cave）、海蚀洞（sea / marine cave）、海底洞穴（underwater cave），以及受外界环境因子影响较小、缺乏太阳光照、温度相对稳定、湿度较高的人工洞道（artificial tunnel），如具有一定规模及深度且黑暗潮湿的坑道、石窟、防空洞、矿井、矿洞、地下墓穴等，但研究的重点仍然是人体可以进入的各种形式的溶洞（参见第 2 章）。在我国很多地方，习惯上将溶洞称为"山洞""岩洞"或"岩"，如狮子岩、甄皮岩、紫霞岩等。鉴于溶洞的自然性、普遍性和代表性，洞穴生物学在很大程度上其实就是溶洞生物学（karst-cave biology）。

在学科发展的早期普遍使用且现今仍在广泛使用的学科名称是 biospeleology，该词是由希腊词 speos / spēlaion（cave）衍生为 -spel（e）o-，加前缀 bio- 和后缀 -logy 合成而来，仅从字面上来理解应译为"生物洞穴学"，主要归属于"洞穴学"范畴，但也有人将其译为"洞栖生物学"、"穴居生物学"或"洞穴生物学"等。可是，从学科渊源及实际内涵上讲，将其译为"洞穴动物生物学"可能更为确切，因为它主要是指关于穴居动物（cavernicolous animals）的生物学，即把洞穴当作动物体的栖息环境予以研究，着重探讨"真洞穴动物"（troglobites）的基本生物学特征及其形成机制。然而，为了不引起术语上更多的混乱并便于字面上的直接理解，本书统一将"biospeleology"一词译为"生物洞穴学"，意指在洞穴学基础上衍生的关于真洞穴动物特殊生物学现象及其机制的一门交叉学科。

而洞穴学（speleology）则是在洞穴探险（caving / potholing / spelunking）的基础上逐渐发展起来的，早期主要涉及洞穴探索的一些知识与技能。随着学科的发展，洞穴学的内涵越来越丰富。现代洞穴学（modern speleology）本身也已发展成为一门综合性的交叉学科，着重研究洞穴及与其关联的喀斯特景观特征，主要涉及喀斯特地貌及洞穴的组成、结构、性质、演化、生命形态及时空动态等方面，关乎地球物理学、地球化学、地质学、地理学、水文学、气象学、气候学、生物学、古生物学、考古学、制图学等学科的基本概念、理论与技术。

虽然早期的"生物洞穴学"（biospeleology）和现代的"洞穴生物学"（cave biology）的基本内涵很难区分，但可以认为，前者是在洞穴探险的基础上发展起来的，研究人员多为探洞爱好者、洞穴学工作者或带有非综合进化论思想的博物学者，有人将 1832 年施密特（Schmidt）首次科学描记洞穴盲甲虫（霍氏细颈虫 *Leptodirus hochenwartii*）作为 biospeleology 的开端，而将 1907 年拉科维策（Racovitza）《生物洞穴学问题随笔》（*L' Essai sur les Problèmes Biospéologiques*）著作的问世视为 biospeleology 正式成为一门独立学科的标志。后者虽脱胎于前者，但继承了前者的现代科学内核，是现代生物学的重要组成部分，特别运用现代综合进化论等现代生物学理论和方法分析研究洞穴等地下黑暗潮湿环境及黑暗水体中的生物学现象，揭示相关的生物学规律，为洞穴或地下环境中生物资源与生物多样性的保护和利用实践提供科学依据。

基于对《洞穴生物学——黑暗环境中的生命》（*Cave Biology: Life in Darkness*）（Romero，2009）的学科内涵广泛而深入的理解，本书首次提出了内容广博的"洞穴生物学"的学科框架；强调洞穴生物多样性与洞外生物多样性之间的系统性与统一性；重视洞穴生态环境因子、真洞穴动物类群、洞穴生态关系及生态过程的特殊性、一般性与代表性；注重洞穴的生态服务功能、民生作用、古生物学与古人类学意义及文化内涵；倡导洞穴资源保护利用和洞穴生态系统可持续发展的先进理念与技术创新。

总之，本书涉及洞穴生态学与保护生物学的诸多方面，是在"洞穴生物学"（Romero，2009）的基础上新建立的学科体系（图 1-1），因此也可将书名更改为《洞穴生态生物学》（*Cave Ecobiology*）（须知，生

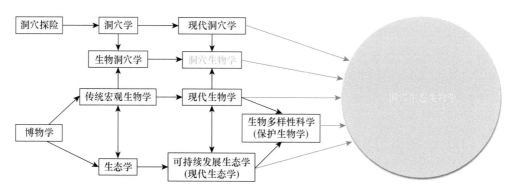

图 1-1　洞穴（生态）生物学的学科渊源（刘志霄 供）

态学已独立成为与生物学并列的一级学科）。

显然，通过对洞穴生物学简史的梳理既可洞悉"洞穴生态生物学"渊源与现状，也可展望其广阔的研究前景。

1.2 国际洞穴生物学简史

毋庸置疑，科学史受到哲学、政治、宗教及其他人类活动形式多方面的影响，对洞穴有机体的研究观念及程式还必然受到有关地面有机体的主流生物学（mainstream organismal biology）概念及理论的影响；另一方面，对洞穴特殊生态生物学现象及规律的认识也丰富了主流生物学体系的内容，因此洞穴生物学史是生物学史的重要组成部分。可是，洞穴生物学研究远远落后于主流生物学研究，特别是在进化与生态学方面落后得更多，其主要原因是许多生物洞穴学家（biospeleologists）未能很好地理解学科发展的来龙去脉，从而不加鉴别地接受与现代生物学思想相悖的概念、词汇或术语。因此，围绕生物洞穴学研究的主要方面，解析意识形态框架，批判性地检视生物洞穴学思想发展的历史背景，有助于我们对现代生物学思想完全融入生物洞穴学时滞性的理解，并有利于推进今后的工作。

较早关注洞穴生物学史的学者可能是法国动物学家阿尔贝·旺代尔（Albert Vandel，1894～1980年），他在 1964 年发表的《生物洞穴学：关于洞穴动物的生物学》（*Biospéléologie: la Biologie des Animaux Cavernicoles*）一书中概述了与生物洞穴学发展相关的一些历史事实。1966 年，托马斯·巴尔（Thomas Barr）对自 1822 年以来美国的生物洞穴学及洞穴生物学历史进行了概括性的总结。Bellés（1991）按年代顺序编列了生物洞穴学发展过程中的一些重要事件及轶事；Shaw（1992）在他关于洞穴学历史的论文中，也提供了少量有关生物洞穴学的历史信息，而 Romero（2001）在其关于穴居性鱼类的研究论文中，主要涉及的是洞穴生物学的进化思想史。直到 2009 年，罗梅罗（Romero）才在 *Cave Biology: Life in Darkness* 一书中，对洞穴生物学史进行了相当全面的总结。为了便于读者较为系统地了解生物洞穴学与洞穴生物学的发展历程，同时对整个近代与现代生物学思想史的基本脉络有一个深刻的认识和溯源细节上的把握，本章以较大的篇幅，参考其概要并予以重新整理、节删、补充和修改，而将洞穴生物学史大致划分为以下略有重叠的 4 个时期。

1.2.1 从史前雕刻画到欧洲文艺复兴时期的神话沿袭

史前时代，人类把洞穴当作庇护所，并在洞穴中进行艺术创作。现在已知最早的关于洞穴动物的图画发现于法国比利牛斯山（Pyrenees）中部的"三兄弟洞"，那是一幅大约于公元前 2.2 万年（旧石器时代晚期）刻在一块欧洲野牛（*Bison bonasus*）骨头上的关于一只无翅洞穴蟋蟀（*Troglophilus* sp.）的雕刻画。

创造文字之后，人类就开始用文字记事，很多叙事都带有神话或宗教色彩，通常还把黑暗的洞穴与阴间、地狱、死亡相联系。许多民族都有将死去的人埋葬在洞穴中的习俗。在希腊神话中，阴间或冥府就是"死人之王国"，人死后通过洞穴走向阴间。因此，不难理解，人类对于洞穴生物的观念自古以来就模糊不清，既有神话之形式也有现实之涵义；在印刷机发明之前，许多艺术创作描绘的是丑恶之人貌，或邪怪之兽像。

大约在 2800 年前，雕刻在青铜器上的一段文字较早地记述了岩溶现象，说的是亚述古国的国王撒缦以色（Shalmaneser）三世与一些学者探察底格里斯河河源处的洞穴和泉，并在洞壁上凿刻图案。地中海一带的岩溶现象也早就出现在古代希腊、罗马的古典诗人、哲学家的诗文中。荷马（约公元前 9～前 8 世纪）的史诗《伊利亚特》中提到过海水和岩溶水之间的关系。古希腊集大成的博物学者亚里士多德（公元前 384～前 322 年）认为泉是由地下洞穴中的水汇集而形成的。

17 世纪以前，人类对洞穴生物的认识仍然虚幻怪诞。1654 年，加法雷尔（Gaffarel）发表了西方多数学者认为是最早的岩溶著作——《地下世界》（*Le Monde Souterrain*），这一关于洞穴的著作现今只剩下一些断简残篇保存于法国巴黎的国家图书馆，其中对洞穴的认识仍包含着浓厚的神秘主义色彩，并且记载了当时在地理、地质和矿业上的一些发现。保存较完好的早期岩溶著作是瓦尔瓦泽（Valvasor）于1689年发表的 *Die Ehre Des Herzogsthums Krain*，该书记述了其家乡及邻近地区的洞穴、落水洞、泉等岩溶现象（涉及的空间范围较小），虽然也谈到了水在形成洞穴当中的作用，但仍受到神秘主义和民间传说的深刻影响。

1665年，博学多才的德国阿塔纳修斯·基歇尔（Athanasius Kircher）发表了可能是第一本似乎专门论述"洞穴"的对开式两卷多达892页的巨著——《地下世界》（*Mundus Subterraneus*）。1678年，在阿姆斯特丹发行的第二版中，增列了大量有关瑞士、奥地利、意大利和希腊所属岛屿上洞穴的记述。该新版更受欢迎，被当作那个年代标准的地质学课本。基歇尔并不拘于书名，除洞穴外，还在书中记述了炼金术、化学、冶金术等内容。不幸的是，该著作很不严谨，对事物的描述过于粗糙，对地下水循环的解释令人费解，还编造甚至臆绘了许多洞穴动物，包括传说中的龙、独角兽和巨人。可是，书中并没有涉及盲的或缺乏色素的动物。基歇尔不加鉴别地重述他人的神话故事，但他的确很受欢迎，他是罗马学院的知名教授，能看懂16种文字，出版了44部著作，涉及的题材极为广泛，还留存下2000多份手稿和书信。然而，基歇尔的著作意义很有限，只能作为生物洞穴学历史研究的脚注，而真正可纳入科学范畴的洞穴生物学记述还得稍微向前追溯到欧洲的文艺复兴时期和中国古文明的顶峰时期。

1.2.2　近代自然科学的启蒙至现代科学的诞生时期（1450～1880年）

欧洲的文艺复兴时期（大致为1450～1650年）和中国的明朝时期（1368～1644年）都是探索的时代。前者是西方思想文化革新运动与近代自然科学的启蒙时代，后者是东方古文明发展的鼎盛朝代。两者的社会经济与科学文化内涵虽然存在显著的差异，但都极大地拓展了人类的认知领域，赋予人类全球性的视野，特别对于世界动植物区系的调查和比较研究有了新的成果。就欧洲人而言，在这一时期的确已经知道了很多"新的"并没有在圣经以及古希腊和古罗马书中提到的动物。

对于真正的洞穴生物的首次文字记录是1537年由威尼斯诗人和语言学家乔瓦尼·乔治·特里西诺（Giovanni Giorgio Trissino）以书信形式提到的（表1-1）。在这封信中，他谈到了采自意大利北部威尼托省贝里奇山（Monti Berici）的一种洞穴端足类动物——"*gamberetti picciolini*"（原文如此），这很可能就是现今所谓的科氏雪鲥（*Niphargus costozzae*）。后来，该信被多米尼加修道士暨史学家莱安德罗·阿尔贝蒂（Leandro Alberti）载入其最著名的著作——《意大利概貌》（*Descrittione di Tutta Italia*）一书，在这本旷世之著中，他详细描绘了分布在意大利境内的无数洞穴。

表1-1　《物种起源》第一版出版（1859年）之前，生物洞穴学发展史上的重要事件（自Romero，2009）

年份	重要事件
公元前2.2万	知晓洞穴蟋蟀（*Troglophilus* sp.），在欧洲野牛骨头上雕刻洞穴蟋蟀画
公元1537	Trissino首次在书信中谈到洞穴生物——洞穴端足类（可能是雪鲥属 *Niphargus* 的一种）
1541	解一经首次用文字记录一种洞穴鱼类（但直到1994年才被科学描述并定名为透明金线鲃 *Sinocyclocheilus hyalinus*）
1550	Alberti首次明确记载一种洞穴生物——分布于意大利北部的洞穴端足类（也可能是雪鲥属 *Niphargus* 的一种）
1569	Besson模糊地提到在欧洲某处营地下生活的小鳗鱼（原文的名称为 *petites anguilles*）
1665	Kircher撰写的第一本洞穴学专著《地下世界》（*Mundus Subterraneus*）出版
1674	Lister首次在文献中记载洞穴真菌
1678	Tauste首次在文献中记载一种洞穴鸟类
1689	Valvasor首次文献记述洞穴蝾螈，1768年Laurenti将其命名为洞螈（*Proteus anguinus*）

续表

年份	重要事件
1748	Montalembert 对分布于法国的一种穴居性鱼类进行了不确切的报道
1768	Laurenti 对洞螈（*Proteus anguinus*）进行科学描述，成为按照林奈"双名法"予以命名的第一个洞穴生物物种
1793	Humboldt 首次描述分布于弗赖贝格（Freiberg）矿井中的一种洞穴植物和一种淡水鲶鱼
1805	Humboldt 对一种据说是来源于厄瓜多尔一座火山的淡水鲶鱼进行了描述
1817	Humboldt 对洞穴鸟类——油鸱（*Steatornis caripensis*）进行科学描述
1822	Rafinesque 首次科学描述美洲大陆的斑尾洞螈（*Eurycea lucifuga*）
1832	Schmidt 首次科学描记一种洞穴盲甲虫——霍氏细颈虫（*Leptodirus hochenwartii*）
1836	Koch 首次科学描述一种洞穴甲壳类动物——皮托雪䖵（*Niphargus puteanus*）
1839	Rossmässler 首次对斯洛文尼亚的一种洞穴贝类（*Zospeum spelaeum*）进行描述
1842	DeKay 首次对美国猛犸洞的盲鱼——洞鲈（*Amblyopsis spelaea*）进行科学描述
1849	Schiödte 首次进行区域性（斯洛文尼亚）的洞穴物种调查，系统采集洞穴动物标本，提出对洞穴生物的第一个生态分类方案
1854	Schiner 提出真洞穴动物、喜穴居动物和偶穴居动物概念

　　注：从表中可以看出，生物洞穴学史上的一些发现具有偶然性或机遇性，有的一开始就弄错了，对于洞穴动物的认识还或多或少地带有一些神话的色彩，因此大多数早期发生的"重要事件"其实对于后来洞穴生物学思想的发展并没有起到太大的作用

　　仅在 3 年之后，中国对一种洞穴鱼类进行了首次文字记述。一位名叫解一经的地方官员在 1540 年的一份巡视报告中谈到了这种鱼类。这份报告并没有正式发表，但于 1905 年被人在云南省泸西县的档案中找到，而后被雕刻在一块石碑上。在这份记录中，解一经提到了产于该县阿庐古洞的透明鱼。可是，直到 1991 年 6 月，这种鱼才被学者采到两尾，1994 年正式发表论文时，陈银瑞等将其命名为透明金线鲃（*Sinocyclocheilus hyalinus*）。

　　这两个发现在欧洲和中国几乎是同时发生的，但并不奇怪，因为正如前述，两种文化当时都正在经历地理大发现的黄金时代。就中国而言，与欧洲 16 世纪相对应的是明朝的前半期，这个时期中国人开创了令人钦佩的航海探索时代。可是，就在那时王守仁创立的"阳明学"取代了朱熹的"理学"。朱熹是当时最有影响力的儒学大师，他主张"格物致知"，倡导观察、明辨事物的学风。而王守仁则宣扬"知行合一"，虽强调躬行实践的重要性，但更提倡独立思考，重视人的主观能动性和直觉。这种思想观念上的转变与古希腊刚好相反，在古希腊的后期，亚里士多德所倡导的基于观察所建立的形式逻辑主义思想取代了他的老师柏拉图的唯心主义思想。

　　亚里士多德的思想影响深远，指导建立了文艺复兴之后西方科学（特别是生物学）的一条基本原则：知识须通过观察获得，而不是纯粹地思索或思辨。而中国的明朝及之后的清朝，由于内乱及西方人的入侵，中华古老文明逐渐衰落。

　　因此，科学上的新发现主要出现在欧洲而非他处，尽管某些发现后来并没有得到认可，甚至被认为是错误的。

　　法国工程师及发明家雅克·贝松（Jacques Besson）的报道就是这方面的典型事例。他声称，在欧洲某地的洞穴中发现了一种小鳗鱼。1569 年，贝松在其著作中既没有指明该鱼种的产地也没有描述其特征。若是真洞穴鱼类，就应该是盲的或无色的，即使是外行或粗枝大叶的人也会注意到这两个不同寻常的特征，但贝松根本没有提到这种鱼的任何特征。因此，并不清楚贝松所看到的是真正洞栖性的欧洲鳗鲡（*Anguilla anguilla*），还是鳗形的欧洲淡水鱼种，而他旅行所到的法国和瑞士就有鳗形鱼种与欧洲鳗鲡的同域分布，鳗形鱼种可能包括七鳃鳗科、鳅科、鲶科和胡子鲇科的许多鱼种。于是，你很难弄清他指的究竟是哪科哪种！

另一个对洞穴动物进行模糊报道的代表性人物是法国将军兼军事工程师——马克-勒内·马基·德·蒙塔朗贝尔特（Marc-René，Marquis de Montalembert）侯爵。虽然他因对要塞进行简单的多角形设计并成为19世纪以前欧洲堡垒构筑的标准方案而闻名于世，但他对法国西南部昂古莱姆（Angoumois）加巴尔德（Gabard）自家一处房产附近泉水中生活的一种地下鱼类的描述模棱两可，也没有保存标本。

这些随意性的报道（不管以后是否被证实）体现了文艺复兴时期对自然历史描述的"动物寓言"式风格。后来，这种动物寓言性描述被较为严密的科学描述所取代。

文艺复兴时期那些难以考证的物种报告及神话故事编写模式逐渐被人们所抛弃。17世纪，"现代科学"开始繁荣，倡导通过直接观察和实验对事物进行系统的研究，对自然世界的精细描绘得以明显改进。于是，我们可以看到对于洞穴生物新记述的好事例。

首先要推介的是内科医师及博物学者马丁·李斯特（Martin Lister）最早（1674年）发表的有关在地下洞穴中生活的一种真菌的文稿。李斯特从一个被称为"杰索普斯先生"（Mr. Jessops）的人那里得到了这种菌类的标本，并将其命名为"地下真菌"（Fungus subterraneus）。该标本采自英格兰中部德比郡（Derbyshire）卡斯尔顿（Castleton）附近的一个被称为"老人井"的矿井中。李斯特是英国自然科学家中对于描绘自然物（特别是动物和岩石）非常感兴趣的第一代学者中的杰出代表。

其次要推西班牙圣方济会僧侣及传教士弗朗西斯科·德·陶斯特（Francisco de Tauste）。他首次（1678年）对洞栖鸟类油鸱（Steatornis caripensis）进行了有价值的记述。基于对南美洲委内瑞拉东北部一土著部落——柴姆斯族（Chaimas）语言和服饰的研究，他写了一份报告，这种鸟就在这一带的"油鸱洞"内栖息。多年来，柴姆斯人猎杀油鸱以取其油脂。但直到1817年，德国博物学者及探险家才对其进行科学描述。在此之前，具有大视野的自然博物学家亚历山大·冯·洪堡（Alexander von Humboldt）对自己于1799年所采集的一具油鸱标本进行过简要描述。在对洞穴生物的认识方面，洪堡还有另一个贡献，即首次描述了生活于弗赖贝格（Freiberg）矿井中的一种洞穴植物和一种淡水鲶鱼。他断言，这种鲶鱼源于厄瓜多尔的一座地下火山，可是，还一直没有得到证实。

洞螈（Proteus anguinus）是第一个被描述的洞穴蝾螈物种，也是最早并一直被热衷于研究的洞穴动物。这种洞螈生活在卡尼奥拉（Carniola），位于现今的斯洛文尼亚。该盲型两栖类动物最初（1689年）被旅行家及自然科学家亚内兹·瓦伊卡德·瓦尔瓦泽（Janez Vajkard Valvasor）认定为"龙的幼体"。1768年，奥地利自然科学家约瑟芬·尼科莱雅·劳伦蒂（Josephi Nicolai Laurenti）对其进行科学描述，成为按照林奈"双名法"予以命名的第一个洞穴生物物种。

其间，也有学者对于岩溶现象的成因予以较多的关注和讨论，如Gruber（1781）认为，是地下水的作用引起了岩石的破裂和洞穴的扩大，竖井和漏斗的形成也是地下水作用的结果；Hacquet（1778～1779）认为，地表石灰岩的风化作用会产生封闭性的洼地；俄国科学家罗蒙诺索夫（Lomonosov）观察了钟乳石的生长，并认识到钟乳石和石笋之间滴水的关系。

1.2.3 拉马克学说与达尔文学说的产生、发展与交融时期（1800～1936年）

上述工作对于近代岩溶学来说，是先驱性的。此后相关的研究曾一度中断数十年，直到19世纪30年代，法国人Virlet（1834）和Lyell（1839）才又开始讨论与岩溶有关的问题。同期，俄国也有学者组织考察队，对一些岩溶现象进行考察，但仅局限于一般性的观察和对个别洞穴的描述。

可见，在19世纪以前，世界上只有少数研究者对局部岩溶区域和某些岩溶现象做过观察和提出解释，与岩溶有关的知识还很零散，处于事实的发现和资料的积累阶段，还没有将岩溶现象作为一个有机的整体和独特的现象予以系统观察与研究。在岩溶现象的成因和空间分布方面也还没有形成清晰的概念。

自19世纪中期以来，当奥匈帝国修建的南方铁路通过岩溶区而遇到洞穴和碰到供水问题时，岩溶研究才有了快速的发展。自19世纪50年代起，欧美许多国家的岩溶学学者及相关的著作如雨后春笋般地涌现出来，从而为洞穴生物研究和生物洞穴学的产生与发展创造了必要的条件。

1）达尔文之前的首批专业研究（1800～1859 年）

在达尔文的《物种起源》出版之前，主要有 3 件特别有意义的事件助推了对洞穴生物广泛而深入的调查与研究：一是生物学作为一门学科正式登上历史舞台，从而诞生了首批生物学专家，事实上"生物学"一词是在大约 1800 年才开始使用的；二是关于"进化"（evolution）的争论，包括对眼睛、色素等结构或物质成分退化 / 丧失等生物学问题的讨论，而许多洞穴生物普遍具有这一现象；三是对两个世界著名的洞穴系统进行了科学探索。

美国的猛犸洞（mammoth cave）和斯洛文尼亚的波斯托伊纳洞（postojna cave）是世界上具有代表性的大型溶洞之一，也是进行科学探索与研究最早的洞穴系统。经过科学考察、标本采集与研究，先后描述了斑尾洞螈（*Eurycea lucifuga* Rafinesque，1822）、洞穴蜗牛［*Zospeum spelaeum*（Rossmässler，1839）］、霍氏细颈虫（*Leptodirus hochenwartii* Schmidt，1832）、冥雪鳚（*Niphargus stygius* Schiödte，1849）等典型洞穴动物。这些发现引发了人们对洞穴动物和喀斯特洞穴生态系统的浓厚兴趣。虽然起初大多数的科研成果都是对新种的描述，但欧洲和美国的科学家已跨越纯粹的分类学框架而呈现不同的兴趣偏向。欧洲学者热衷于以生态习性为依据对洞穴有机体进行归类，而美国学者（有些是欧裔）试图从环境因子影响发育的角度解释许多洞穴有机体的"原型"（archetype）或盲态及缺乏色素等形态学特征。

在欧洲，除了施密特（Schmidt）以外，对于卡尼奥拉（Carniola）洞穴系统（波斯托伊纳洞是该洞穴系统的一部分）的研究具有开拓意义的还有丹麦昆虫学家约恩·马蒂亚斯·克里斯蒂安·斯基奥德（Jørgen Matthias Christian Schiödte）、奥地利昆虫学家伊格纳茨·鲁道夫·席纳（Ignaz Rudolph Schiner）。斯基奥德对于洞穴有机体的解剖学特征与其生存条件之间的关系特别感兴趣，并于 1849 年提出了第一个洞穴动物分类方案。1854 年，席纳提出了一个新的分类方案，其中的术语至今仍在使用（参见第 4 章）。

在达尔文的《物种起源》出版之前的时代，美国的研究人员不仅像其欧洲同行那样对新发现的物种进行描述，而且似乎执着于功能形态学（functional morphology）问题，试图利用形态学理论解释洞穴有机体的"原型"及发育特征。实际上，所有这些研究都是从 1840 年代开始并且是在猛犸洞展开的。在猛犸洞发现的所有生物中，最引人注目的是 1842 年詹姆斯·迪凯（James DeKay）描述的第一种洞穴盲鱼——洞鲈（*Amblyopsis spelaea*）。迪凯对洞穴盲鱼的描述引起了广泛的关注和猜测，但后来因美国爆发内战，美国北方的研究人员不能到猛犸洞（位于南方）采集标本而中断了相关的研究。

一般性描述新种的论文通常并不怎么引人注目，但对猛犸洞动物特征的描述的确引发了人们对其起源问题的许多猜测，甚至非常令人惊诧。其实，这很容易理解，因为达尔文的《物种起源》出版以前，描述新种的那些作者几乎都是特创论者，他们不太相信"进化"或当时所谓的"演变论"或"种变说"（transformism）。大多数讨论首先涉及的问题是"为什么这些动物盲而缺乏色素？"

对于该问题及相关问题的争论比较有影响的人物是杰弗里斯·怀曼（Jeffries Wyman）、奥古斯特·奥托·西奥多·特尔坎普夫（August Otto Theodor Tellkampf），以及吉恩·路易斯·鲁道夫·阿加西（Jean Louis Rodolphe Agassiz）。基于解剖学的观察、特创论的观念和拉马克学说的术语，怀曼认为，盲鱼之所以盲是因为眼睛被其他的组织所覆盖了，眼睛的退缩或缺失可能是代代光照"刺激缺乏"（want / lack of stimulus）所致。特尔坎普夫则推断：洞穴盲鱼和洞穴盲虾的眼睛之所以退化，是由于"不使用"（disuse）的结果；一般而言，所有的动物都保持其基本形态，任何一个物种都不会演变成另一个物种，一个物种延续多代之后，其物质形态上的变化很少受到气候或食物条件这些外部因素变化的影响。显然，这是对拉马克"用进废退"（use it or lose it / use and disuse）学说的应用性解读，同时还否定了在物种水平上进化的可能性。在他看来，视觉缺失的动物与视觉正常的动物之间的关系很难确定，只有当所有的识别要素都完全相符才能确认其关系。

阿加西是美国当时最著名的博物学家。他建议，通过实验来解决争论，要搞清楚，盲鱼所生活的环境条件在多大程度上影响其体征？可是，阿加西是一个顽固的特创论者，他并不主张研究环境条件对生物进化的影响，而倡议弄清环境条件对个体发育的影响。他提出，要在不同的光照条件下（黑暗、微弱灯光和强光）驯养这种盲鱼，看在黑暗环境中是否有眼睛形成，并弄清色素是从什么时候开始又是怎样消褪的，直到个体成熟后身体完全缺乏色素而呈现透明状，同时也要注意在不同的光照条件下试验组之间的差异。虽然阿加西一直没有开展这些试验，但他坚持认为，洞穴盲鱼在生物学研究方面具有重要意义。

阿加西还把洞穴盲鱼看成是在现有环境条件下产生的离奇的鱼类，其退化的器官之所以仍然保留着，并非是为了发挥其应有的功能，而是为了展现"（上帝的）计划"。并且，阿加西和怀曼一样，崇尚对事物进行所谓哲学式或先验性的解剖，也即试图在大自然中寻找到理想的结构模式。因此，阿加西和怀曼都把洞穴盲鱼当作极好的研究对象，认为从中可以找到"一般性计划"的原型，而在发育过程中，有机体基于这一计划模式，通过对具体环境条件的适应，其组织器官的结构会发生一些变化，产生一些差异。

尽管阿加西的这些想法富有挑战性和诱惑力，但他的研究方案并没有人去实现，主要原因是：①当时甚至现今的科学家都还很难在人工条件下繁育已适应于洞穴生活的鱼类；②阿加西固执己见，拒绝接受其他人的思想，随着时间的推移，他在同事心目中的地位逐渐下降。他从来没有认识到物种的可变性（transmutability），强烈反对达尔文的进化论。他的几个学生，包括他自己的儿子亚历山大（Alexander）对洞穴动物都很感兴趣，但最后都离开了他，接受了进化论。

在许多方面，阿加西对自然哲学的解释是对自然等级/生命之梯或"存在之巨链"（great chain of being）思想的衍生说法，认为人类处于万物金字塔的顶端。这是一个源于亚里士多德和斯多葛学派（Stoics）并与柏拉图的"本质论"（essentialism）密切关联的概念，也即物体具有理想的、永恒的、不变的"本质"（essence）。这种思想继而引出类型学（typology）概念，即所有"真正的"洞穴动物必定是盲的和缺乏色素的。阿加西试图把这种思想传授给他的学生。

事实上，达尔文的《物种起源》第一版出版（1859 年）前后的那些年代，欧美绝大多数学者的思想观念几乎都是混合式的：既相信特创论，又认识到环境因子对动物发育的影响很有趣，并还作为本质主义者（essentialist）坚持着生命的类型观。

2）达尔文学说和美国的新拉马克学说（1859～1919 年）

《物种起源》出版之后，国际学术界似乎都进入了大争辩和大发展时期，呈现一片学术争鸣和学科繁荣的景象，特别是拉马克学说与达尔文学说的争论与交融极大地促进了生命科学的发展，也影响到了社会生活的各个方面。

对于拉马克学说与达尔文学说的关系，首先应该明确，达尔文（Darwin）比拉马克（Lamarck）晚出生半个多世纪，而拉马克在其有关进化的论著中从来没有提到过洞穴动物，在达尔文的《物种起源》出版之前，拉马克学说对于洞穴中生物现象的解释虽有学者提出但总体上鲜为人知。其次须要理解，达尔文对洞穴动物很感兴趣，但没有亲身研究过洞穴动物，达尔文对于新拉马克主义有关洞穴生物区系的某些（并非全部）观点的产生发挥了主导作用，而这些观点至今仍然深刻地影响着我们的日常思维模式。

查尔斯·达尔文（Charles Darwin）虽然未能亲身研究洞穴动物，但他对以下两个方面的问题很感兴趣：①洞穴动物是怎样在洞穴中定居的，洞穴动物与洞穴周围环境中可能的祖先种之间的相似性如何？②洞穴动物的眼睛等器官退化或消失的原因是什么？

达尔文把洞穴动物的器官退化看成是一般意义上的"补偿过程"（compensatory-process），即洞穴动物演化的趋势是，一些器官的退化伴随着其他器官的扩大。在包括书信、笔记等文字记述中，达尔文都表现出对洞穴动物特殊生物学现象的浓厚兴趣，从中我们还可以看到，当受到批评或接受新的信息后，达尔文也在改变自己的观点。

最早记述达尔文对洞穴动物感兴趣的笔记可追溯到 1844 年 12 月 8 日。当他与挚友（著名的植物学家）

约瑟夫·道尔顿·胡克（Joseph Dalton Hooker）谈过一次话后，他记下笔记："依我看，奶牛的乳房起初并没有那么大，只是后来才越来越大的"，"我相信，一个物种尚未发育的正常器官通常被看成是已退化的器官。胡克最近看过并描述了雌雄异体的伞形科植物的雌蕊，但他并不知道这些尚未发育的雌蕊的'边沁法则'（Bentham's law）。"

达尔文将发育不良的器官的"边沁法则"作过如下表述：发育不良的花的构件数（如花蕊数、花瓣数）比正常的少，同一种花的构件数易发生个体变异。

可是，直到 1852 年初，当读过一篇关于猛犸洞的文章之后，达尔文才开始对洞穴动物产生兴趣。自19 世纪 40 年代早期以来，一些学者陆续描述了采自猛犸洞的许多盲而缺乏色素的脊椎动物和无脊椎动物。1851 年，本杰明·希利曼（Benjamin Silliman）发表了一篇综述性的文章，对当时关于洞穴生物的知识进行了归纳总结。文中将一些洞穴动物描述为"盲而缺乏色素，但触角特别长"，还特别提到了生活在洞穴中的鼠类，它们的眼睛很大，但缺乏功能，可是将其饲养在笼内并给予光照，却似乎逐渐地获得了一些视觉能力。如果的确如此，那么达尔文用"自然选择（natural selection）"理论对洞穴有机体形态特征形成机制的基本解释就有问题。毕竟，倘若这种所谓的洞穴鼠类眼睛大而没有功能，那的确不符合自然选择的逻辑。

然而，希利曼对该鼠进行了错误的描述。首先，这种所谓的洞穴鼠实际上是一种林鼠（Neotoma sp.），不是专性的（obligatory）洞穴动物，而是夜行性（nocturnal）的鼠类，在洞内、洞外都可看到。像其他夜行性的脊椎动物那样，其眼睛大，有利于夜间低光照或黑暗条件下活动。难怪，达尔文试图弄明白到底是怎么一回事。

达尔文的确兴味盎然，1852 年 5 月 8 日他给当时美国最著名的博物学家詹姆斯·德怀特·达纳（James Dwight Dana）写信索要"洞穴老鼠"标本。达纳是达尔文的朋友，与希利曼是内兄弟关系。

达尔文获得洞穴老鼠的愿望并没有实现，但在与达纳的几次通信中，表达了对希利曼教授所描述的盲状洞穴动物特别的兴趣，因为这事关其"正在努力写作的一本涉及物种起源、变异及分类等一般性问题的著作"，并且认为，发现于猛犸洞中的大多数物种都是"美国型的"（American type），它们一定与附近的其他生物种类有关。可见，那时的达尔文就已经意识到，所有的物种均衍生于附近的生态系统。

1856 年 12 月 8 日，达纳给达尔文写了一封回信。在信中，达纳告诉达尔文，他和阿加西都一致肯定，猛犸洞中的盲鼠的确是"美国型的"。对达尔文来说，这相当于证实了自己提出的假说：洞穴动物衍生于洞穴周边区域的动物。在这封信中，达纳还用很长的篇幅谈到了"进步的概念"（idea of progress）。他认为，"进步"就是生命形式或生物群增加多样性的一种规范，其中涉及"模式概念"（type-idea）的表达，通常多样性可以达到较高的水平，并且总会从简单到复杂衍生出更加纯粹和更加完美的"模式"。

从这里，我们可以看到，进步主义（progressionism）的思想观念在博物学家的脑海里有多么的深刻，即使在进化思想（evolutionary ideas）被广为讨论的那个年代，博物学家首先想到的还是"进步的概念"，正如 Bowler（2005）所写：达尔文的理论被卷入"进步论者进化论"（progressionist evolutionism）的狂热浪潮之中，在 19 世纪后期达到顶峰。另外，在这一阶段，达尔文正在览阅自然规则之讯息，但这并不一定是进化之讯息，却必定是证实"存在之巨链"存在的讯息，而"存在之巨链"在柏拉图和亚里士多德的著作中早已存在。"存在之巨链"的意思是，大自然的形式多种多样，它们呈现阶梯状的连续性，因此自然界的万物与其相邻的两个物种具有共同的特征，由此可将它们按等级 / 层级序位排列，从最小、最简单的物种直到上帝本身。

经多次通信，达尔文对于达纳主要从解剖学和哲学方面对洞穴动物相关问题的回复感到并不满意，因此写信询问英国昆虫学家约翰·奥巴代亚·韦斯特伍德（John Obadiah Westwood）。1856 年 11 月 23 日他给达尔文回信，信中提供了有关北美洲和欧洲洞穴昆虫解剖学与分布方面的一些资料。截止 1856 年，达尔文已广泛收集到了大量有关发育不全或退化器官（abortive organ）的资料。

关于洞穴动物，达尔文既阅读了有关猛犸洞的文献，又从达纳和韦斯特伍德那里获得了相关的信息，还从丹麦昆虫学家及博物学家斯基奥德的文章中受到了启发。前已述及，斯基奥德对于生物的解剖学特征与其生活条件之间的相关性问题特别感兴趣，还提出了第一个针对洞穴动物的分类方案。虽然，斯基奥德的原文是用丹麦文写的，但达尔文（总是努力地学习外语，以便能够直接阅读非英文的文献）可以阅读丹麦博物学家纳撒尼尔·瓦立池（Nathaniel Wallich）对该文的译文，在1851年1月6日召开的伦敦昆虫学会上，瓦立池读到了斯基奥德的论文，之后将其翻译成英文发表。

以斯基奥德的论文作为参考，达尔文在《物种起源》第一版中写道：就洞穴老鼠而言，洞内光照微弱或缺乏，自然选择会促使其眼睛增大，然而像所有其他洞穴动物那样，由于眼睛并没有什么用处，也就退化了。早先，达尔文把"自然选择"和"用进废退"结合起来，以阐释洞穴动物眼睛丧失、色素退化，以及某些感觉器官和附肢强化的机制。这里，达尔文的意思是，自然选择使器官变大，"不用"（disuse）则使器官退化，两种机制都在发生作用，似乎存在主导性的竞争关系。后来，达尔文注意到，和其他较远区域的动物相比，洞穴动物与在洞穴周围区域生活的动物之间具有更密切的亲缘关系，正如岛屿物种那样，洞穴动物或多或少地生活在相对隔离的生境中。因此，他主张，洞穴动物起源于洞穴周边的动物，洞穴周边的动物进入洞穴后，其形态、生理及生态习性逐渐改变，从而更好地适应洞穴环境。

1860年发行的《物种起源》第二版与第一版相比，并没有什么实质性的变化，但从第三版（1861）开始，达尔文不仅对全书作了大的修订，而且特别针对洞穴动物器官退化的现象进行了解释。达尔文的批评者则很难接受"自然选择的普遍意义"，特别认为，自然选择对洞穴动物不起作用，于是他们试图从达尔文新的论著中找到抨击自然选择学说的"弹药"。毕竟，达尔文本人似乎提供了最好的论据，"用进废退"比"随机选择"（random selection）能够更好地解释器官的缩减、弱化或消失问题。

因此，到《物种起源》第三版时，达尔文已不再强调自然选择的重要性，以避免在"自然选择"和"用进废退"之间的纠缠。事实上，在前两版涉及洞穴动物及其器官退化的相关段落中，"自然选择"和"用进废退"被提到过7次，而在第三版中，两者分别只提到了2次和5次。

然而，批评仍在增多。1865年，孟德尔工作再发现者之一、植物学家卡尔·威廉·冯·内格里（Karl Wilhelm von Nägeli）指出，自然选择不可能产生无用的器官，即使用拉马克学说也难以解释器官退化的问题。达尔文非常尊重内格里的意见，因此在第六版中，显著地扩充了关于形态结构缩减与自然选择方面的讨论，同时认为还可能存在其他有待发现的机制。

乔治·约翰·道格拉斯·坎贝尔·阿盖尔（George John Douglas Campbell Argyll）也提出了批评。阿盖尔是一个政客，也是一位多产的作家，他带着一种"目的论"的意识形态抨击达尔文对器官退化问题的解释。他认为，所谓的"退化器官"并不是某个有用的器官的残存结构，而是供将来某个时候使用的初始结构。从阿盖尔的说辞中，我们可以领悟，"预适应"（preadaptation）的概念在经典的生物洞穴学家之间是多么流行。进一步说，阿盖尔并不理解：达尔文怎么就提出了缺乏"选择者"（selector）的自然选择学说，殊不知动物饲养员就是动物养殖场里各类动物的"选择者"。阿盖尔和理查德·欧文（Richard Owen）作为顽固的特创论者，试图阻止达尔文的思想影响英国社会。

1871年，圣·乔治·杰克逊·米瓦特(Saint George Jackson Mivart)（在欧文及其他特创论者的指导下进行研究）终于也发表了自己的著作——《物种成因》(On the Genesis of Species)。在书中，米瓦特明确地表达了对达尔文思想的许多批评意见。达尔文对这些批评的回击全部汇集在《物种起源》的第六版中。米瓦特提出的批评之一就是：自然选择理论完全不能解释"在发育的早期，有机体的形态结构变化快而精细，有的细微结构很快消失，但这些精细的结构今后可能是有用的"。

在《物种起源》的第六版，达尔文首次使用了"evolution"一词，但对于自然选择在形态结构缩减方面可能起的作用，仍然小心谨慎，他说：在器官缩减的过程中，自然选择或许有帮助。在讨论洞穴动物及其器官退化问题时，使用"用进废退"和"自然选择"这两个术语的次数已上升到9次和10次。他还补充写道：在黑暗环境中生活的动物，其眼睛的结构与功能发育可能会不正常，眼睛被组织所覆盖可能也有好处（也就是说，自然选择仍可能起作用）。他声明，器官退化是很普遍的现象，许多生物都具有退化的器官［这一事实通常被现今"逆行演化"（regressive evolution）概念的初学者所忽视］。他列举了从植物到鲸鱼大量的例证支持其观点。然而，他仍坚持认为，"用进废退"可能是器官退化的主因。虽然他提到，生物缩减不再利用的器官，可获得"经济"方面的好处，但他并没有解释"为什么某些器官完全消失了而另一些器官仍然保留着？"

所以，当谈到洞穴动物的器官退化现象和进化问题时，达尔文真实的主张是什么？他是自然选择论者（selectionist）还是拉马克主义者（Lamarckist）？实际上，对于器官退化或丧失问题的解释，达尔文属于新拉马克主义者（neo-Lamarckist）。因此，关于洞穴动物，如果说后来的新拉马克主义就是反达尔文主义（anti-Darwinism），那的确是对事实的误解，因为达尔文本人就持有新拉马克主义的观点。当然，另当别论的是，1859 年 10 月 11 日，达尔文在给莱尔（Lyell）的信中写道：对于拉马克的著作，我不知道你有什么看法，在我看来其内容似乎过于贫乏，我从中看不到事实和观点。

现今有作者认为，在讨论有关洞穴动物的问题时，达尔文持有新拉马克主义的思想，这意味着，在许多方面达尔文拥有"存在之巨链"的修改版本。法国哲学家兼博物学家珍 - 巴普蒂斯特 - 勒内·罗比内特（Jean-Baptiste-René Robinet）和瑞士昆虫学家查尔斯·邦内特（Charles Bonnet）都支持这一说法。这两位学者也都赞同有机体进步的观点。

在邦内特看来，上帝有一个"创世计划"，但上帝的神圣力量仅在宇宙的开端起作用。邦内特相信，物种之间总有中间形态，也信奉"预成论"（theory of preformation），认为在所有生物的雌性生殖细胞中都有一个预制的"胚"，所有这些预制的胚在宇宙开端就已经存在。他顺从乔治·居维叶（Georges Cuvier）的说辞，认为地球曾遭受多次灾难，地球上的生命数次蒙难，但每次灾难过后，"胚"都得以新生，演变成更好、更复杂、更完美的生命形式，就像基督教福音中所说的那样，在复活或轮回时达到顶峰。邦内特的这种信仰非常流行，尤其在法国，几乎家喻户晓。邦内特进而把"进步发展"（progressive development）的思想等同于"进化"（evolution）概念，意指"遵循上帝之意愿，复壮地球之生机"。

邦内特和罗比内特都是严格的拉马克主义者。而拉马克认为，生物在其生活环境中会产生一种内在的需要（needs），这种需要会触发体液（包括电流）循环，促使器官适度增大或发育。拉马克相信，在"高等动物"的体内具有一种自我的内在意识（inner consciousness），体内器官会对这种内在意识发生反应，并按照意识进行生长、发育。由此引出了"获得性（状）遗传"（inheritance of acquired characters）这一概念。虽然，相比于法国同行，达尔文较少倾向于用形而上学的思想解释事物，但他赞同用"获得性遗传"概念解读生物，因此他在讨论洞穴动物时，总是弱化或含混地提到自然选择。

科学处于混乱状态，达尔文本人对器官退化现象缺乏合理的解释，由此留下的空缺由"直生论"（orthogenesis）及其相关的概念填补。直生论首先在美国兴起，之后在欧洲传播。

1859 年，《物种起源》的出版，强烈地刺激了美国的学术界及整个美国社会。一方面，阿加西完全排斥物种演变的思想，尤其在学术界猛烈抨击达尔文的著作，认为达尔文的书"没有实质性的内容，很空洞乏味"。另一方面，怀曼（阿加西在哈佛大学的同事）和阿加西的儿子与学生最后都接受了进化思想，尽管他们并不认为自然选择是生物进化的主要机制。此外，阿尔菲厄斯·海厄特（Alpheus Hyatt）和爱德华·德林克·科佩（Edward Drinker Cope）不仅支持进化论，还创立了美国的新拉马克主义学派，他们把洞穴动物看作是极好的例证以支持自己的学说。由于达尔文本人坚持以"用进废退"机制来解释洞穴物种的演变，没有强烈主张"自然选择"的主导作用，因此他们并没有感觉到，他们的观点与达尔文《物种起源》最后一个版本中对于洞穴生物的解释之间存在什么矛盾。

这是一个思想大变革的时代，实验生物学蓬勃发展，传统的博物学逐渐发展成为近代及现代生物学，在这一国际科学发展的大背景下，美国和欧洲国家的洞穴生物研究有不同的表象，并受到社会、政治、经济、宗教、文化、教育乃至学者的师道、禀性及个性等多方面因素的制约，呈现各自的特色，但都对洞穴生物学的发展产生了深远的影响。

3）美国内战时期生物洞穴学研究的中断及之后海厄特－科佩"社会进步论学派"的兴起

1861～1865年，美国处于内战时期，这意味着，有关猛犸洞动物的野外观察和实验研究无法进行，因为有研究兴趣的科学家在北方，而猛犸洞位于南方。事实上，直到1871年，对猛犸洞动物的研究才有了新的进展，之前的10多年间，美国的博物学者对于洞穴动物的特征及其起源只能进行推测，无法通过直接观察获得感性认识。查尔斯·弗雷德里克·吉拉尔（Charles Frédéric Girard）就是最好的例证，他对洞穴动物特别感兴趣，但一直没有机会进洞考察。1847～1860年，他在阿加西的指导下工作，有幸获得了由扬洛夫（Younglove）采自鲍灵格林市附近一个水井中的一些动物标本。他将其定为新种——南方鮰鲈／盲鳉鲈（*Typhlichthys subterraneus*），隶属于盲胸肛鱼科（Amblyopsidae）。该新种似乎具有该科当时已知的洞穴盲鱼——洞鲈（*Amblyopsis spelaeus*）和在地面水体中生活的角鳉鲈（*Chologaster cornutus*）的过渡性特征。洞鲈缺乏眼睛但有腹鳍，盲鳉鲈既缺乏眼睛也缺乏腹鳍，而角鳉鲈缺乏腹鳍但有眼睛。显然，这一中间物种类型的发现应该引发对进化问题的深入讨论。可是，这一发现刚好发生在美国内战爆发之前，所以相关的研究没有再度深入。

讲到美国的洞穴生物，还得继续讲阿加西及其学生。阿尔菲厄斯·海厄特（Alpheus Hyatt）是阿加西的学生，纵然阿加西很不高兴，他也毅然接受了进化思想。1859年9月，他到猛犸洞考察并采集标本，这比他当时的同僚要早很多。海厄特的进化思想基于三方面：①物种与个体一样，具有生命周期（life cycle），随着时间的推移，会逐渐衰退以至灭绝；②物种在灭绝之前，必定经过退化这一阶段，洞穴动物的眼睛和色素缺失即是退化的表现；③物种演变是发育速度变化（加速或延迟）的结果，器官"用"则加速演化，"不用"则发育受阻，并逐渐萎缩。

海厄特的观点受当时两种思潮的影响：①基于洛伦茨·奥肯（Lorenz Oken）的德国理想主义及先验论的美国化的自然哲学思潮，阿加西赞同这一流派，并教之于包括海厄特在内的学生；②由恩斯特·黑克尔（Ernst Haeckel）的"重演原则"（principle of recapitulation）所宣扬的进步主义思想，海厄特充分利用"重演原则"提出了他自己的"加速生长律"（law of acceleration）。黑克尔关于前进进化（progressive evolution）的哲学纲要后来归集在其著作《人类的进化》（*Evolution of Man*）一书中，该书比较分析了动物的胚胎发育与进化，提出了今天我们所熟知的生物发生律（Biogenetic Law）或重演论（recapitulation theory），即个体发育重演系统发展。

很有意思的是，虽然黑克尔对于达尔文的《物种起源》竭力推崇，但并不热衷于宣扬达尔文的自然选择学说，而是倾向于强调拉马克的"用进废退"机制。黑克尔并不喜欢达尔文的自然选择理论，至少部分原因是，自己是德国的理想主义及先验主义者，而达尔文是英国最好的自然神学代表。

在美国的新拉马克主义者看来，不容争辩的是，达尔文本人也提倡以"用进废退"机制解释洞穴动物的表型退化问题，但须要指出的是，达尔文的学说暗示着"进化的随机性及进化方向的缺失"。因此，他们与达尔文的争论之处并非他们否定进化的事实，或怀疑"用进废退"机制的效用，而在于对大自然方向性的哲学观不同。时至今日，大自然演化的方向性问题仍然是特创论者主要的哲学论题。毋庸置疑，达尔文主义的胜利也被称为"机会和变化的胜利"。

美国的另一个进步主义的鼓吹者是科佩。虽然他是当时一个有争议性的人物，但也是一个多产的博物学家。他的第一项关于所谓的洞穴动物的成果是对一种采自宾夕法尼亚州的他认为是新属及新种的真洞穴鱼类——黑鲶（*Gronias nigrilabris*）的描述。虽然他没有提供任何证据证明这种鱼捕自地下环境，但他断言，这种鱼应该是从地下溪流中流出的，该溪流穿过兰开斯特县（Lancaster County）的志留纪石灰岩层，流入科内斯托加（Conestoga）。科佩因工作轻率、肤浅而闻名。之后的深入研究表明，他描述的这些标本实际上是褐棕真鮰（*Ictalurus nebulosus*），具有非对称性发育的眼睛，可能是环境条件异常所致。不幸的是，他关于这种鱼的断言在文献中反复被引用，直到最近才得以澄清。

然而，比这个所谓的发现更为重要的是，科佩本人对于进化问题所采取的态度及其对生物洞穴学的影响。基于胚胎学和系统学之间的比较，科佩和海厄特创立了著名的"海厄特 – 科佩学派"。在其职业生涯的早期，科佩反对自然选择学说，从来没有把自然选择看作是生物进化的重要力量。和他同时代的其他人一样，他强烈支持拉马克学说。并且，他还拓展了拉马克的思想，将进化描绘成由趋势所支配的现象，认为"进化就是沿着一定的路线，器官持续增大或减缩的过程"。这也就是后来所谓的"直生论"（orthogenesis），主张"生物进化是有方向的，不论环境条件如何，生物总是沿着既定的方向进化，而决定进化方向的动力完全来自生物体内部的潜在力量，与自然选择无关"。与海厄特一样，科佩也提出了自己的进化原理——非专化律（law of unspecialized），应用于洞穴动物，意味着"缺乏眼睛和色素的那些动物已处于系统发育的末端，由于它们过于特化，再无可能进化为别的物种。因此，不可避免地走向灭绝。"这些思想后来成为美国新拉马克主义的显著特征。甚至时至今日，有关洞穴物种进化的讨论都受到这些思想观念的深刻影响，并被概括成一个术语：逆行演化。

4）美国的塞勒姆分离学派

阿加西是当时哈佛大学乃至整个美国的学术权威，但由于顽固坚持特创论，他的同事、朋友、学生甚至儿子都与他渐行渐远，他们不仅接受了进化的思想，还试图修改或修正进化学说，其中海厄特、爱德华·莫尔斯（Edward Morse）、纳撒尼尔·谢勒（Nathaniel Shaler）、阿尔菲厄斯·帕卡德（Alpheus Packard）和弗雷德里克·帕特南（Frederic Putnam）为美国新拉马克主义学说的创立与传播做出了较大的贡献。

与阿加西分道扬镳之后，帕卡德成为美国新拉马克主义的领军人物。"新拉马克主义"这一术语是由帕卡德首先提出来的，因此帕卡德也被称为"拉马克生物进化学说的真正创立者"。1867 年，帕卡德和莫尔斯、海厄特共同创办了学术期刊《美国博物学家》（The American Naturalist）。19 世纪，有关美国洞穴动物研究的大多数论文都发表在该刊。1871 年，美国科学促进会在印第安纳波利斯开会之后，帕卡德首先检查了采自猛犸洞的标本，当年就发表了有关该洞动物区系的报告（表 1-2）。正如他以前的老师阿加西那样，他热衷于对洞穴动物的研究，认为洞穴动物可以给进化研究学者提供很多的机会，他写道：我们相信，全世界的博物学家都将带着新的热情去探索洞穴之奥妙。他确信，通过对猛犸洞动物区系的研究可以实现他个人的抱负，满足他对进化问题的浓厚兴趣，从中所获得的知识可以影响对更广泛的进化问题的理解。在他和帕特南看来，洞穴动物是在很短的时间内出现的，这就给海厄特 – 科佩的"增减起源论"提供了强有力的支持，而这一学说已在《美国博物学家》中得到完整的阐述。帕卡德认为，洞穴动物的起源时间很短，其身体某些器官的丧失会因其他器官的增大而得到补偿。

表 1-2　达尔文的《物种起源》出版以来，洞穴学、生物洞穴学及洞穴生物学发展史上的一些重要事件

年份	重要事件
1871	帕卡德（Packard）发表关于猛犸洞动物区系的报告
1872	达尔文在《物种起源》第六版中首次使用"evolution"一词
1872	科佩发表关于 Wyandotte 洞动物区系的报告
1886	帕卡德发表关于北美洞穴生物研究的专著（参考冉景丞等，1998）
1894	Martel 在洞穴地相学和探洞简易法方面做了开创性的工作；在 19 世纪 90 年代，还首次提出"洞穴学"（speleology）这一专业术语，因而被誉为"现代洞穴学之父"
1895	Martel 创建法国洞穴学会
1904	Viré 首次提出生物洞穴学（biospeleology）这一专业术语，他的博士学位论文的研究对象就是洞穴动物，曾在巴黎的地下墓穴中建立了一个地下实验室
1905	Racovitza 以《生物洞穴学》组稿的名义发起了一个广泛的国际合作研究项目，主要目的是采集和记述洞穴动物
1920	Racovitza 在罗马尼亚克卢日（Cluj）创建了世界上第一个洞穴学研究所

年份	重要事件
1907	Racovitza 发表《生物洞穴学问题随笔》（*L'Essai sur les Problèmes Biospéologiques*）
1907	Jeannel 和 Racovitza 一起创办《生物洞穴学》杂志
1909	Eigenmann 发表《北美洞穴脊椎动物》
1926	Jeannel 和 Racovitza 发表《法国洞穴动物志》（*Faune Cavernicole de la France*）
1941	美国组建国家洞穴学会
1946	法国创办专门性的洞穴学杂志——《洞穴学年鉴》（*Annales de Spéléologie*）
1949	国际洞穴联合会正式成立，标志着洞穴学成为一门正式的学科
1952	首届国际洞穴学大会在法国召开
1964	Vandel 发表《洞穴动物生物学》（*Biospéléologie: la Biologie des Animaux Cavernicoles*）
1966	Barr 总结了 1822～1965 年美国洞穴生物学研究的历程
1969	Thies 发表《洞穴及深海鱼类的逆行演化》（*L'Evolution Regressive des Poissons Cavernicoles et Abyssaux*），该书虽很有影响，但宣扬的基本思想是"直生论"
1970	Dobzhansky 在《进化过程中的遗传学》（*Genetics of the Evolutionary Process*）一书中，对洞穴内的生物进化问题进行了全面、正确的解释
1964～1978	国际洞穴协会于 1964 年开始试办，1978 年在意大利正式开办《国际洞穴学杂志》（*International Journal of Speleology*）
1975	日本洞穴协会创办《日本洞穴学杂志》（*Journal of the Speleological Society of Japan*）
1982	Culver 发表著作《洞穴生命：进化与生态》（*Cave Life: Evolution and Ecology*）
1991	Bellés 按年代顺序编列了生物洞穴学发展过程中的一些重要事件及轶事
1992	Shaw 在他关于洞穴学历史的论文中，也提供了少量有关生物洞穴学的历史信息
1994	法国学者 Juberthie & Decu 发表《生物洞穴学百科全书》（*Encyclopedia Biospeleologica*）第一卷
2001	Romero 在关于穴居性鱼类的研究论文中，涉及了洞穴生物学的进化思想史
2004	Gunn 发表《洞穴与喀斯特科学百科全书》（*Encyclopedia of Caves and Karst Science*）
2005	Culver & White 发表《洞穴百科全书》（*Encyclopedia of Caves*）第一版
2009	Romero 发表《洞穴生物学：黑暗中的生命》（*Cave Biology: Life in Darkness*），对洞穴生物学史进行了相当全面的总结
2012	Culver & White 发表《洞穴百科全书》（*Encyclopedia of Caves*）第二版

1874 年，帕卡德与肯塔基州地质调查局建立联系后，对猛犸洞及美国中南部地区的其他洞穴的动物研究兴趣更浓，但关于洞穴动物，他从来没有放弃其新拉马克主义的观点。

当时，另一位领军人物是帕特南。与帕卡德一样，帕特南作为助手也曾在阿加西的指导下从事研究工作，是阿加西所有的学生当中最晚接受进化论的人物，直到 1874 年，他似乎都还不太情愿接受进化论。事实上，既没有明确的信息表明，他支持海厄特 - 科佩学派的新拉马克主义思想，也缺乏证据证明他反对这一学派，但是他与帕卡德和谢勒的工作关系非常紧密，而帕卡德和谢勒对美国新拉马克主义学派的支持是无可争辩的。

帕特南于 1874 年在肯塔基州地质调查局获得了一个职位，这使得他可以直接接触到洞穴动物（特别是洞穴鱼类）。他也是在 1871 年美国科学促进会开会之后第一次进入猛犸洞采集鱼类、虾类、蛭类、甲虫及蟋蟀标本的。1874 年，他接受谢勒的邀请到该局工作，谢勒是该局的主任，委派他作为该局当年的特别助理。帕特南远不如帕卡德名声大，因为他并不想提供恢宏的一般性结论或赋予更多的猜测，而是喜欢通过观察及实验批评其他人（尤其是科佩）那些草率的结论。

帕特南的实验结果表明，眼睛正常的虾能够正常进食，而洞穴盲虾不进食，即使有阳光照射，随后蜕下的皮也缺乏色素。他也描述了盲胸肛鱼科 / 洞鲈科的一个新种——阿氏鳉鲈（*Chologaster agassizi*），但对于进化论他总是心存疑虑，他写道："我们有理由相信物种起源很早并且不变，同样我们也有理由相信物种是可变的，是后来发展的；我认为理论都须要不断地完善，现有的理论都是基于我们现有的知识，都存在局限性及片面性"。

帕特南作风细腻，对问题的争论似乎总是切中要害。例如，他对科佩的批评就很经典，直截了当。科佩解释道："洞鲈（*Amblyopis spelaea*）能够在地下水体中存活，因为其下颌突出，口朝向上方，便于在水体的表层取食，这种嘴型结构可能也是'为什么它是地下水体中的唯一鱼种'的原因所在。毋庸置疑，由于洞穴位于地下，水往低处流，许多其他生物被带入洞穴，但是其中大多数种类如同我们现今河流里、深水中或水体底层的取食者，而洞穴盲鱼在洞穴河流中觅食，其大多数食物是从溪流的表层携带进去的"。对此，帕特南质疑道：水体表层取食者（surface feeder）中的表层如何界定？为什么没有在洞穴中发现其他的表层取食者？帕特南感到困惑，科佩是怎么写出这样莫名其妙的话的，科佩本人还描述过所谓的洞穴鱼类新种——黑鲶（*Gronias nigrilabris*），而该种采自宾夕法尼亚州，是一种底栖鱼类，属于典型的水体底层取食者（bottom feeder），并且 1858 年费利佩·波埃（Felipe Poey）在古巴发现的洞穴盲鱼也是底层取食者。帕特南注意到，对洞鲈（*Amblyopis spelaea*）胃内容物的研究显示，它们主要取食小鱼小虾。他还质问道：如果如某些人所言，盲是由黑暗直接造成的，那么生活在田纳西州水井内的鳉鲈（*Chologaster* sp.），或者生活在猛犸洞中的泥鱼 / 泥鳅（mud fish）怎么又有眼睛呢？

帕特南还写道：自从在猛犸洞被发现以来，这种盲鱼对于所有见过及听说过的人来说，都很奇特，解剖学家和生理学家则认为它们仅仅是一个物种，必须研究其特殊的形态结构，弄清其来源，在达尔文学说和发育理论受到质疑的时候，对这种盲鱼的研究很有说服力。

帕特南把洞鲈科看成是以前的海生或河口咸水鱼类，其分布逐渐被限于现今的地理区域。他以该科中的具眼种类角鳉鲈举例说明这一假说：现今，该鱼种生活在美国南卡罗来纳州水田的水沟里，在很早以前的地质时期该科中的其他种类很可能也生活在类似的条件下；该科中具眼的种类和缺眼的种类生活在同样的环境条件下，这足以说明该科的系统发育并不是在现今某些种类生活的地下洞穴中发生的，而南卡罗来纳州的角鳉鲈表明，生活在地下环境中的种类并不一定发育出该科所具有的某一特征。

他提到该属中分布于古巴的洞穴盲鱼以进一步证明自己的假说：与这种鱼亲缘关系最近的该科种类是海生的，鳕鱼科及其近亲基本上都是海生的。

就此，关于洞穴动物的进化与生态学问题，我们该如何归纳美国这一代博物学家的观点呢？泛泛而谈显然不合时宜，特别是在对待像科佩这种人的思想时更应具体分析，因为他的观点一直在变。兹将他们的一些重要观点归纳如下。

①洞穴动物（盲而缺乏色素）古怪形态的主要（并非唯一的）进化动力是"用进废退"而非"自然选择"，因此洞穴动物提供了强有力的证据，证明环境条件对生物进化产生重要影响。

②所有的洞穴动物区系都是新近起源的。

③胚胎学和系统学的"原型"（archetype）、"同源"（homology）、"平行"（parallelism）等概念可用于解释洞穴动物存在退化（并非无用）器官的问题，相关的解释源于阿加西本人的自然哲学思想。

④某些器官退缩后，会因另一些器官的扩大而得到一定的补偿。

⑤"退化"实际上就是"特征的丧失"，进步主义和直生论相伴而生，洞穴动物是进步主义与直生论的最好例证。

鲍勒认为，拉马克主义和直生论联合起来对抗达尔文主义。的确，美国当时的博物学家就是这么干的（Bowler，1983）。

5）欧洲自然选择学说的兴起与论战的终结（1880 ～ 1921 年）

尽管美国的新达尔文主义影响深远，但一些欧洲的研究人员对于摒弃自然选择学说，通常不把自然选择作为生物进化的主要驱动力，特别对于洞穴动物的进化予以超自然或形而上学的解释深表不满。

欧洲自然选择学派的主要代表人物是奥古斯特·魏斯曼（August Weismann）和爱德华·雷·兰克斯特（Edward Ray Lankester）。虽然魏斯曼并没有专门研究过洞穴生物，但他支持自然选择学说，部分原因是他的老师雅可比·亨勒（Jacob Henle）鼓励他怀疑基于唯心主义的自然哲学的任何观点。兰克斯特是一位比较解剖学者，深受德国生物学家安东·多恩（Anton Dohrn）的影响，而多恩是海克尔的学生。兰克斯特对洞穴动物予以更明确的阐述，他认为，洞穴动物眼睛的缺失是由于有一种特殊的自然选择在起作用，其基本过程可能大致如下：①一个动物种群中的某些个体或许由于某种原因先天性缺眼，正常个体和缺眼个体偶然一同落入或进入洞穴；②在洞穴中生存下来的它们的后代，眼睛正常的个体可能通过洞内微弱的光路爬出洞穴，而缺眼个体最终成为真正的洞穴动物；③在洞穴中不难找到在个体发育及系统发生上退化的物种，"退化"或"组织器官丧失"使后代比其祖先的结构显得更为简单、低级。由此可见，兰克斯特并没有把进化（evolution）等同于进步（progress）。

"动物一旦进入有食物和安全保障的新环境中，身体上的器官系统就趋于退化，就好像一个健康好动的人突然获得了财富，生活富足之后他就懒得活动以致身体上的器官逐渐衰弱……而动物的寄生性生活一旦稳固，肢体、嘴巴、眼睛、耳朵等器官都会逐渐消失"。

显然，兰克斯特深受"海厄特-科佩学派"的影响，并试图将动物的寄生生活与英国皇室的富奢生活相比拟。

因此，有关洞穴动物的形态学特征一直争论不休，后来虽然孟德尔的遗传学研究成果也得到肯定和接受，但在讨论的过程中更多的还是猜测。胡戈·德·弗里斯（Hugo De Vries）是重新发现孟德尔对遗传学做出伟大贡献的人物之一，他相信有两种类型的突变（mutation），即"退化性突变"（retrogressive mutation，导致性状丧失的突变）和"进步性突变"（progressive mutation，导致复杂性的突变）。但这只是理论上的考虑而缺乏实证。尽管弗里斯不喜欢直生论和目的论的说辞，但在谈到突变时还是使用了进步论者的行话。兰克斯特（Lankester）还认为，每一个无用的性状都关系着另一个有用的性状，这与托马斯·亨特·摩尔根（Thomas Hunt Morgan）的突变论相吻合。摩尔根认为，基因具有多效性（pleiotropism）。摩尔根虽以实验生物学家著称，但对于洞穴动物的情况也是出于推测，基于他在实验室里所见到的无眼果蝇（Drosophila）的性状遗传变异情况，他提出，洞穴动物没有眼睛可能是某个基因突变的结果。可是，他从来没有做实验验证这一推断。

在这一阶段，对于洞穴动物做过研究的最后一位重量级的生物学家是卡尔·艾根曼（Carl H. Eigenmann），他或多或少地受到美国新拉马克主义学派的影响，尤其是在阿加西的儿子亚力山大的学生戴维·斯塔尔·乔丹（David Starr Jordan）的影响下成为对鱼类特别感兴趣的生物学家。1886年，在印第安纳大学他第一次见到洞穴盲鱼，那是一条采自印第安纳州科里登（Corydon）一口水井里的活鱼。翌年，他与罗莎·史密斯（Rosa Smith）结婚。罗莎也是一位鱼类学者，她给他介绍在加利福尼亚海岸岩石间发现的盲虾虎鱼（Othonops eos），他印象极为深刻。1891年，他被委任为印第安纳大学的动物学教授，这有利于他研究附近洞穴中盲的脊椎动物。后来，他的确专注于研究无眼的脊椎动物，多数标本采自洞穴。

1887～1909年，他的大部分工作都致力于弄清洞穴脊椎动物失去视觉结构的过程。他还描述了两种洞穴鱼类新种，即采自密苏里州的罗莎洞鲈（Amblyopsis rosae）和采自得克萨斯州自流水中的洞鲴（Trogloglanis pattersoni）。艾根曼经常考察印第安纳州、肯塔基州、得克萨斯州和密苏里州的洞穴，在洞内寻找动物，采集标本用于研究。1902年3月，他第一次到古巴考察，并采集洞穴动物标本用作比较研究。基于多年从事鱼类繁殖研究的经验，他很快意识到生活在古巴洞穴中的两种鱼类是胎生的。

艾根曼发现，古巴盲鱼的采集地环境单调，而猛犸洞的环境复杂多样，因此猛犸洞中的鱼类个体明显大一些。1906～1907年，他在欧洲做了一些实验，大多数实验是在德国完成的，并用到了古巴的标本。1898～1905年，艾根曼至少发表了39篇有关洞穴脊椎动物的论文和摘要，大多数是关于鱼类、蝾螈、蜥蜴和哺乳动物的视觉丧失问题，以试图理解地下脊椎动物致盲的基本过程。他所有的研究成果都汇集于《北美洞穴脊椎动物》一书中。

虽然艾根曼是一位训练有素的分类学家，但他孜求洞穴动物起源与演化之缘由。作为本来的新拉马克主义学者，他认为，许多洞穴动物都存在器官退缩或消失的现象，这是趋同进化（convergent evolution）的例证。换言之，地下缺乏光照等特殊的环境条件促使许多动物类群发生进化改变，逐渐丧失视觉及色素。他指出，色素的缺乏只能被理解为"遗传性状受到环境影响，是先天性因素与后天性因素综合作用的结果"，也就是说，即使一个性状是由遗传所决定的，但若暴露在不同的光照条件下，其发育的程度也可能大不相同。在艾根曼看来，洞穴生物的进化实际上是退化，而所有在洞穴中生存下来的物种必定经历过某种形式上的环境"预适应"（pre-adapted）过程。基于对加利福尼亚海岸岩石间盲鱼的认识，艾根曼把洞穴起源和洞内盲动物的起源视为两个不同的过程。他坚持"个体发育与系统发展密不可分"。他经常使用"系统发育性退化"（phyletic degeneration）等术语，这意味着他持有直生论的观点。他接受赫伯特·斯宾塞（Herbert Spencer）的思想，认为洞穴动物区系的形成并非"偶然"或机遇，而是动物在洞穴中主动栖居的结果。

在艾根曼关于脊椎动物致盲原因研究的顶峰时期，他的学生阿瑟·曼根·邦塔（Arthur Mangun Banta）对于表型特征退化或丧失的原因提出了不同的解读。邦塔认为，眼睛和色素的"退化"（degeneration）是环境影响所致，退化现象一定发生在动物定居/移居（colonization）洞穴之前的胚胎发育阶段。因为这些动物已经遭受"退化"，它们"自愿"进入洞穴而没有返回到地面，它们"不适合"于在地面的环境条件下生活。这样看来，班塔并非新拉马克主义者，也即他并不相信"用进废退"是器官衰退的原因，他甚至认识到，自然选择能够解释某些洞穴动物感觉器官增大的现象。尽管班塔关于"洞穴动物为什么在洞穴中定居，以及为什么它们盲而缺乏色素？"的假说再没有获得更多的实证，但他强调的"预适应"概念逐渐地流传开来，而"preadaptation"这一术语是 4 年之后由屈埃诺（Cuénot）杜撰出来的。

总之，到 20 世纪初，遗传学受到重视，但即使人们不再相信新拉马克主义的"用进废退"学说，在洞穴生物学（cave biology）领域也没有提出新的思想。这并不奇怪，因为那时甚至连进化的主题讨论也逐渐淡去，相关的研究停滞不前，形态学逐渐被边缘化，专家学者纷纷转行。兰克斯特离开牛津大学的教授岗位，而到英国的自然历史博物馆当主任；艾根曼转而开始研究西半球的淡水鱼类区系。

在英语国家，生物洞穴学（biospeleology）已没有前途，但在欧洲大陆尤其是在法国又掀起了一股复兴热潮，他们拥有别具一格的新拉马克主义和自生论学说。这怎么可能呢？

6）法国及欧洲其他国家的生物洞穴学思想（1809 ～ 1950 年）

法国及法语语系的研究人员，从拉马克到 20 世纪 50 年代的生物洞穴学家持续地影响着生物洞穴学的学术观念。他们的思维方式和术语渗透在洞穴生物学领域。要理解其缘由，我们必须：①回顾一下达尔文《物种起源》出版之前法国的政治与学术环境；②评估达尔文的著作被接受的过程；③弄清法国人是怎样，特别是为什么发展了具有自身特色的进化思想体系，尤其是在对洞穴动物的解释方面独树一帜。

在达尔文的《物种起源》出版之前，法国有关"进化"（生物学及其他领域）的思想特别丰富多样，但有一些共同之处，即都带有强烈的哲学思辨意味，而非基于实践经验。

让 – 巴蒂斯特·拉马克（Jean-Baptiste Pierre Antoine de Monet, Chevalier de Lamarck）开始学的是内科，后来在法国皇家植物园从事植物学方面的研究，并积极参与自然历史学会的活动，而后被委以新成立的国家自然历史博物馆"昆虫和蠕虫"研究方面的教授职位。拉马克自认为是"博物 – 哲学家"，因此他的大多数论述都带有形而上学的哲学色彩，或者只是推测，而非基于事实。此外，在他于 1809 年发表的《动物哲学》和 1815 年发表的《自然历史》的补遗中表述的大多数进化观点从来没有很好地论证过，甚至有时是相互矛盾的。更糟的是，拉马克的著作被翻译成多种文字，而这些翻译并非总是准确的，他的一些论述被转译时脱离了其原来的背景，使得人们搞不清拉马克究竟说的是什么。可是，有一点是明确的，他是早期的有机体论者（organicist）和进步论者（progressionist），他把大自然看成是线性排列体系，现今的有机体（生物体）是线性进化，增加复杂性的结果。

"获得性遗传"这一概念，并非拉马克最先提出，但拉马克是主要的倡导者。拉马克还把进化看成是一个"目标指向的过程"，认为有机体进化就是努力增加复杂性，不断进步，趋向完美。他相信，物种不会绝灭，而会持续地转变成新的物种。他描绘了生物增加复杂性过程中超自然的"生命力"（power of life）。"生命力"与"环境塑造力"（modifying power of environment）共同作用的结果就是我们所看到的地球上的各种生命形态。虽然他从来没有谈到过洞穴动物，但很乐意把组织器官简化的寄生虫作为案例来讨论问题。对于寄生虫，他有圆满的解释：它们之所以呈现原始的形态，是因为它们是最近才自然发生的产物。外部环境使它们偏离了进步的轨道，某些偶然性因素可能使得它们的器官失去效用，从而改变通向复杂性的路径，变成进步主线上的侧支。许多鲸类牙齿的缺失和营地下生活的鼹鼠眼睛的缺失也是很好的例证。

拉马克的学说对许多科学家都产生了深远的影响，不仅影响了与其同时代的欧美科学家，也深刻地影响了整个19世纪和20世纪全世界的学者。

与拉马克同时代的两个人对于"自然界增加复杂性"的概念也有贡献。乔治·居维叶虽然是一个特创论者，但他注意到了地层记录物种演替方面的某些"进步"。他承认，动物体存在痕迹器官（vestigial organ），却并没有对痕迹器官予以合理的解释，仅把痕迹器官看成"自然历史留下的显著性特征"而已。若弗鲁瓦·圣伊莱尔（Geoffroy Saint-Hillaire）是法国自然历史博物馆脊椎动物分馆的负责人，他相信进化、进步以及存在之链，总是寻找过渡形态。他用神秘宗教的观点讨论痕迹器官的起源问题，把痕迹器官解释为"自然美的蒙羞"。若弗鲁瓦是拉马克的门徒，并受到奥肯自然哲学的深刻影响，因此比拉马克更加唯心，还给进化思想蒙上了更神秘的色彩。

在拉马克时代，法国的哲学家都沿着同一条路线思考问题。马基·德·孔多塞（Marquis de Condorcet）是一位杰出的数学家、哲学家和政治活动家，他把"进步思想"几乎贯穿到对历史的所有解释当中。他接受"获得性遗传"的概念，并将其用于构建他对于人类社会和人类机体逐渐改善的美好愿景。孔多塞的"进步观"和"美好愿景"得到赫伯特·斯宾塞（Herbert Spencer）、弗里德里希·恩格斯（Friedrich Engels）、莱斯特·沃德（Lester Ward）、奥古斯特·孔泰（Auguste Comté）和马塞尔·德塞尔（Marcel de Serres）等哲学家的支持，马塞尔还更明确地提出"生命就是通向完美的进步性表现"。

因此，在达尔文的《物种起源》出版之前，法国的学术界并不像欧洲其他国家和美国那样是"反进化"的。实际上，当时任何一个受过良好教育的法国人都没有反进化的倾向。法国的进步主义思想事实上可追溯到现代科学的发育期（1650～1800），即法国的启蒙运动和百科主义（Encyclopedism）时代。除了居维叶外，拉马克的同辈人都或多或少地支持演变论（transformism），虽然他们并不赞同（甚至在某种程度上还嘲笑）拉马克那些缺乏事实根据的猜测，特别不相信他那"一个新器官可以通过生物的'意志'（desire）而产生"的臆想。可是，法国人的心理准备不足，他们并没有把进化看作是不包含形而上学内容的、唯物的、随机的过程。在这种背景下，达尔文的《物种起源》被翻译成法文，使情况变得更糟。

克蕾芒丝-奥古斯蒂娜·鲁瓦耶（Clémence-Augustine Royer）将《物种起源》译成法文。鲁瓦耶博学多才，是一个女权主义者，不仅崇尚科学，而且认为妇女应该把科学转变成"女性科学"。1860年，她在日内瓦听了一堂有关拉马克学说的演讲，当时瑞士昆虫学家兼古生物学家皮克泰·德拉里弗（Pictet de la River）在演讲中也对《物种起源》进行了评论，这是鲁瓦耶第一次听说达尔文的进化论著作。后来，鲁瓦耶将《物种起源》译成法文，她之所以翻译该书，主要是因为她想从中获取新的证据。换言之，她翻译达尔文的著作并非很想宣扬达尔文学说，而是想以其为佐证，证明一个重要的观点：拉马克是进化论之父，仅此而已！

勒内-爱德华·克拉帕雷德（René-Edouard Claparède）是法国的动物学家，也是早期达尔文主义的推崇者，曾热衷于评述达尔文的著作。遵从他的劝导，鲁瓦耶翻译了《物种起源》第三版（与前两版相比，该版在对器官退化问题进行解释时，更多地运用了拉马克学说中的概念）。在译著中，鲁瓦耶添加了许多的脚注，还在冗长的序言中倡导优生学，可能是运用达尔文的思想倡导优生学的第一位学者。达尔文虽授权给她，让她把书译成法文，但对于译著中的序言及脚注感到不快。她不仅换了书名，而且更重要的是，还以"选举"（election）代替"选择"（selection），以至可能给人留下这样的印象"大自然有其自身的精神，进化具有目的性和方向性"。

法译版之书名被篡改为《物种起源或生命体之进步法则》，给人的感觉是，达尔文强调进步的思想，但达尔文对于"进步主义"充其量是含糊的。达尔文在给阿尔芒·德卡特勒法热（Armand de Quatrefages）、查理·莱尔（Charles Lyell）、阿萨·格雷（Asa Gray）等几位同行的通信中表明，他本人对于法译版颇感失望。另外，尽管译文比较接近法国人的心态，但达尔文感觉到该书在法国并不受欢迎。在给法国博物学家德卡特勒法热（虽然反对达尔文的进化学说，但也很尊重达尔文）的一封信中，达尔文写道："几乎一个星期过去了，我还没有听到支持我的观点，也没有收到像往常那样称赞我的著作的某些德国博物学者的进一步的反映，同时我也没有听到除阿尔贝·让·戈德里（Albert Jean Gaudry）之外，其他的法国动物学家的任何意见"。

对于法译本，达尔文感到很不高兴，但也别无选择，因为无论如何法国很少有人愿意翻译和出版他的著作。

之后的岁月，鲁瓦耶继续发表有关拉马克的论著，讲授拉马克学说，因为拉马克是她最崇拜的英雄。鲁瓦耶可能是欧洲第一位人类学领域的职业女性，也是一个炽热的探洞者。

艾蒂安·拉博（Étienne Rabaud）对于鲁瓦耶的译本很感兴趣。他是阿尔弗雷德·吉拉德（Alfred Girard）的学生，而吉拉德是索帮神学院进化研究学会的第一任主席，也是一个狂热的拉马克主义者。拉博狂烈地推崇拉马克学说，甚至在 20 世纪 30 年代，他都还在质疑达尔文主义的价值。对于鲁瓦耶的序言，他极力赞赏，认为她唤起人们对拉马克及其学说的再度关注。

达尔文学说在法国的接受度很低，难道其原因仅仅是法译本不精准以及当时法国的学术氛围不良吗？不完全是！就在《物种起源》出版之前，法国人见证了历史上最公开和最激烈的科学争论。1858～1859 年，法国社会充斥着费利克斯·阿基米德·普歇（Félix Archimède Pouchet）和路易·巴斯德（Louis Pasteur）之间传奇式的争论，即"自然发生说"（spontaneous generation）和"生物具有独特的持续产生后代的能力"学说之间的争论。虽然巴斯德在争论中获胜，把科学作为一种探究的方式赢得了凯旋，但普歇的同情者仍然坚持着"不可知论"（agnosticism），而巴斯德的支持者对于宗教和形而上学的思想也更能理解和宽容。因此，尽管事实上法国人并不反对进化思想本身，但达尔文提出的自然选择机制使他们想到，"不可知论"和"唯物论"仍属于"自然发生说"的范畴。因此，作为诞生了进化思想先驱人物乔治-路易·布丰（Georges-Louis Buffon）、拉马克和若弗鲁瓦·圣伊莱尔（Geoffroy Saint-Hillaire）的法国对于达尔文的著作淡然面对，少有公开的争论。

其他政治和社会事件进一步凝练了法国人的进化神秘观。1870～1871 年，法国与普鲁士之间的战争使法国人产生了一种在政治和军事上全国性的蒙羞感。像任何国家一样，被打败后，那个国家的人民就从神秘的国家主义思想中寻找慰藉。国家命运和历史进步的思想更强烈地根植于法国人的灵魂，学校修订后的课程更强化了这方面的意识。斯宾塞的"最适者生存"的教条很不受欢迎：普鲁士已发展成为帝国主义，是一个不可战胜的邻居，在法国人的心目中，好像是"最适者"。至此，法国的知识分子完全地投身于神秘主义的怀抱，以阐述其自然宏论，而"进化"就是这一切精神慰藉的核心。

在这种学术气氛中，法国新拉马克主义的种子得以田播，法国的生物洞穴学者到处播撒，而亨利-路易·贝格松（Henri Louis Bergson）成为新拉马克主义之父。贝格松是一名哲学家和数学家，他的进化思想大体上是反唯物主义的，他主张"有机体的进化只是一个更大的宇宙进化的一部分"。他是拉马克的信徒，坚持"用进废退"学说，并认为"进化被一种内在力量所引导"，这种力量被称为"生命活力"（élan vital）。他也是一个强烈的爱国主义者，猛烈反对达尔文主义。达尔文把自然选择看成进化的主要力量，意味着进化没有方向性，这是他绝对不能接受的观念。贝格松的名字广为人知，部分原因是他运用了"生命活力"这一概念，而该概念对宗教很有用，可用以阐述"进化的过程"。

贝格松熟悉科佩和海因里希·埃梅（Heinrich Eimer）的思想，而埃梅是鲁道夫·阿尔贝·克利克（Rudolf Albert Kölliker）的一个信徒。鲁道夫支持并宣扬"直生论"，"orthogenesis"这一术语最初是由动物学家约翰·威廉·哈克（Johann Wihelm Haacke）于1893年提出的。其他的学者虽采用不同的术语，如"直向进化"（orthoevolution）、"循规进化"（nomogenesis）、"优生优育"（aristogenesis）、"欧米伽原则"（omega principle）等，但实际上是一样的意思。贝格松是法国一个狂热的爱国主义者，1907年提出"生命活力"或"生命冲动"（vital impetus）概念。这个概念很模糊，通常不予翻译而是照写，但使人联想到拉马克所说的"生命力"（power of life）。拉马克使用这一概念，意指生命具有自我发展的特征，总是使自身朝着复杂性的方向发展。在贝格松看来，"生命活力"就是有机体通向复杂性的推动力，也正如直生论所宣扬的那样"是'生命活力'把神域的进化推向物质世界"。可自然选择学说具有唯物主义的意涵，贝格松并不喜欢，但同时又找不到强有力的证据支持拉马克的"获得性遗传"，而"生命活力"就是他选好的答案。无疑，与"自然选择"和"获得性遗传"不同，"生命活力"不能被检验，也不能被证伪。

按照贝格松的说法，尽管"目的论"认为"进化具有明确的方向和路径"，但达尔文的进化论和目的论可以共存，有什么样的力量可以将两者统一起来呢？自然选择，当然不可能，因为自然选择具有明显的随机性，那必定就是一种神秘的力量，即"生命活力"。这种思想可看作是对拉马克学说的宗教式曲解，但仍需进一步考证。贝格松深切关注其同胞犹太人的命运，几乎变成了一名天主教徒。显然，他的宗教观也是复杂的。

贝格松的思想被广泛接受，其他的哲学家，如吕西安·屈埃诺（Lucien Cuénot）等还拓展了他的学说，认为"物种之所以能够在特别的环境中生存下来并成功繁育后代，是因为它们进行了'预适应'（preadaptation）"。他杜撰的这个术语，生物洞穴学家都非常熟悉，时至今日，还有许多学者喜欢使用。毋庸置疑，屈埃诺赞同"线性进化"（linear evolution），然而在20世纪初期实验遗传学的新时代，他总算相信那是"突变"的结果。

总之，贝格松是一个进步主义者，但他并不相信"一定存在一个预先设计好的目标"，而是认为"进步到最后阶段，结果难以预测"。由此看来，他试图用当时流行的"进步论"玷污达尔文学说。

在洞穴学，尤其是生物洞穴学创建的过程中，上述有关生命的新的哲学思想都得以发展，学科的基础也是由法国或法籍博物学家奠定的，其中之一就是爱德华－阿尔弗雷德·马特尔（Edouard-Alfred Martel）。马特尔是一名律师，经过培训后成为地理学者。他因1894年在洞穴地相学（physiography）和探洞简易法方面的开创性工作而闻名。19世纪90年代，他还首次提出了"洞穴学"（speleology）这个专业术语。他探察了塞文山脉（Cévennes）的石灰岩洞穴，还和其他的探险者一起考察了欧洲、亚洲和美洲的一些以前无人知晓的洞穴。1895年，他创建了法国洞穴学会。1886～1899年，他是巴黎商业法庭的法官，同时还当上了索帮神学院的地下地理学（subterranean geography）教授，这是世界上第一个洞穴学领域的学术职位。1901年，他被安排到法国地质图部工作。他发表了1000多篇有关洞穴研究方面的论著，经常被称为"现代洞穴学之父"。1904年，另一个法国人阿尔芒·维尔茨（Armand Viré）首次提出了生物洞穴学（biospeleology）这一专业术语。维尔茨于1899年撰写的博士学位论文就是针对洞穴动物的。后来，他还在巴黎的地下墓穴中建立了一个地下实验室。

可是，最终将生物洞穴学确立为一门科学并使之呈现鲜明学科特色的两个人物是埃米尔·拉科维策（Emil G. Racovitza）和勒内·加布里埃尔·让内尔（René Gabriel Jeannel）。拉科维策是在罗马尼亚出生但在法国接受教育的博物学家。1905年，他和门徒让内尔开始在欧洲西南部的比利牛斯山探察洞穴。他以《生物洞穴学》（当时法国出版物《普通动物学及实验动物学文库》的一份增刊）组稿的名义发起了一个广泛的国际合作研究项目，主要目的是采集和记述洞穴动物。1920年，他在罗马尼亚克卢日（Cluj）创建了世界上第一个洞穴学研究所。他探察了分布于欧洲和非洲的1200个洞穴，采集了约5万份洞穴动物标本，发表了66篇有关地下动物区系的论文，总计将近6000页。他广纳博收，受到直生论者埃梅和科佩、新拉马克主义者帕卡德，以及具有普通进化论思想者路易·多洛（Louis Dollo）的深刻影响，但对于自然选择论者魏斯曼（Weisman）感到很讨厌。

拉科维策主要写了两部关于生物洞穴学理论方面的论著，其中之一是 1907 年发表的《生物洞穴学问题随笔》（*L' Essai sur les Problèmes Biospéologiques*）。在该书发表的同时，贝格松提出了"生命活力"概念，这标志着生物洞穴学的诞生。另一本标题为《进化及其问题》的书则鲜为人知。在这两部论著中，他清晰地描述了关于洞穴生物的进化思想，其主要观点如下。

①所有的洞穴生物都要对洞穴环境进行预适应。

②有什么样的功能需求就会产生相对应的器官，功能缺失，相应的器官也就消失，"用进废退"学说千真万确，普遍适用。

③自然选择的作用很小，因为自然变异几乎是不存在的，必须用类型学的观念和方法分析生物洞穴学问题。

④进化是具有方向性的，生物总是朝着系统学线系（phyletic lines）进化。

他的学生让内尔继承了他的学术思想，让内尔研究采自欧洲和非洲的地下甲虫。让内尔和拉科维策一起于 1907 年创办了《生物洞穴学》杂志，于 1926 年发表了《法国洞穴动物志》（*Faune Cavernicole de la France*）。他把在洞穴中发现的许多生物看作"活化石"，这种思想对于全世界的生物洞穴学家都产生了深远的影响。

对于洞穴的系统研究是法国人发起的，法国人对于洞穴学的发展作出了巨大的贡献，但这些取得过重要成就的法国学者一点也不赞同达尔文学说，他们先是笼罩在新拉马克主义的不同阴影之下，后来又受到不同形式的目的论（如直生论、机体论）思想的深刻影响。因此，自 1880 年开始，法国的生物学家都是在强烈反对自然选择学说的同时，通过对新拉马克主义的推崇而逐步接受"种变说"（transformism）及其相关概念的。这种思想体系随着屈埃诺、莫里斯·科勒里（Maurice Caullery）、让·罗斯唐（Jean Rostand）等流传到 20 世纪。

因此，把洞穴生物作为完美例证，彰显法国版的新拉马克主义的正统，似乎在所难免。事实也的确如此！这些法国学者的共同点可大体归纳如下。

①赞同直生论，把进化看成是大自然通向完美复杂性的线性现象。

②认为进化与自然选择没有任何关系。

③在生物学领域推行目的论（finalism）、活力论（vitalism）、机体论（organicism）及其他的本质论（essentialism）。

④把洞穴生物当作这些生命观的"完美"例证。

⑤认为洞穴动物无眼（或视觉功能丧失）、色素缺乏是组织器官"退化"的表现，但法国社会要追求"进步"，不进则退，"退化"与"进步"的概念与思想相互促进和强化。

1.2.4　现代综合进化论时期（1936～1947 年）

毫无疑问，现代综合进化论（modern synthesis）是 20 世纪生物学领域主要的哲学与科学革命，它把进化思想推到了生物学的核心。这意味着，非拉马克主义的达尔文学说获得救助，生物学上的形而上学思想被人摒弃，类型学 / 本质主义者（typological/essentialist）的生命观被种群概念所取代。这一学术运动的主要推动者当中，只有一人特别关注洞穴生物的进化问题。

这个人就是狄奥多西·杜布赞斯基（Thodosius Dobzhansky），他在《进化过程中的遗传学》（*Genetics of the Evolutionary Process*）（1970 年）一书中，对洞穴内的生物进化问题进行了全面正确的解释，其基本观点如下。

①进化是机会性的。

②对一个新环境的适应可能会使某些器官/功能的重要性降低，这可能导致器官的逐渐退化或消失。

③动物界和植物界都有许多器官退化/消失的例证。

④生物体某些器官的扩大或新器官的出现可能伴随着其他器官及其功能的退化或消失。

⑤洞穴动物是"退化"现象的最好例证，但这并不绝对，某些洞穴生物并未呈现"退化"迹象，而某些非洞穴动物也存在退化现象。

⑥甚至在同一物种或同一种群之内，性状退化的程度都差别很大。

⑦洞穴动物眼睛退化及色素退化等特征的形成是基因和表型可塑性（phenotypic plasticity）共同作用的结果。

⑧撇开新拉马克主义的观念，对于器官退化的遗传机制主要可以从两个方面予以解释：如果不反对自然选择理论（选择松弛），就应该考虑选择压（selection pressure）的问题（中性突变）；从能量经济学或"器官竞争"的角度考虑，自然选择直接有利于某些器官的退化。相关的证据似乎支持后一方面。

20世纪后半叶累积的科学证据支持上述所有的观点，除了第8条中的"器官竞争"（struggle of the parts）之外。

杜布赞斯基在洞穴生物区系进化研究方面的主要贡献极大地促进了我们对洞穴生物特殊性的理解。首先，他强调在进化过程中"机会性"的重要作用，认为在自然系统中，"机会性"所起的作用可能比我们通常所认为的要重要得多。许多证据表明，进化是群落/群体分歧的副产品（by-product），而群落/群体歧异的时机比较短暂。在歧异过程中，机会性的生物能够充分利用先前的条件或空缺的生态位，以满足营养、能量、繁育及社群行为的需求。机会性也可能导致互利共生（mutualism）、种内寄生（intraspecific parasitism）及种群增殖。甚至在分子水平上也存在机会性。机会性还是拓殖种（colonizing species）成功拓殖的主要因素，尤其对于拓殖在极端环境下的那些物种而言，机会性特别重要，洞穴生物更是如此。

事实上，之所以地球上生命无处不在，主要原因在于生命的拓殖具有机会性。在地球上，生命可见于南极、北极的极端低温环境和地球深处的极端高温环境，还普遍见于低pH、高pH、高盐环境，包括但并不限于深海热泉、淡水碱性温泉、酸性硫质场、厌氧的地热泥土、硫酸化及黄铁矿区、碳酸泉、碱性土壤、冷高压的大洋深处、碱湖乃至高碱湖等。实际上，目前已形成一个完整的生物学研究领域——极端微生物学（extremophile microbiology）。1977年，深海热泉及其微生物的发现使我们认识到，还存在一个不需要光照也能自我维持的全新环境。换言之，生命具有难以置信的能力以成功地生活在多样化的环境中，以致有人预测包括太阳系在内的其他星球上也可能存在生命形式。

现今，洞穴环境似乎并非"极端环境"，生活在洞穴中的生命形式也并非"极端环境下的生物"，我们更不需要采用形而上学的陈词滥调以解释其起源和进化。正如另一位综合进化论的奠基人乔治·盖洛德·辛普森（George Gaylord Simpson）所言："进化过程并非计划所致而是机会所为"。

杜布赞斯基的第二大贡献就是提醒生物洞穴学家：表型特征的减弱或丧失并非洞穴生物独特的现象，实际上普遍存在于动物界和植物界，如生活在动物、植物体表或体内的寄生虫，以及生活在深海、昏暗水体或浑水中的动物都或多或少地存在具有表型弱化现象的生物，甚至一些寄生植物也丧失了叶绿体或叶绿素。栖居于小岛及高山上的动物普遍表现为肢体发育不良、缺失，或飞行能力丧失。鲸类和蛇类的主要"进化新征"（evolutionary novelty）就是肢体缺失。甚至，我们人类也已经丧失或减弱了许多祖征。因此，典型洞生动物的特征［简称"洞生性（型）特征"（troglomorphism/troglomorphism characters）］（参见第4、10章）可通过众所周知的进化机制予以解释，而无须求助于新拉马克主义的套话或借用"逆行演化"这一术语。但问题是，尽管杜布赞斯基对"洞生性特征"进行了深刻的评述，但对于洞穴动物性状退化现象的研究在很大程度上被主流进化生物学家所忽视，这至少有两个方面的原因：①流行观点认为，"进化新征"应该是特征增加而非减少；②新拉马克主义者利用这种特殊的生物学现象充实其所坚持的"获得性遗传"或"进化具有方向性"的概念体系，使得现代进化生物学家对该领域缺乏兴趣。

杜布赞斯基的第三大贡献就是指出表型退化程度上的差异广泛存在。这方面有明确的例证，但更重要的是，杜布赞斯基的陈述是对生物洞穴学者所信奉的类型学或本质论的沉重打击。换言之，洞穴动物根本不存在所谓的"原型"（archetype），并非所有的洞穴动物都是盲的及缺乏色素的，如果是盲的或缺乏色素的，盲的程度及色素丧失的程度也差异很大。

最后一个或许是最重要的贡献就是杜布赞斯基提出了机制性的观点。他认为，性状的减弱及丧失具有遗传学基础，但也受到表型可塑性的影响。对此，不应感到奇怪，因为行为可塑性和机会性之间存在关联，在野生状态下，可将创新率（innovation rate）视为行为可塑性的衡量指标。

恩斯特·迈尔（Ernst Mayr）也确认，关于"器官退化及丧失"的进化现象完全可以用综合进化论予以解释。可是，对于其中的逻辑关系，生物洞穴学家总体上难以接受，讲"进化中的退化问题"他们感到拗口，似乎还很矛盾。

于是，生物洞穴学继续在法国繁荣，也在其他国家挣扎。

1946 年，法国创办了一份专门的洞穴学杂志——《洞穴学年鉴》（Annales de Speleologie），首届国际洞穴学大会于 1952 年在法国召开。更重要的是，法国的普通进化论者，尤其是生物洞穴学者并没有软化其新拉马克主义和直生论的立场，而是立场更加坚定。我们既可以从屈埃诺的著作中体味其顽固性，也能够从让内尔、科勒里、罗斯唐和皮埃尔 - 保罗·格拉斯（Pierre-Paul Grassé）的论著中感觉到其强硬的姿态。尽管所有的证据都对他们不利，但他们仍然信奉新拉马克主义对于遗传学问题的解释。他们坚信直生论，进而达到无法妥协的目的论境界。他们确信：自然过程，特别是"进化"就是通过某种无法解释或无法检验的力量朝着某一预定的终端或目标推进的过程。

这一论述，被 20 世纪最有影响的生物洞穴学家阿尔贝·旺代尔（Albert Vandel）推向了极端。他在著作中极力推崇机体论和直生论，所有的观点都在其最具影响力的著作中得到充分地表达。他认为，系统学线系（phyletic lines）要经历连续的阶段：创造阶段、扩展与多样化阶段，最后是特化与衰老阶段，不断循环演进，循环的最后阶段就是逆行演化或老人统治式进化（gerontocratic evolution）。他认为，穴居动物就是逆行演化的最好例证。另一本很有影响的生物洞穴学方面的著作是乔治·蒂斯（Georges Thies）于 1969 年发表的《洞穴及深海鱼类的逆行演化》（L' Evolution Regressive des Poissons Cavernicoles et Abyssaux）。蒂斯在书中阐明了其直生论的基本思想，当时其他的大多数生物洞穴学家对此也深信不疑。或许，那时最著名的直生论学者是法国耶稣会信徒、古生物学家皮埃尔·泰亚尔·德日进（Pierre Teihard de Chardin），他相信，进化就是朝着某个完美点［欧米伽点（omega point）］的持续前进。

所有这些著名的法国学者和博物学家怎么对于其他国家的生物学家所积累的证据视而不见呢？

鲍勒（Bowler）（1983）认为，与英国、美国、德国的同行专家不同，法国的达尔文主义和新拉马克主义时代的生物学家是相当封闭的，他们似乎满足于居维叶的学术遗产。由于居维叶在关于进化的辩论中击败了拉马克学说，为什么要自讨没趣，去讨论一个英国人的进化思想呢？另外，法国的生物学家仍然将自己紧紧地束缚于居维叶和若弗鲁瓦的形态学 – 系统学传统（morphological-systematic tradition），而对生态学、发育生物学等其他学科全然不感兴趣，维系着固执的描述性的生命观。可是，前已述及，还有两个其他的因素对法国人的生命观产生影响，即他们的国家主义（或民族主义）情绪和天主教神秘主义。

尽管如此，却没有人能够阻止他们阅读杜布赞斯基、迈尔、辛普森及其他对现代综合进化论作出主要贡献的学者们的著作。

有趣的是，接受新颖的"生物进化种群观"的仅有的几位法国科学家是数学家而非生物学家［种群遗传学家乔治·泰西耶（Georges Téissier）和菲利普·莱里捷（Philippe L'Heritier）除外］。数学家不受生物学领域思想观念的影响，不需要形而上学的概念以实现自己的目标，因此可以自由地探讨数学领域的种群概念。的确，为现行的种群进化思想作出巨大贡献的英国学者罗纳德·费希尔（Ronald Fisher）和美国学者休厄尔·赖特（Sewall Wright）早期也都是学数学的。

面对现代综合进化论和新拉马克主义及直生论思想观念上的鲜明对比，法国之外的思想家和生物洞穴学家的表现如何？也好不到哪里去！

早先，20 世纪 20 年代和 30 年代的许多哲学家，如英国的形而上学现实主义学者塞缪尔·亚历山大（Samuel Alexander）和南非的政治家扬·斯马茨（Jan Smuts）等头面人物，持续信奉和支持"直生论"。后来的一些哲学家，如提出"机体论"的艾尔弗雷德·诺思·怀特海（Alfred North Whitehead），以及提出"个人知识论"（personal knowledge theory）的米哈伊·波拉尼（Mihály Polanyi）等学者，也都极力宣扬"直生论"。

其他国家的生物洞穴学发展有些滞后，并缺乏生机，观念及概念都深受法国的影响。就美国而言，自艾根曼 1909 年发表有关北美洞穴脊椎动物的著作以来，几乎没有什么新的进展。实际上，1950 年代以前的主要工作是由外国学者完成的，如西班牙的伊格纳西奥·博利瓦尔（Ignacio Bolivar）和法国的让内尔（Jeannel），他们于 1928 年广泛考察了美国的洞穴，研究结果发表于 1931 年。之后，也有几位分类学家对某些洞群表现了些许兴趣，但是他们对于生物洞穴学理论没有什么贡献。事实上，美国国家洞穴学会直到 1941 年才组建起来，也就是说，法国洞穴学会成立 47 年之后，美国才成立了相应的学会，正如巴尔（Barr）（1966）所言："学会成立之后的 15 年间，对洞穴生物学没有产生什么影响"。

开始从非直生论（non-orthogenetic）的立场看待洞穴生物的首位美国科学家是查理·马库斯·布雷德（Charles Marcus Breder），其关于洞穴鱼类的行为、生理及生态方面的研究论文至今仍被引用。可是，由于他并非洞穴探险家，他的贡献在很大程度上被"核心"的洞穴学家所忽视，甚至在 1966 年巴尔所写的"美国洞穴生物学史"一文中都没有提到过他。这一非常有趣的现象直到今天都还弥漫在生物洞穴学领域。

防护之篱高筑，一边是洞穴探险家及科学家对于洞穴动物的认识仍深受"直生论"观念的影响；另一边则是"外行"的学者，他们偶然发现洞穴生物很有趣而致力于研究洞穴生物，却并不是因为本身是洞穴勘探家。

事实上，直到 20 世纪 60 年代，美国的第一批现代生物学家才开始超越纯粹的分类学领域，对生物洞穴学作出贡献。首先要铭记的是托马斯·波尔森（Thomas Poulson）、戴维·卡尔弗（David Culver）、托马斯·巴尔（Thomas Barr）、约翰·霍尔辛格（John Holsinger）和肯尼思·克里斯蒂安森（Kenneth Christiansen），当然其他的学者也作出过这样或那样的贡献。

然而，尽管他们不赞成以旺代尔的"极端直生论"解释洞穴动物的特殊生物学现象，但他们对于自然选择的重要性仍然模棱两可，并且在很大程度上依然利用"直生论"的概念及术语（如"预适应"和"逆行演化"），而很少（如果有的话）把"机会性"或"表型可塑性"这些概念作为机制直接解释洞穴动物的进化问题。

不幸的是，甚至直到今天，生物洞穴学似乎都还没有完全摆脱旧观念的束缚，仍然跌跌撞撞，蹒跚而行，没有完全融入现代生物进化与生态学理论。

1.2.5　当前知识惯性的根源

知识惯性或智商钝化（intellectual inertia）的效应持续向各个方面渗透。

在法国，自然选择还没有成为进化讨论的核心议题。法国的进化生物学家似乎从新拉马克主义进化直接跳到了分子进化。幸运的是，法国的分子生物学家及诺贝尔奖获得者雅克·莫诺（Jacques Monod）作为分子生物学领域的权威学者，在 1970 年发表的《偶然性与必然性》（*Le Hasard et la Necessite*）一书中，对目的论和其他形式的终极论（teleology）给予了尖锐的批评和驳斥。但是这些批判及对"形而上学生物学"（metaphysical biology）其他形式的强烈批驳还没有完全地引起生物洞穴学领域思想观念上的转变，即使在盎格鲁-撒克逊（Anglo-Saxon）国家也一样。

正如迈尔所说："要使一个不熟悉进化机制的人相信世界并非'预定的'（predetermined），也即世界并不是'有计划的'或'程式化的'（programmed），似乎比登天还难"。

甚至，当前的美国生物洞穴学家也还没有摆脱新拉马克主义和直生论的阴影，仍然不加批判地沿用"预适应"和"逆行演化"这类概念和术语。美国不仅出现了相应的学术流派，而且这些流派还用洞穴生物来阐述自己的学术思想。而法国人不只是将生物洞穴学发展成为一门新的科学，还把对洞穴生物现象的解释罩上了形而上学的晕环。

最不幸的是，进化具有方向性（如越来越趋向复杂）的观念根深蒂固，虽然没有人提供任何形式的例证。生物洞穴学作为一门科学，其术语和概念相当混乱，很令人困惑。现今有学者认为，生物洞穴学学科内涵模糊不清的根本原因在于：学科的奠基人与主要实践者强烈抵制任何形式的新达尔文主义（neo-Darwinian）思想，而全然信奉新拉马克主义学说，同时迷信直生论、机体论和目的论等唯心主义的相关概念。

读者可从后面的章节领悟：洞穴生物极为有趣，特别引人注目，但生物洞穴学现象完全可以用现代生物学理论逐一阐明，而无须借用任何的形而上学概念。这是否意味着生物洞穴学需要一个新的范式？也不见得！

我们所需要做的就是，从现代生物学（modern biology）的科学理论体系中，去寻找有关的信息，以正确解释在洞穴中所发生的生物学现象。表型的丧失或简化现象绝非地下生物或洞穴生物仅有。许多洞穴生物的表型可塑性是自然选择的极好例证，并且洞穴生物及其所生活的洞穴，是检验现代生物学现行观念与拓展新思想的理想研究对象和天然实验室（Romero，2009）。

在当前知识惯性或智商钝化的大背景下，本书尝试性地将现代生物学、生态学、保护生物学、生物多样性科学、可持续发展科学（sustainability sciences）等学科的概念、理论和方法，综合应用于洞穴生态生物学现象的认识和解读，以促进学科的发展和对洞穴生态系统的保护实践。

1.3 中国洞穴生态生物学简史

中国的洞穴生态生物学史是中国生物学史和洞穴学史的重要组成部分，在世界生物学史及洞穴学史上占有重要地位，可大致划分为鸦片战争之前的古籍记载期（1840 年以前）、自近代开始至改革开放初期的相对停滞期（1840 ～ 1978），以及自改革开放以来的快速发展期（1978 年至今）3 个历史阶段。

1.3.1 鸦片战争以前中国古籍对洞穴及洞穴生物的记载

自古以来，华夏民族就对洞穴及其相关联的生态环境或景观、地下水体（暗溪、暗河、暗湖等）、洞内外生物，以及钟乳石形成和洞穴资源利用等方面进行了简详不一的记述。

中国最早记述洞穴及洞穴水文现象的书籍当推战国时期（公元前 5 世纪～前 221 年）的《周易》（《易经》）。大致成书于战国后期至西汉初年的《山海经》是我国第一部饱含神话色彩的地理志书，书中记载了溶洞和"潜行于下"的伏流河（地下河）。成图于公元前 168 年以前的古地图（出土于长沙马王堆三号汉墓）主要采用闭合曲线生动地描绘了湖南省宁远县南部九嶷山的峰林地形。在东汉时期集结成书的《神农本草经》最早记载了钟乳石及其作为药物的功能。东汉刘珍在《东观汉记·地理志》中描述了现今浙江省金华市金东区的山洞："龙邱山，在东有九石特秀，色丹，远望如莲华，峹之隐处有一岩穴如窗牖，中在石林，可寝处"。南朝梁萧子开在《建安记》中记载："山下有宝华洞（在今福建省将乐县境内），即赤松子采药之所。洞中有泉，有石燕、石蝙蝠、石室、石柱、石臼、石井。俗云：其井南通沙县溪。复有乳泉自上而滴，人取服之，登岭若升碧。故有天阶之号"。三国时期顾启期的《娄地记》对区域性的岩溶现象进行描述，记述了岩溶泉和鹅管。西晋葛洪所著的《抱朴子》记述了钟乳石与洞顶滴水的关系（表 1-3）。

表 1-3　中国有关洞穴与洞内生物的一些代表性的古籍记载

时期	重要记载
战国时期	《周易》(《易经》)最早记述洞穴及洞穴水文现象
战国后期	《山海经》首次记载溶洞和地下河
东汉时期	《神农本草经》最早记载钟乳石及其药用功能
三国时期	顾启期的《娄地记》对区域性的岩溶现象进行描述，记述了岩溶泉和鹅管
西晋时期	葛洪所著的《抱朴子》记述了钟乳石与洞顶滴水的关系，并首次提出"石柱"这一名词
北魏时期	郦道元的《水经注》记述了中国 10 多个省区的主要水系及 40 余处洞穴，并在沔水（今指汉水上游）条中记述"穴出嘉鱼"
唐朝	苏恭在《唐本草》(《新修本草》)中谈到了钟乳石、石笋、石柱、钙板的成因
北宋时期	《太平御览》援引《桂林风土记》对龙蟠山的描述："……洞有水，水中有鱼……"
南宋时期	范成大在《太湖石志·桂海虞衡志》中述及水对石灰岩的溶蚀与侵蚀作用，记述了广西的几十个洞穴和钟乳石的形成过程
南宋时期	周去非在《岭外代答》中对岩溶地貌形态进行了初步分类，并记述："……有异鱼存焉……"
1436 年	云南名医兰茂在《滇南本草》中首次记载"金线鱼"［后来被确认为一种非典型洞穴鱼类——"滇池金线鲃"(Sinocyclocheilus grahami)］
1540 年	解一经在《阿庐洞记》中首次记载"透明鱼"［后来被确认为一种典型洞穴鱼类——"透明金线鲃"(Sinocyclocheilus hyalinus)］
1613～1639 年	徐霞客游历大半个中国，撰写的日记于 1642 年被汇集成《徐霞客游记》，这是世界上最早的岩溶地貌和洞穴学著作

北魏地理学家郦道元（472～527 年）是集大成者，他基于广泛的洞穴勘探与文献汇究，完成了巨著《水经注》，书中记载了分布于甘肃、陕西、山西、河南、山东、江苏、湖北、湖南、广东、广西等省（自治区）的许多水系及 40 余处洞穴，涉及洞穴的位置、洞道的量度、洞内景观、洞周环境、洞穴性质或用途，以及与洞穴相关的趣闻、故事或神话传说。秦川记曰："河峡崖旁有二窟，一曰唐述窟，高四十丈，西二里有时亮窟，高百丈，广二十丈，深三十丈，藏古书五笥"。渐（浙）江水条说："瀨带山，山下有一石室，汉光武帝时，严子陵之所居也"。清水条说："滇石山……其阳有石室，渔叟所憩"。文水条说："崖半有一石室，去地可五十余丈，爰有层松饰严，列柏绮望，惟四侧一处，得历级升徙"。澧水条说："其山洞开，玄朗如门，高三百丈，广二百丈，门角上各生一竹"。沔水（今指汉水上游）条说："旁有小山，山有石穴，南通洞庭，深远莫知所极……水上承丙穴，穴出嘉鱼，常以三月出，十月入地，穴口广五六尺，去平地七八尺，有泉悬注，鱼自穴下透入水，穴口向丙，故曰丙穴，下注褒水，故左思称嘉鱼出于丙穴"。

唐代柳宗元在《柳河东集》中对零陵、柳州、桂林等地的岩溶峰林、洞穴、岩溶潭、钟乳石进行了记述；杜光庭在《洞天福地记》中简要述及了全国范围内的若干洞穴；苏恭在《唐本草》(《新修本草》)中谈到了钟乳石、石笋、石柱、钙板的成因。

北宋李昉、李穆、徐铉等学者在奉敕编纂的《太平御览》（977～983 年）中援引了《桂林风土记》对龙蟠山的如下描述："龙蟠山，本名盘龙山，有石洞深致，洞中天然石室、石床、石盆，洞门数重，人秉烛游……洞有水，水中有鱼……"。宋代范成大（1126～1193 年）所著的《太湖石志·桂海虞衡志》述及水对石灰岩的溶蚀与侵蚀作用，记述了广西的几十个洞穴和钟乳石的形成过程："山中洞穴至多，胜连州（即今广东省连州市）远甚，余游洞亲访之。仰视石脉涌起处即有，乳床如玉雪，石液融结所为也。乳床下垂如倒数峰小山，峰端渐锐且长如冰柱，柱端轻薄中空如鹅管，乳水滴沥未已。且滴且凝……"。1178 年，周去非在《岭外代答》中对岩溶地貌形态进行了初步分类，并记述："在浔州（今桂市）西南六十里，岩中明快，可容数百人……岩内有三圣殿，殿侧有石钟，其大合抱，自然天成，殿东则有碧虚洞，由石穴而入，通行平坦，其屈曲约半里余，出于岩之东洞，内则有石佛、石磬、石狮子、石床、石钟。殿西则有灵源洞，由石穴而入，通行平坦，其屈曲约一二里，出于岩之西洞，内则有石罗汉、石象、石马、石鱼、石筍、石鼓，凡游两洞者，必秉火炬以观。联岩之外，西则有水月岩，约深数丈，约阔十五丈，泉源清澈，四时不涸，中有异鱼存焉……"；又载："静江（今桂林市）多岩洞，……钟乳之产也，乳床连延，乳管倒垂，渐锐而长，滴沥未已……人以竹管仰插而折取之，煮以七复之重汤，研以三旬之玉槌，试之肌纹以观其细，澄之灰池而干其体，日以烜之，其色微轻红，真者细妙，服之刀圭，沦肌浃髓，凡乳通如鹅管，中无雁齿，或破如爪甲，文如蝉翼者上也……"。

继宋代之后，明代的洞穴考察与记载更为广泛和深入，许多总志、通志、方志、游记等都对域内的洞穴进行了或简或繁的记述，如王士性在《黔志》中写道："贵州多洞壑，水皆穿山而过……碧云洞为一州之壑，州之水无涓滴不趋洞中，乃洞底有地道，隔山而出，洞中有仙人田，高下可数十畦……"，又如明末邝露在《赤雅》中记述了广西的若干洞穴，内容包括洞穴位置、规模、水文、堆积物等；1436 年，云南名医兰茂在其所著的《滇南本草》中记载："金线鱼，滇中驰名，出昆池中，多生石洞有水处，晋宁多有之"，这里所记述的"金线鱼"，就是现今所指的"滇池金线鲃"（*Sinocyclocheilus grahami*），是一种非典型洞穴鱼类；1540 年，解一经在《阿庐洞记》中记载现今云南省泸西县阿庐古洞"闻其中有透明鱼，涨甚辄溢出"，此处所记述的就是后来被科学描述和命名的"透明金线鲃（*Sinocyclocheilus hyalinus*）"，是一种典型洞穴鱼类。在前人研究的基础上，李时珍（1518～1593）在《本草纲目》一书中，对钟乳石的成因和组成作了详细的记述，还绘制了一幅"石钟乳图"。

《徐霞客游记》堪称巅峰之作，它不只是一部游记，还是世界上最早的岩溶地貌和洞穴学专著，更是中国古代乃至世界地理学史上的一座丰碑。徐霞客（1587～1641）对岩溶学和洞穴学的开创性工作比西方国家领先约 150 年。他历经 30 多年，游历了大半个中国，所到所见之处以日记的形式予以详细记录，这种在大区域范围内对石灰岩地貌及洞穴特征进行的实地考察与详细描述，"读来不像是 17 世纪的学者所写的东西，倒像是一位 20 世纪的野外勘测家所写的考察记录"，其主要贡献体现在以下几个方面：①在世界上最早对热带、亚热带地区的岩溶峰林地貌进行区域性的详细考察，在碳酸盐岩连片分布面积达 50 余万平方千米，热带、亚热带岩溶最为发育的中国西南地区跋涉数万里，对所到之处的地质地理景观和洞穴都有很好的记述，而西方学者 17 世纪对岩溶的考察和论述几乎只限于范围较小的欧洲及地中海一带的温带岩溶，德国旅行家 Junghuhn 于 1854 年才对爪哇的热带岩溶现象进行了最早的描述，这比徐霞客要晚 200 多年；②在缺乏现代仪器装备的情况下，对 300 多个洞穴的位置、洞口朝向、洞穴结构和形态、洞穴生物、洞穴考古、洞穴堆积物、洞穴水文、洞穴探险、洞穴气象和洞穴资源利用等现代洞穴学的诸多方面进行了详细的观测和准确的记录，较深刻地认识并记述了峰林岩溶地貌的形态多样性、主要类型及基本特征，最早提出"峰丛"等术语，对石盾（穴盾）等溶洞景观进行了首次描述；③对中国西南地区岩溶峰林的分布范围有正确的见解，概括了桂、滇、黔在区域岩溶特征和类型上的总体差异；④记录了许多岩溶水文地质现象，对地下水的运动、伏流，以及地下河、泉水的来源、途径、相互关系与动态变化等有较为深刻的认识和正确的见解；⑤摒弃了宗教神学的自然观和认识论，不迷信、不信邪，但尊重佛家僧人，擅长学习、运用和批判星官舆地之书，倡导并践行实事求是、追求真理的科学精神，为后人树立了光辉的榜样。

清朝早期，陈鼎（1650-?）在《黔游记》和《滇游记》中对滇、黔两省的洞穴进行了考察与记述，谈到了地貌和环境的关系。清代，闵叙在《粤述》中记录了广西 27 个府、州、县的 40 多座石峰和 30 多个洞穴。清朝末期及民国时期，尽管战乱频仍，也有一些零星的洞穴探险与洞穴考古研究，尤其是对周口店北京猿人洞穴的发掘为世界所瞩目（参见第 13 章）。

显然，以上主要是中国古籍中的一些代表性的记述（李仲均，1973；鞠继武等，1980；盖山林，1982；张英骏，1987；朱德浩和李慧芳，1991；赵亚辉和张春光，2009）。毋庸置疑，在中国广袤大地的悠久历史长河中，各朝代、各地域、各民族的古籍浩瀚，有关洞穴的名称、分布、构造、水文及资源利用方面的文献资料非常丰富，有待深入挖掘、悉心整理、系统编撰与译文推介，这一方面是中国科学溯源与文化自信的需要，另一方面对于现代洞穴生态生物学研究也有参考裨益。

1.3.2　自近代开始至改革开放初期的相对停滞期

1840 年第一次鸦片战争以后，中国被迫进入半殖民地半封建的社会，于是推翻封建主义、帝国主义和官僚资本主义，争取民族解放、人民自由、经济发展和国家富强已成为中国精英和广大民众长期奋斗的目标和民主革命的主题，科学研究没有也不可能得到足够的重视和发展。

1949 年中华人民共和国成立以后，百废待兴，国家的经济、文化和科技基础薄弱，并且由于受到国内外多种政治与文化因素的综合影响，基础性的自然科学研究虽受到重视，得以展开，但总体上进展缓慢，尤其在"文化大革命"期间，几乎处于无人问津的状态。直到改革开放初期，整个生物科学、洞穴科学和其他学科一样都还相当地落后，许多方面的研究都是空白。

事实上，由于清朝政府采取闭关锁国的政策，自明朝之后中国在近代科技与文化方面都没有取得应有的进步，没有融入近代、现代科学发展的洪流，反而逐渐落后于英国、法国、德国、美国、俄国、意大利、奥地利、葡萄牙、西班牙、日本等欧美及亚洲列强。

虽然明、清两代，朝廷曾以雄厚的财力、物力和人力主导编书事业，但在清末民初，仍主要以古籍（即未采用现代印刷技术印制的书籍）的形式沿袭古人的知识与见解，极少进行科学考察与实验研究。直到 20 世纪初，西方印刷术传入，中国的图书与文化事业才有了新的进步，在学习和利用国外科技方面也有了一些新的起色。

可是，由于国家贫弱、战事频仍，民不聊生，在中华人民共和国成立以前，中国境内的一些科考活动及相关的研究主要是由外国传教士或博物学者以个人身份或组建考察队完成的，其中也有少数科考涉及洞穴资源调查与标本采集，但标本几乎都送到了国外，是在国外予以整理、收藏与分类研究的。例如，1904 年，英国鱼类学家查尔斯·泰特里根（Charles Tate Regan，1878～1943）对约翰·格拉汉姆（John Graham）采自中国云南滇池而后送至英国国家博物馆的鱼类标本进行分类研究，描述了新种——格氏鲃（*Barbus grahami*）；1931 年，法国鱼类学家雅克·佩莱格林（Jacques Pellegrin）将采自中国贵州而后收藏于法国自然历史博物馆的一种鱼类标本描述为新种——多斑裂腹鱼（*Schizothorax multipunctatus*）（赵亚辉和张春光，2009）。

由外国学者完成的生物科考和物种命名工作对于中国洞穴鱼类及其他洞穴生物的深入研究有一定的基础性参考价值，但由于模式标本收藏或流失于国外，以及当时物种概念与命名上造成的混乱也给中国后来的洞穴生物学研究带来了很大的困难。

可幸的是，中国的生物学家学而不殆，不迷信国外权威，具有正本清源、自强不息的优良作风，纠正了一些国外学者利用中国境内的标本进行生物分类和命名时出现的错误，提出了新的分类学观点。例如，中国现代鱼类学开创者之一的方炳文先生（1936）比较研究了发现于云南抚仙湖的一种新的鱼类，以其为模式种建立了金线鲃属（*Sinocyclocheilus*），并将该新种命名为抚仙金线鲃（*Sinocyclocheilus tingi*）。又如，中国现代鱼类学奠基人之一的伍献文等（1977）经过重新整理，将格氏鲃（*Barbus grahami*）厘定为滇池金线鲃（*Sinocyclocheilus grahami*）。

然而，尽管有这样一些零星的很有意义的研究成果，但自近代开始一直到改革开放之初，中国的洞穴生态生物学研究（除古生物学与考古学外）总体上处于相对停滞的状态。

1.3.3　自改革开放以来的快速发展期

20 世纪 70 年代后期，中国确立了"改革开放"的基本国策与路线方针，包括科学技术现代化在内的"四个现代化"建设有力地推动了中国生物学及洞穴学等学科的快速发展，中国洞穴生态生物学研究呈现一派繁荣景象。

1）洞穴勘探与洞穴旅游兴起

改革开放之后，思想解放，资源开发与利用成为时代的主题。在这种大背景下，我国各地尤其是喀斯特地貌发育良好的地区，掀起了洞穴探险、洞穴资源调查及旅游洞穴开发与利用的热潮，一方面使得洞穴勘察与洞穴旅游事业蓬勃开展，另一方面也推动了我国洞穴学与洞穴生物学的快速发展。近 40 多年以来，一些具有代表性的教学、科研与科普论著如表 1-4 所示。

表 1-4　自民国以来，我国有关洞穴与洞内生物的一些代表性论著或事件

年份	代表性论著或事件
1936	方炳文建立金线鲃属（*Sinocyclocheilus*），并命名新种抚仙金线鲃（*Sinocyclocheilus tingi*）
1977	伍献文等将格氏鲃（*Barbus grahami*）厘定为滇池金线鲃（*Sinocyclocheilus grahami*）
1978	褚新洛和陈银瑞首次在现代期刊《自然杂志》上报道在中国境内发现洞穴盲鱼
1981	黄万波发表《洞穴世界》
1983	任美锷等发表《岩溶学概论》
1985	中国地理学会地貌专业委员会发表《喀斯特地貌与洞穴》
1985	张英俊等发表《应用岩溶学及洞穴学》
1988	朱学稳等发表《桂林岩溶地貌与洞穴研究》
1990	中国地理学会地貌专业委员会发表《喀斯特地貌与洞穴研究》
1991	袁道先发表《中国岩溶学》（英文版），1994 年由地质出版社出版该书的中文版
1994	陈银瑞等对 1540 年谢一经提到的"透明鱼"进行科学描述，将其命名为"透明金线鲃"（*Sinocyclocheilus hyalinus*）
1994	宋林华主编《喀斯特与洞穴风景旅游资源研究：喀斯特与洞穴风景旅游资源开发与保护国际学术讨论会论文集》
1997	王福星和曹建华发表综述"国外洞穴生物研究概况"
1998	冉景丞和陈会明总结了自 1978 年以来中国在洞穴生物研究方面所取得的主要成果
1999	汪训一发表《洞穴探险》
2001	卢耀如发表《岩溶：奇峰异洞的世界》
2003	陈诗才发表《洞穴旅游学》
2004	张远海和艾琳·林奇发表《洞穴探险》
2006	李晓红发表译著《穿越洞穴——装备与技巧指南》（原著者：彼得·斯沃特）
2006	陈伟海发表论文"洞穴研究进展综述"
2007	黎道洪发表《贵州喀斯特洞穴动物研究》
2007	李学珍等发表综述论文"中国洞穴无脊椎动物的研究概况"
2008	陈伟海等发表《洞穴探测、研究、开发与保护：全国洞穴学术会议论文选集 1》
2008	经过袁道先等前辈 20 多年的努力，在中国桂林成立了由联合国教科文组织（UNESCO）授权的"世界岩溶研究中心"
2009	赵亚辉等发表《中国特有金线鲃属鱼类——物种多样性、洞穴适应、系统演化和动物地理》
2009	黄慰文和傅仁义主编《小孤山——辽宁海城史前洞穴遗址综合研究》
2013	蓝家湖发表《广西洞穴鱼类》
2013	王静发表《喀斯特洞穴旅游开发与景观保护研究》
2014	班凤梅发表《岩溶洞穴沉积物的现代过程研究》
2017	张美良等发表《岩溶洞穴环境及石笋古气候记录》
2017	于森发表译著《洞穴与洞穴生命》（原著者：菲利普·查普曼）
2018	贺卫等发表《多彩贵州洞穴》

2）成立徐学会，弘扬徐霞客精神

徐霞客生活的时代（1587～1641）是一个科学革命的时代。在这个时代，欧洲诞生和造就了一批科学巨匠，如伽利略（1564～1642）、笛卡尔（1596～1650）和培根（1561～1626）等，而徐霞客则是这一时期东方大地上出现的自然科学巨人中的杰出代表。

业内人士熟知，在喀斯特地貌形态方面，现今国际上所常用的"Cone Karst"和"Tower Karst"等词汇是根据法国考察队于20世纪20年代在中国西南地区考察后提出来的。可是，徐霞客早在280年前就确切地用"丛立之峰"来形容峰丛，并提出了一系列喀斯特地貌及洞穴形态学词汇。因此，徐霞客对岩溶学和洞穴学的开创性工作的确举世敬仰，令国人自豪。为推崇与弘扬徐霞客不畏艰险、坚韧不拔的科学探险精神，自20世纪80年代起，我国掀起了徐霞客研究热潮（杨文衡，1983；任美锷，1984；李植斌，1986；张英骏，1987；曾昭璇，1987；褚绍唐，1988；唐锡仁，1988；朱德浩和李慧芳，1991；陈永孝，1992；李晓岑，1995；等等），并相继成立了全国性的及一些地方性的"徐学会"，如中国徐学会、云南省徐学会、浙江省徐学会、江苏省徐学会、江阴市徐学会、无锡市徐学会、丽江市徐学会、贵州盘县徐学会等，美国徐霞客研究会也于2000年10月1日在旧金山市成立。这些研究会主要从地理学、洞穴学、文学及旅游学等方面梳理《徐霞客游记》中的现代科学内涵与科学贡献，同时弘扬中国优秀的传统文化与科学精神，定期或不定期地积极开展学术研讨会及其他社会公益性的科研、科教与科普活动，发表了许多论著，取得了很好的学术与社会服务成效，为我国的科教兴国事业持续地奉献智慧和力量。

3）开展广泛的国际交流与合作

虽然徐霞客是洞穴学的开创者，为我国的洞穴学竖立了丰碑，但由于多方面的原因，我国的现代洞穴探险与洞穴学研究没有得到应有的发展，相关的理论和技术相对落后。为改变学科落后的面貌，促进学科发展，自改革开放以来，我国学者及相关的教育与科技部门在加强自身学科内涵建设的同时，也积极地开展国际学术交流与合作研究，取得了许多重要的科研成果。1993年，在北京召开了"第十一届国际洞穴学大会"（汪训一，1993；林钧枢，1994），充分展现了我国在洞穴学与洞穴生物学研究方面的勃勃生机与广阔前景。

广西喀斯特面积约9.7万km^2，是我国溶洞分布密度最为集中的区域之一，具有得天独厚的洞穴学与洞穴生物学研究的优越条件，因此早在1976年当时的国土资源部就在桂林创建了岩溶地质研究所。自1989年以来，中国地质科学院岩溶地质研究所及其他相关单位先后与英国、美国、法国、意大利、比利时、波兰、南斯拉夫、澳大利亚、日本等国家组织联合探险队对广西及其他省（自治区）的大型洞穴、天坑、地下河系统与洞穴动物进行了大范围的探测，发现了许多洞穴奇观与新的洞穴生物类群。并且，由于桂林岩溶地质研究所一直承担联合国教科文组织（UNESCO）的岩溶研究项目，从岩溶的发育、岩溶水、岩溶作用的碳循环，连续研究了20年，因此UNESCO就在桂林组建了国际岩溶研究中心，其主要功能是开展岩溶地区资源环境问题的调查研究、学术交流咨询与人员培训，每年都有来自发展中国家，如乌干达、埃塞俄比亚、印度尼西亚、越南、秘鲁、巴西等国的学者来到该中心接受岩溶学方面的系统培训（袁道先，2010）。

贵州是我国南方岩溶地貌发育最好的典型区域之一，碳酸盐岩出露面积达13万km^2，占全省土地面积的73.8%，具有得天独厚的国际合作研究条件与优势。自20世纪80年代以来，贵州师范大学等贵州省内的相关单位也先后与英国、斯洛文尼亚等国的同行开展了广泛的学术交流与合作研究，取得了一系列重要的研究成果（黎道洪，2007；张朝晖和艾伦·培特客斯，2001，2002a，2002b，2002c）。

4）洞穴考古和古生物学研究事业蓬勃发展

作为一个具有广袤国土面积、悠久历史传统和深厚文化底蕴的东方大国，中国境内蕴藏着丰富的洞穴考古与古生物学资源，每一次重要的洞穴考古发现和古生物研究进展都具有深远意义而为世界所瞩目。

中华人民共和国成立之后，在我国北方和南方的许多洞穴中都发掘了具有重要科学价值的古生物、古人类化石，或相关的洞穴文化遗址（刘泽纯，1985）（参见第 13 章），显著地推进了国际洞穴古生物学与考古学的发展。国际洞穴联合会每四年举行一次学术大会，每一次大会都有一个分会场，专题报告洞穴考古、洞穴古生物方面的新发现，总结世界各国洞穴考古与洞穴古生物研究的最新进展（袁道先，2010）。我国在洞穴考古和洞穴古生物研究方面的新发现与新成果都会在这种国际会议或相关的国际期刊上及时报告与发表，同时引发广泛的国际关注。

5）洞穴鱼类研究成果斐然

洞穴鱼类是中国境内种类最为丰富、最有特色、最引人注目的洞穴生物类群。自从 1978 年中国科学院云南动物研究所褚新洛和陈银瑞先生在中国现代科技期刊《自然杂志》首次报道在云南省发现洞穴盲鱼之后，中国的洞穴鱼类调查与研究突飞猛进。到 1998 年冉景丞和陈会明总结中国洞穴生物研究 20 年成就时，已描述 25 种典型及非典型洞穴鱼类新种，占当时中国已描述的洞穴动物新种（>70 种）的 35.7%以上。2006 年，赵亚辉等统计，中国已发现典型洞穴鱼类 31 种，真洞穴鱼类的物种数居世界首位。2009年，赵亚辉等再度整理，发现中国已描述典型洞穴鱼类 43 种，占世界典型洞穴鱼类的 35%，若加上非典型洞穴鱼类，则多达 92 种，占世界洞穴鱼类总数的 30%。随后，张晓杰和代应贵于 2010 年统计，中国典型洞穴鱼类已达 48 种。

截至 2018 年 7 月 31 日，我们统计到，在中国境内已发现典型洞穴鱼类 2 目 4 科 13 属 90 种（参见第 9 章），其中鲤科的金线鲃属 38 种、条鳅科的高原鳅属 25 种，是物种数最多的两个属，主要分布于广西、云南、贵州等喀斯特地貌发育良好、具有大型溶洞系统的省（自治区），而非典型洞穴鱼类与偶入洞洞穴鱼类的种类则多得难以统计，并且许多洞穴仍缺乏调查，因此中国的洞穴鱼类研究前景仍十分广阔。

6）发现了许多洞穴无脊椎动物新类群

无脊椎动物的类群与生活方式多种多样，体型一般也较小，能主动或被动地进入洞穴，成为洞穴生物多样性或生物群落的主体，许多无脊椎动物长期适应于洞穴生活而衍生为真洞穴动物。我国洞穴无脊椎动物资源丰富，自 20 世纪 80 年代以来，中国地质学会洞穴研究会先后组织了多次大型国际洞穴探险活动，发现了大量洞穴无脊椎动物新类群，同时在国家自然科学基金、省自然科学基金等许多国家级、省部级项目的支持下，洞穴无脊椎动物类群的采集与鉴定工作成效显著，如"云南省洞穴倍足类研究"项目就发现 2 新科 5 新属 10 多个新种（冉景丞和陈会明，1998）。

贵州和广西是我国洞穴生物调查与研究较为广泛而深入的省份（黎道洪和 Sket，2005；李学珍等，2007；李学珍等，2008；Ran and Yang，2015），据赵文静等（2015）统计，在贵州省域内已发现洞穴无脊椎动物 3 门 9 纲 36 科 50 属 300 多种，其中淡水螺类 3 科 4 属 5 种、陆生螺类 12 科 32 属 66 种、蜘蛛类 26 种、洞穴鱼类 4 种。

总体而言，中国真洞穴无脊椎动物种类繁多，但主要集中于钩虾、马陆、蜘蛛、步甲等类群（参见第 7 ～ 8 章）。鞘翅目（Coleoptera）步甲科（Carabidae）行步甲族（Trechini）是洞穴无脊椎动物的代表类群，我国洞穴行步甲多样性高，已记述 44 属 111 种，是洞穴步甲在世界上属级分化最为强烈的地区，绝大多数"盲步甲"都是中国或贵州的特有种（黄孙滨，2016）。

7）洞栖性蝙蝠的分类与生态研究凸显特色

蝙蝠（bats）是翼手目（Chiroptera）动物的俗称，是哺乳纲（Mammalia）的第二大类群，按栖息环境类型划分，可分为宅栖性、树栖性、洞栖性和兼栖性 4 种类型，绝大多数蝙蝠属于洞栖性和兼栖性，其主要原因是：①溶洞等地下环境恒黑、温湿度较为稳定、天敌较少，适合于蝙蝠栖息；②近几十年来，曾出现过多次规模性的林木砍伐与植被破坏，适合于蝙蝠栖息的原生林及树洞越来越少；③现今的人工建筑几乎全是水泥瓷砖式结构，而木质房屋瓦檐式建筑越来越少，使得宅栖性的蝙蝠失去适栖场所；④由于人口密度的增大和自然环境的破坏，残存的树栖性和宅栖性蝙蝠的栖点分散而隐蔽，不易被发现。因此，我国学者对洞栖性及兼栖性蝙蝠的研究较多，特别结合资源调查、生态研究及非损伤性的 DNA 取样与分析技术揭示了一些隐蔽（存）种（cryptic species），发表了一些新种，如北京宽耳蝠（*Barbastella beijingensis*）、华南菊头蝠（*Rhinolophus huananus*）、楔鞍菊头蝠（*Rhinolophus xinanzhongguoensis*）、施氏菊头蝠（*Rhinolophus schnitzler*）、梵净山管鼻蝠（*Murina fanjingshanensis*）等，同时也报道了许多中国新记录种，或一些物种在中国境内新的分布（刘志霄等，2013）。对于洞栖性蝙蝠的共存机制、生态习性、声波特征及其可塑性等方面也进行了较为深入的研究（冯江等，2002；Jiang *et al.*，2007；叶根先等，2009；施利民，2010；郭新春，2010a，2010b；胡开良等，2012；李艳丽等，2014；彭乐等，2019）。近年，我们在对武陵山地区洞栖性蝙蝠的栖息生态研究过程中也有一些新的发现，一方面提出了有别于"栖息地选择"的"栖点选择"概念及相应的研究方法体系（龚小燕等，2018，2019），另一方面也发现了专门吸食蝙蝠血液的陆生蛭类新属种——中国洞蛭属（*Sinospelaeodella*）武陵洞蛭（*Sinospelaeodella wulingensis*）（Huang *et al.*，2019 a）。

尽管近几十年来，我国在洞穴生态生物学研究方面取得了令人瞩目的成就，但目前仍然存在两个不容忽视的问题：一是专门从事洞穴生态生物学研究的人才缺乏，研究力量非常薄弱；二是资源本底不清，许多洞穴生物类群仅有零星的研究资料，甚至还完全处于空白状态。由于长期缺乏系统的调查与研究，许多洞穴生物类群的生态生物学数据缺乏，有关洞穴生物多样性的保护也无从谈起。显然，人才的定向培养、项目的连续支持、基础数据的长期积累与本底调查的全面推进是我国洞穴生态生物学发展面临的艰巨任务。

1.4 洞穴生物学研究方法

天然洞穴，是地球自然景观的重要组成部分，洞穴生物学作为自然科学或理学中的一门交叉学科，其基本概念、理论和方法体系从属于洞穴学、生物学、生态学及其他相关的学科，但其学科内涵及研究范式还受到数学、物理学、化学、地理学、地质学、气候学、环境科学，以及哲学社会科学和工学等学科的深远影响，从而发展成为一门内容丰富，方法众多，研究前景广阔的综合性学科。

任何事物都有质的规定性和量的规定性，洞穴系统（cave system）是一个多维系统，存在复杂的时空及条件变化，数学、物理学、化学作为描述客观世界形式、本质及变化过程的主要工具，在揭示洞穴结构、功能及其演化规律方面发挥着主导性的作用，而地球科学、大气科学、环境科学与系统科学为我们认识洞穴系统的多样性、层级性、稳定性及变异性提供了理论基础与技术范式。随着人类经济活动的快速推进和自然保护意识的逐渐觉醒，洞穴资源的开发利用与保护问题也日益突出，哲学、人文科学、社会科学与工学的思想与方法也更多地渗透到洞穴生态生物学领域，使之焕发新的魅力。

生命系统还具有统一性，可从分子至生物圈不同层面对洞穴生物的起源、演化及生命活动规律进行广泛而深入的研究，但自觉运用辩证唯物主义的世界观和方法论是学习和研究洞穴生态生物学的根本所在。

每一个洞穴生物个体都具有复杂的形态结构与功能，各细胞、组织、器官、系统分工合作形成一个统一的整体，并与洞内、洞外复杂多变的环境相互作用，组成更高水平或更高层级的生命复合体，从微观到宏观不断演替，参与地球物质循环、能量流动和信息传递，同时也对人类的生产、生活和发展产生不同程度的影响。因此，事物普遍联系、内因与外因对立统一、量变与质变相互转化、理论与实践相结合，以及规律的客观性、普遍性与人类的主观能动性等辩证唯物主义的基本理论与分析方法有助于我们正确认识和理解洞穴生物的形态、生理、行为、生态特征及其适应进化，也有益于洞穴资源开发利用政策与方案的制订及洞穴生物多样性的保护实践。

与其他生物科学研究一样，洞穴生态生物学研究的方法虽然多种多样、层出不穷，但基本上可归为观察描述法、比较法和实验法（刘凌云和郑光美，2019）。由于多方面的原因，洞穴生态生物学在许多国家或地区并未得到足够的重视，许多洞穴还缺乏基本的洞穴学与生态生物学信息，因此传统的实地调查方法，以及洞穴观察描述、描绘与制图技术仍然是最实用也是最迫切需要传授和推广应用的方法技术。在广泛调查的基础上，比较研究不同区域内或不同洞穴间洞穴系统的结构、功能及其演化规律对于弄清洞穴生物分布规律及其形成机制具有重要意义。

随着物理学、化学、地学、数学、信息及计算机科学等学科理论和技术的快速发展，生物学野外与室内研究手段和方法不断改进和创新，这为洞穴生态生物学的研究拓展了广阔的空间。

由于地层学、古生物学、古生态学、古气候学、考古学等学科的发展和新化石的出土，我们对于洞穴生物的自然历史有了更多的认识。精密磁测、探地雷达、地震勘探等地球物理学方法的引入使埋藏洞穴的勘查以及洞穴堆积中化石、文物的探查目标任务更为明确。计算机软件、硬件的不断升级，以及系统科学与工程技术的有机融合为洞穴模型构建、洞穴环境模拟和洞穴仿真创造了条件。

扫描电子显微镜、透射电子显微镜、荧光显微镜、微型 CT（micro-computed tomography）等显微设备及其应用技术的融合与更新（Tessler et al.，2016）为我们认识洞穴生物的细微结构和分类研究提供了诸多的方便。放射性同位素和稳定性同位素技术用于洞穴沉积物、洞穴年龄及洞穴生态过程的研究使洞穴生物学的时空序（spatial-temporal order）更加明晰，使洞穴生态系统的物质循环、能量流动及信息传递模式更易于理解和把握。化学分离、纯化、鉴定及制备工程技术的应用使我们能够对洞穴生物的特殊成分进行利用，创造更多资源节约型、环境友好型的服务产品，为人类的健康生活谋取更多的福利。分子生物学技术和传统形态学方法的综合应用有助于洞穴物种的鉴定、隐蔽种的揭示，以及种群遗传进化和系统发育问题的解决。而可持续发展与生态文明建设的理论及相关的政策、法规和生态环境管理技术为洞穴旅游、洞穴医疗、洞穴仿真经营及洞穴资源保护综合效益的发挥与提升提供了宏观指导。

传统方法及工具的不断改进和近一二十年以来非损伤性取样技术的兴起推进了对洞穴生物野外生态学、实验生物学，尤其是洞穴濒危物种生态生物学与保护生物学的深入研究。特别鼓舞人心的是，数据自动测量记录仪器与红外自动拍摄像机与监控设备（图 1-2）的涌现，以及"3S"技术集成极大地拓展了洞穴生物研究的时空。可以预料：随着无人机技术、航空遥感技术，以及全自动数据记录技术、生物个

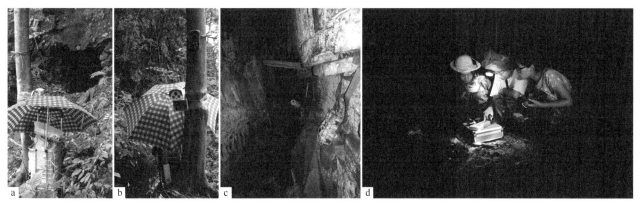

图 1-2　用于洞穴生物研究的便携式自动记录仪器（刘志霄 摄）

a、b. 一种野外便携式主动红外录像装置（专利号：ZL 201721336054.0.）（主机置于拖拉式不锈钢购物篮车内，以便于携带；野外使用时，可用雨伞遮盖，以防雨淋；摄像头可根据实际情况捆绑在洞口附近的树上，也可用专门的三角支架或就地取材搭建支架予以固定；摄像头既可置于洞口，以监测蝙蝠等洞栖性动物的进出洞情况或活动节律，也可置于洞内某一合适的监测点，以定点监测洞内动物的活动情况）；c. 放置在湖南高望界国家级自然保护区老鸦坡风洞中的摄像头及红外触发相机，以监测皮氏菊头蝠的育幼行为；d. 考察人员正在湖南小溪国家级自然保护区大坪冈金鸡洞头洞布设"温湿光三参数记录仪"（DJL-18 型，浙江托普仪器有限公司），以自动连续监测和记录洞内温度、湿度和光照的动态变化

体标记识别技术与高速高清摄像技术的不断成熟、融合及集成实用小型化，专门用于洞穴生物（尤其是蝙蝠）种群动态、活动节律、迁移路径、行为模式、保育或控制研究与实践的"洞穴生物综合研究平台"一定会应运而生，从而使洞穴生态生物学的野外研究焕发新的生机。

总之，洞穴生态生物学既古老也年轻，研究内容非常广博，研究前景十分广阔，新的方法与技术大有可为。可是，目前最迫切需要的还是后继人才的培养和科研团队持续稳定的野外研究。显然，长期、耐心、细致的野外观察和连续不断的系统定位研究与种群动态监测有助于我们对洞穴生物自然史的系统认知、生命活动规律的系统把握和资源保护的系统实践，有利于洞穴生态生物学学科及相关事业的全面发展。

第 2 章

洞穴的基本构造、主要类型、形成机制与分布

在地球上，洞穴的分布极为广泛，类型多种多样，内部构造千差万别，形成机制也不尽相同，因此在特定区域内有关洞穴分布格局、类型划分、洞内结构及动力学机制等科学问题既是洞穴学探究的重要内容，也是洞穴生物学研究的基础。

2.1 洞穴的基本构造

无论哪种类型，洞穴基本上都是由洞口（cave entrance）、洞腔（cave cavity）和洞壁（cave wall）构成的，洞腔和洞壁组成洞体（cave body），洞体内的腔道或通道也称洞道（cave tunnel）。

有些洞穴只有一个洞口，而绝大多数洞穴具有多个洞口。有的洞口较小，人不能或难以直接进入；有的洞口被植被遮盖或隐藏于凹凸错叠的岩块间，不容易被发现。洞顶（cave ceiling / roof）或洞壁崩塌会形成新洞口或"洞窗"（图 2-1a），若原有的洞口被崩塌的石块及泥土堆积封堵，则会缩小或消失（图 2-1b、图 2-1c）。洞口的形状多种多样，大多很不规则，也有的形状较为规整，大致呈圆形、椭圆形、方形、三角形、狭缝状或其他奇特而令人遐思的拟像景观（图 2-1d）。通常，洞口附近的蕨类、苔藓、草本、灌木或藤本植物较为丰富，但由于洞内的光照强度大幅下降以至呈阴暗、昏暗及黑暗状，植物的种类和数量急剧减少，而光照到达洞内的最大深度与洞口所处的方位或朝向有关，也存在明显的季节性变化及日变化。

在洞腔中充满着水或空气，也可能水、气并存，洞中无水或仅有很少量的水统称为干洞（dry cave），若洞内积水较多则统称为水洞（water cave）。

洞壁可大致分为顶壁、侧壁和底壁。洞壁可能是石灰岩、石英、石膏、泥、砂、砾、冰等质地构造，但通常是由多种岩性物质混杂而成的围岩（wall rock）。洞壁上通常会有一些缝隙，覆盖在围岩周围的土层或土壤中的水会通过缝隙渗入或流入洞腔，在渗流的过程中，饱含 CO_2 的水会溶解岩壁，在洞腔内形成千姿百态的自然景观。底壁通常也称为洞底（cave bottom / floor），是洞道的地面部分，也是洞穴生物类群分布最为集中的壁面，蝙蝠则有所不同，主要栖挂于洞道的顶壁或侧壁。

图 2-1　新洞口的形成与原洞口的封堵（刘志霄 摄）

a. 湘西州保靖县龙溪村水洞因洞顶崩塌而形成的"天窗"或"洞窗"（cave window）；b. 湖南高望界国家级自然保护区老鸦坡风洞的洞口逐渐被崩塌的石块及周围的泥土所封堵（洞道和洞口原来都很宽大，后来洞道逐年被崩塌的石块挤压成狭缝状，现今洞道和洞口都只能容纳一人通过，右边的绳索是垂直下洞时所用的安全绳，估计洞口及洞道若干年后会消失，但每年还有 10 余只皮氏菊头蝠在洞内育幼，约 20 只菲菊头蝠和中华菊头蝠在洞内冬眠）；c. 湘西州龙山县召市镇川洞村的牛洞虽然洞内宽阔，但洞口已被崩石及周围的泥土填充成一个瘦人都难以爬进爬出的现状；d. 湘西州龙山县洛塔红石林地质公园"婆婆洞"洞口

2.2 洞穴的基本类型

对于洞穴的类型，不同的学科及学者有着不同的分类方法（朱德浩和覃厚仁，1988；汪训一，1999；张远海和艾琳·林奇，2004；王静，2013；菲利普·查普曼，2017），在实际工作中可根据研究的需要及具体的条件对目标区域内的洞穴予以类型划分、型间细分或综合性归类。

2.2.1　按洞穴的自然性分类

根据洞穴的自然性或成洞营力可分为天然洞穴（natural cave）、人工洞穴（artificial cave）和半自然半人工洞穴（semi-natural-artificial cave），而后者的自然性或人工开掘程度因洞而异。按洞腔与围岩形成的时序可将天然洞穴分为原生洞穴（primary cave）和次生洞穴（secondary cave）。前者的洞腔与围岩几乎是同时产生的，如熔岩洞、岩堆洞、灰华洞、礁洞等。后者的洞腔则形成于成岩作用之后，如岩溶洞穴、构造洞穴、崩塌洞、风蚀洞、水蚀洞等。

2.2.2　按围岩的性质分类

依据围岩的主要性质，可分为碳酸盐岩洞、石膏洞、熔岩洞、砾岩洞、砂岩洞、花岗岩洞、流纹岩洞、千枚岩洞、丹霞洞、冰川洞等。

2.2.3　根据洞道的走向、长度及复杂程度分类

按洞道发育的延伸方向或大致走向，可分为水平向洞穴、垂直向洞穴、斜向洞穴和复向洞穴。依洞道的长度可分为短洞（< 50 m）、中长洞（50 ~ 500 m）、长洞（500 ~ 5000 m）、特长洞（> 5000 m）。

洞穴的复杂程度差异很大，许多复杂洞穴具有数量不等的岔道或支洞，有的洞道呈树枝状分支且分层，洞口及盲道也较多，形成非常庞大，甚至洞道呈网状交错如同迷宫状的洞穴系统。例如，重庆市巫山县的迷宫洞有 4 层，贵州省六盘水市的盘县大洞有 5 层，湖南省张家界市的黄龙洞（yellow dragon cave / huanglong cave）有水洞和旱洞之分，共 4 层，而分布于贵州省遵义市绥阳县温泉镇境内的双河洞穴系统，经过中外探险队长达 31 年的探索，已探明洞道长度超过 238 km，垂直深度 594 m，分为 4 层，有 8 条主洞道，200 余条支洞，5 条地下河，连接了双河水洞、响水洞、大风洞、山王洞、阴河洞、皮硝洞、石膏洞等 52 个洞口（http://news.ifeng.com/a/2018）。

可是，有些洞穴也很简单，常见的简单洞穴有：①单管状洞穴，即整个洞穴呈管道状，仅由一条直通的洞道和其前后端的两个进出口所组成，这种洞穴可能曾经是古地下暗河的一段，后因地壳变迁，洞道抬升而呈现管道状；②单厅堂洞穴，整个洞穴只有一个洞厅和一个进出口；③袋状或盲道状洞穴，洞穴整体上犹如一个口袋或一条盲道（如某些防空洞或矿洞）；④狭缝状洞穴，洞道大体上呈水平或垂直狭缝状。

2.2.4　根据洞穴发育所处的水文位置及洞内水量分类

依据洞穴发育的水文位置，可划分为渗流带洞穴、饱水带洞穴和承压水带洞穴。

前者大多是垂直向或斜向洞穴，但当渗流带中存在局部不透水层时，在不透水层与石灰岩接触的附近，由于水体的平流作用也可形成水平向洞穴。饱水带是指土壤和岩石的空隙全部被地下水充满的地带。饱水带洞穴主要由侧向流水的溶蚀和侵蚀作用形成，多为水平向洞穴，通常具有像地表一样的形态，有平台、阶地、漫滩、峡谷、河心洲和大量崩石，河谷中有沙砾石、泥沙等碎屑沉积，甚至有来自地表的动植物体及人类活动的物件。在饱水带下部由承压水的溶蚀和冲蚀作用所形成的管道型洞穴，称为承压水带洞穴。该类洞穴的顶板大多呈弧状，顶板面较平。

根据洞体内的水量和碳酸盐类积石发育的情况可分为水洞和干洞。水洞是指洞体目前仍然部分或全部充水的洞穴。有的水洞可能是地下河流或地下湖泊的一部分，人体必须依靠特殊的潜水工具及丰富的潜水经验才可能进洞探察。根据水体的流动性及水流方向，还可将水洞分为静水洞、进水洞、出水洞和穿（贯）水洞。若洞体位置抬升或地下水位降落，使得洞道无水体浸泡，整体变干，有时仅洞底可能还有少量的积水，而洞顶或洞壁通常有渗水或滴水，洞道内发育着碳酸盐类积石，还可能发生过岩石崩塌，则视为干洞。

2.2.5　按照洞穴的活性能量分类

根据洞穴的活性能量可分为高能洞穴、低能洞穴、无活性洞穴和回春性洞穴。

高能洞穴内的水流速度较大，水流对围岩的冲蚀、侵蚀及溶蚀作用强烈，致使洞腔呈规模性扩大。

低能洞穴内的水流速度较慢，水力坡度较小，水流的侵蚀和溶蚀作用较弱，对洞腔扩大所起的作用较小，洞腔的扩大通常是通过围岩崩坍来实现。

已停止发育的洞穴称为无活性洞穴，这类洞穴已处于衰亡期，围岩大规模崩坍，以至洞体解体，逐渐演变成为天窗、地坑或谷地，洞穴最终消亡。

回春性洞穴是指由于地壳上升，地下水下切的能量增大，使得洞穴不断向下发育，形成峡谷状或多层状洞体。当上层洞停止发育后，上层洞的水流会通过落水洞进入下层洞，使下层洞得到迅速发育。

2.2.6　根据洞穴所处的发育阶段分类

依据洞穴所处的发育阶段和洞体规模可分为发生期洞穴、成长期洞穴和老年期洞穴（图 2-2），但不同的洞穴类型具有不同的发育条件、发展过程与形成机制。

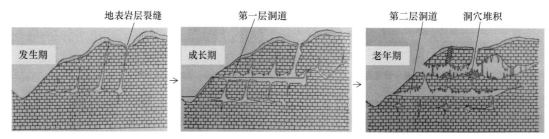

图 2-2　岩溶洞穴的形成与发展示意图（自黄万波，1981a）

就岩溶洞穴而言，在洞穴形成的初期，洞腔的规模较小，洞道短而结构简单。随着参与洞穴发育的水流量及流速的增加，洞腔逐渐扩大，发展成为结构复杂的洞道系统。而发展到一定程度的洞穴如果由于地壳抬升，洞穴逐渐脱离地下水位进入包气带，则会失去进一步大规模发育的动力条件，但可能会有滴水或渗水进入洞体，致使洞道内形成丰富多样的碳酸盐类积石，洞穴整体上呈现稳定状态。之后，如果洞体逐渐变干，围岩逐步崩裂、塌陷，洞腔逐步缩小、堵塞，洞穴最终衰亡。

2.3　洞穴的形成机制

洞穴的形成是一个复杂的过程，具有显著的时空差异，不同的区域存在不同的地质、地理、地貌、气候、气象、水文条件及生物因子，洞穴形成的动力学机制及过程可能截然不同，即使是同一洞穴的不同洞段，或不同时段，也可能存在机制上的显著差异，但洞穴的形成必定要经过复杂的物理、化学、生物作用，多数情况下是三者综合作用的结果。以下仅简要介绍一些较为常见或易于混淆的洞穴类型的形成条件、过程及机制。

2.3.1　风蚀洞、风洞、砂岩洞与丹霞洞

在沙漠及荒漠地区，植被稀疏，土质松散，特别在风速大、风沙多的干旱区，长期的风沙侵蚀通常会在脆弱的岩面及土层中形成风蚀洞（aeolian cave）。风速越快，风中夹杂的砂砾越大，对岩土层的撞击及吹蚀作用越强，风蚀洞的形成也越快越大。风蚀洞的洞壁通常较为光滑，洞腔的规模较小，洞道较浅，

但在某些大风口或大风区，所形成的风蚀洞也可能较为密集而壮观。

风洞与风蚀洞是两个不同的概念，人们通常所说的"风洞"（wind cave）（图 2-3）实际上并不是因风蚀作用而形成的风蚀洞，而是指由于某些洞穴的地理条件很特殊，洞内外的气压会随着季节或气候的变化而发生明显的变化，并在洞口形成向内吹或向外吹的"风"，风向和风速还会随季节而变，其实绝大多数"风洞"的洞体本身还是属于岩溶洞穴。

图 2-3　湘西州龙山县乌龙山大峡谷的"风洞"（a）和洛塔红石林地质公园的"风洞"（b）（刘志宵 摄）
风洞不同于"风蚀洞"，它实际上是洞口空气对流的溶洞，人靠近洞口时，可明显地感觉到洞内有风持续吹出，冬天吹出的是热风，
而夏天吹出的是凉风，这种"冬暖夏凉"的现象是洞内、洞外气温和气压之间的季节性差异变化所致

某些干旱区的泥砂岩及石灰砂岩，即使只有少量的水流流入，长期侵蚀及溶蚀作用的结果，通常也可能形成小规模的砂岩洞穴（sandstone cave），但在降雨量多的热带及亚热带地区，所形成的砂岩洞穴的规模可能非常大。据报道，位于印度东北部梅加拉亚邦的克雷姆布里洞（krem puri cave）长达 24.5 km，是世界上已知最长的砂岩洞穴。

在红色砂砾陆相沉积岩为主的丹霞地貌区，由于流水的机械侵蚀及溶蚀、不同岩层或岩性物质的差异风化及崩塌等多因素综合作用的结果也会形成较大的空洞，称为丹霞洞（danxia cave）。丹霞洞一般为干洞，有的洞道可能长达 200 m 以上，而位于贵州赤水长沙镇赤岩村的"龙洞"是世界上目前已知洞道最长、规模最大的丹霞洞穴，其洞口宽约 10 m，内有多层大厅，呈葫芦形，洞内平均宽约 30 m，洞高 1～2 m，初步探明其洞道长约 400 m，洞内丹霞色泽艳丽、纹理丰富，有蝙蝠等动物栖息。

2.3.2　砂砾岩洞与崩塌岩堆洞

砂砾岩洞（gravel cave）通常形成于河床陡崖的基部。由于河水的长期冲蚀，砂砾岩中的胶结物被冲掉，砂、砾间失去粘连，易被冲走，留下空穴而形成岩洞。在钙质砂岩中可形成规模较大的砂砾岩洞，洞内可能具有发育良好的钟乳石。

由崩塌、滑坡等坡面重力活动堆积的岩块所围成的空洞，即为崩塌岩堆洞（talus cave）。若岩堆中含有石灰岩，洞内也可形成一定规模的钟乳石，但须注意的是，崩塌岩堆洞与洞穴崩塌是两个不同的概念，后者是指现存洞穴的洞顶或洞壁上的岩石崩塌下来散落在洞内，前者是指由于地面岩层大规模崩裂后巨大岩块随机围成一个新的洞穴，常形成于峡谷或悬崖的底部，其洞壁和洞道的稳定性一般较差，旅游开发的危险性较高。

2.3.3 构造洞穴与熔岩洞

由于地球的构造运动或板块运动而在褶皱岩体的层面、节理和卸荷裂隙中形成的洞穴，即为构造洞穴（tectonic cave），通常呈狭长裂缝状。在任何类型的岩层中都可形成构造洞穴，因为构造洞穴的形成并非化学溶蚀和一般性的物理侵蚀所为，而是由地面的相对运动内力差异造成裂隙裂腔的出现所致。

在火山爆发、岩浆溢流的过程中，先流出的外层或上部的岩浆较早冷却、凝固及硬化，内部则仍保持融熔状态，岩浆继续流动，从而在岩浆体内留下特征性的圆柱状或隧道状空洞，即为熔岩洞（lava tube）（图2-4），熔岩洞通常靠近地面，管状的洞道一般缺乏分支，并可能留下清晰的岩浆流动痕迹。

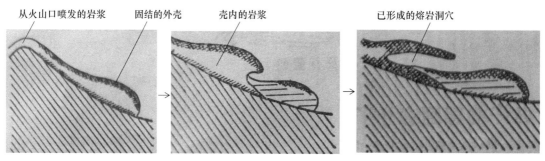

图2-4 熔岩洞的形成示意图（自黄万波，1981a）

2.3.4 海蚀洞、海陆边际洞、礁洞、蓝洞与海底洞穴

海岸边的岩壁通常是具有不同岩性的复杂岩层，硬度很不均一，其表层凹凸不平或有裂缝，在波浪冲击，或潮汐、洋流等海水及泥沙机械动力的作用下，脆弱的岩层或岩缝会因受到不断地侵蚀而逐渐崩裂、破碎，在岩壁上形成具有一定规模的凹陷空间或空洞，即为海蚀洞（sea / marine cave）。海蚀洞的洞宽通常大于洞高，一进洞口通常就是宽阔的洞室，但洞道较短，一般不足50 m，少数情况下也可能长达100 m以至300 m以上，其位置通常在海平面的附近，介于大风浪所能达到的最大高度与最低潮时海面下的数米范围之内，但由于地质历史上地壳升降或冰川进退导致海洋基准面变迁，使得现今某些海蚀洞的位置可能高出或大幅低于当前的海岸线。

海陆边际洞（anchialine / marginal cave）是指在陆地和海洋过渡的海岸带或滨海区因火山岩或石灰基岩受到外力作用而形成的被水部分充满的相对封闭的空间，洞内的水体与海面不直接相连，但洞内环境及水体受到海洋和陆地生态系统的双重影响，实际上洞内的水体是由淡水和海水混合而成的。在这种淡水、咸水混合水体中，特有的生物类群（主要是甲壳动物）非常丰富，自20世纪80年代至21世纪初，已描述7新科75新属300多个新种，以及1新纲和3新目（Romero，2009）。

在海水较为温暖的浅海区，珊瑚礁或海绵礁在生长的过程中所形成的具有一定规模的空洞，即为礁洞（reef / coral cave），而蓝洞（blue hole / cave）一般是指充满海水、淡水及混合性化学物质的落水洞或井状凹陷，较常见于珊瑚岛和海滩上，其基岩主要是石灰岩或珊瑚礁，水面会随海潮的涨落而升降，在较深处可能连接着水下洞穴，主要由于蓝藻的繁衍而呈现蓝色。位于中国南海西沙群岛永乐岛上的"龙洞"是地球上迄今已知最深的蓝洞，其洞口直径为130 m，最大深度达300.89 m，洞中的水体呈深蓝色，边缘淡蓝色，在上层水面发现20种鱼和其他的海洋生物，但在100 m以下的海水中几乎没有氧气，生命体也难以生存。

海底洞穴（underwater / submarine cave）是指位于海洋的底面，已完全被海水淹没的洞穴，既可能是以前的海蚀洞、海陆边际洞、礁洞或蓝洞，也可能是曾经在陆地上早已形成的熔岩洞、砂砾岩洞、崩塌岩堆洞或溶洞等洞穴由于地壳升降、海陆变迁、冰川运动等地质或气候剧变而被淹至海底。

2.3.5　冰川洞穴与冰洞

在冰川中人工开挖洞穴，有助于研究冰川内部及底部的冰温分布、冰晶特征及整个冰川的变形与运动过程，是冰川学研究由表至里的基础性工作（黄茂桓等，1994）。可是，由于季节变化冰融后流水侵蚀而自然形成的冰川洞穴（glacier cave）也见于极地与高寒山地的冰川区，如奥地利的埃斯瑞韦尔特冰洞、斯洛伐克的多布希纳冰洞、阿根廷的巴塔哥尼亚冰洞等国际著名的冰川洞穴，几乎都形成于永久冻土带。

通常所谓的天然的冰洞（ice cave），并非上述的冰川洞穴，而是指在自然条件下形成的、常年保存有冰体的洞穴，实际上是一类十分罕见的地质遗迹，其中的冰体还有"冰化石"（ice fossil）之称。在中国，已发现的天然冰洞有 10 多处，如黑龙江的五大连池冰洞、吉林的白云冰洞、河北的涞源冰洞与赐儿山冰洞、甘肃马衔山的裂隙冰洞、陕西的翠华山冰洞、湖北的白溢寨冰洞和神农架盛夏冰洞、重庆的巫溪夏冰洞、湖南怀化的芦坪冰洞等，而分布于山西宁武县的"万年冰洞"是世界上已发现的存在于温带气候与环境条件下的规模最大的冰洞，洞内的冰帘、冰挂、冰乳、冰笋、冰柱、冰瀑、冰桥等冰体形态随处可见，颇为壮观。

蔡杰锦（2013）认为，宁武冰洞的形成是多种因素综合作用的结果：冰洞所处的地理位置在地质历史时期既是岩溶发育区，也是山岳冰川发育区，曾经还具有温暖湿润的气候，宁武冰洞实际上是经过数亿年地质历史演变而形成的古老溶洞，只不过是在洞内还保存着第四纪冰期遗留下来的冰体。洞口处的海拔为 2300 m，洞口朝上，洞体下斜，位于管涔山的阴坡，夏季温暖湿润的东南风很难通过洞口进入洞内，而冬季强劲凛冽的西北风自蒙古高原吹来，可直接吹进洞内。

因此，宁武冰洞的维持机制是：由于洞口狭小朝上位于阴坡，洞体斜向下低于洞口，夏季较轻的热空气难以经洞口进入洞体（气温常年维持在 –4 ～ 6℃），而冬季由于洞内外气温的巨大差异引起空气对流，较重的冷空气（–20℃左右）易于涌入或沉入洞内，洞内外的温差越大，洞外的冷空气置换洞内空气的量也越多。该地区冬季寒冷而漫长，夏季凉爽而短暂，每年冷空气的进入量远大于温暖空气的进入量，并且越往深处气温越低，再者洞体之外覆盖的石灰岩层和黄土堆积物有效地阻断了洞内外的热交换，因此尽管洞外寒暑不断交替，但洞内古老的冰体得以持续保存。

冰洞寒冷，因此在冰洞中通常不会有动物生存，但有人发现鲈塘鳢（*Perccottus glehni*）可在冰洞中冬眠以度过漫长寒冷的冬季。

值得注意的是，也有人将季节性洞内结冰的洞穴称为冰洞，而在季节性冰洞中生存的动物非常值得系统调查与研究。

2.3.6　碳酸盐岩溶洞

与洞穴探险及洞穴生态生物学研究有关的绝大多数洞穴都是岩溶洞穴（简称溶洞），溶洞是岩溶地质构造的重要组成部分。

溶洞的形成是一个复杂的物质变化与能量转移过程，包括机械侵蚀、化学溶蚀、岩块崩塌及生物作用。溶洞的发生必须满足 3 个基本条件：①岩石具有可溶性；②岩石表面及周围有较为稳定的水流，可溶岩能提供水渗透和运移的空间；③水中包含具有溶蚀能力的化合物。空气、植被、土壤、腐殖质及岩缝间的 CO_2、SO_2、H_2S、Cl_2、NO_2、HCl 等酸性气体溶解于水流中，使水具有酸性溶蚀能力，酸性水流经可溶性岩体时，即发生化学溶蚀作用，使因风吹雨打、太阳暴晒等物理侵蚀作用在岩石表面已形成的凹陷或缝隙扩大。在水流冲渗、酸性水溶蚀、植物根系及微生物的综合作用下，岩缝逐渐增大，岩缝的扩展促使岩块崩塌，酸性水也越来越快速集中地流向岩缝及岩块崩塌处，长年累月、经久不息便可能形成具有宏大景观规模的天然溶洞（图 2-5）。

图 2-5　湘西州凤凰县奇梁洞（qiliang cave）中的"荷花"（a）与
湖北省五峰县长生洞（immortality cave）内的壮观场面（b）（刘志霄 摄）

在溶洞的形成过程中，尽管存在多种作用，但化学溶蚀作用是最主要的，并且由于自然界中 CO_2 与碳酸盐岩（主要化学成分是 $CaCO_3$）的丰富性及广布性，主导溶洞形成的动力学机制并非硫酸（H_2SO_3）、盐酸（HCl）、硝酸（HNO_3）等含有强酸性成分的水，而是含有 CO_2 的弱酸性水对碳酸盐岩的溶蚀作用，其化学过程实际上是 CO_2 溶于水，形成碳酸（H_2CO_3），碳酸与碳酸钙发生溶解反应，形成易溶于水的碳酸氢钙 $[Ca(HCO_3)_2]$：

$$CaCO_3 + H_2O + CO_2 \underset{\text{沉淀反应}}{\overset{\text{溶解反应}}{\rightleftharpoons}} Ca^{2+} + 2HCO_3^- = Ca(HCO_3)_2$$

可是，该溶解反应是一个可逆反应，由于 CO_2 在水中的溶解量受到温度、压强、流速及微生物等因素的影响，当水温升高、水压减弱、流速减慢或微生物的作用使得水中 CO_2 的含量降低时（由饱和状态变为过饱和状态），多余的 CO_2 逸出，发生沉淀反应，溶解于水中的 $Ca(HCO_3)_2$ 会随时在水流路径上沉淀下来，变成 $CaCO_3$，从而在洞穴内形成钟乳石、石笋、石柱等形态丰富的次生性沉积岩。

溶洞的形成离不开水，因此也可根据水的来源及性质从动力学机制方面将溶洞分为 3 类：①雨水性溶洞，即由大气降水及其次生地下表层渗透水溶蚀形成的洞穴，绝大多数溶洞都属于此类型；②地下热水性溶洞，即由地下热水上涌及扩散溶蚀而形成的溶洞，通常表现为平面展布而面积较小的迷宫状立体空间结构；③混合水性溶洞，由咸水、淡水等不同性质的水体混合作用后所形成的溶洞，如澳大利亚纳拉伯平原滨海区的溶洞群。

此外，吴秀平（http://blog.sciencenet.cn/home）从系统论角度，将岩溶含水层视为一个独立的系统，根据控制洞穴形成或发育的不同水流的"输入 – 输出方式"，将溶洞划分为流入型溶洞、流出型溶洞和穿越型溶洞。前者只有进水洞口而无出水洞口，通道的末端通常终止于没顶入水塘（inlet sump），后者既有进水洞口又有出水洞口，通道贯穿于整个系统，实际上是一个溶洞发育系列的终端，而流出型洞穴只有出水洞口而无进水洞口，其通道的末端则消失于没顶出水塘（outlet sump）。

溶洞形成的机制基本相同，但影响溶洞形成的因素很多，如水的物理化学性质、水动力条件（如水流路径、水流量、水流速度、水落差等）、岩石的性质，以及自然地理位置、地质地貌结构、气候与生物因子等区域性的大环境、小环境与微环境特征。因此，世界各地的溶洞的形态、规模及内部构造千差万别。

在地下溶洞形成的过程中，在地面岩层上通常也形成与之相关连的溶孔、溶隙、落水洞、漏斗或竖井等典型的喀斯特地貌构件。水在对可溶性岩石产生溶蚀作用的同时，也产生机械侵蚀作用，如流水的刻蚀作用使岩层形成沟槽；旋涡状水流的掏蚀或捣搅作用使岩层形成窝穴、天钟等；流水所携带的砂、卵石等物类可对岩石表面进行研磨而形成杯穴、碗穴等形态；岩层被流水大量溶蚀之后引发岩层崩塌，导致乱石堆积等。总之，由于流水的机械侵蚀、化学溶蚀，以及在某种程度上生物所起的作用使得洞穴周围的岩层和洞壁形成千姿百态的喀斯特微地貌，如波痕、坑、穴、沟、槽、突凸物等，可谓千姿百态（张远海和艾琳·林奇，2004）。

溶洞的发育除受可溶性岩石和地下水动力条件控制外，还受地质构造运动的强烈影响。例如，辽宁省营口市金牛山的洞穴除受可溶性碳酸盐岩层和丰富的地下水作用控制外，主要受区域内北西向断层及其派生的剪切裂隙和岩层产状控制，区域内的地质构造特征决定了区域内洞穴的发育及其形态和分布（张臣和钱祥麟，1988）。

洼地、洞穴的发育部位，都与一定方向、不同性质的断裂、裂隙有关，就广西桂林地区的弧形构造而言，曾经历过几个阶段不同性质的构造叠加改造，由于不同地段、不同结构、不同构造的碳酸盐岩所承受的地应力不同，后期构造复合改造的程度也不同，岩溶水的分布和选择性溶蚀也存在明显的差异，因此不是所有具多期活动性的断裂、裂隙都可以形成洼地和洞穴，一般是那些经多次活动改造后胶结愈合程度差、具有较好连通性的断裂破碎（裂）带，才是洼地、洞穴发育的有利场所，当然还须具备必要的岩性和水文条件，特别是地下水的运动和水动力条件必不可少（邓自强等，1987）。

有时，在特殊的地质构造历史与地理环境条件下可形成特殊的洞穴及地下河系统与壮观的洞口景观。例如，湘西州花垣县峒河南岸的大龙洞瀑布是典型的溶蚀型悬瀑，发育于寒武系碳酸盐岩地层中，瀑布自崖壁洞口喷涌而出，落差达 208 m，最大宽度约 88 m，其地质构造历史大致如下：①第四纪时，米良岩溶台地水岩作用沿断裂破碎带强烈发育，地下水沿构造裂隙开拓出多组潜流管道；②地下水继续沿构造裂隙开拓，主支管道逐渐彼此相连，形成雷公洞、大龙洞地下河系，地表河流下蚀加强，切穿地下洞穴，洞穴水系汇入河流；③地壳抬升，岩溶台地沿断裂带破碎解体，主支两组断裂交汇处形成裂点，大龙洞溯源侵蚀，裂点崩塌后退，形成高位悬瀑（图 15-2）。又如，在湘西州龙山县飞虎洞前厅的顶板和洞壁上，随处可见明显的构造活动痕迹，如断层面、断层擦痕、断层线、断层牵引褶曲、裂隙等，在洞壁上沿裂隙充填形成的网格状方解石脉中，晚期形成的纵向脉切割错断早期形成的横向脉，其反映该洞在漫长的地质历史时期曾经历过多期的构造运动；因洞顶岩层有多组裂隙，流水沿裂隙侵蚀、溶蚀，再加上长期的风化和重力崩塌作用而形成如今宽阔高大（面积达 3500 m^2，高 22 m）的洞厅，并被人工改造成为可供当地群众大规模喜庆活动时跳"摆手舞"的"摆手堂"、篮球场及"寿堂"等多功能厅（图 15-12a）。

2.3.7 石膏洞与钙华洞

碳酸盐岩溶洞在地球上最为常见，但在某些有石膏岩分布的地域长期岩溶作用的结果也会形成壮观的石膏洞（gypsum cave）。石膏是白色单斜晶类矿物，其主要成分是易溶于水的硫酸钙（$CaSO_4$），因此在石膏岩中也易于形成岩溶洞穴，在洞内同样也能形成钟乳石、石笋等次生性沉积物，但石膏岩溶洞的洞体较不稳定，易于崩塌，洞穴发育的规模一般较小，然而规模较大的石膏洞也并不罕见，如法国、西班牙、意大利、德国、阿根廷、美国等国境内都存在大型的石膏洞，特别是乌克兰的乐观洞（optmisticheskaja cave）长达 200 km，是地球上已知最长的石膏洞。

钙华洞（travertine cave）又名石灰华洞，是由钙华（石灰华）或钙华与碳酸盐岩共同形成的封闭或半封闭性的空间，可分为沉淀型和岩溶型两种类型。前者，是钙化瀑布发育过程中的产物，是由于水量的分异和流态的变化造成不同位置上 $CaCO_3$ 沉积量的差异而出现洞穴空间雏形，再进一步发育而成。后者，则是钙华体在溶蚀过程中伴有不同程度的塌陷和再造所致。钙华洞穴的洞腔通常较小，洞壁的稳定性较差。

2.4 洞穴沉积物

洞穴沉积物，亦称洞穴堆积物（cave sediments / accumulation / speleothem），是指由于各种物理、化学和生物作用，在洞穴内部造成物质沉积或堆积，形成色泽、形态及内含丰富的次生性沉积岩体或物堆，因此也称为次生堆积或次生性沉积物（secondary sediments）。洞穴沉积物是构成洞穴自然景观（图 2-5）的主体部分，也是游览洞穴赖以开发的物质基础。参与洞穴堆积的物质既可源于洞外，也可源于洞内，主要包括黏土、泥沙、砾石、动植物体、人类活动的遗物，以及由化学过饱和水体沉淀而形成的后期化学沉淀物（即次生化学沉淀物）。在不同的洞穴中，洞穴沉积物的规模差异很大，即使在同一洞穴的不同洞段，洞穴沉积物的形态、大小、厚度也千差万别，有时厚度可达数十米，甚至还可能呈现规则或不规则的层次。洞穴沉积物的类型多种多样，但可大致分为物理沉积物、次生化学沉积物、生物及人类文化沉积物。

2.4.1 物理沉积物

物理沉积物是指由于物理或机械作用在洞穴中沉积下来的物质，主要包括：①流水沉积物，如泥土、砂粒、砾石、岩屑等被流水带入，在洞内形成的沉积物；②崩塌沉积物，由于洞顶塌陷、洞壁崩裂、早期的钟乳石掉落等方式产生的岩块堆积物。

2.4.2 次生化学沉积物

为了与洞穴围岩相区别，将凡是在洞穴中由化学过饱和水体沉淀而形成的后期化学沉积物统称为次生化学沉积物，又名钟乳石类沉积物。依矿物成分的不同，可区分为碳酸盐类沉积物和非碳酸盐类沉积物。

1）碳酸盐类沉积物

常见的碳酸盐类矿物是方解石（calcite）和霰石（aragonite），其主要的化学成分是 $CaCO_3$。$CaCO_3$ 易溶于含有 CO_2 的水体，并随水流转移至其他的地方。由于水体内、外环境条件（如温度、压强等）的变化，碳酸钙会适时适地地沉淀下来，从而形成多姿多彩的次生性沉积岩。

石灰岩（limestone），也称灰岩，是很常见的碳酸盐岩类型，主要由方解石构成，在地球上分布广泛，因此石灰岩溶洞在地球上发育最好，也最为常见，其次生性的化学沉积形态，构成了洞穴自然景观的主体（图 2-5）。按控制其形成的水流状态，可将其分为滴水类沉积和非滴水类沉积两大类，后者包括溅水类、流水类、池水类沉积，以及毛细水沉积和协同沉积等。

（1）滴水类沉积

由洞内的滴水形成，又称滴石（dropstone）类沉积，主要包括鹅管（goose straw / soda straw）、钟乳石（stalagtite）、石笋（stalagmite）、石柱（stalagnate）等。其中鹅管和钟乳石是自洞顶往下生长，石笋是自洞底往上生长，而石柱则是由钟乳石和石笋相向生长连接而成的。

沿着碳酸盐岩裂隙下渗的水，进入洞穴后，由于从裂隙承压状态到洞体自由状态的变化，水中的 CO_2 逸出，$Ca(HCO_3)_2$ 溶液变成过饱和态而沉淀析出 $CaCO_3$，同时在水滴的表面结成薄晶膜。随着渗水量的增加，水滴因自身的重量而向下坠落，薄膜随之破裂，而 $CaCO_3$ 仅在与洞顶连接处沉积下来，形成圈环，其直径与水滴相当（5 ~ 6 mm），圈环不断向下生长，逐渐形成细长、中空、洁白的钟乳石管，俗称

"鹅管"（也称石吊管或石秸秆）（图 2-6a）。有的鹅管很壮观，可长达 3 m，但直径一般不超过 6 ～ 9 mm（斯沃特，2006）。

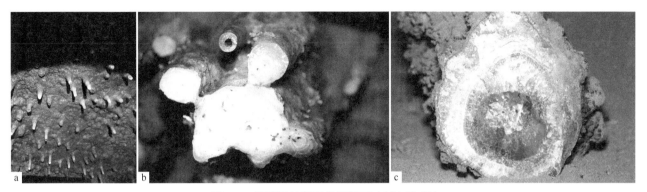

图 2-6　鹅管及钟乳石的横截面（刘志霄 摄）

a. 正在生长中的鹅管；b、c. 被人锯掉的钟乳石（示横断面上的同心圆状结构，一个水文年或一个水文周期沉积一个微层）

随着从洞顶裂隙下渗的水量的不断增多，在水流从鹅管中心下渗的同时，也在鹅管的外壁呈薄膜状流动，$CaCO_3$ 随之沉积下来，不断向周围及向下生长，层层加厚并向外侧扩展，逐渐形成大致呈倒锥形的钟乳石，因此从横断面上看，钟乳石实际上就是以鹅管为中心的同心圆结构（图 2-6b、图 2-6c），但随着钟乳石的生长、水滴的减少或钟乳石的老化，鹅管中心的孔道会逐渐封闭。如果洞顶的滴水点较多而集中，连接成线状或片状，则可能形成复杂而具有较大规模的钟乳石群丛（包括鹅管、钟乳石、顶流石等），从而为洞栖性蝙蝠及其他动物的栖息提供丰富多样的栖挂位点或微生境（图 2-7）。

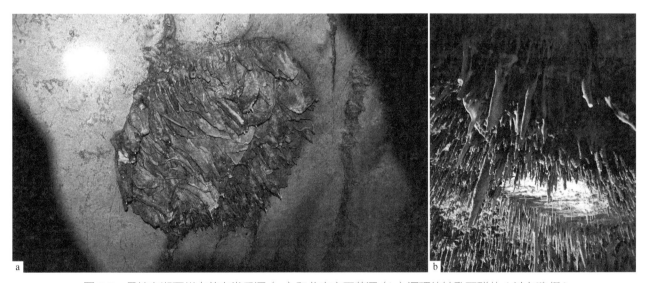

图 2-7　悬挂在湘西州吉首市堂乐洞（a）和北京市石花洞（b）洞顶的钟乳石群丛（刘志霄 摄）

在水滴从洞顶掉落到地面的过程中，CO_2 进一步逸失，使得 $CaCO_3$ 继续在洞底沉积，并不断向上及向周围生长，逐渐形成形态多样的"石笋"（图 2-8）。石笋大多呈叠帽状，缺乏钟乳石那样的中心孔道，但也有明显的同心圆结构，逐层往上生长，越往上，层越新，其顶部通常呈圆形或尖形。当水滴的落差较大时，顶部形成平顶状，倘若水滴从非常高的洞顶落下，顶部则可能形成中凹的滴杯状。

钟乳石和石笋上、下相对着生长（图 2-9a、图 2-9b），最终两者连接起来形成石柱，在洞厅中呈现壮观的"顶天立地"状（图 2-9c）。值得注意的是，石柱的上、下两部分的内部结构存在显著的差异，并且石笋部分普遍生长较快，其长度通常超过钟乳石部分。在某些情况下，由于洞顶滴水点位置的变化，石笋与钟乳石可能会错位发育而非正对着生长。

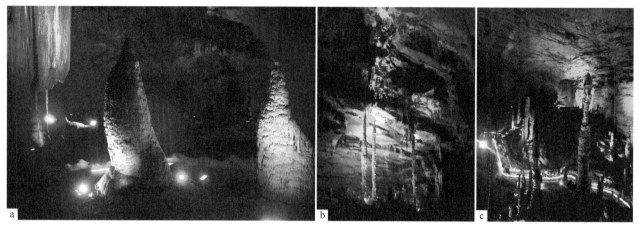

图 2-8　生长在湖南省宁远县紫霞岩（a）、湖北省五峰县长生洞（b）和
湖南省张家界市黄龙洞（c）地面上的石笋（刘志霄 摄）

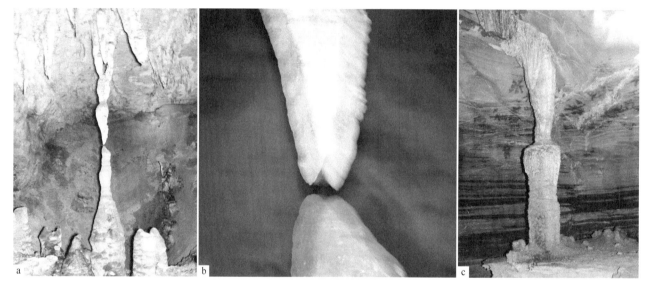

图 2-9　钟乳石与石笋的对接，以及连接一体而形成石柱（刘志霄 摄）
a、b. 下部的石笋和上部的钟乳石即将对接成石柱；c. 石柱（早已连接成一体的钟乳石与石笋）

只有在洞穴脱离全充水状态之后，钟乳石才开始发育，因此作为洞穴沉积物的钟乳石的最大年龄应该晚于洞穴本身的最大年龄。年龄可达 100 万年的较为古老的钟乳石，其表面多呈现严重的风化剥蚀状态，色泽也较深，多呈褐色至灰黑色。表层虽轻微风化但尚未成层剥落并已停止生长的钟乳石，其年龄大致为 15 万～30 万年，而那些表层光滑坚实，色泽也较浅者，其年龄大多在 10 万年之内，洞内最年轻一代的钟乳石的年龄一般是 2000～20 000 年。

在滴水类沉积物中，石笋的生长速度最快，通常为 0.6～1.2 m / 万年，主要是因为水滴从洞顶降落到洞底的过程中，水滴会被撕裂或分割成更为细小的水微粒或水雾，使得原来水滴的表面积显著增大，水滴内部的压力松弛，CO_2 的逸出量及逸出速度显著增加，因此 $CaCO_3$ 的沉积会更多更快，而流石的沉积速度约为石笋的 1/5（张远海和艾琳·林奇，2004）。

（2）非滴水类沉积

并非直接由滴水形成的沉积，称为非滴水类沉积，主要包括溅水类沉积、流水类沉积、池水类沉积、毛细水沉积和协同沉积等。

溅水类沉积是由洞内滴落水溅飞的水雾或细微水珠形成，如石棕榈片、穴脑珊瑚（图 2-10a）、石葡萄（图 2-11a）等。

图 2-10　穴脑珊瑚（a）、石瀑（b）和穴盾（c）（刘志霄 摄）

流水类沉积，也称流石类沉积，是由洞内的流水所形成。流水呈片状或线状从洞顶、洞壁或洞底流入洞内，CO_2 迅速大量逸失，形成光滑而呈片状的 $CaCO_3$ 沉积，分别称为顶流石、壁流石和底流石。水母石是较为常见的顶流石。壁流石的形态特别丰富，通常规模也较大，主要有石带、石旗、石幔、石幕、石瀑（图 2-10b）、穴盾（图 2-10c）等多种形态。常见的底流石有钙板、石梯田、流石坝等。当洞壁或洞底呈斜坡状、水量较多时，可形成复杂壮观的流石坝或石梯田。

池水类沉积是由于气温、气压、水源、水量或生物等因子的变化，在洞内的水池中或水池边所形成的 $CaCO_3$ 沉积，如穴筏（cave raft）、月奶石（moonmilk）（图 5-1）、晶花（crystal flower）、边石（rimstone）等。

与上述的沉积类型不同，毛细水沉积属于非重力水沉积，由洞壁、洞顶或其他洞内沉积物表面的毛细水形成，如石花（cave flower）、石枝及卷曲石（helictite）、洞穴毛发（cave hair）等。而协同沉积是指由两种以上不同运动方式的水流协同作用所形成的沉积，常见的协同沉积有石蘑菇、莲花盆、穴珠、晶锥、棕榈状石笋等。

总之，洞穴沉积物的形态千变万化，千差万别，只要在洞穴考察期间留心观察，就一定会有许多新奇的发现（图 2-11）。

2）非碳酸盐类沉积物

非碳酸盐类沉积物主要包括硫酸盐、磷酸盐、硝酸盐沉积物等。石膏（gypsum）是最为常见的硫酸盐类沉积物，多见于高位洞穴中较为干燥的洞段。在磷酸盐类沉积物中，较为常见的是氢氧磷灰石（hydroxyapatite），多分布于洞顶或洞壁的石灰岩表面，通常呈皮壳状。硝石（saltpeter）等硝酸盐类沉积物主要存在于洞底的黏土沉积层中，由于其可用于制作火药，在我国南方溶洞中可常见当地老乡当年采硝遗留的痕迹，因此这样的溶洞一般也通称为"硝洞"。

2.4.3　生物及人类文化沉积物

动物、植物及微生物的尸体、残体、排泄物或分泌物在洞内形成的沉积，即为生物沉积，其中最为常见的是动物的粪便（尤其是蝙蝠粪）及骨骼或化石堆积（如中国南方溶洞中常见的大熊猫 - 剑齿象化石动物群），在某些洞穴内也可能由于水流的冲入，把植物的枯枝落叶带入而形成植物残体堆积。许多洞穴由于古人类或现代人类的进驻、游玩或排放，人类活动的工具、遗物、垃圾等废弃物也可能在洞内堆积，从而使洞穴具有环境印痕与文化意涵。

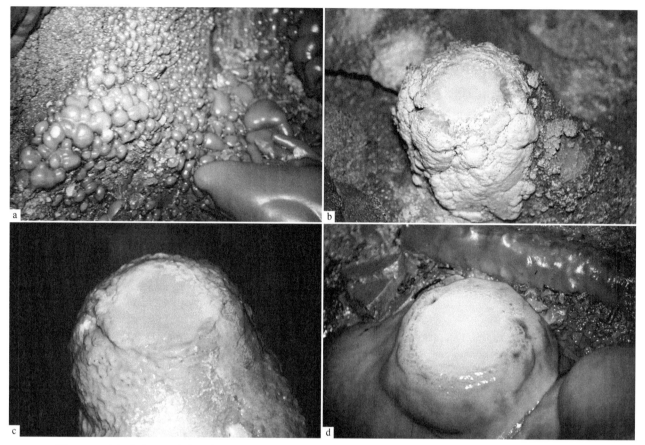

图 2-11　生长在湘西州吉首市堂乐洞内的石葡萄（a）、石碟（b）、石煎蛋（c）和石饼（d）（刘志霄 摄）

2.5　洞穴的分布

洞穴广布于世界各地，各大洲和海洋都分布着各种类型的洞穴，在海滨区、海岛边及浅海区海蚀洞、海陆边际洞、礁洞较为常见，在干旱的风沙区风蚀洞易于形成，在丹霞地貌区通常有丹霞洞发育，在火山带熔岩洞并不罕见，在极地及高山寒冷区域有时也会发现冰川洞穴或冰洞的存在，特别在石灰岩等可溶性岩石广布的国家或地区，喀斯特地貌发育良好，溶洞众多。有人估计，世界喀斯特分布面积高达 5100 万 km²，约占地球总表面积的 10%。

可是，现今世界范围内仅有小部分区域的洞穴分布情况已经探明，绝大多数国家或地区由于缺乏探洞方面的专门人才、技术、设备及经费，没有开展或很少开展洞穴调查方面的工作，相关的文献资料很少，洞穴分布情况很不清楚，尤其是南美洲、非洲，以及欧亚大陆的多数国家或地区有关洞穴方面的资料都还是空白或只有零星的记录，南极洲的洞穴探察更另当别论，而法国、英国、意大利、斯洛伐克、美国等欧美国家洞穴探险的历史较为悠久，洞穴的分布与研究资料较为丰富。在美国境内，已探明的洞穴约有 1.7 万个。除了罗得岛州和路易斯安那州以外，美国各州都有洞穴分布，但主要分布于阿巴拉契亚山、欧扎克山、布拉克山，以及肯塔基州、田纳西州和印第安纳州的石灰岩地区，并且至少已有 125 个洞穴对公众开放，用于科研及游览，有的由私人经营管理，有的位于国家公园、州立公园或纪念地内，受到不同程度的保护。

与美国相比，中国可溶性岩层的分布面积更为广大，裸露于地表的碳酸盐岩面积多达 130 万 km² 以上，约占国土面积的 13.5%，加上覆盖与埋藏于地下的碳酸盐岩，其分布面积更是高达 340 万 km²，约占国土面积的 35.4%。并且，由于中国地跨热带、亚热带及温带，气候类型多样、地质历史悠久、地貌呈阶梯形、山系复杂、水系发达，因此中国是世界上洞穴资源最为丰富的国家，数以 10 万计的洞穴分布在全国各地。据张远海和艾琳·林奇（2004）初步统计，已调查的洞道长度超过 500 m 的溶洞在 400 个以上，实测长度超过 3000 m 的有 108 个，被开发的旅游洞穴约为 300 个，具有重要考古价值的洞穴 100 个。规模较大的溶洞主要分布于南方气候湿热、降雨量较大的省（自治区），滇、桂、黔、渝、川及湘西、鄂西、粤北等所属的西南山区、桂西北山地、武陵山区、岭南山地等区域的溶洞分布较为集中，而皖、赣、苏、浙、闽、海南、台湾等东南及沿海省份虽然洞穴发育的条件较好，但由于石灰岩呈岛状或条状零星分布，溶洞发育的总体规模及密度较小。而曾经普遍认为溶洞不发育的北方地区，后来也不断有溶洞被发现，但大部分是地下水位型洞穴，有一些洞穴发育的规模也较大，如辽宁本溪水洞长达 3134 m，北京房山区石花洞（shihua cave / stone dlower cave）长达 2500 m。

　　喀斯特地质地貌特征在大尺度上突出显现，而洞穴的分布特征在小尺度上表现更为明显。洞穴的发育基于大尺度的地质地貌环境，又与小区域的地质地貌发育互相影响。

　　贵州省西北部毕节市白虎麻塘洞穴群发育在古生界二叠系地层上，岩层为厚且面积分布广泛的沉积灰岩。灰岩具有水溶性，在流水长期的侵蚀与溶蚀作用下，逐渐发育成为峰丛洼地、峰丛谷地的岩溶地貌。随着地貌的形成，洞穴系统沿岩层裂隙及软弱地带发育，并且一部分洞穴得以保存下来。洼地的形成经历了大娄山期、山盆期、乌江期 3 个阶段，保存下来围绕着洼地的洞穴也因此分成几个阶段。多个阶段形成的洞穴组合在一起，形成了海拔分层分布、环形分布、水平发育与垂直发育交错等几个明显的特征。洞穴的分布特征一方面基于地质、水文基础，另一方面体现与地貌发育的关系，不同的时期发育着相关特征的洞穴系统，而残留洞穴记录了洞穴系统重要的发育特征和过程（罗鼎等，2015），因此蕴藏着丰富的环境气候信息，具有重要的地质历史意义。

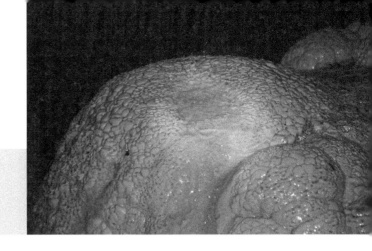

第 3 章

洞穴中的非生物因子、洞穴石笋的
信息传递及古气候学意义

非生物因子（abiotic factors），是生态系统中缺乏生命特征的环境要素，是生物生存所依赖的物理与化学环境（physi-chemical environment）组分，为生物个体、种群及群落的维持提供最基本的物质条件，同时也受到生物因子（biotic factors）、生命活动与生物生态过程的影响，在洞穴物质循环、能量流动与信息传递过程中起着重要的链环作用。洞穴中的非生物因子主要包括围岩、空气、水和各种次生沉积物，在洞口和洞窗附近还有阳光和土壤，有的土壤及有机物还可能被搬运到洞穴的深处沉积。洞穴石笋是洞穴沉积中最有代表性的形态，其形成过程记录着丰富的古气候与古环境信息，是研究气候变化与环境演变的优选材料。

3.1 洞穴中的非生物因子

3.1.1 围岩

在上一章中已经述及，洞穴的类型不同，围岩的组成和性质迥然不同。同一种类型的洞穴，也会因所处的地理区域或同一区域具体位置的差异而千差万别，即使是同一洞穴的不同洞段，其围岩的组成与结构也必然存在不同程度上的差异。围岩完全相同或均一的洞穴可能并不存在，所有的围岩必定都是复杂岩层。

构成复杂岩层的主要岩石有泥岩、砂岩、砾岩、花岗岩、石灰岩等，它们的硬度、可溶性等岩性特征组合决定着围岩形态的复杂程度，而岩壁的形态结构越复杂，为洞穴生物提供的微环境越丰富多样。

围岩实际上就是洞穴的结构框架，受到洞内外非生物及生物多种因子的综合影响，某段时期可能相对稳定，但总体而言总是处于不断变化之中，受到不同程度的侵蚀及溶蚀，或剥落，或裂缝，或崩塌。

3.1.2 空气

空气是指地球大气层中的气体混合物，其主要组分是氮气（约占 78%）和氧气（约占 21%），两者共占99%，其余的1%包括0.934%的惰性气体（氦、氖、氩、氪、氙、氡）、0.03%～0.04%的CO_2和0.002%的水蒸气（水汽）及其他微量气体。空气的组分并非固定不变，而是随着海拔和气压的变化而变化，也受到人类活动的强烈影响。

洞穴的洞腔中充满着空气，空气的温度和湿度对洞穴生态系统结构与功能的维持及演化起着非常重要的作用。洞穴中空气的温湿度因洞穴所处的地理位置、海拔、洞道结构，以及洞口的数量、位置、形状、大小、朝向等因素而异，一般洞口段空气的温湿度存在明显的日变化和季节性变化，其变化规律几乎与洞外的一致，而在缺乏岩缝、外界空气难以进入的洞穴深处，气温和湿度相对稳定，日变化与季节性变化的幅度很小（图3-1），基本上是在当地多年平均气温的附近波动，即使是在人工开掘的洞窟深处，气温也相当稳定，如安徽省黄山市的花山谜窟（Huashan mystery wat）景区洞窟内的气温大致在16℃左右波动。因此，洞穴给人的感觉是冬暖夏凉，可实际上是洞内温湿度在一年四季保持相对稳定所致。

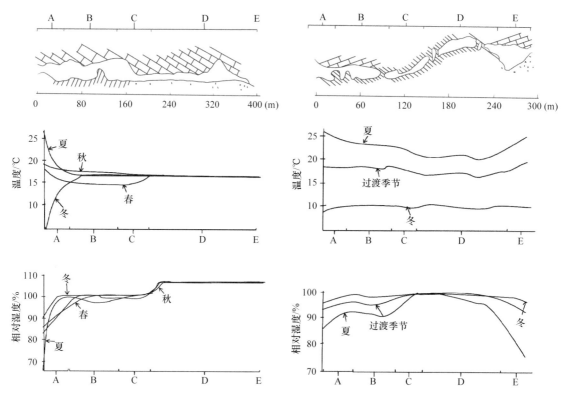

图3-1 贵州八仙洞（左）和者斗洞（右）的洞穴纵剖面图（上）、温度（中）及相对湿度（下）在洞内的四季变化（图中A、B、C、D、E分别表示从洞口开始，离洞口不同距离的洞段）（引自章典，1985）

此外，也还有所谓的"冷洞"（cold cave）与"暖洞"（warm cave）之说。前者通常是指向下倾斜的单洞口洞穴，在冬季时冷空气下沉至洞底，而夏季时洞外热而轻的暖空气难以进入洞内，故这种洞穴的气温总比洞外的低，总给人以"冷"的感觉。后者则是指向上倾斜升起的单洞口洞穴，轻而暖的空气蓄留在洞穴的上部，难以流动，气温一般比洞外的高一些，通常给人以"暖"的感觉。

在天然洞穴的洞口及洞内岩缝附近，几乎总能感觉到空气的流动，有的在夏季时从洞内吹出凉风；有的在冬季时向洞外喷出热气。洞口越多，与外界空气交换越频繁，洞内气温与湿度的波动幅度就越大，甚至可能与洞外的完全相同。

在有地下河水流动的洞穴中，水流运动拖曳空气分子运动，引发空气流动，这种现象称为"乘车效应"（driving / riding effect）。在有的洞穴中，烛光可能会有规律地摇曳，这是气流方向周期性变化、空气共振所致，这种洞俗称"呼吸洞"（breathing cave）。

洞内的风速通常小于 0.02 m/s，但对于多洞口的洞穴，在不同的洞口之间可能会因位置高度的不同而产生气压差，空气对流引发"烟囱效应"（chimney effect），风速有时大于 5 m/s。洞穴的"烟囱效应"具有季节性变化，冬天洞内的热空气由下往上升，夏天则相反，较冷的空气下沉至洞穴的底部或深处。而在秋天和春天，当洞内、洞外气压较为接近时，随着洞外昼夜气温的变化，可能产生每日不同时刻的风向变化。显然，不恰当的人工开凿洞口可能产生烟囱效应，使得洞穴微气候发生变化，从而加剧洞穴的风化过程，因此在洞穴旅游开发与资源保护规划时应予以充分考虑（汪训一，1999）。

在通风不良、洞顶有滴水、洞底有积水的洞穴的深处，空气的湿度通常高达 90%～100%，在洞壁上往往有水滴凝结，甚至可形成浓重的雾气，连人的眉毛、胡须、头发都可能凝结水珠。在空气中的水汽呈过饱和状态（相对湿度超过 100%）的某些洞穴中，处于冬眠状态的蝙蝠，其口鼻部及背毛上可能凝结水珠或结成霜（图 3-2）。

图 3-2　在冬季寒冷时期，某些洞穴（如吉首市马颈坳镇炎家桥大洞）空气中的水汽呈饱和或过饱和状态，西南鼠耳蝠的口鼻部和背毛上有时会凝结水珠或结成霜（刘志霄 摄）

在一些干洞或湿洞的某些洞段，空气相对湿度可能低于 70%。

在通风条件较好的小型洞穴或大型洞穴的洞口附近，空气中 CO_2 的浓度与洞外大气十分接近或稍高一些，但在一些裂隙或支洞中，其浓度可能高达 0.08%～0.15%。随着洞道的深入，CO_2 的浓度逐渐升高，而在旅游开放的洞穴中，由于大量参观者在洞内呼吸，洞道中 CO_2 的含量会急剧增加。溶洞在开发之前，洞内小气候（或微气候）与洞外大气候相比相对稳定。但在旅游开发利用的过程中，游道、灯光、护栏等洞内旅游设施的建设会使洞穴的原生态受到破坏，不仅洞道的原始形态发生变化，游客的体热和呼吸也会影响洞道内的小环境，导致洞内气温、湿度的变化和 CO_2 浓度的升高。

对于单洞口的溶洞或虽有多个洞口但支洞内仅有一个进出口的溶洞而言，洞道中 CO_2 的浓度随洞道的深入而升高，通常在空气流动不畅的洞段或洞道的盲端达到最大值，如湖南省凤凰县奇梁洞的十里画廊大景区洞道低矮（人要低头弯腰才能通过），空气几乎处于静止状态，而该洞段又是进出著名景点——"林海雪原"的必经之道，因此游客呼出的 CO_2 在此处蓄积，CO_2 的浓度骤然升高，并且游客较多的旺季与较少的淡季相比，存在显著性差异，在林海雪原 - 西湖洞段（H）峰值高达 0.5582%（图 3-3a），超过空气中 CO_2 含量对人体及洞穴环境影响评价指标二级（0.1%～0.3%）和三级标准（0.3%～0.5%）。吉首市堂乐洞的情况明显不同，因已被废弃，其受人类旅游活动的影响相对较小，洞内 CO_2 浓度在淡期总体较低，仅在旺期时在岔路口通往洞穴最深处与盲洞洞段（p）达到二级标准（图 3-3b）。堂乐洞淡季、旺季 CO_2 浓度虽也存在明显差异，但与奇梁洞相比，差异较小（龚小燕等，2017）。

洞穴空气中 CO_2 浓度的垂直分布规律与其物理性质有关。CO_2 的密度是空气的 1.53 倍，在空气不太流通的洞穴内，CO_2 总是沉在洞穴的底部，通常在离洞底地面 1 m 左右的高度范围内含量最高，而在 0.5 m 以下和 2.5 m 以上都有所下降。洞穴空气中 CO_2 的含量随季节更替也有明显的变化，夏季较高，冬

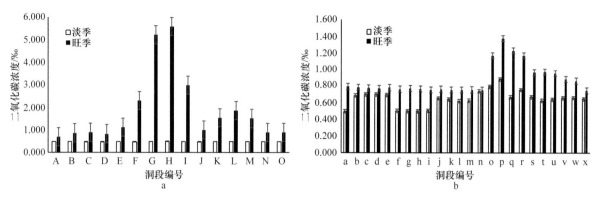

图 3-3　在旅游淡季、旺季，奇梁洞（旅游洞穴）（a）和堂乐洞（旅游废弃洞穴）
（b）不同洞段空气中 CO_2 含量的变化（引自龚小燕等，2017）

季较低，其主要原因是夏季雨量丰沛，地表植被繁茂，土壤中生物成因的 CO_2 随着渗透水沿裂隙进入洞穴，使得洞内 CO_2 的含量增高。

章典（1985）对贵州 12 个单进口水平洞穴的气候分带及各带的气象特征进行了归纳，表 3-1 可作为今后洞穴相关内容深入研究时参考。

表 3-1　贵州 12 个单进口水平洞穴的气候分带及各带的气象特征（自章典，1985）

气候分带	温度	相对湿度	蒸发与凝结	P_{CO_2}
A 带（洞口带）	基本上随洞外变化	比洞外稍高	强烈	与洞外基本相同
B 带	变化较大	一般 90%～95%	较强烈	较高
C 带	只能反映年变化	一般 95%～100%	较弱	较高
D 带	接近或等于当地年平均气温，基本上不变化	100% 甚至更高	很弱	高

洞穴空气的离子化程度较高，洞穴空气中正离子、负离子的总量通常比当地地表空气中的高，而且洞穴空气中负离子的含量比正离子的含量高。岩溶洞穴的空气中通常含有钙和镁的正离子和重碳酸根、氧等负离子。洞穴的离子化空气是洞穴环境自发产生的，也如同森林、海滨的空气那样，能够引发人体呼吸道的自我净化作用，达到增强免疫力的效果。

洞穴中的空气相对纯净清新，洞穴空气中的微生物及过敏物质的含量很低，接近于森林的洁净空气和大气层的上层空气。例如，在乌克兰索洛特温盐井，洞穴空气中微生物的含量低于 100 个 /m³，极显著地低于地表空气；乌克兰帕多里亚结晶洞（一个石膏洞穴）中微生物的含量为 1100～1800 个 /m³，兰湖洞中为 2900～3500 个 /m³；俄罗斯北乌拉尔白桦树钾盐矿井中仅 760～2360 个 /m³，这些都只相当于地表空气含菌量的 1/7～1/3。柳州响水岩洞穴内微生物的含量是 52～1214 个 /m³（汪训一，1999）。

空气中一些微粒、粉尘、化学烟雾、病毒、细菌、花粉等过敏源通常对人体的呼吸道具有一定的刺激作用，甚或可能引发相应的疾病，而这些因素在洞穴中不存在或含量极低。当人们在岩洞中开设疗养场所，病人和健康人大量拥进洞内，微生物的含量增加，繁殖特定病原球状菌微生物，形成人为的洞穴微生物场。但当病人离开 1～2 h 之后，微生物含量很快下降，一般在 3～4 h 后会恢复到原来的水平，因此岩溶洞穴和岩盐矿井都有较强的对微生物的自净功能。另外，洞穴环境宁静，缺乏噪声，没有像地面生活那样的压抑感或快节奏，令人身心舒展，有利于疾病的治疗和身心的健康。

值得注意的是，洞内的岩石、钟乳石、黏土等均可产生极微量的放射性元素（U^{238}、Th^{230}、K^{40}、Rn^{222} 等）和放射性射线（α、β、γ 射线），促使空气产生离子化。一般而言，纯碳酸盐的这种放射性比其他岩石要低，但也不容忽视，在旅游洞穴开放和洞穴医疗服务之前，应对地下洞室进行放射性检测。并且，在洞穴中工作、旅游或接受医疗服务时，不宜吸烟，因为洞穴空气中含有极少量的氡气，它是一种具有放射性的惰性气体，对一般短时间进洞的人员而言，几乎没有什么危害，但若长期在洞内工作则应考虑其影响。若在洞内吸烟，在吸烟的同时，洞穴中微量的氡气也较多地进入人体，在肺部沉积，其危害程度是在地表吸烟的 20 ~ 30 倍。为降低这种危害，美国的卡尔巴斯洞采取了 3 条措施：①减少在洞内的逗留时间，每天连续工作不超过 4 h，每年累计不超过 4 个月，并增加防护措施；②严禁在洞内吸烟；③加强洞内空气通风，使洞内的放射性影响降到最低程度（汪训一，1999）。当然，每个洞穴在开放之前和开放过程中都应进行放射性的检测与监测，及时发现和处置相关的问题，以确保放射性的影响处于安全范围之内。

3.1.3　水

除少数处于干旱区的旧洞，或离地下水位较远的衰亡期洞穴的洞内可能全年或季节性干燥缺水外，天然洞穴中一般都或多或少地有水的存在。水是绝大多数天然洞穴形成的必要条件，也是洞穴生态系统维持与演化的基本条件。如果没有水，洞内所有生物的生命活动不可能正常进行。

陆地上洞穴内的水体主要是地下水，许多洞穴（尤其是溶洞）的洞腔被地下水部分或全部充满，形成水洞。地表水体除了可直接通过落水洞、竖井、漏斗等喀斯特地貌形态汇入地下洞穴水体外，地面的雨水或洪水也可通过洞口、洞窗或缝隙涌入或渗入洞内，在洞内的低洼处蓄集成水潭、水池或水坑。除非附近有咸水湖的湖水流入，否则陆地上洞穴中的水一般是中性、弱酸性或弱碱性的淡水，喀斯特溶洞中水的 pH 通常为 6.0 ~ 8.0。海蚀洞、蓝洞中的水主要是海水，但有时附近海滨或海岛上的淡水也可能有少量流入，而海陆边际洞中的水通常是淡水和海水的混合体。冰川洞穴的围岩实际上就是固态水，全年冰洞或季节性冰洞中的水也是固态水。洞穴空气中气态水的含量决定洞穴空气的湿度。

洞穴深处水体的水温通常也较为稳定，花山谜窟景区洞窟内的水温常年保持在 12℃ 左右，即使 8 月洞窟外的气温高达 38℃，洞窟内水温的变化也很小（张慧冲和方建新，2009）。贵州溶洞中水体的温度通常稳定在 15℃ 左右，比斯洛文尼亚溶洞中的水温约高 5℃，这种水温差异可能是两地纬度存在明显的差异所致，水温较低还可能是斯洛文尼亚溶洞中缺乏鱼类分布的重要原因之一（黎道洪，2007）。

3.1.4　土壤、有机物质和阳光

洞穴的形成是一个漫长的过程，期间总会有洞外的土壤通过洞口、洞窗或岩壁上的缝隙崩落、掉落，或被流水（尤其是洪水）携带进入洞内，在洞底或洞侧壁沉积（图 3-4a），并可能在微生物的作用下产生"硝晶"（nitrate crystal）（图 15-7）等矿物质。同时，这些土壤周围及土内的有机物质，包括枯枝落叶等植物构件（图 3-4b）、动物尸体、微生物残体等都可能随之被动地进入洞内，从而为洞内的植物、腐食性

图 3-4　洞道内的石块、泥土、棍棒及蝙蝠粪堆（a），被流水冲入洞内的枯枝、树皮等植物碎片堆（一只马陆正在上面活动）（b），以及从洞口射入洞内的阳光（c）（刘志霄 摄）

动物及微生物提供着生之处、栖息场所、食物，或生长发育的其他条件。

此外，虽然洞穴的深处黑暗，缺乏光照，但阳光也会通过洞口、洞窗及缝隙射入洞内，并在洞内散射及漫射，形成光照区和光照漫射区（或弱光区 dyssophotic / low light area）（图3-4c），这同样为洞内植物、动物及某些微生物的生活与生长创造了条件。

3.1.5 次生性沉积物

由前一章可见，洞穴的次生性沉积物类型很多，形态千变万化，无论是洞顶、洞壁还是洞底，经过长期的物理、化学及生物过程，都会形成形态复杂多样的次生沉积物类（图3-5），这是洞壁与洞腔空间异质化及景观多样性的具体表现，为蝙蝠等洞穴动物的栖息及繁衍提供众多可供选择的微环境。另外，洞穴生命活动过程中所产生的物质搬运或微环境改造，以及新陈代谢过程中产生的 CO_2、粪尿等废物也必然对洞穴的次生沉积过程产生影响，而沉积在洞内的生物尸体及粪尿等排泄物又是许多腐生性或粪食性动物的营养与能量来源。

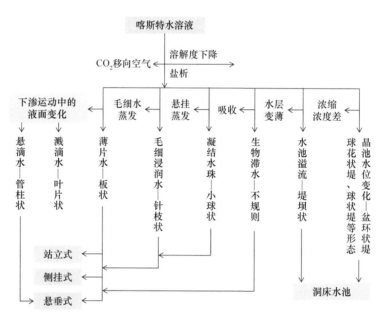

图3-5 喀斯特水溶液可能形成的洞穴次生沉积物的不同形态趋势（仿杨汉奎等，1991）

营养与能量是洞穴生态系统中两个主要的限制性因子。洞穴的深处黑暗，缺乏阳光和植物凋落物，因此动物（尤其是蝙蝠）粪便是许多洞穴生命体赖以生存的营养与能量来源。

3.2 洞穴石笋的信息传递及其古气候学意义

近几十年以来，由于人类大规模的经济开发活动、能源高速消耗和植被肆意破坏，全球气候变暖及其生态后果已引起国际社会的广泛关注，因此从亿万年以来古气候变化及其生态效应的信息中获取应对当今全球气候变暖的方略已成为国际科学研究的热点和重点。

洞穴石笋（cave stalactites）是继树木年轮、珊瑚、纹泥和冰芯之后较晚发现的一种自然时钟（natural clock），与其他气候记录指标相比，洞穴石笋具有分布广（溶洞广泛分布于世界各地）、时间尺度的弹性大（可从现代追溯到数千、数万年以前）、量化指标多（如生长速率、微层厚度、灰度、微量元素、荧光强度等），以及可准确定年等优点，是比较理想的气候变化研究材料。大量研究表明，石笋是高分辨率的气候 - 环境变化的自然载体，通常可从稳定碳或氧同位素组成、微量元素含量及其比值、年层厚度和有机质的性质等方面进行综合研究（班凤梅，2014）。

在洞穴生态系统的物质循环、能量流动和信息传递过程中，洞穴次生沉积物是最忠实的记录员（当然，不同的沉积物记录着不同的生态过程），尤其是石笋微层不但为古气候时间序列提供了高分辨率的时间标尺，而且其本身的厚度变化在一定条件下也记录了气候变化。

石笋微层（stalagmite microlayer），是一种独特的年季旋回的洞穴沉积物现象，其层厚变化除了受到洞外气候的显著影响外，还综合受到洞穴上方不同地质、地貌、水文地质、植被、土壤等因素的深刻影响。由于这些影响因素复杂多样，且相互交织，迄今国内外仅有少数石笋年层厚度可用于定量重建气候。

在某些特殊的条件下，气候信号与沉积过程之间存在简单的关联，信号强于噪声，而在大多数情况下，气候信号与沉积过程之间存在复杂的关系，噪声可能掩盖信号。因此，应该从石笋微层形成的机制着手，去揭示这种简单关联的条件，这就需要通过长期对洞穴滴水及上覆土壤的观测研究，了解石笋微层厚度与气候或土壤信号之间可能存在的某种关系（班凤梅，2014）。

近年，在古气候重建的过程中，对于石笋的研究虽受到越来越多的重视，但其机制仍需要予以深入探究。已如前述，石笋是一类典型的洞穴碳酸钙滴石，其形成包括 3 个基本过程。

（1）降水进入土壤，将土壤中的 CO_2 溶入，水因此而呈现具有侵蚀作用的弱酸性，即水中含有碳酸，其可逆性的化学方程式为：$H_2O+CO_2 \rightleftharpoons H_2CO_3$。

（2）含有 CO_2 的弱酸性水沿碳酸盐岩裂隙或裂缝下渗，将碳酸盐溶解，从而形成饱和的可逆向反应的碳酸氢钙溶液：$CaCO_3+H_2CO_3 \rightleftharpoons Ca(HCO_3)_2 \rightleftharpoons Ca^{2+}+2HCO_3^-$。

（3）含饱和 $Ca(HCO_3)_2$ 的溶液渗入洞穴后，渗水经洞顶或洞壁上的缝隙，滴落在洞底或其他沉积物上，在这个过程中通常会在洞道的围岩及其他的次生沉积物表面形成极薄的水膜，由于渗水中的 CO_2 分压远高于洞穴空气中的 CO_2 分压，渗水中的 CO_2 逸出或水分蒸发，使得溶液中的 $Ca(HCO_3)_2$ 或钙离子（Ca^{2+}）浓度呈现过饱和状态，进而以碳酸钙（$CaCO_3$）的形式析出沉积，其化学反应式为：$Ca(HCO_3)_2 \rightleftharpoons Ca^{2+}+2HCO_3^- \longrightarrow CaCO_3\downarrow+H_2O+CO_2\uparrow$。

在这些过程中，洞外的气候与环境变化作为信号的输入端，石笋中所隐含的气候与环境指标的变化作为信号的输出端，而滴水是整个信号传递过程中的载体和动力。从大气降雨开始，水流经过土壤层、洞穴顶板层，以洞穴滴水的形式逐渐沉积在洞底，成为洞穴内次生性的化学沉积物。土壤中的水分和 CO_2 的含量，以及 Ca^{2+}、HCO_3^- 和 H^+ 浓度的动态变化对岩溶过程有重要的调控作用，因此土壤实际上发挥着岩溶作用化学场的功能。

显然，气候的年际旋回和相应的土壤地化旋回（geochemical cycle）导致滴水地化行为呈现规律性变化，而与气候关联的周期性的沉积过程必然造成碳酸盐次生沉积边界的不连续性，从而构成石笋微层，并且石笋沉积的类型和剖面图式是气候、土壤、岩石和水文条件综合作用的结果。

我国南方、北方气候差异明显，石笋微层类型也呈现各自的特点。北方型石笋通常由很薄的不透光层面和较厚的透光方解石层构成，主要矿物是"放射状纤维晶方解石"。方解石晶束垂直于微层层面生长，在电镜下纤维晶面可见而微层层面不可见，微层界面在普通透射光下呈不透光暗面，在紫外光照射下呈蓝色发光面，具有双重光性。而南方型石笋在透射光下明暗条带有规律地相间排列，边界比较清晰，通常暗带厚而亮带薄，在紫外光照射下暗带发光而亮带不发光（谭明等，1999；班凤梅，2014）。

石笋微层的形成过程可看作是气候信号的转换过程。从气候信号激起到洞穴碳酸盐沉积输出构成一个多级的信号转换 / 传输系统，其中土壤是这个系统的一级信号放大 / 转换器，土壤中与信号转换放大有关的指示物或指标主要有 CO_2、有机碳、碳酸盐、土壤温度、湿度等。土壤还是滴水及石笋沉积元素的重要来源。

石笋碳酸钙中的碳主要来自于土壤中的 CO_2 和基岩，其沉积量相当程度上取决于土壤渗水的 CO_2 分压。降水渗入土壤，在水溶解、植物根系呼吸和微生物分解等综合作用下，土壤中的 CO_2 含量显著升高而使洞穴中的滴水呈现弱酸性，对石灰质基岩产生较强的溶蚀作用。Genty 等（1998）通过对石笋中 $\delta^{14}C$ 的测定，认为石笋中的碳主要来源于土壤有机碳，并建立了石笋沉积过程中的碳转移模型（图 3-6），同时指出，土壤中的 CO_2 主要有两个来源：①周转期短的植物根呼吸和新鲜有机质的分解；②周转期较长的土壤有机质的分解矿化，而土壤中 CO_2 浓度的增加主要受控于温度和降水，尤其是温度。在高温期，较小的气温波动可能会引起土壤中 CO_2 含量较大的变化，因此土壤中的 CO_2 含量对气候 - 石笋年层信息传输系统信号具有放大作用。此外，在土壤的可溶性有机碳（dissolved organic carbon，DOC）组分中有很大一部分是酸性组分和螯合物，而这些酸性组分和螯合物是促进矿物风化和碳酸盐溶解的另一个驱动力，并且对气候变化尤其是温度和降水较为敏感，因此 DOC 已成为陆地生态系统中碳迁移研究的新热点。

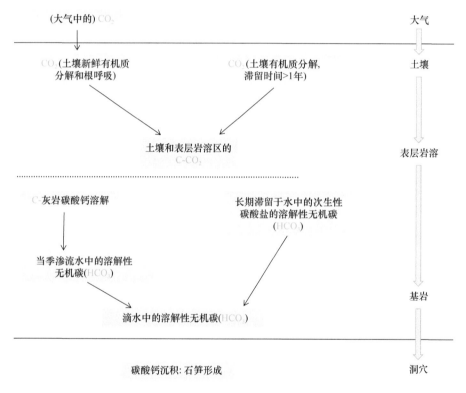

图 3-6　洞穴碳酸盐的碳（C）转移趋向（仿班凤梅，2014）

显然，滴水作为石笋形成的唯一物质载体和动力源泉，是气候和土壤信号输出的终端和石笋沉积的始端，无疑是石笋形成机制研究的核心所在。目前，对滴水的研究主要集中在滴水的水动力条件、滴水的地化元素（geochemical elements）和滴水有机质三个方面（班凤梅，2014）。

总之，洞穴内、外的环境因子及其影响因素非常复杂，其主要的信息传递路径如图 3-7 所示。

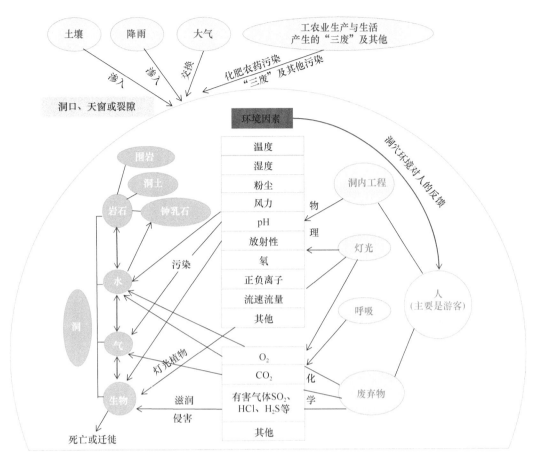

图 3-7　洞穴内、外的主要环境因子、信息传递路径及影响因素 [参考汪训一和杨日英（1998）修改]

第二篇 洞穴生物类群多样性

洞穴生物多样性是洞穴生态系统与周围其他系统相互影响、相互作用的结果，是全球生物多样性不可或缺的组分。洞穴生物类群丰富多样，包括微生物、植物和动物的许多门类。深入系统地调查、编目和理解洞穴生物多样性是洞穴生物学的基本任务。

第 4 章

洞穴中的生物类群划分及洞穴动物的连续统

在黑暗的洞穴中,洞外常见的绿色植物不能生长,因此起初的探洞者或洞穴学者在洞穴深处发现的通常是肉眼容易见到的脊椎动物和个体较大的无脊椎动物,也会很自然地观察其外形特征和比较其与洞外物种之间的差异,通常还会将采集到的标本带回家里或实验室做进一步的观察,以了解其性状的变化及特征的稳定性。

基于大量的观察经验,就有一些博物学者开始对洞穴动物进行分类。最早提出洞穴动物分类方案的是斯基奥德(Schiödte),他于 1849 年按解剖学特征及生存条件将洞穴动物分为阴暗带动物(shade animals)、昏暗带动物(twilight animals)、黑暗带动物(animals in the dark zone)和栖息于钟乳石上的动物(animals on stalactites)四大类,但这一分类方案并没有被接受。1854 年,席纳(Schiner)提出了一个新的分类方案,他根据对地下洞穴环境的依赖程度而将洞穴动物划分为三大类,即真洞穴动物(troglobites)、喜穴居动物 / 半洞穴动物(troglophiles)、偶穴居动物(trogloxenes)。这些术语及相关的词汇至今仍在使用,但不同的学者仍有不同的译名,对概念内涵的理解也存在一些差异,有的学者还提出了其他相似的或略有不同的术语(王福星和曹建华,1997;赵亚辉和张春光,2006,2009)。

随着学科的发展和研究的深入,探洞者、洞穴学者及生物学者在洞穴中发现了更多的动物,各种植物及微生物类群也陆续被发现和记述,并且对于洞穴动物群(troglofauna)与地表(面)动物区系(epigean fauna)之间的关系也有了较为全面而深刻的认识,因此作者尝试用现代生态生物学理论对洞穴动物的有关概念予以重新厘定及梳理,同时提出"从地表动物到典型洞生动物的连续统"概念,简称"洞生统"(troglomorphizing continuum)(图 4-1),意指"从地表动物到典型洞生动物是一个连续的过程,但中间也有几个标志性的阶段"。

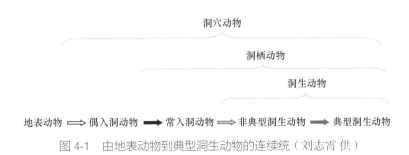

图 4-1　由地表动物到典型洞生动物的连续统(刘志霄 供)

洞穴生物或地下生物（cave creatures / hypogean organisms）是相对于地表（或地面）生物而言的，是指在洞穴内部及与其相连通的地下水体中（如地下河、地下湖泊或地下潜水等）所出现的所有生物类群，包括洞穴动物、洞穴植物和洞穴微生物，它们之间相互作用，共同组成洞穴生物群落（cave community），并与洞穴中的非生物因子构成洞穴生态系统（cave ecosystem）。

地表生物（epigean organisms）或洞外生物（exo-cave organisms）是指生活在洞穴以外各种生境中的生物类群，包括在地表土壤、植被、天空、地上的各种水体等自然环境，以及非洞穴性的人工环境中栖息、繁衍的各种生物。洞穴生物与地表生物有着千丝万缕的联系。总体上，洞穴生物是地表生物的一部分，特别对于洞穴动物（cave animal）而言，由地表动物到典型洞生动物是一个连续统（continuum），中间是偶入洞动物、常入洞动物和非典型洞生动物。

偶入洞动物（sporadic comer/trogloxene），是指某些地表动物由于被捕食者追赶，或被其他动物携带，或被洪水冲入等偶然因素，主动或被动地进入洞穴，只能在洞穴中临时性地躲藏或暂时性不正常地生存下来，通常是个别或极少数个体偶然性地出现在洞内。

常入洞动物（oft-cavevisitor），是指生活在洞穴周围的动物把洞穴作为其生命活动的一个空间区域或生境（栖息地）的一部分，经常性地进出和利用洞穴，在洞穴中隐藏或取食，虽可在洞口附近繁殖但不在洞穴深处的黑暗环境中繁育后代。

非典型洞生动物（atypical cave-relier/troglophile），对洞穴具有依赖性，在黑暗潮湿的洞穴环境或洞穴水体中繁育后代，终生或生命周期的大部分时间都在洞穴中度过，但形态上尚未发生明显的特化，离开洞穴后也能生存和繁育，缺乏典型的洞生性特征（troglomorphic characters）。

典型洞生动物（typical cave-relier/troglobite），终生生活在黑暗的洞穴环境或洞穴水体中，完全依赖洞穴生活，在洞中繁育后代，完成生命活动周期，离开洞穴后通常不能正常生存和繁殖，具有一系列或某些形态上的特化，如无眼（盲）、身体透明等洞生性特征。

总之，洞穴动物包括偶入洞动物和洞栖动物（cave-dewlling animals），后者包括常入洞动物和洞生动物（cave-relier），而洞生动物又可区分为非典型洞生动物和典型洞生动物。

生物的进化是连续性与间断性的统一，也是偶然性与必然性的统一，因此由地表动物到典型洞生动物是一个形态、生理、行为、生态、遗传等方面的综合进化适应连续统（synthetic evo-adaptation continuum）。在这个连续统中每一种动物都有其相应的位置。

植物和微生物缺乏运动能力，通常是其种子、孢子等繁殖体被风吹入、流水带入或被动物（包括进洞之人）携带到洞内生存下来，当然洞口附近的植物及微生物也可通过洞口逐渐适应性地扩散到洞内，但总体上它们的连续统要比动物简单，并且通常缺乏如动物那样典型的洞生性特征（尽管一些种子植物和苔藓也呈现某些适应性的特征，参见第 6 章）。

显然，洞穴生物区系（cave biota）是区域生物区系（regional biota）的重要组成部分，但生物类群丰富多样，现代的生物分类系统又非常复杂，并在不断地变化或翻新，因此要全面按照最新的分类系统介绍洞穴生物难度很大，为便于类群比较和集中叙述，后面的第 5 ~ 9 章将在充分考虑新近分类系统所赋予的新信息的同时，主要按照传统分类框架及习惯上的分类学术语就一些主要生物类群，对洞穴生物的类群多样性予以简要介绍。

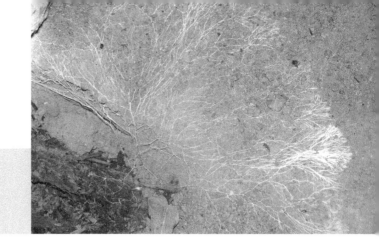

第 5 章

洞穴中的微生物类群

微生物体型微小，通常需要借助显微镜才能观察到，主要包括细菌、放线菌、真菌、病毒、衣原体、支原体、立克次体、螺旋体，以及单细胞的藻类和原生动物等。根据结构特征可将它们分为非细胞生物、原核生物和真核微生物。绝大多数微生物属于单细胞生物或非细胞生物，仅蘑菇、灵芝等真菌属于多细胞生物，它们的体型较大，肉眼可直接观察。微生物在地球上的分布极为广泛，几乎无处不在，陆地、海洋、淡水、空中，以及动植物的体表和体内都有其生活或侵染，洞穴也不例外。

5.1 细菌

有学者曾将所有的细菌（bacteria）归属于原核生物界，但分子证据将它们划分为两大类群：古细菌和真细菌。古细菌（archaeobacteria）在化学组成及遗传上都不同于真细菌（eubacteria），生活在极端环境中。真细菌则普遍见于我们日常生活的大多数环境中，对其研究也较为广泛而深入，因为比较容易培养，并且与动物、植物的关系较为密切。

细菌的分类问题一直困扰着人类，其主要原因是：细菌行无性繁殖，个体微小，难于观察，形态特征可随环境条件发生细微变化，形态上的差异可能不能真实地反映其系统发育关系。通常采用革兰氏染色法对细菌进行分类，观察染色后细菌的形态、排列与结构特征，而后予以鉴别，大多命名为球状菌、杆状菌、丝状菌、螺旋菌等。也有学者根据生态作用将细菌区分为光合菌、有机营养菌、固氮菌等。可是，在细菌分类鉴定过程中，形态变异问题必须予以足够的重视，因为即使是某个单一的菌丝斑也可能是某种丝状菌的变异，还可能包含着不同的种类。在美国怀俄明州的一个洞穴中，曾采到不同形态及颜色的细菌，菌丝呈丝状、羽毛状、网状或团块状，有白色、灰色或黄白色，这些菌丝实际上包含着不同的种系，而每一种系又包含多种细菌（Engel *et al.*, 2001）。

虽然对于洞穴细菌的研究起步很晚，研究还很不够深入，但业已清楚，洞穴细菌对于洞穴生态系统具有重要意义。目前，对于细菌的研究主要采用"培养法"和"分子系统学分析法"，但普遍认为，在一个环境当中的 99% 的细菌物种虽具有活性却不可培养，因此当前对于洞穴微生物区系的研究主要采用分子系统学分析法。

董乙义等（2017）结合涂布平板分离法和 16S rRNA 基因序列系统发育分析法，研究了贵州织金洞穴水中细菌的多样性，结果分离到 60 株细菌，其中池水中 31 株，滴水中 29 株，隶属于 4 门 13 属，其中厚壁菌门（Firmicutes）（占 50%）为优势门，其次是变形菌门（26.67%），而放线菌门和拟杆菌门各占 11.67%；芽孢杆菌属（Bacillus）为优势属，在池水中约占 48.3%，在滴水中约占 51.7%；池水和滴水中细菌物种组成的相似性指数为 0.54，属于中度相似；人为扰动程度不同的洞厅，其水生细菌的多样性不同，其 Shannon-Wiener 多样性指数为 0～2.58。总之，织金洞洞穴中的水生细菌具有较高的多样性，洞穴的旅游开发使得洞穴水中细菌的组成发生了变化。

从多方面来看，洞穴中细菌类群的多样性是地面环境细菌多样性的反映，因此变形菌（Proteobacteria）也是洞穴中最具有代表性的类群，在洞穴中可以发现其 5 个亚群的代表种类，而 ε- 变形菌似乎同样是洞穴微生物生态系统中的主要成员。不仅如此，在洞穴中也发现了放线菌（Actinobacteria）、拟杆菌 / 绿菌（Bacteroidetes / Chlorobi）、黄杆菌（Flavobacteria）、厚壁菌、浮霉菌（Planctomycetes）、消化螺菌（Nitrospira）等许多微生物类群，无论是石灰岩洞穴、熔岩洞穴，还是花岗岩洞穴都有这些微生物类群的存在（Romero，2009）。

洞穴中微生物类群的多样性必然导致复杂的相互关系，从而形成功能多样的微生物群落，如洞穴中常见的微生物垫（microbial mat）就可能包括硫化菌、亚硝酸氧化菌和有机营养菌等许多类群，它们相互依存，共同维持洞穴中的微生物群落结构与生态过程。可是，它们之间并不一定总是关联在一起，不同的洞穴具有不同的微生物群落，甚至在同一洞穴的不同洞段，微生物群落结构与功能都可能完全不同（Barton and Luiszer，2005）。

5.1.1　洞穴中常见的细菌类型

在洞穴中存在两种类型的异养菌（heterotrophic bacteria）：一类是地面上典型的异养菌，它们是被流水、动物或人偶然带入洞内的；另一类是在洞内完成其生活史（life history）的异养菌。异养菌可能参与洞穴中碳酸盐的形成（Simon et al.，2003）。

在洞穴中发现最多的细菌可能是硫氧化菌（sulfur-oxidizing bacteria），硫氧化菌常见于氧化还原反应的边界，可能与石膏和碳酸盐的形成有关（Romero，2009）。

硝石洞穴富含铵和亚硝酸盐，氨氧化菌（ammonia-oxidizing bacteria）能够把氨转化为亚硝酸盐，然后再转化为硝酸盐，硝酸盐是硝石中有用的化学成分（Northup and Lavoie，2001）。

在某些海洋洞穴或海蚀洞中，有时可能存在铁锰氧化菌（iron and manganese oxidation bacteria），铁锰氧化菌属于"化能无机自养菌"（chemolithoautotrophic bacteria），能够使富含铁和锰的岩壁或洞内其他含铁、锰的物体氧化变黑或腐蚀（Allouc and Harmelin，2001）。

5.1.2　细菌在洞穴中的生态作用

研究洞穴细菌最重要的贡献之一，就是认识到细菌在洞穴中的生态作用比我们以前所认为的要重要得多。两个主要的发现有助于我们改变过去的看法：细菌是初级生产者（primary producers）；细菌是改变洞穴形状的重要因素（Romero，2009）。

在洞穴中发现起分解作用的异养菌，是很正常的事；在洞穴的昏暗区或弱光区发现自养菌（autotrophic bacteria）也易于理解。然而，1986 年在罗马尼亚摩维尔洞（movile cave）发现"化能无机自养菌"的确是一大突破。尽管以前就在洞穴中发现了化能营养细菌（chemotrophic bacteria）的存在，但在与外界隔离了 550 万年的摩维尔洞中发现"化能无机自养菌"确实意义非凡。这类细菌能够对无机化合物进行转化，从中获取能量，起着初级生产者的作用。这就揭穿了"由于缺乏初级生产者，所有的洞穴一定都很缺乏能量"的古老神话。在新墨西哥的列楚基拉（Lechuguilla）洞，外来输入的能量很少，是化能无机自养菌的存在持续地支持着一个庞大的微生物网（microbial web）。摩维尔洞基于"无机化能营养性生产"（chemolithotrophic production）曾经支持着较大型的节肢动物的生存。化能无机自养菌参与多种无机代谢过程，包括硫的氧化、氨和亚硝酸盐的氧化、铁和锰的还原等。

在洞穴内部塑造的过程中，细菌可能起着非常重要的作用，洞穴内部塑造的过程也就是"洞穴形成"（speleogenesis）的过程。目前，洞穴微生物学者已普遍认识到，细菌和其他微生物具有溶蚀洞壁的能力，可对洞壁进行物理侵蚀、酸化、盐溶和胞外酶分解。细菌、真菌和藻类等微生物在洞穴形成过程中的作用已受到越来越多的关注。

实际上，在洞穴的地面或洞壁上，石膏、石英、黏土、花岗岩、猫眼石、硝石、铁锰腐蚀性残余物等地质沉淀物（geological precipitates）、洞穴沉积物或软性沉积物（soft deposits）的形成和累积都与细菌、真菌及其他的微生物有关，微生物的存在可加速这些地质过程（Romero，2009）。

地球上石灰岩的分布最为广泛，其主要化学成分是碳酸钙，岩溶洞穴的形成及洞内沉积物的堆积主要是碳酸钙溶解与沉淀的化学过程，但越来越多的研究表明，其中也存在生物学过程或生物盐溶（biokarst）现象，异养微生物在呼吸过程中可沉淀碳酸钙，碳酸盐石笋和池指（pool finger）等洞穴景观的形成都直接或间接地与细菌等微生物的作用有关。碳酸钙沉积还可能导致月奶石（moonmilk）（图 5-1）或洞穴黏土的形成。

图 5-1　北京市房山区石花洞的月奶石（刘志霄 摄）

总之，对于洞穴细菌的研究具有广阔的前景，有关洞穴细菌的起源和演化，与地面物种之间的系统进化关系，在洞穴形成过程中及在洞穴生态系统中的具体作用都值得广泛而深入的研究。特别值得注意的是，洞穴细菌通常生长在营养物质相当贫乏的环境当中，在这种环境中，抗体的产生可能有助于种间竞争或生态位分离，而且这些抗体可能具有独特的药学研究与药业开发价值。当然，在洞穴环境监测与评价，以及洞穴资源保护方面，细菌也可用作洞穴污染或环境损害的指示生物（Hunter *et al.*，2004；Barton and Pace，2005）。

5.2　真菌

真菌（fungi），属于真核生物，主要营腐生或寄生生活，包括单细胞的酵母菌、丝状的霉菌和大型子实体蘑菇等各种蕈类，其细胞壁的主要成分是壳多糖 / 几丁质（chitin），这与植物细胞壁的主要成分纤维素明显不同。真菌种类繁多，有人估计可能多达 220 万～ 380 万种，但目前已描述的仅为 12 万种，其中 8000 多种可引发植物病害，可引发人类疾病的也不少于 300 种。

　　真菌营异养生活，在缺乏光照的黑暗洞穴中能够正常生活，只要洞内的有机物质丰富、空气的相对湿度合适、空气的流通性较好，真菌孢子就容易在洞内扩散与繁殖。实际上，在洞穴动物尸体和粪堆上最常见的就是霉菌（图 5-2a）；从洞外被流水冲进洞内的茎干碎块、腐烂根节、枯枝落叶等植物残体（图 5-2b）或人类带入洞内的食物等废弃物，以及洞内自然产生的各种有机物都是真菌可以利用的营养与能量物质。有的真菌可能直接来自洞外，有的真菌仅在某一时期偶然出现于某些特殊的洞段（图 5-2c、图 5-2d），有的真菌则已经演化为洞穴中的特有种类或特殊类型，并且可能对人类具有特别的致病性，应予以足够的重视。

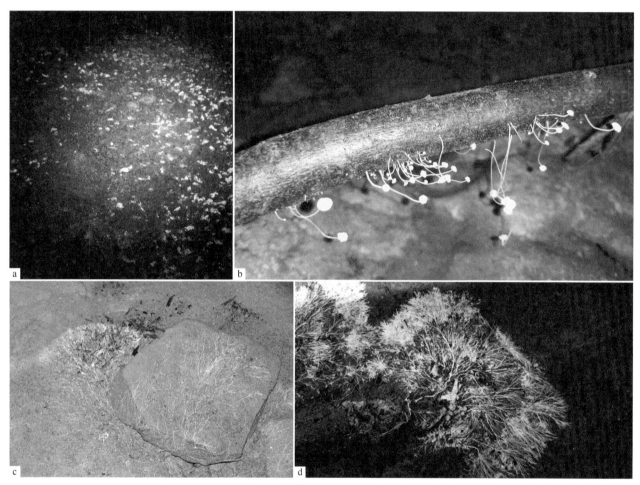

图 5-2　洞穴中的真菌（刘志霄 摄）
a. 生长在蝙蝠粪场上的霉菌；b. 生长在洞内木棒上的真菌；c、d. 分别在湖南小溪国家级自然保护区金鸡洞和
湘西州吉首市堂乐洞地面和石块上偶然见到的呈树枝状的丝状真菌

　　在美国新墨西哥州的卡尔斯巴德洞（carlsbad cave），曾发现 8 种真菌是人类的病原体（Cunningham et al.，1995）。或许，最值得关注的洞穴真菌是荚膜组织胞浆菌（Histoplasma capsulatum），它可引发人体肺部感染，引起"洞穴病"（cave illness）。这种病菌已发现于美洲、欧洲、非洲、亚洲和大洋洲的热带和亚热带洞穴中。患者可因体质和免疫力的差异而呈现不同程度的病症，轻者似流感状，重者可能呼吸困难以至死亡。可是值得重视的是，洞穴中的蝙蝠并没有表现出任何的病症。

　　早在 1965 年，Kajihiro 就在新鲜的蝙蝠粪便中发现了可引起癣菌病的石膏样小芽孢菌（Microsporum

gypseum）和土壤毛癣菌（*Trichophyton terrestre*）。后来，须毛癣菌（*Trichophyton mentagrophytes*）、红色毛癣菌（*Trichophyton rubrum*）等嗜动物性皮肤的寄生性真菌也在洞穴中发现。

许多酵母菌、青霉菌、镰胞霉菌、菌根菌、马勃菌、多孔菌、伞菌、牛肝菌都可在洞穴中生存，而头孢霉菌（*Cephalosporium lamellaecola*）还可能参与钟乳石的形成（Went，1969）。可是，对于洞穴真菌多样性的研究（如 Popović *et al.*，2015）还很不够，目前已描述的仅有 100 多种，主要隶属于子囊菌门（Ascomycota）、担子菌门（Basidiomycota）、接合菌门（Zygomycota）（Romero，2009）。

洞穴中的温度、湿度相对稳定，有利于菌类的生长，因此许多国家或地区都有利用天然溶洞或石灰岩矿井大规模栽培马蕈（*Agaricus arvensis*）、双孢菇（*Agaricus bisporus*）等大型真菌的传统。

第 6 章

洞穴中的植物类群

植物具有细胞壁和叶绿体，营固着生活，通过光合作用合成有机物，是自养型的真核多细胞生物，是地球上生命的主要类型之一，包括藻类、地衣、苔类、藓类、蕨类、裸子植物和被子植物，现已知约35万种。适宜的温度、湿度、光照和养分是植物生长、发育与繁衍最基本的生态条件。藻类和地衣无根、茎、叶分化，合子离开母体后发育，不形成胚，称为原植体植物、无胚植物或低等植物。苔藓、蕨类和种子植物（裸子植物和被子植物）具有根、茎、叶分化，合子在母体内发育成胚，称为茎叶体植物、有胚植物或高等植物。

这些植物类群在洞穴中都可找到，在光照稍好甚至完全黑暗的洞段可发现种子植物，在弱光洞段可见到蕨类、苔类及藓类等耐阴湿植物。有些植物的根也可通过岩壁的裂缝挤进洞穴的内部，从洞穴中汲取水分及养分。在洞穴中生活的许多植物的叶片具有适应低光照的特征，如叶面积增加、叶厚度降低、气孔数减少、茎延长、分枝减少等；某些洞穴苔藓具有特殊的细胞，能像透镜那样把光聚集到叶绿体上；很多生长在洞口及洞穴中的植物发育了特殊的生理与形态特征，已演化出新的分类群（Romero，2009）。

6.1 藻类

藻类（algae）这个概念古今有别，中国古代所谓的藻类其实是对水生植物的总称，一些被冠以"藻"字的植物实际上是高等植物，如狐尾藻（*Myriophyllum verticillatum*）属于被子植物，是生长在池塘、湖泊中的多年生沉水植物，而一些生长在水中或潮湿地面和墙壁上个体小而黏滑的"青苔"并非苔类，而是藻类。目前，普遍认为，藻类并不是一个单系群（monophyletic group）而是多系群（polyphyletic group），涉及原核生物界（如蓝绿藻、原核绿藻）、原生生物界（涡鞭毛藻、隐藻、硅藻等）和植物界（如轮藻）。藻类的适应性较强，分布广泛，从赤道到极地的水体、潮湿的岩面及土壤（包括温泉、雪山）中都可见其生存和繁衍。生态上，通常将藻类分为浮游藻类、飘浮藻类和底栖藻类。藻类都含有叶绿素 a，但不同的藻类所含的其他光合色素（胡萝卜素、藻胆蛋白等）有所不同。

在非正式的被称为藻类的各类群中，有 3 类见于地下淡水环境：蓝藻（蓝绿藻）、硅藻和绿藻；在某些海洋洞穴中，也发现过褐藻和红藻（Baldock and Womersley，2005）。即使在人工洞穴的水体中也有藻类生存，如张慧冲和方建新（2009）对安徽省黄山市花山谜窟（开凿于约 316 年）景区 2 号人工洞窟（长约 110 m，面积约 4700 m²）和 35 号人工洞窟（长约 130 m，面积约 1.23 万 m²）水体中的藻类进行调查，共鉴定出 26 属 32 种，其中硅藻门（Bacillariophyta）12 属 17 种、绿藻门（Chlorophyta）8 属 8 种、蓝藻门（Cyanophyta）3 属 3 种、裸藻门（Englenophyta）2 属 3 种、隐藻门（Cryptophyta）1 属 1 种；桥弯藻属（*Cymbella*）和舟形藻属（*Navicula*）是优势属；扁圆卵形藻（*Cocconeis placentula*）、帽形菱形藻（*Nitzschia palea*）、大中带鼓藻（*Mesotanium macrococcum*）和静裸藻（*Englena deses*）是优势种。

　　大多数光合藻类发现于洞口段，即使在海拔高达 6000 m 的安第斯山的洞口附近也发现了藻类的存在，甚至在洞穴的深处或潜水井中某些光合藻类也能够短期生存。生活在洞穴或潜水井中的大多数藻类是典型的土壤型藻类，它们可能主要是通过洪流或渗流进入洞穴或地下潜水层的，能够在完全黑暗的条件下存活下来，因此对地下水的生物量有一定的贡献。某些光合藻类在黑暗的环境中可以转变成异养型的营养方式，能够从周围环境中吸收有机物，通过代谢获得有机能量。

　　生活在洞穴无光区的优势藻类主要是蓝藻和硅藻，Vinogradova 等（1998）曾在一个洞穴中发现了40 多种蓝藻，而位于墨西哥金塔纳（Quintana）东北部的天然井和海陆边际洞由于受到潮汐的影响，硅藻的组成可占到物种总数的 75%。

　　藻类还是洞穴中生物膜（biofilm）或菌膜群落的重要组成部分，在一些洞道中，生物膜的分布一般受光照的影响而呈现丰度和物种组成上的梯度变化，组成生物膜的藻类等生物种类还普遍具有颜色和形状上的表型可塑性（图 6-1、图 6-2）。

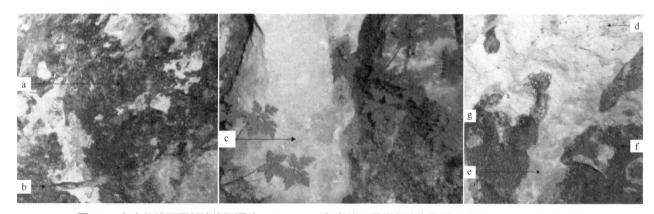

图 6-1　在塞尔维亚西部波札那洞（božana cave）中的不同颜色的生物膜（自 Popović *et al.*，2015）
a ～ g 分别为黑色、深绿色、黄色、橙色、黄色、深绿色、紫色凝胶状菌膜

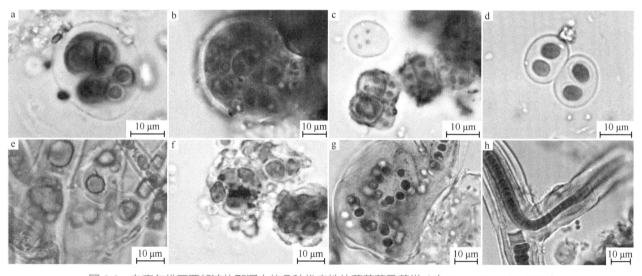

图 6-2　在塞尔维亚西部波札那洞中的几种代表性的蓝藻菌及藻类（自 Popović *et al.*，2015）
a. 具紫色胶被的黏球藻（*Gloeocapsa* sp.）；b. 具红色胶被的岩生黏球藻（*Gloeocapsa rupicola*）；c. 具黄色胶被的两形黏球藻（*Gloeocapsa. biformis*）；d. 秆状黏杆藻（*Gloeothece palea*）；e. 橘色藻（*Trentepohlia aurea*）（橘色是由胡萝卜素脂肪球累积所致）；f. 卵圆鼓球藻（*Desmococcus olivaceus*）；g. 念珠藻（*Nostoc commune*）；h. 奇异双歧藻（*Scytonema mirabile*）的假分枝及异形胞

藻类的表型可塑性也见于海洋洞穴。海葵等刺胞动物趋向于与藻类共生，它们之间的生态关系随着环境条件的变化而发生可塑性的变化，当海洋洞穴中的光照很弱时，藻类会以增加类囊体数量和叶绿体内膜厚度的方式予以应对。

在洞穴中，藻类的作用可能是多方面的（Romero，2009）：①对岩壁有一定的侵蚀性，有助于洞穴堆积物的形成；②与其他生物共同组成的生物膜可能在方解石、白云石、石膏、岩盐或钾盐的沉积过程中起作用；③为洞穴等足类及其他无脊椎动物提供食物，是洞穴食物链的组成部分；④有利于洞穴中的硝化作用。

6.2　地衣

地衣（lichens）是共生体，由菌丝和绿藻或蓝绿藻组成。在野外，地衣的鉴定非常困难，通常需要在实验室借助显微镜和化学分析法才能进行鉴定。地衣对大气污染十分敏感，可作为大气污染的指示植物，也被誉为"先锋植物"（pioneer plant），其所分泌的地衣酸（lichenic acid）可腐蚀岩面，促进岩石的龟裂和破碎，使岩石的表面逐渐形成土壤层，为其他高等植物的生长创造条件。

迄今，已知地衣约 500 属 2.6 万种，有的种类可在洞穴中生存，甚至在某些冰洞（Dirig，1994）和海拔 6000 m 的高山温泉中都有其分布（Halloy，1991）。地衣有壳状、叶状和枝状之分，壳状地衣通常见于洞穴中具有光照的区域，在洞穴的深处，壳状地衣被叶状地衣所替代。地衣也是某些洞栖性鸟类的主要巢材（Tarburton，2003）。

6.3　苔藓

苔藓（bryophytes）是高等植物中的原始类群，喜生于阴湿的地面、岩壁及树干，体型小，无维管束、花和种子，以孢子（spores）繁殖后代。苔藓植物是一个并系群（paraphyletic group），现已知约 2.1 万种，通常可分为苔类（liverworts）、角苔类（hornworts）和藓类（mosses）。

苔藓植物主要分布在洞口或洞窗附近的弱光区，分布深度可因洞口或洞窗的位置、朝向及周围地势、植被等情况而异，但通常离洞口或洞窗不超过 30 m。

在法国阿尔卑斯 - 罗讷（Rhone-Alps）地区的 3 个溶洞中发现苔藓植物群落 11 个，计 8 科 12 属 15 种，分属于钟乳石、洞壁钙华、洞底泉华和石灰土苔藓群落 4 种生态类型（张朝晖和艾伦·培特客斯，2001）。

在英格兰中部及西北部的 7 个溶洞中共发现苔藓植物 20 科 41 属 65 种，其中英国羽苔（*Plagiochila britannica*）是该国的特有种，洞底滴水苔藓植物钙华是该区域较为常见的植物钙华，主要参与形成钙华的苔藓植物有艳枝藓（*Eucladium verticillatum*）、鳞叶凤尾藓（*Fissidens taxifolius*）和深绿叶苔（*Jungermannia atroirens*）等（张朝晖和艾伦·培特客斯，2002a，2002b，2002c）。在中国贵州省黄果树地区的 7 个溶洞中，发现苔藓植物 21 科 43 属 59 种，其中藓类 13 科 33 属 47 种（约占总种数的 80%），苔类 7 科 9 属 10 种，角苔类 1 科 1 属 2 种；丛藓科（Pottiaceae，19 种）、真藓科（Bryaceae，7 种）和青藓科（Brachytheciaceae，7 种）是优势科；根据环境中水、光和苔藓的生长状况可将洞穴沉积形态划分为 4 种类型，即滴水苔藓钙华、瀑布苔藓钙华、季节性河水苔藓钙华和向光苔藓石鳞片，另外，根据溶痕表面积大小及苔藓植物特征，可将这些溶洞群中苔藓植物的溶蚀形态区分为溶孔、溶斑、溶块和溶丝 4 种类型（张朝晖等，1996a，1996b）。

在云南省昆明地区的 12 个溶洞中，采集到苔藓植物 10 科 18 属 25 种，其中丛藓科、凤尾藓科（Fissidentaceae）、柳叶藓科（Amblystegiaceae）和青藓科是优势科，而主要参与洞口带钟乳石或石笋钙华沉积的是橙色净口藓（*Gymnostonum calcareum*）和钩喙净口藓（*Gymnostonum recurvirostre*）（张朝晖等，2004）。

在广西桂林地区的 17 个溶洞中，发现苔藓植物 13 科 19 属 28 种，除净口藓外，东亚泽藓（*Philonotis turneriana*）也参与溶洞洞口带的钙华沉积（张朝晖等，2005）。由于喀斯特地貌区富含钙盐，因而洞穴苔藓群落主要是由适钙性的种类所组成，如黄光苔（*Cyathodium aurea-nitens*）、扭口藓（*Barbula constricata*）、长叶纽藓（*Tortella tortuosa*）、凤尾藓（*Fissidens* sp.）、净口藓（*Gymnostomum* sp.）、反纽藓（*Timmiella anomala*）等，而地钱（*Marchantia polymorphy*）、石地钱（*Reboulia hemisphaerica*）、尖叶匐灯 / 匐灯藓（*Plagiomnium cuspidatum*）等是世界各地洞穴中的常见种类。

显然，更广泛的洞穴苔藓植物群落（图 6-3）的调查和比较研究有助于揭示苔藓植物对洞穴环境的适应及其多样性形成机制。

图 6-3　分布于湘西州吉首市季虎坪路边小洞洞口弱光区洞壁上的苔藓植物群落（a～c）（刘志霄 摄）

苔藓植物在生命活动过程中，不断从外界吸取必需的营养物质，同时释放出糖类、氨基酸、脂肪酸及其衍生物、萜类、黄酮类化合物及 CO_2 等，其中的生物酸和 CO_2 对碳酸盐岩表面既起着一定的溶蚀作用，也参与钙盐的沉积。而生长在洞口或洞穴中的苔藓为洞穴缓足类（tardigrates）、桡足类（copepods）、盲蛛（harvestmens）等小型无脊椎动物提供适宜的栖息环境或食源（Romero，2009）。

有些苔藓已产生形态结构上的特化或功能上的强化以适应洞穴生活，如光藓（*Schistostega pennata*）既可在老旧谷仓或倒木上生长，也能够在洞穴中松散丛生，其叶状体仅高达 7 mm，通常孢子体有气孔而配子体无气孔，原丝体呈线状，细胞质内的叶绿体可聚集在一个平面上，并使富含叶绿素的细胞集中朝向有光的地方，当光线照射到植物体上时，会折射形成光锥，折射光的光子打到叶绿体里的色素分子上，光合作用的活性光波波段被吸收，其余的光波被反射，从而呈现发光状态。特别值得注意的是，分布于葡萄牙亚速尔群岛特塞拉岛（Terceira Island）洞穴中的一种地钱——列胞耳叶苔 / 欧耳叶苔（*Frullania tamarisci*）具有地球上已知最大的光合速率（Gabriel and Bates，2003）。

6.4 蕨类

蕨类（ferns）是具有真正的叶片但不产生种子的维管植物类群，其二倍体的孢子体和单倍体的配子体更迭出现，呈现世代交替现象。与有花植物不同，蕨类植物的配子体阶段是自由生活的时期，喜生于温暖阴湿的林区，是森林植被中草本层的重要组成部分，已知约 1.2 万种，大多生长于林下或附生于岩壁，在许多洞穴洞口附近阴暗潮湿的岩壁上，生长着繁茂的蕨类植物群落，呈现壮观的"瀑布"状景观。在洞穴弱光区的地面，蕨类植物也较为常见。

在广西西北部凤山县的"扬子洞"曾发现鳞毛蕨科一新种——节毛耳蕨（*Polystichum articulatipilo-sum*），其株高 6 ～ 12 cm，叶柄、叶轴及羽片两面密生棕色长节毛，在耳蕨属中极为罕见。在有些洞穴的弱光区或昏暗处有时可见到翠云草（*Selaginella uncinata*）（图 6-4a）等蕨类植物。在旅游洞穴的灯光周围，贯众（*Cyrtomium fortunei*）、稀羽鳞毛蕨（*Dryopteris sparsa*）、凤尾蕨（*Pteris cretica*）等蕨类物种是比较常见的灯光植物（图 6-4b、图 6-4c）。

图 6-4 洞穴中的蕨类植物（刘志霄 摄）

a. 生长在湘西州吉首市季虎坪路边小洞中的翠云草（*Selaginella uncinata*）；b. 张家界市黄龙洞的灯光植物，其中有贯众（*Cyrtomium fortunei*）、稀羽鳞毛蕨（*Dryopteris sparsa*）和凤尾蕨（*Pteris cretica*）；c. 湘西州凤凰县奇梁洞的贯众（*Cyrtomium fortunei*）等灯光植物（标本由张代贵老师鉴定）

6.5 种子植物

种子植物（spermatophytes）又名显花植物（phanerogams），体内具有维管组织，以种子繁殖后代，是最高等的植物类群，包括裸子植物和被子植物，现已知约 26 万种，其中有一些种类可生活在洞穴的昏暗处（图 6-5a），也有一些种类的粗根或根系可穿透土壤，从洞壁的岩缝间伸入到洞穴中（图 6-5b、图 6-5c），从洞内汲取营养和水分，同时也对洞内环境产生影响。在洞穴的深处或完全缺乏光照的黑暗区域偶尔也可见到某些植物的种子发芽及根系生长（图 6-5d ～ f），甚至某些新鲜的或尚未干枯的树枝或树干被人或动物带进洞内后，经过一段时间，也可能在黑暗处萌发出新芽（图 6-5g、图 6-5h）。

另据报道，曾在重庆南川大溶洞古佛洞中发现"玻璃植物"（transparent plant），这种植物生长在终年不见阳光的洞穴深处，生长面积约 100 m²，植株呈透明状，高约 30 cm，正开着喇叭形的黄花，花与茎的连接仅靠 1 片花瓣支撑，叶片呈桃形，长 3 cm、宽 2 cm（佚名，2002）。

此外，在上述广西的"扬子洞"除发现节毛耳蕨新种外，还发现了凤山度量草（*Mitreola pingtaoi*）、洞生蜘蛛抱蛋（*Aspidistra cavicola*）、黏毛螺序草（*Spiradiclis tomentosa*）、细柄香草（*Lysimachia filipes*）、三苞唇柱苣苔（*Chirita tribracteata*）、密叶蛛毛苣苔（*Paraboea velutina*）和袍里秋海棠（*Begonia fengsha-nensis*）7 个新种，分别属于马钱科、百合科、茜草科、报春花科、苦苣苔科和秋海棠科，其中密叶蛛毛苣苔属于我国重点保护的珍稀植物。

报春苣苔（*Primulina tabacum*）也是我国特有的苦苣苔科多年生草本植物，被列为第一批国家 Ⅰ 级重点保护的野生植物，其在石灰岩洞内生长良好。在广东省连州上柏场洞内，报春苣苔的分布面积约 1500 m²，2007 ～ 2011 年，其种群数量基本稳定在 2700 ～ 3000 株。其平均株高 15 cm，主要呈集群状分布于洞内弱光区的岩壁平台或石缝间，虽可与其他植物混生，但若其他植物种类的数量较多时，报春苣苔的个体数量就较少。该洞洞口 2 m 以内的植物群落是一个整体，分布有维管植物 66 科 100 属 115 种，其中蕨类植物 11 科 13 属 17 种、被子植物 55 科 87 属 98 种，包括单子叶植物 7 科 8 属 8 种和双子叶植物 48 种 79 属 90 种，菊科（Compositae）、荨麻科（Urticaceae）、蓼科（Polygonaceae）、大戟科（Euphorbiaceae）和蔷薇科（Rosaceae）的种类较多，但没有发现裸子植物（周健桃等，2013）。

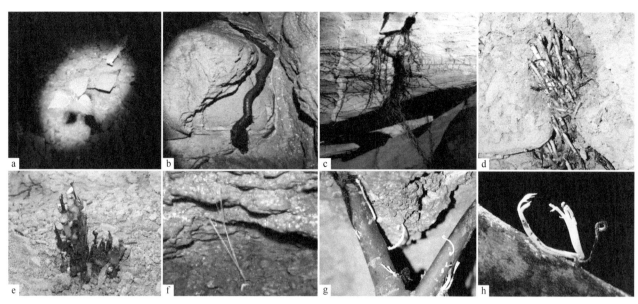

图 6-5　生长在洞穴中的种子植物或其构件（刘志霄 摄）

a. 生长在湖南小溪国家级自然保护区大坪冈金鸡洞二洞洞口弱光区的构树（*Broussonetia papyrifera*）幼株；b. 小溪保护区雨阳村硝洞黑暗处从洞外伸进洞内的华中樱桃（*Cerasus conradinae*）树根；c. 从洞壁裂缝中挤进洞内的植物根系；d、e. 生长在洞穴深处黑暗环境中的刺楸（*Kalopanax septemlobus*）芽丛（因缺乏光照，芽丛生长一段时间之后就会枯萎）；f. 生长在湘西州吉首市米坡村水牛洞黑暗环境中的植物——五节芒（*Miscanthus floridulus*）；g、h. 分别是被人带进洞内的岩木瓜（*Ficus tsiangii*）和构树粗枝上长出的新芽（同样因缺乏光照，芽体生长一段时间后就会枯萎）（刺楸由刘祝祥博士进行分子鉴定，其他由张代贵老师鉴定）

　　一些洞穴植物适应于洞穴生活，产生了特殊的形态结构、生理、遗传及生态特征，值得广泛而深入地研究与利用，但目前最迫切需要解决的还是其生态保护问题。

　　据韦毅刚（2003）记述，以前仅偶尔有人到扬子洞采药，对洞内的植物种群影响不大，但当他于2002年6月再次考察该洞时，发现洞口附近的植物遭到了毁灭性的破坏，成片的洞生蜘蛛抱蛋和节毛耳蕨（毛蕨）被铲光，取而代之的是被当地山民种上了一种叫"岩黄连"的紫堇科植物。他回想起以前在一篇论文中所担心的"……虽然这里的洞生蜘蛛抱蛋较为繁茂，但洞中生长旺盛的草本，尤其是毛蕨，已构成了对洞生蜘蛛抱蛋的巨大威胁，这是不能低估的……"没有想到，短短的几年之后，洞生蜘蛛抱蛋等不是受到毛蕨的排挤而衰败，而是它们一起毁灭于人类的活动。

　　其他几种植物新种的命运以后又会怎么样呢？特有植物广西卷柏（*Selaginella chingii*）是1932年发表的新种，之后一直未能采到标本，20世纪90年代初就是在该洞中被再次发现的，目前扬子洞也是该种已知的唯一的分布点。

　　毋庸置疑，更多的洞穴植物及其他洞穴生物已在不知不觉中消失于人类的"无知"！

第7章

洞穴中的无脊椎动物类群（Ⅰ）：非节肢动物

早在 1822 年，法国博物学家让 - 巴蒂斯特·拉马克（Jean-Baptiste Lamarck）就提出了"无脊椎动物"（invertebrate）这一概念，意指"缺乏脊椎骨的动物"。现今"无脊椎动物"已成为动物学上常用的术语，但并非正式的分类学名称，实际上是指除了脊椎动物亚门以外所有的动物门类，包括原生动物、海绵动物、腔肠动物、扁形动物、原腔动物、环节动物、软体动物、节肢动物、触手冠动物、棘皮动物、半索动物等 30 多个非脊索动物门（non-Chordata），以及脊索动物门（Chordata）中的尾索动物亚门和头索动物亚门，占地球上已知动物种类的 95% ～ 98%，其中许多种类仅发现于洞穴，是洞穴生态系统中的重要组成部分。

7.1 原生动物

通常所谓的"原生动物"（Protozoa）是指原生生物界（Kingdom Protista/Protoctista）中的单细胞异养生物，包括那些还不具有组织结构的真核生物（Eukaryotes）。原生生物界是一个并系群，除了原生动物外，还包括前已述及的单细胞藻类，大多数种类的个体是单细胞的，但有的种类是单细胞的群体。不同的学者对其仍有不同的分类观点，所统计的物种数量也差异很大。2015 年，Ruggiero 等建立了 7 界分类系统，将原生动物门提升为原生动物界（Kingdom Protozoa），其下分为眼虫门（Euglenozoa）、变形虫门（Amoebozoa）、后滴门（Metamonada）、领鞭毛虫门（Choanozoa）、槽虫门（Loukozoa）、微孢子门（Microsporidia）等 8 个门，而将纤毛虫（ciliates）、腰鞭毛虫（dinoflagellates）、有孔虫（foraminifera）和顶复虫（apicomplexans）归入原藻界（Kingdom Chromista）。可是，无论如何划分，原生动物都是最原始、最简单和最低等的动物类群，广泛分布于世界各地的淡水、河口、海洋、土壤、动植物体内及洞穴中。

早在 1969 年，Gittleson 等就鉴定了 350 种采自洞穴中的原生动物，虽然有些种类只生活于洞穴，但大多数种类也可在洞穴周围的地表土壤中发现。有些种类的分布特别值得关注，如 Foissner（2003）发现的佛瑞刀口虫（*Spathidium faurefremieti*），其最早（1962 年）描述的标本采自罗马尼亚的洞穴水体，但在非洲肯尼亚辛巴山（Shimba Hills）国家保护区的热带草原，以及南美洲巴西境内和大洋洲澳大利亚洪泛区的土壤中也发现了它的存在。

2001 年，Carey 等在西班牙马略卡岛（Mallorca）安琪哈林（Anchihaline）潟湖中，发现 9 种纤毛虫，它们大多在水体的上层分层分布，在水体的中部也同样呈层状分布，可能是水体中漂浮着的方解石晶体为这些纤毛虫种群创造了一个独特的层状生境。

7.2 海绵动物

海绵动物（spongia）也称多孔动物（porifera），是营固着生活的最原始的多细胞动物，身体仅由两层细胞构成体壁，但还没有形成明确的组织结构，具有孔细胞、水沟系和胚层逆转现象，是动物进化史上较早分出的一个盲支。迄今，已描述的海绵动物约有 1 万种，通常依中胶层骨针的化学组成和形态差异分为 3 纲：钙质海绵纲（Calcarea）、六放海绵纲（Hexactinellida）和寻常海绵纲（Demospongiae），大多数种类海生，仅约 150 种生活于淡水（刘凌云和郑光美，2019）。

已有数十种海绵动物发现于洞穴，它们大多生活在海洋洞穴中，几乎所有的洞栖性海绵都隶属于寻常海绵纲，仅玻璃海绵（*Oopsacas minuta*）例外而属于六放海绵纲。迄今已知唯一生活在洞穴淡水中的海绵动物是发现于克罗地亚的洞穴寻常海绵（*Euanapis subterraneus*）。

关于洞穴海绵，已有一些很有意义的研究结果。洞穴中现生钙质海绵的发现使得一类存在争议的海绵化石的系统学地位得以明确，从而建立了海绵动物门的一个新纲——古杯动物纲（Archaeocyatha）（Rowland，2001）。而 Leys 等（2006）在研究玻璃海绵的发育过程中，似乎找到了支持后生动物起源学说的证据，他们认为原始的后生动物是由单个细胞聚合而成的，而非由合胞体（即细胞质中具有多块核质的细胞）发育而来。

在温带海洋洞穴中，海绵动物异常丰富，其起源问题很有学术研究价值。多数学者认为，海洋越温暖海绵动物的分布越广泛，许多物种之所以在温带海洋中生存了下来，是因为它们在海洋洞穴的微环境中找到了避难所。最有趣的是 *Gastrophanella* 的 2 个种：*Gastrophanella phoemciensis* 分布于亚洲西南部地中海东岸的黎巴嫩，而 *Gastrophanella cavernicola* 分布于南美洲的巴西和中美洲的伯利兹，两者都生活在洞穴中，但彼此相隔遥远，因此很可能是孑遗种（relic species），而该属在地球上曾经的分布应该非常广泛（Perez *et al.*，2004）。有关浅水区的海洋洞穴被深水海绵栖居的现象（Lehnert，1998；Pansini and Pesce，1998；Könnecker and Freiwald，2005）及其生物学过程与机制值得更多的观察与深入的研究。

在洞穴动物的进化过程中，表型可塑性起着重要的作用，而海绵动物的表型可塑性具有典型意义。Meroz-Fine 等（2005）发现，一种生活在地中海平静浅水中的海绵，其形态和生理特征可能受到水体环境因子的影响，生活在洞穴中的海绵与生活在开阔水域中的同种个体相比，体型较小而骨针较短，配子也释放得较早。*Higginsia ciccaresei* 骨针的形成也似乎受到环境因子的影响，其硅质骨针的形状和表面很不规则，可能是其所栖息的海蚀洞中混合水作用的结果（Pansini and Pesce，1998）。地中海东部海域常见的海绵（*Teilla* spp.）可在 4 种不同的生境中生存，在洞穴和深水中生活的种类体型较小，中胶层中的骨针少而短小，硅质含量也较低（Meroz-Fine *et al.*，2005）。威氏星骨海绵（*Astrosclera willeyana*）属于珊瑚状海绵，大体上呈现橙黄色，主要生活在印度洋 – 太平洋的礁石洞穴中，其生境较为隐蔽，光照度低，有时也可在洞口附近的昏暗区发现其踪迹，其向光面呈现绿色（Worheide，1998）。

研究发现，海绵动物的分布的确与光照有关，有的种类生活在弱光区，有的种类则生活在完全黑暗的洞道内，并且海绵动物的数量与光照强度呈反比（Uriz *et al.*，1992；Bell，2002）。在海洋洞穴的底栖生物群落中，海绵动物可能是主要成员。虽然海绵动物靠水的流动滤取食物，对水流的依赖性很强，但有些种类（如阿曼荔枝海绵 *Tethya omanensis*）所生活的环境中水的流动性很差。最引人注目的洞穴海绵还是生活在地中海 20 m 深处的海蚀洞中的 *Asbestopluma* spp.。该属海绵营非滤食性生活，用刺丝可捕食体长达 8 mm 的甲壳类等无脊椎动物，将猎物捕获后，会分泌更多的刺丝将其缠绕起来，然后慢慢地消化吸收其营养，时间可长达 10 天，因此是真正的肉食性海绵。*Asbestopluma* 隶属于深海海绵的一个科——枝根海绵科（Cladorhizidae），但令人意外地生活于海滨环境中。与肉食性的植物相似，*Asbestopluma* 适应于深水或洞穴等营养贫乏的水域（Vacelet and Duport，2004），而生活在地中海的玻璃海绵，能够吸附大量的悬浮颗粒，这种较强的颗粒吸附能力可能是对洞穴和深水环境中食物颗粒缺少的一种适应性对策（Perez，1996）。

7.3 腔肠动物

腔肠动物门（Coelenterata）是一个传统的分类学名称，现今一般将其划分为刺胞动物门（Cnidaria）和栉水母动物门（Ctenophora），它们都具有辐射对称、两辐射对称或近辐射对称（near-radial symmetry）的体制结构，是真正的两胚层动物，包括水螅、水母、海蜇、珊瑚、海葵等动物类群，大多具有刺细胞或刺丝囊，分布于全球各地的海洋及淡水水域，营漂浮、自由或固着生活，已知 1 万多种，仅少数海洋性种类发现于洞穴。

生活在洞穴中的刺胞动物大多具有挖掘习性（Boero *et al.*，1991），活动相当隐蔽，很难发现。例如，自从 1879 年德国著名的生物学家海克尔（Ernst Heinrich Haeckel）首次发现 *Codonorchis octaedrus* 以来，仅于 118 年之后的 1997 年才再次发现了该种的分布。该水螅群体生活在爱奥尼亚和亚得里海之间的阿普利亚海岸的一个洞穴中。其他种类已在西班牙附近的大西洋发现，但多数已描述的种类生活在地中海海域（Marti *et al.*，2005），而 *Velkovrhia enigmatica* 被认为是狄那里克山区洞穴中的特有种。

Thecoscyphus zibrowii 是一种很特殊的洞穴钵水母，其水螅体最显著的特征是具有透明的围管，围管的表型可塑性很大，但其水母体发育不良；仅发现雌性个体，营孤雌生殖（parthenogenesis），生命周期较短，可能是对洞穴生活的适应（Sötje and Jarms，1999）。

Secord 和 Muller-Parker（2005）发现，一种数量丰富的温带海葵与两种内共生的藻类（虫黄藻和虫绿藻）密切相关，在美国华盛顿州的潮间带洞穴中，随着光照强度的变化，与这种海葵共生的藻类的密度和比例也发生相应的变化。

在意大利潮下带具有含硫井水的海蚀洞中，一种石珊瑚（*Astroides calycularis*）的种群数量从洞外向洞内逐渐减少，而日落杯珊瑚（*Leptopsammia pruvoti*）的情况恰好相反。日落杯珊瑚的种群数量越靠近硫边界越少，而石珊瑚的数量则增多，但仅生长在靠近洞口的区域。这意味着，在同一个洞穴中这两种珊瑚存在资源分化现象，可能与硫源周围细菌垫的分布密切相关（Benedetti-Cecchi *et al.*，1998）。

7.4 扁形动物

扁形动物（platyhelminthes）是两侧对称、三胚层、无体腔、不分节的低等无脊椎动物类群，俗称"扁虫"（flatworms）。有些扁虫在海洋或淡水中营自由生活，是食碎屑者（detritivore）或食腐尸者，也有许多种类（吸虫及绦虫）生活在动植物的体表或体内，营寄生生活。迄今，已描述的扁形动物约 2.5 万种，其中有 200 多种［大多是真涡虫（planarians）］发现于洞穴。

1876 年，对采自美国猛犸洞盲而缺乏色素的涡虫进行了首次描述，并将其命名为 *Sphalloplana percaeca*。Buchanan（1936）进行了一系列的试验，试图弄清这种洞穴涡虫与栖息在洞外地面上的涡虫之间的关系，结果发现：该洞穴涡虫对水压、温度和引力变化的反应不敏感，而洞外涡虫的反应敏感，但也有些类似的行为反应模式，两者之间的亲缘关系较近。1929 年，Heynes-Wood 等在马来西亚吉隆坡附近的岩洞中采到巴图三角涡虫（*Dugesia batuensis*）（图 7-1a），其背面、腹面的体色都近白色，但直到 2017 年才对其进行了分子系统学分析（Khang *et al.*，2017）。

图 7-1 洞穴三角涡虫（a. 自 Khang *et al*., 2017；b、c. 刘志霄 摄；d. 胡强 供）
a. 分布于马来西亚吉隆坡附近岩洞中的巴图三角涡虫（*Dugesia batuensis*）；b、c. 洞内有常年滴水的乱石堆浅水坑
（约 10 cm 的深度）是洞穴涡虫的适栖环境，易采到标本；d. 洞穴三角涡虫属（*Dugesia*）疑似新种

　　洞穴中的扁虫最引人注目的是生活在美国密苏里州欧扎克魔鬼冰洞（Devil's Icebox cave）中的腺巨叶涡虫（*Macrocotyla glandulosa*），它已被美国联邦政府列为濒危物种。为了保护这种身体呈粉红色的珍稀涡虫，自然保护学者曾否决了在州立公园纪念石桥附近建筑大商场的工程计划，因为魔鬼冰洞也在这附近。该洞生性涡虫还被美国农业部作为欧扎克山脉分水岭范围内水质监测项目中的指示动物（indicative animal）。

　　近年，我们在武陵山地区的一些溶洞中也采集到了一些洞穴涡虫（图 7-1b、图 7-1c），其身体呈白色透明或半透明状，头部大致呈三角形，耳突发达，眼点 1 对，口位于腹面近体后 1/3 处，咽为长管状，乳白色，经初步的形态与分子鉴定，将其暂定为三角涡虫属（*Dugesia*）疑似新种（图 7-1d），有关其确切的分类地位及系统发育关系仍在研究当中。

7.5　假体腔动物

　　假体腔动物（pseudocoelomate）是在体壁和肠壁之间具有由囊胚腔发育而来的空腔但缺乏体腔膜的三胚层动物，包括形态差异很大、亲缘关系尚不明确的腹毛动物门（Gastrotricha）、动吻动物门（Kinorhyncha）、线虫动物门（Nematoda）、线形动物门（Nematomorpha）、轮虫动物门（Rotifera）、棘头动物门（Acanthocephala）、内肛动物门（Entoprocta/Kamptozoa）等类群。目前，仅少数假体腔动物发现于洞穴。

　　腹毛动物，体型微小，呈蠕虫状，营水生生活，已知约 500 种，大多隐藏在水体的间隙中，不易被发现。2006 年，Todaro 等首次在意大利南部爱奥尼亚（Ionian）的海岸洞穴中发现 16 种腹毛动物。

　　动吻动物体长一般不足 1 mm，体前端的头吻部能伸缩，可用口锥上的口针刺将头锚定在海底基质或沉积物中，借助体液的推力把头钻进泥沙，当头吻部回缩时使身体前移。已知约 150 种，其中 2 种发现于海蚀洞：杜氏动吻虫（*Echinoderes dujardini*）和洞穴动吻虫（*E. cavernus*），前者于 1966 年发现于地中海海域；后者于 2000 年发现于澳大利亚海域，是南半球第一个被描述的动吻动物物种（Sorensen *et al*., 2000）。洞穴动吻虫所生活的澳大利亚海蚀洞生物群落与位于西半球热带大西洋海域的加勒比海海蚀洞生物群落具有一定的相似性，在地质历史上这两个区域都位于古特提斯海（ancient Tethys Sea）的海岸线上，随着地球地质的变迁，后来都成为一些古老生物类群的避难所。

　　线虫（动物）（roundworm）俗称"圆虫"，营陆生、水生或寄生生活，有的种类是人类重要的寄生虫，有人估计可能多达 50 万种，但已描述的仅约 2 万种，其中约 20 种发现于洞穴（Romero，2009）。

　　线虫可能是洞穴食物链中的重要成员。在美国亚利桑那州的卡奇纳（Kartchner）大溶洞线虫取食蝙蝠粪便中的细菌，而这些线虫又被洞穴中的螨类和其他的节肢动物取食（Welbourn，1999）。在美国肯塔基州、田纳西州和伊利诺伊州溶洞中发现的阿氏穴跳鮈（*Forbesichthys agassizi*），其幼鱼的食物中线虫所占的比例可达 50%（Hill，1969）。

线虫也可能成为洞穴动物体内的寄生虫，还可能作为腐生性动物（saprotroph）而取食洞穴动物的尸体。洞穴中的陆生线虫与其洞栖性的宿主密切相关，宿主在洞外被感染后，可能把线虫带入洞穴。已在洞穴鱼类、洞穴蝾螈和洞穴蝙蝠的消化道及尿道内发现线虫（Romero，2009）。

几千年来，穴居生活的人类既可能把线虫带入洞内，也可能影响洞内线虫的生存环境。通过对考古发掘收集的粪便的检视发现，早在 1 万年以前生活在美国西部洞穴中的阿那萨吉（Anasazi）族群就遭受过多种线虫的感染。而现今的洞穴旅游者，特别是美国南达科他州的"风洞与宝石洞窟"游客长年累月的频繁进出，使得洞口、游道及廊道的碳输入（carbon input）增加，线虫的种类及数量也相应增多（Moore，1996）。

线形动物身体细长，呈线状，直径仅为 1～3 mm，有的种类体长可达 1～2 m。已知现生种类 320 种以上，分为游线虫纲（Nectonematoida）和铁线虫纲（Gordioida），前者海生，后者绝大多数种类生活在淡水和潮湿的土壤中，幼虫寄生在节肢动物（尤其是昆虫）的体内，成虫主要以幼虫期（larval stage）储存的营养物质维持生存，也可通过体壁及退化的消化管从周围环境中吸取一些小分子的有机物，幼虫在宿主体内经数月发育为成虫，之后离开宿主在水中营自由生活。2014 年 10 月 6 日，作者在湖南小溪国家级自然保护区进行野生动物资源本底调查时，在大坪冈金鸡洞头洞的两处浅水坑及周围地面上共发现 5 条乳白色的铁线虫（图 7-2a、图 7-2b），其体长为 240～390 mm、直径 0.69～0.82 mm，头部有深色或黄色的钩刺。2019 年 10 月 5 日，我们又在该洞的地面上和蝙蝠粪堆中发现了 5 条白色的铁线虫（4♂1♀）（图 7-2c），其体长 213.7～247.8 mm，直径 0.33～0.55 mm。显然，洞穴铁线虫的生态生物学特征，尤其是其寄主选择和生活史对策值得系统调查与实验研究。

图 7-2　在湖南小溪国家级自然保护区金鸡洞浅水坑中（a）、地面上（b）和蝙蝠粪堆上（c）发现的铁线虫（刘志霄 摄）

7.6 环节动物

环节动物（annelida）是身体分节，具有真体腔的高等无脊椎动物，包括沙蚕、蚯蚓、水蛭、山蛭（山蚂蟥）等常见的动物类群，大多营自由生活，广泛分布于世界各地的潮湿土壤、淡水、潮间带、深海，也有少数种类营寄生或共生生活，生活在动物、植物的体表或体内。传统上，将环节动物分为多毛纲（Polychaeta）、寡毛纲（Oligochaeta）和蛭纲（Hirudinea），已描述的现生种类至少在 2.2 万种以上，其中有 200 多种生活于洞穴。

大多数多毛纲动物海生，有些种类生活在海蚀洞中，但在地下洞穴环境，特别是在热带地区的洞穴中也有少数种类生活于淡水中，如生活在斯洛文尼亚和克罗地亚洞穴中的栖管虫（*Marifugia cavatica*）就是淡水物种。洞穴多毛类栖居于海洋洞穴或海蚀洞，而生活在高海拔（可达 1600 m）洞穴中的种类可能是古地质时期海洋多毛类的孑遗种。某些洞穴多毛类的分布则与洞内硫磺泉（Sulfur-based spring）生态系统的分布相关联（Airoldi et al., 1997）。

在洞穴中，可采到水生、半水生和陆栖的寡毛纲动物。已描述的洞穴寡毛类动物有 140 多种，许多同属物种分别发现于欧洲和北美洲的不同洞穴。许多种类既能生活在地表，也能生活在地下洞穴中，但有些属、种是洞穴特有的，只生活在洞穴环境中（Juget et al., 2006）。洞穴寡毛类（如蚯蚓）大多栖息于沉积物间隙，或在沉积物表面（图 7-3）及周围的黏土中活动，环境条件不良时可形成囊孢（cysts），大多数种类取食碎屑或藻类，少数种类可捕食小型无脊椎动物。寡毛类大多陆生或营淡水生活，在海蚀洞中也有其代表性的种类（Romero, 2009）。

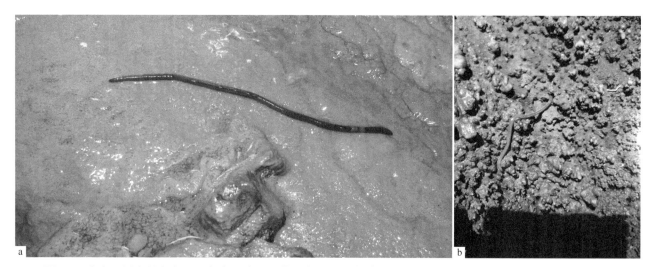

图 7-3　在湘西州吉首市堂乐洞（a）和古丈县茄通乡神仙洞（b）地面碳酸钙沉积物上爬行的蚯蚓（刘志霄 摄）

蛭纲动物俗称"蚂蟥"（leeches），是一类高度特化的环节动物，多数种类营暂时性的体外寄生生活。体表缺乏刚毛，陆蛭靠体壁肌肉伸缩和前、后吸盘的轮换吸附进行特殊的"蛭形运动"、尺蠖状运动或蠕动，水蛭可在水中呈波浪状游泳。蛭类的体腔被环肌、纵肌和斜肌分隔，又被结缔组织和来源于体腔上皮的葡萄状组织填充，因而缩小成血窦或腔隙。全球已知现生蛭类 700 多种，分属 4 目 10 科。中国地域辽阔，生态环境与气候类型多样，蛭类资源非常丰富，据刘英奎等（2011）统计，中国已知蛭类 2 亚纲（蛭蚓亚纲、真蛭亚纲）、3 目（蛭蚓目、吻蛭目、无吻蛭目）、9 科 37 属 118 种，约占世界蛭类物种数的 1/6。

传统上，根据栖息环境的不同，可将蛭类区分为"水蛭"和"陆蛭"两大类群。"陆蛭"也称陆生蚂蟥（land leeches），主要是指山蛭科（Haemadipsidae）的种类，系一类广布于印度–太平洋地区潮湿山林间，吸食人、畜及野生动物血液的蛭类。

专性生活在洞穴中的蚂蟥种类很少。一些在地下洞穴中生活的蚂蟥实际上是地面蚂蟥的一个种群，但经过长期的演化可能已呈现不同程度的体表色素退化和眼睛变小或减退现象。有些洞穴蛭种已全盲但仍有色素，相反有些洞穴蛭种体表色素已完全丧失而眼睛还在。它们大多是嗜血性的（hematophagous），吸食软体动物、蚯蚓等无脊椎动物或脊椎动物的血液。

洞穴水蛭通常生活在化能自养型（chemoautotrophical）的地下水生态系统中（Manoleli et al., 1998），但洞穴陆蛭迄今仅发现 3 种，一种是分布于南半球岛国（巴布亚新几内亚）的新几内亚光蛭（Leiobdella jawarerensis）（Ewers, 1974；Tessler et al., 2016），另一种是分布于我国云南省的"洞穴山蛭"（Haemadipsa cavatuses）（杨潼等，2009），第三种是作者于 2019 年 2 月 25 日发表的新属种——中国洞蛭属（Sinospelaeobdella）武陵洞蛭（Sinospelaeobdella wulingensis）（图 7-4）。基于形态、分子、生态与行为方面的综合研究，我们在建立山蛭科三颚类组中国洞蛭属（其模式种为武陵洞蛭）的同时，将"洞

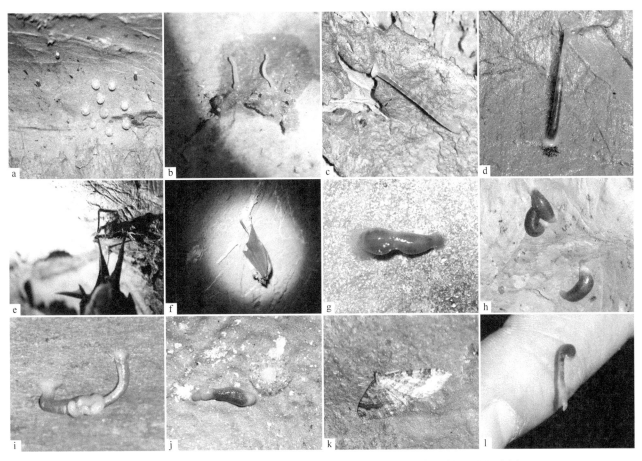

图 7-4　武陵洞蛭（*Sinospelaeobdella wulingensis*）的外形与习性（刘志霄 摄）

a. 栖息在蝙蝠经常栖挂的洞顶壁或侧壁，通常在蝙蝠群集中栖息的洞顶壁产卵；b. 对卵囊（卵茧）进行解剖时，从卵壳内钻出的幼蛭（每个卵囊内包含多枚卵，因此可孵出多条幼蛭，刚孵出的幼蛭呈无色透明状）；c、d. 幼蛭靠吸食蝙蝠的血液获得营养与能量而生长发育；e. 正在蝙蝠后足部吸血的 3 只个体；f. 正在蝙蝠翼膜上吸血的 1 只个体；g. 刚吸饱血的个体；h. 吸饱血后处于静息状态的个体；i. 正在交配的个体；j. 繁殖体（具有明显的环带）及其刚产下的卵囊（我们发现时，该蛭正在生产卵囊，这是产卵后正要离开时拍摄的照片，可见卵囊呈鲜亮透明的泡沫状，中间包裹的卵粒也清晰可见）；k. 在数年的洞穴生物调查过程中，从未发现洞蛭吸食蛾类等无脊椎动物的血液或体腔液的情况；l. 经多次试验，发现洞蛭对人体的皮肤不敏感，也不感兴趣，更不会吸血（图中的洞蛭其口吸盘呈抬起状，并不吸食人手上的血液）

穴山蛭"由山蛭属（*Haemadipsa*）归入中国洞蛭属，其学名修订为 *Sinospelaeobdella cavatuses*（Huang *et al.*，2019a）。中国洞蛭属武陵洞蛭新属种的发现为湘西地质公园（Xiangxi Geopark）成功申报成为世界地质公园（World Geopark）提供了重要的支撑材料。

7.7　软体动物

软体动物（mollusca）身体柔软，绝大多数种类具有 1 个或多个起保护作用的贝壳，因此统称为"贝类"，是动物界的第二大门，种类繁多，已被描述的现生种类在 10 万种以上，估计还有另外 10 万种以上的现生种有待描述。通常，将软体动物门划分为 7 纲：无板纲（Aplacophora）、单板纲（Monoplacophora）、多板纲（Polyplacophora）、掘足纲（Scaphopoda）、头足纲（Cephalopoda）、腹足纲（Gastropoda）和双壳纲（Bivalvia），后两者种类最多，在地下洞穴中也最为常见。

1）腹足类（Gastropoda）

已知生活在洞穴及地下蓄水层的腹足纲动物多达 600 种以上。栖息于洞穴中的腹足类大多生活于淡水或潮湿的地面，绝大多数种类隶属于螺科（Hydrobiidae）（Romero，2009），通常具有薄而略显透明的壳，其体表色素也大多退化，眼睛的结构与功能减弱或完全消失。与生活在地面上的亲缘种相比，洞穴腹足类的内部结构也明显不同，其肠道高度盘曲，栉鳃（ctenidium）退缩或丧失，性腺简化，精囊缺失，这些特征可能主要是体型变小的结果，而体型变小似乎是洞穴腹足类的普遍现象。洞穴腹足类的齿舌也发生特化，以利于取食洞穴中的有机物和动物的分泌物或排泄物（Hershler and Holsinger，1990；Graening，2003）。

腹足类可能偶然被洪水冲进洞穴而在洞内生活下来。在热带洞穴，特别是在新热带界和新西兰潮湿温暖地区的洞穴中，其种群密度很大。洞穴种群长期适应黑暗潮湿的洞穴环境，其结果可能衍生出新物种，因此对地面物种与洞穴物种及其种群之间的比较研究有助于丰富物种形成理论的内涵，如Schilthuizen等（2005）将生活在印度尼西亚婆罗洲（加里曼丹岛）石灰岩洞穴中的土鸥螺属（*Georissa*）的一个种群描述为新种，并经分子系统学分析，认为其起源于洞口附近雨林中的绍拉土鸥螺（*Georissa saulae*），该洞穴新种在其地面祖种绍拉土鸥螺的基础上发生了形态变化，但两种之间仍然存在基因交流，并且有一个种群呈现两者的中间形态，这意味着物种形成（speciation）是在没有完全隔离的情况下发生的。

然而，Bodon等（1999）调查发现，生活在意大利阿普利亚塔索洞穴内一条小溪流中的 *Litthabitella chilodia* 形态变异很大，在其同一个种群中存在两类明显不同的壳型，并且几乎缺乏中间形态。

更值得注意的是，生物洞穴学的传统观点认为，洞穴物种通常是系统进化的"盲端"（dead ends），可事实上，自古新世（Paleocene）（6500万～5500万年前）以来，一些栖居于海洋洞穴中的腹足类（如 Neritiliidae）经历了广泛的适应辐射，衍生了大量的物种（Lozouet，2004）。

在武陵山地区溶洞潮湿的洞口段，有时可见到蛞蝓的身影（图7-5a），但在洞道的深处，较为常见的是烟管螺科（Clausiliidae）的种类，其壳通常色浅或略显白色，软体部大致呈白色透明状，它们通常在蝙蝠、小泡巨鼠等动物的粪场（middens）周围活动，主要取食动物粪便及洞内腐烂的有机物质（图7-5b、图7-5c）。黎道洪等（2003）将在贵州省荔波县董背洞采到的烟管螺鉴定为新种——荔波真管螺（*Euphaedusa libonensis*），其贝壳小型，右旋，壳质稍厚，有光泽，不透明，呈长纺锤形；壳顶钝，缝合线深，壳面呈深褐色或黄褐色，并有稠密而成斜行排列的肋状螺纹。

图7-5　在洞穴中爬行的蛞蝓（a）以及在洞穴深处地面沉积物上活动（b）和取食小泡巨鼠粪便的烟管螺（c）（刘志霄 摄）

2）双壳类

已描述的洞穴双壳纲动物约为洞穴腹足类的1/10，仅有60多种，其中多数种类发现于海蚀洞。在末次冰期（last glaciation），这些海蚀洞大多处于海平面以上。虽然已报道的海蚀洞双壳类（Bivalvia）动物均发现于太平洋的西北部水域（如琉球群岛和冲绳岛）附近，但对其总体情况仍知之甚少，因为有关这些海蚀洞周围水域的研究资料很少，而且并不清楚这些种是原生种/土著种（indigenous species），还是机会性入侵种（opportunistic invader）。除海蚀洞外，也有少数双壳类物种发现于沉没的船体内。许多生活在海蚀洞中的双壳类的成体体长不足6 mm，比那些生活在洞外的亲缘种要小得多。生活在洞穴中的双壳类成体通常具有半透明的外壳和白色或缺乏色素的体表。非穴居性的双壳类动物的幼体也具有半透明的薄壳和缺乏色素的体表，但其成体贝壳的厚度、色泽及体色变异很大。这说明，洞穴双壳类可能是稚态性（paedomorphism）动物，即持续保持着幼体的形态特征（Hayami and Kase，1996）。

所有的双壳类（包括在地面上生活的种类）都雌雄异体，属于滤食性生物（suspension feeder），多数种类的寿命都较长，但地面种类和洞穴种类的繁殖力差异很大。大多数地面种类的繁殖力都很高，因为它们的受精作用较为特殊，作为非孵卵者（non-brooder）的幼体孵出时间较早，成体相对较大，产卵数/窝卵数较多。相比之下，在洞穴中生活的双壳类的繁殖力很低，其多数种类是孵卵者（brooder），卵在雌体的体内孵出幼体，幼体离开母体后才能独自生活。由于整个发育过程都在母体的体内进行，所以生活在洞穴中的多数双壳类成体的体型都很小，也不可能像地面雌体那样能够繁殖出较多的幼体（Romero，2009）。

在所有已报道的洞穴双壳类中，仅迪纳里克洞蛤（*Congeria kusceri*）生活于非海蚀洞中。这种洞蛤很可能是唯一真正的"洞穴限制性"（cave-limited）双壳类物种。这种独特的双壳类动物与饰贝属（*Dreissena*）的斑纹贻贝（*Dreissena polymorpha*）亲缘关系较近。其形态特征也如已描述的海蚀洞双壳类那样，色素缺乏，感觉器官减少（如缺乏平衡器和光感受器），但其成体的体长可达 12 mm 以上，寿命长达 25 年，而同科的非洞穴种类只能存活 1～2 年。迪纳里克洞蛤的分布仅限于克罗地亚和南斯拉夫的黑塞哥维那（Herzegovina）地区，但其残壳已在斯洛文尼亚发现。在匈牙利、罗马尼亚及巴尔干半岛附近地区于晚中新世（late Miocene）干涸之前，该洞蛤曾生活在地中海一带的广阔水域，当海平面下降之后，其移居于被地中海海水淹没的地下洞穴而繁衍至今，但当前的研究表明，其生存已受到环境污染的严重影响（Morton *et al.*，1998；Stepien *et al.*，2001）。

7.8 触手冠动物

触手冠动物（lophophorates）兼具原口动物与后口动物的特征，可能是从原口动物向后口动物过渡的一个中间类群，都营固着生活，多数生活于海洋，少数栖息于淡水，在体前端都有一个大致呈圆形或马蹄形的触手冠（lophophore）（或总担），触手冠实际上就是口周围的一圈触手，由体壁延伸而成，其内腔与体腔相通，触手上具有纤毛，其主要作用是滤食与呼吸。包括腕足动物门（Brachiopoda）、苔藓动物门（Bryozoa）和帚虫动物门（Phoronida）。

腕足类具有两个壳，外形虽与蛤类相似，但与软体动物的系统发育关系甚远，其历史可追溯到 6500 万年前的古新世（Lozouet，2004）。全部海生，多数种类生活于冷水或深水水域，有些种类栖息在比较温暖的海域。已知现生种类约 350 种，其中有少数种类生活在洞穴中。从地中海到印度洋以至澳大利亚附近海域的海蚀洞中都发现有腕足类动物栖息，某些洞穴种类还具有性早熟现象。

苔藓动物，也称外肛动物（Ectoprocta），是一类小型动物，大多营群居生活，一般生活在硬物的表面，主要见于世界范围内温暖的热带海洋水域。现生约 5000 种，少数种类生活于洞穴，主要见于地中海及百慕大群岛的海洋洞穴或海蚀洞。

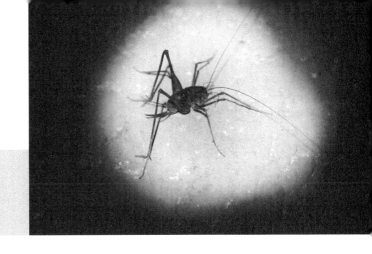

第8章

洞穴中的无脊椎动物类群（Ⅱ）：节肢动物

节肢动物门（Euarthropoda / Arthropoda）的主要特征是身体异律分节，具有几丁质的外骨骼和成对分节的附肢。其种类繁多，已描述 100 多万种，约占地球上已知生物物种总数的 80%，主要包括昆虫、蜘蛛、蜱螨、蜈蚣、马陆、虾、蟹等常见类群，与人类的关系极为密切，在自然生态系统与人类的生产生活中具有重要的生态作用与利用价值。目前，学界一般将其分为 5 个亚门：三叶虫亚门（Trilobitomorpha）（全部绝灭于二叠纪末至三叠纪初）、甲壳亚门（Crustacea）、螯肢亚门（Chelicerata）、多足亚门（Myriapoda）和六足亚门（Hexapoda）。

8.1 甲壳亚门

该亚门已知约 6.7 万种，广泛分布于世界各地的海洋、淡水和陆地。虽然有关其系统学关系仍有不同的观点，但通常将其分为 6 纲：鳃足纲（Branchiopoda）、桨足纲（Remipedia）、头虾纲（Cephalocarida）、颚足纲（Maxillopoda）、介形纲（Ostracoda）和软甲纲（Malacostraca）。

甲壳类可能是水生动物区系在地下环境中最广泛的代表，估计生活于洞穴、地下潜水和海蚀洞的甲壳动物已描述的约有 5000 种，包括陆生种、淡水种和海洋种，多数种类呈现视觉器官与体表色素弱化、消失及附肢延长现象。除头虾纲外，其他 5 纲在洞穴中均有发现。

8.1.1 鳃足纲

鳃足纲是最原始的甲壳动物类群。体型小，体长最多仅达 2 mm，形态多样，世界性分布。有 100多种已发现于地下环境，其中大多属于枝角目（Cladocera）。多数种类呈现某种程度上的色素退化，有些种类还丧失了眼睛（单眼）。大多数种类是底栖性的刮食者。枝角类大多分布于地下暗流中，许多地面物种移居于地下水体，特别是宽角科（Eurycercidae）的种类较为常见（Dumont, 1995），而盘肠蚤科（Chydoridae）尖额蚤属（*Alona*）至少有 3 个线系（lineage）仅生活于地下水体。所有在地下水体中生活的枝角类都是淡水性的，隶属于地面的某个属，多数种类仅分布于单一地点，少数种类呈现某种程度上的洞生性特征（Dumont and Negrea，1996）。

8.1.2 桨足纲

桨足纲是该亚门又一个原始的类群，体型小，体长最多仅达 45 mm，直到 1979 年才在大巴哈马岛卢卡约洞穴的水体中发现。在加勒比海、尤卡坦半岛、加那利群岛和澳大利亚海蚀洞的贫氧水体中发现 12 种桨足纲动物，它们都是盲而缺乏色素的，通过化学感受器觅食其他的无脊椎动物（Romero，2009）。

8.1.3 颚足纲

颚足纲所有的地下种类都属于桡足亚纲（Copepoda）。该亚纲种类繁多，已知 10 目 1.4 万种以上，其中约 3000 种生活于淡水，多数种类的体长为 1～2 mm。其中，有 6 目 1000 多种生活于洞穴或地下水体，在非洲的洞穴中较为常见（Messana，2004）。

平角目（Platycopioida）有 2 个洞穴物种发现于百慕大群岛的海蚀洞中。哲水蚤目（Calanoida）是滤食性的种类，是浮游动物的重要组成部分，包括 43 科约 2000 种，其中 2 科有洞穴代表种，即分布于加勒比海的属于里奇韦科（Ridgewayiidae）的 *Exumella* 和生活于澳大利亚落水洞的属于侧剑水蚤科（Pseudocyclopiidae）的澳洲暗流剑水蚤（*Stygocyclopia australis*）。小虱水蚤目（Misophrioida）的 3 科具有洞穴代表种，见于百慕大、加那利群岛、地中海及太平洋西北部海域的海洋洞穴或海蚀洞：须水蚤科（Palpophriidae）是 Boxshall 等于 2000 年描述的新科；洞穴水蚤科（Speleophriidae）仅包括一个洞穴物种，发现于澳大利亚西北部海域；小虱水蚤科（Misophriidae）在巴哈马群岛有 4 个属（*Spelaeomysis*、*Stigiomysis*、*Antromysis*、*Heteromysis*）和 1 个新种（*Palaumysis bahamensis*）。剑水蚤目（Cyclopoida）中约有 180 种发现于美洲、非洲、欧洲和亚洲的溶洞、地下潜水或海蚀洞，都是盲而缺乏色素的种类。凝水蚤目（Gelyelloida）仅包含 2 种，分别生活于法国和瑞士的洞穴中。猛水蚤目（Harpacticoida）包括约 500 种生活于洞穴和地下潜水的种类，见于墨西哥南部、美国得克萨斯州、百慕大群岛、加那利群岛、地中海中南部地区，以及朝鲜半岛，这些蠕虫状的甲壳动物刮食沉积物中的食物，而发现于加那利群岛的斯氏暗流猛水蚤（*Stygotantulus stocki*）实际上是寄生在桡足类身上的种类（Brancelj，2000；Fiers and Iliffe，2000；Romero，2009）。

8.1.4 介形纲

介形纲体型微小，体长通常仅约为 1 mm，具有如双壳类那样绞合的几丁质外壳。已知约 5700 种，其中 1000 多种发现于地下环境，包括洞穴、潜水和海蚀洞。洞介（*Spelaeoecia saturno*）是盐介科（Halocyprididae）中唯一已知的洞穴种类，沿着古巴的东北海岸分布。生活在澳大利亚西部海域海蚀洞中隶属于异介科（Thaumatocypridoidae）的科氏丹尼介（*Danielopolina kornickeri*），也是该纲重要的洞穴代表种。这些洞生性种类（troglomorphic species）的视觉器官和色素弱化，同时化学感受器强化，身体变小，某些种类似乎是古老动物区系的残余，另一些则可能是近期才侵入到地下环境的（Romero，2009）。

8.1.5 软甲纲

软甲纲是甲壳亚门中最大的一个纲，已描述 16 目约 4 万现生种，身体通常由 20 体节或 21 体节构成，但体系（body system）构造极为多样，如常见的各种虾、蟹、潮虫（鼠妇）等。

山虾目（Anaspidacea）是澳大利亚特有的淡水类群，含 4 科 11 属，其中山虾科（Anaspididae）仅见于塔斯马尼亚，其多样性较高，既有仅生活在地下水体的严格的暗层生物（stygobionts），也有仅生活在地面湖泊、溪流或沼泽中的物种，还有一些是介于两者之间的过渡性种类。博初目（Bochusacea）有一个种（*Thetispelecaris remix*）生活在巴哈马群岛的海蚀洞中。狭甲目（Leptostraca）已知仅一个代表种（*Speonebalia cannoni*），标本采自凯科斯群岛的 2 个洞穴中，其色素退化，眼柄上缺乏视器。

地虾目（Bathynellacea）由大约 250 种淡水种类所组成，其中约 200 种发现于地下潜水和洞穴中。温泉虾目（Themosbaenacea）的种类大多生活在地下，也有些种类生活在潮间带，见于地下潜水、各种盐分浓度的海域及温泉中，其体型小，体长约 4 mm 或更小，眼睛具有不同程度退缩现象，包括视觉器官的整体丧失。糠虾目（Mysidacea）包括许多地下种类，它们衍生于海洋性的祖先，具有不同程度的眼睛（但不是眼柄）与色素减弱现象，巴哈马群岛和日本群岛也有该目的洞穴种类。盲虾目（Spelaeogriphacea）代表着南半球（如巴西、南非和西澳）的一个古老支系，可能是冈瓦纳大陆起源（Gondwanan origin）的，其体型小而盲，缺乏色素，能快速游泳，取食碎屑。

混足目（Mictacea）有 2 个种生活在百慕大和澳大利亚的海蚀洞中。异足目 / 原足目（Tanaidacea）所有的地下物种都生活在海洋洞穴、海蚀洞或海岛洞穴中。涟虫目（Cumacea）同样也生活在海洋洞穴或海蚀洞中，见于百慕大和北大西洋的其他海岛（Corbera，2002）。

端足目（Amphipoda）的体型较小，体长不超过 50 mm，似虾状，主要生活于海洋，但也有一些种类生活于淡水。生活于洞穴淡水水体中的主要是钩虾亚目（Gammaridea）的 4 个科（Hadziidae、Niphargidae、Bogidiellidae、Crangonyctidae），其中有些种类是海洋起源的，有些种类是淡水起源的，有些种类明显是孑遗种，也有一些种类是最近才侵入到洞穴或地下环境中的。它们普遍缺乏眼睛和色素，同时附肢也延长。该目其他科的成员也发现于洞穴，但主要是把洞穴当作其活动的一部分场所，经常性地在洞穴内外栖息或觅食，当然有时也可发现某些种类呈现某种程度上的眼睛退缩与色素退化现象。绝大多数洞穴钩虾都以碎屑为食（Romero，2009）。

在我国的淡水水域，钩虾科（Gammaridae）钩虾属（*Gammarus*）的种类较多，分布较广，在洞穴水体中也较为常见，主要栖于深度长年维持在 10 cm 左右的洞道地面的浅水区，pH 为 6.5 左右，水温通常为 11～15℃；静息时，其身体大致呈拱形，运动时"钩腰"侧行，交配方式为"骑马抱合式"（孟凯巴依尔，2003）（图 8-1）。由于其运动能力弱，并具有冷狭温性，多数种类是典型的孑遗种或洞穴特有种，并衍生了洞生性特征，如无眼、体表无色透明等，它们主要以洞穴水体中腐烂的有机质、细菌、藻类等微小生物为食，同时又是洞穴鱼类、两栖类等动物的重要食物来源，因此具有重要的生态意义与研究价值，也可作为洞穴环境质量的指示动物（indicative animal）。

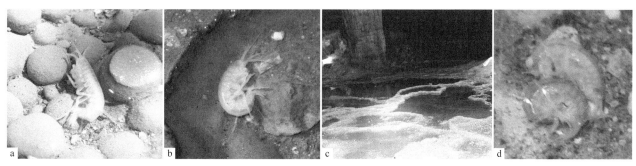

图 8-1　洞穴钩虾的外形特征与适栖生境（刘志霄 摄）

a、b. 真洞穴钩虾是盲而无色透明的；c. 洞穴钩虾通常栖息在洞道内有滴水或渗流水供给以致长年积水不干的浅水水体中；
d. 钩虾"骑马抱合式"交配方式

我国已记录的代表性洞穴钩虾主要有：华少鳃钩虾（*Bogidiella sinica*）（Karaman and Sket，1990）、含山伪克钩虾（*Pseudocrangonyx hanshansis*）（谈奇坤，1991）、洞穴华钩虾（*Sinogammarus troglodytes*）（Karaman and Ruffo，1995）、洞穴假褐钩虾（*Pseudocrangonyx cavernarius*）（侯仲娥和李枢强，2003a）、

透明钩虾（*Gammarus translucidus*）（Hou *et al.*, 2004）、长毛钩虾（*Gammarus comosus*）（林玉成，2005）、奇异钩虾（*Gammarus praecipuus*）（李俊波等，2013）等。盲钩虾（*Gammarus aoculus*）的标本于1934年采于海南岛，虽具体地点不明（侯仲娥和李枢强，2003b），但其活体很可能生活于洞穴，而光秃钩虾（*Gammarus glabratus*）虽生活于贵州大方县和普定县的洞穴中，但其眼睛仍较正常，呈卵形，可能与在洞穴中的演化时间较短有关（Hou and Li, 2003；林玉成，2005）。

等足目（Isopoda）是世界性分布的一个大类群，已描述11亚目1万余种，其中约4500种生活于海洋，约500种栖息于淡水，其余约5000种组成陆生性的潮虫亚目（Oniscidea）。无论是海蚀洞、海洋洞穴、淡水洞穴，还是地下潜水（包括温泉）都有该目的代表性种类。

许多潮虫可生活在湿度较高的洞穴中，营捕食性或食腐性生活，多数种类盲而缺乏色素，也有的种类眼睛很小，身体及附肢延长，代谢率降低，生命周期变长。在北美洲的一些洞穴中，发现了栉水虱科（Asellidae）的一些洞穴种类，包括洞生性的坎伯兰水虱（*Caecidotea cumberlandensis*）。该种与该属中的其他种类发现于弗吉尼亚西南部的洞穴，包括 *Caecidotea teresae*、*Caecidotea paurotrigonus*、*Caecidotea barri*、*Caecidotea jordani*、*Caecidotea incurva*，所有这些种类都存在不同程度的眼睛弱化现象（Lewis, 2000）。在西班牙的洞穴中，也发现大尾水虱科（Calabozoidae）一个洞生性的种类——透明大尾水虱（*Calabozoa pellucida*）（Messana *et al.*, 2002）。格氏中潮虫（*Mesoniscus graniger*）分布于中欧、东欧潮湿的洞穴中及洞穴附近，但在日本的洞穴中也有分布（Sustr *et al.*, 2005），而斯氏狭栉水虱（*Stenasellus strinatii*）则是印度尼西亚洞穴中等足目的代表性物种。生活在洞穴中的潮虫通常在动物粪便周围活动，可能主要取食粪便中的微小生物及有机物质（图8-2）。

图8-2　生活在湘西州吉首市堂乐洞蝙蝠粪场上（a）和小泡巨鼠粪粒周围（b）的潮虫（刘志霄 摄）

十足目（Decapoda）主要包括形态极其多样化的各种虾、蟹，其下分为6个亚目，其中4个亚目有营地下生活的代表性种类，见于海蚀洞及陆地上洞穴中的水体环境，多数种类呈现不同程度的眼睛退缩与体表色素减退现象，具有较低的代谢率、延长的附肢和较长的生命周期（与其地面的亲缘种相比）。许多其他的十足目动物也发现于洞穴，但似乎是"不速之客"，没有呈现明显的洞生性特征。龙虾下目（Palinura）是洞穴甲壳动物中最易于识别的类群，至少有1科2属11种发现于地下环境（Mejia-Ortiz *et al.*, 2003）。许多十足类动物［如分布于美国佛罗里达州的荧原螯虾（*Procambarus lucifugus*）（图8-3a）和本顿洞穴小龙虾（*Cambarus aculabrum*）（Graening *et al.*, 2006a）］受到不同程度的威胁，已被IUCN列为保护对象。

中国的洞穴虾类主要发现于广西，多属于匙指虾科（Aytidae）。盲米虾属（*Typhlocaridina*）是梁象秋和严生良于1981年发表的一个新属，其模式种剑额盲米虾（*Typhlocaridina lanceifrons*）采自广西鸣县城厢公社夏黄大队起凤山大极洞，活体标本全身呈乳白色，生活在完全黑暗的石灰岩洞内清澈的地下水

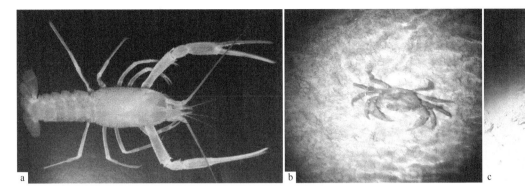

图 8-3　生活在洞穴中的荧原螯虾（*Procambarus lucifugus*）（a 引自 Romero，2009）和
在武陵山及南岭的一些洞穴水体中时而可见的溪蟹（b、c 刘志霄 摄）

中，水温 22℃，爬行于水底或岩石上，与其共同生活的还有眼也退化的等足类和鳅科鱼类。梁象秋等又于 1993 年报道新种——刘氏盲米虾（*Typhlocaridina liui*），其眼退化，呈子弹状，但还保留着 4 个小黑色素点和一块浅灰色色素斑，标本采自广西临桂县跑兵岩，洞口有微弱光照，水样中有浮游藻类。蔡奕雄（1995）报道的新种——半盲米虾（*Typhlocaridina semityphlata*）也发现于广西的洞穴中，其眼角膜色素未完全退化，额剑上下缘均具齿。李维贤（2001）将采自广西凌云县泗城镇沙洞地下河的盲虾标本鉴定为新种——凌云盲米虾（*Typhlocaridina lingyunensis*），其个体较大，体长超过 30 mm，额剑发达，眼退化变小，呈子弹壳形，角膜色素完全退化，呈无色全盲状，头胸甲半透明，前侧角钝圆，无颊刺。

郭照良等（1992）报道的新种——瞽米虾（*Caridina ablepsia*），采自湖南省永顺县王村小龙洞，其生活在完全黑暗的溶洞内的地下河中（水温 20℃），与其共同生活的还有眼也退化的端足类。

蓝春等（2017）将采自广西都安县高岭镇龙池村洞穴中的一种沼虾鉴定为新种——都安盲沼虾（*Macrobrachium bouanensis*），属长臂虾科（Palaemonidae）沼虾属（*Macrobrachium*），其个体大小、形态与广泛分布的日本沼虾相似（*Macrobrachium nippomense*），但其眼退化变盲而缺乏色素，无眼柄；第 1 触角须特别发达（约 125 mm），长度超过体长的 3 倍；头胸甲半透明，边缘无颊刺；5 对步足细长，各节上均有单生和丛生的刺状突（刚毛）。

在武陵山及南岭的一些洞穴水体中有时可见到溪蟹（图 8-3b、图 8-3c），但尚未发现盲状、半盲状及明显的色素减退现象。

8.2　螯肢亚门

该亚门的远祖最早可追溯到寒武纪中期的海生类群，大约 5 亿年前的多须虫（*Sanctacaris* sp.）是迄今已确认的最古老的螯肢类化石。现生 4 种肢口纲（Merostomata）（鲎）及约 1300 种海蛛纲（Pycnogonida）动物可能是多须虫的近亲。该亚门其他的种类都能呼吸空气中的氧气，统归为蛛形纲（Arachnida），已描述的多达 9.3 万种以上，尚未描述的则可能多达 50 万种。

螯肢类的食性及取食策略较为多样，具有捕食（肉食）、寄生、植食、腐食等多种生活方式。虽然盲蛛可消化固体食物，但现生绝大多数螯肢类动物的消化道狭窄，不适合取食固体食物，它们通常用螯肢和须肢将食物磨碎，之后将体内的消化液排放到磨碎的食物上，再吸取已经被消化酶作用过的食物汁液。

虽然尚未在洞穴中发现肢口纲和海蛛纲动物，但蛛形纲动物则是洞穴中很常见的类群。

蛛形纲 11 目中有 9 目具有洞穴代表种。除了蜱螨亚目的某些种类以外，几乎所有的蛛形纲动物都是陆生的，呈现世界性分布。洞穴蛛形类可分布于各纬度地区，在某些情况下，它们与地面物种之间的关系是很明确的，但在许多情况下却并不清楚。除许多洞穴螨类营水生生活外，几乎所有的洞穴蛛形类都是陆生性的，其中有些类群属于古老的线系，也有些种类则是最近才侵入到洞穴环境中的。许多洞生性蛛形类的视觉器官和色素缩减或完全消失，附肢延长，代谢率降低，产卵量少，卵粒较大，寿命较长，多营捕食性、寄生性或碎屑性生活。由于许多洞穴种类是某一区域的特有种，并可能依赖于洞外的资源（如枯枝落叶），因此受到洞内外环境变化和外来种（如红蚁）入侵的严重威胁（Romero，2009）。

8.2.1　蜱螨目

蜱螨目（Acari）是蛛形纲动物中最为多样化、种类最多的现生类群，可能已描述的种类多达5万种以上，其系统发育关系非常复杂。已知有1000多种生活于洞穴，并呈现某种程度上的眼睛与色素缩减、感觉毛发育良好、附肢延长等特征。前气门亚目（Prostigmata）更为特殊，它们营水生生活，虽然眼睛及色素减弱或丧失、身体延长，但其附肢缩短，这明显不同于其他洞穴节肢动物的模式——附肢延长。究其原因，可能是其生活于洞穴间隙中，是对狭小活动空间长期适应的结果。

大多数洞穴蜱螨是蝙蝠与其他洞穴哺乳动物以及蟏蛛类动物的寄生虫。蜱螨与其宿主之间并没有很专一性的寄生关系，某一种洞穴蜱螨可寄生在多种洞穴脊椎动物的身上，而同一宿主也可能被多种蜱螨所寄生。洞穴蜱螨大多没有呈现典型的洞生性特征，也即其视觉器官和色素基本正常，仅少数种类的附肢明显延长。许多洞穴蜱螨捕食小型的无脊椎动物（包括其幼虫和卵），而这些无脊椎动物是粪生性动物群落的重要组成部分，因此某些喜粪性（guanophile）的蜱螨种群数量非常丰富，估计每平方米可多达数百万只。也有些洞穴蜱螨取食真菌、碎屑和动物的尸体（Romero，2009）。

8.2.2　鞭蝎目

现已知鞭蝎目（Thelyphonida / Uropygi）动物70余种，体长通常不超过5 cm，仅少数种类可达8 cm，生活在土壤中、石块下或洞穴内。在武陵山地区的某些溶洞中，鞭蝎（图8-4）偶有发现。

图8-4　生活在洞穴中的鞭蝎（刘志霄 摄）

小鞭蝎目（Palpigradi）是鞭蝎目的姐妹群，体型很小，体长不足3 mm，通常仅1～1.5 mm，体壁明显分节、薄而呈苍白色，腹部末端的鞭状器有15节，节上长有刚毛，使鞭状器呈瓶刷状。迄今已描述约90种，其中30多种生活于洞穴。无论是地面种还是地下种，都是盲的。它们通常生活在岩石下面的潮湿土壤中，营捕食性生活，捕食其他更小的无脊椎动物，产卵数少而卵粒较大。Smrž 等（2013）发现在斯洛伐克的一个洞穴中，一种小鞭蝎（*Eukoenenia spelaea*）取食洞内营异养生活的蓝藻。

8.2.3　节腹目

节腹目（Ricinulei）是蛛形纲中的一个小类群，已知约 60 种，体粗短，体长 5 ～ 10 mm，背甲近方形，前缘有 1 片可活动的头盖，头盖下垂时能保护口和螯肢。螯肢分 2 节，形成钳状。触肢短于足，末端也为小钳状，能作 180° 的转动。雄体第 3 足的后跗节和跗节衍变成附属性器官。腹前方形成腹柄，后端形成 1 个小突起，末端有肛门。无眼和听毛，生活在美洲和西非的热带和亚热带潮湿生境中，喜栖于腐木下、落叶间和洞穴中，有 11 种分布于墨西哥、危地马拉、委内瑞拉、巴西和古巴的洞穴中。洞穴种类通常有延长的附肢，捕食更小的无脊椎动物（Talarico *et al.*，2006；Pinto *et al.*，2007）。古氏隐眼蛛（*Cryptocellus goodnighti*）见于哥斯达黎加东北部，可隐藏在腐烂香蕉茎的下面及洞穴中生活。

8.2.4　蜘蛛目

蜘蛛目（Araneae）一般分为中突蛛亚目（Mesothelae）和后纺亚目（Opisthothelae），后者又分为原蛛下目（Mygalomorphae）和新蛛下目（Araneomorphae），现生种类已描述 117 科 4100 属约 4.6 万种，虽然绝大多数种类生活在地面环境，但通常可在洞口附近发现其踪迹，有的则已完全适应于洞穴生活，已知约 1000 种呈现洞生性特征。也如其他洞穴节肢动物那样，许多洞穴蜘蛛盲而缺乏色素，附肢延长，呼吸系统简化，代谢率和活动能力降低，寿命延长，卵粒少而大。尽管是顶级捕食者，洞穴蜘蛛的数量仍相对较多。

石蛛（*Dysdera* sp.）不能做网，只能在地面活动及隐藏，通常栖息在湿热的森林或有遮盖物的阴湿地面，尤其喜栖于有树皮、枯枝落叶等有机物质散落的乱石堆中及城郊花园里。乌圭曼石蛛（*Dysdera unguimannis*）是最引人注目的洞生性石蛛，它们适应于洞穴生活，并呈现洞生性特征。分子和形态学数据显示，在加那利群岛，石蛛在不同洞穴中移居是相互独立的事件，由于每个洞穴的环境条件并不一样，在不同洞穴内栖居的石蛛种群也存在一些差异；至少在某些例子上，石蛛移居洞穴是最近发生的事，洞穴物种的进化速度很快。

洞穴蜘蛛的捕食能力很强，可捕食几乎与自身同样大小的猎物，包括各种蠕虫、蚰蜒和飞虫，但主要还是捕食在洞穴地面及各种沉积物、垃圾、废弃物中活动的小动物（Smithers，2005）。洞穴中黑暗，缺乏光照，但至少对于某些洞穴蜘蛛而言，光照的缺乏并没有影响其交配行为。例如，塔斯马尼亚洞蛛（*Hickmania troglodytes*）具有仪式化的求偶与交配行为，其卵囊的构造，以及卵的孵化、幼蛛的孵出与蜕皮过程都很复杂（Doran *et al.*，2001）。该种洞蛛隶属于南蛛科（Austrochilidae），附肢细长，伸长时跨度可达 18 cm，其第二对附肢的端部有一个明显的扭结，可能有助于在长时间的交配过程中对雌体的掌控；在吐丝器前面有一个不分叉的筛器，但在第四对附肢上似乎没有相应的栉器，有人认为其寿命可长达数十年。

中国喀斯特地貌发育广泛，溶洞广布，洞穴蜘蛛资源丰富。早在 20 世纪八九十年代，陈樟福等就对浙江省的洞穴蜘蛛进行了比较系统的调查，记录到 14 科 19 属 33 种，分别占该省蜘蛛（39 科 167 属 367 种）的 35.9%、11.4% 和 9.0%，其中弱蛛科的特有性最高，无眼弱蛛（*Leptoneta anoceilata*）、太真弱蛛（*Leptoneta taizhensis*）、妙石弱蛛（*Leptoneta miaoshiensis*）和灵栖弱蛛（*Leptoneta lingqiensis*）为真洞穴性蜘蛛；除沟渠豹蛛（*Pardosa laura*）、星豹蛛（*Pardosa astrigera*）、脉络豹蛛（*Pardosa venatrix*）和狩猎巨蟹蛛（*Heteropoda venatoria*）为游猎型蜘蛛外，其余 29 种都是张网定居型蜘蛛；分布在石灰岩洞穴中的蜘蛛（13 科 29 种）比火山岩洞穴中的蜘蛛（10 科 16 种）富有较高的多样性和特有性，并且洞穴蜘蛛的分布与洞穴地质历史变迁、洞穴的复杂程度、稳定性、洞口的数量与大小密切相关。

21世纪以来，我国在洞穴蜘蛛研究方面又取得了许多新的成就。经巴家文和黎道洪（2009）统计，我国洞穴蜘蛛已记述16科27属80种，其中暗蛛科（Amaurobiidae）、弱蛛科（Leptonetidae）、泰莱蛛科（Telemidae）和巨蟹蛛科（Hetropodidae）物种最多，是优势科；在属级阶元上，以弱蛛属（*Leptoneta*）（14种）、泰莱蛛属（*Telema*）（10种）、龙角蛛属（*Draconarius*）（9种）、中遁蛛属（*Sinopoda*）（9种）、宽隙蛛属（*Platocoelotes*）（8种）占优势；主要集中分布于贵州、海南、云南、北京、浙江、广西等喀斯特洞穴较为密集的地区。洞穴蜘蛛中有20%～30%的种类因为长期生活在缺乏光温周期且食物较为匮乏的恒黑环境中，衍生出了与洞外生境蜘蛛类群有所不同的适应性特征，如眼睛退缩或缺失、体表色素退减或完全缺乏、附肢延长、身上的感觉毛增多、耗氧量降低、代谢缓慢、可全年繁殖，但产卵量较少、单个卵粒较大、营养更为丰富。另据陈会明（2009）统计，我国已知蜘蛛目动物约3800种，其中已报道的洞穴蜘蛛25科54属135种，同时还记述了贵州洞穴蜘蛛16科44属118种，包括2新属42新种1新组合，其中土著种76种（占总种数的64.4%）、真洞穴蜘蛛22种（18.6%）、喜洞穴蜘蛛65种（55.1%）、偶穴居蜘蛛30种（25.4%）。

真洞穴蜘蛛中最具代表性的类群是弱蛛和泰莱蛛。据林玉成（2011）统计，我国已知洞穴弱蛛4属51种，分别占弱蛛科5属63种的80%和81%；洞穴泰莱蛛1属30种，分别占泰莱蛛科2属32种的50%和94%，绝大多数都是新描述的物种，洞穴弱蛛和洞穴泰莱蛛中有60%～75%的种类出现了一些适应于洞穴生活的特征。除了弱蛛科和泰莱蛛科外，卷叶蛛科（Dictynidae）、皿蛛科（Linyphiidae）、类球蛛科（Nesticidae）、花洞蛛科（Ochyroceratidae）、幽灵蛛科（Pholcidae）、球蛛科（Theridiidae）等蜘蛛类群在我国的洞穴中也较为常见，而分布于北京房山区蝙蝠洞、仙栖洞等洞穴中的棒状派模蛛（*Pimoa clavata*）被认为是派模蛛科（Pimoidae）在我国分布的最北界。一般认为，派模蛛生活在温暖潮湿的环境中，但由于冰期的影响以及北方气候变冷和干燥，派模蛛被迫进入洞穴并在北方成为孑遗类群（李枢强，2007）。

虽然许多蜘蛛已适应于洞穴生活，并已衍生出洞生性特征，或已成为孑遗物种，但更多的蜘蛛正在侵入或移居洞穴，正在逐渐适应洞穴环境（图8-5），因此洞穴蜘蛛是蜘蛛多样性的重要组成部分。

图8-5　洞穴蜘蛛（刘志霄 摄）

许多蜘蛛正在逐渐适应洞穴生活，在洞穴中做网及捕食［如肖蛸蛛科 Tetragnathidae 的种类（a、b）以及隙蛛属 *Coelotes* 的种类（c、d）］，有的种类的体表色素已明显减弱，以至呈现白色或无色透明状，也有些种类眼睛已缩减或缺失（e、f）

8.2.5 无鞭目

无鞭目（Amblypygi）也即无尾鞭蝎，个体相对较大，体长可达 4.5 cm，营夜行性捕食生活，已知约 140 种，其中几乎 1/3 生活在地下环境中。由于个体较大且似乎不惧怕其他任何动物（包括人），因此在洞穴中易被发现。有些种类的眼睛和色素是正常的，但大多数种类的眼睛与色素发育并不正常，存在不同程度的弱化或缩减。值得注意的是，该类群中体型最大者——暗肩塔兰图拉毒蛛（*Tarantula fuscimana*）（图 8-6a）既能捕食洞穴中的蟋蟀，也会取食蝙蝠的尸体（Peck，1974）。

图 8-6　在洞穴中发现的无鞭类和伪蝎类动物（a. 自 Peck，1974；b ～ d. 刘志霄 摄）
a. 暗肩塔兰图拉毒蛛（*Tarantula fuscimana*）；b ～ d. 生活在湘西州永顺县芙蓉镇无名洞和吉首市堂乐洞洞穴深处的伪蝎

8.2.6 裂盾目

裂盾目（Schizomida）也即短尾鞭蝎，约有 240 种，其中约 1/3 生活于洞穴，体型很小，即使是生活在墨西哥的体型最大者（*Agastoschizomus lucifer*），其体长也仅为 12.4 mm。短尾鞭蝎生活在热带和亚热带地区，喜栖于枯枝落叶间，捕食在枯枝落叶间活动的微小无脊椎动物，但也有些种类（如波特裂盾蝎 *Schizomus portoricensis*）的活动范围局限于粪堆附近，可能捕食喜粪性的微小生物。许多种类的眼睛和色素变异很大（Romero，2009）。

8.2.7 蝎目

蝎目（Scorpionida）动物均为捕食者，具有巨爪和毒刺，世界性分布，已知约 1300 种，至少有 16

种生活于洞穴，并呈现洞生性特征，其中 12 种分布于墨西哥，其他 4 种见于厄瓜多尔、比利牛斯山（Pyrenees）、印度和老挝的洞穴（Lourenco，2007）。有些蝎种属于地面物种，有时也可在洞穴中发现其种群，但没有呈现洞生性特征。洞穴蝎类通常在粪堆周围活动，捕食喜粪性动物。

8.2.8　伪蝎目

伪蝎目（Pseudoscorpionida）动物又名拟蝎，因触肢非常发达，末端呈钳状，体型似蝎而得名（图 8-6b ～ d）。虽与蝎目动物相似，也营捕食性生活，但缺乏后体部和毒刺，易与之相区别。体型很小，体长最大者仅达 1 cm。生活在洞穴中的种类，其眼睛和色素缩减或完全消失，身体细长，附肢也延长。虽然大多数洞穴伪蝎生活在温带地区，但也可能有许多尚未描述的种类生活在热带地区。早在 1960 年，Chamberli 等就记述了 293 种洞栖性的伪蝎，而 Culver 等（2000）的研究表明，仅在美国洞栖性伪蝎的种类就多达 28 属 130 种，估计全球洞栖性伪蝎的种类至少在 400 种以上，并且 90% 以上的洞栖性伪蝎隶属于土伪蝎（Chthonoidea）和苔伪蝎（Neobisioidea）这两个超科。在北美洲的洞穴中，伪蝎目的特有性最高，大约 70% 的种类只生活在洞穴中。伪蝎通常也是洞穴无脊椎动物中数量最多，多样性最高的类群（Christman *et al.*，2005）。

阿肯斯顿洞穴伪蝎（*Albiorix anophthalmus*）是生活在美国亚利桑那州的一种盲伪蝎，体长约 3 mm，捕食体型约为 1 mm 的啮虫，而啮虫则取食洞穴中蟋蟀的粪便。虽然洞穴蟋蟀的粪便为一些微小动物的生存创造了条件，但通常还是洞穴中蝙蝠的粪便为伪蝎所捕食的许多小动物提供合适的栖所与食源。此外，具有代表性的盲伪蝎还有 *Tuberochernes aalbui* 和 *T.ubicki*，它们分别栖息于海拔高达 2200 m 和 1600 m 的洞穴；生活在美国科罗拉多州洞穴中的 *Mundochthonius singularis* 衍生于当地的地面物种 *M.montanus*，但其眼睛已明显缩减（Muchmore，1997，2001）。

8.2.9　盲蛛目

盲蛛的身体一般呈椭圆形，头胸部和腹部之间无腹柄，腹部分节，仅有单眼一对，视力很差；体长通常不足 7 mm，有的种类不足 1 mm，但个体最大者——托氏特格鲁盲蛛（*Trogulus torosus*）的体长可达 22 mm；步足细长（图 8-7），跨距可达 16 cm，某些东南亚的种类最长可达 34 cm。可分为植食性和肉食性两类，前者的步足更为细长，上颌及触须无明显特化，后者的步足则相对粗短，上颌及触须特化为钳状，以利捕食。分布很广，在树干上、草丛中、石块下、墙角处、路面上、洞穴中都可发现其活动。寿命较短，多数种类仅能存活一年。

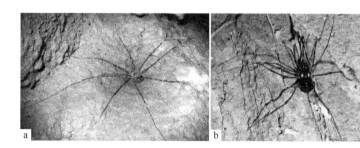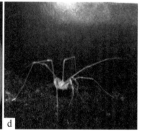

图 8-7　几种洞穴盲蛛（a、b. 刘志霄 摄；c. 兰香英 供；d. 自 Romero，2009）
a. 在湘西州溶洞中较为常见的盲蛛；b. 在湘西州吉首市堂乐洞拍摄到的盲蛛；c. 在贵州省遵义市务川县马福林保护区
老二窝洞发现的新弱盲蛛（*Neoepedanus*）；d. 具有典型洞生性特征的盲蛛

最新统计数据显示，全球已描述的盲蛛在 6650 种以上，但估计盲蛛目（Opiliones）的现生种类超过 1 万种。已知至少有 130 种盲蛛生活在洞穴中，其中有 80 多种只生活于洞穴。多数种类营捕食性生活，有时也取食一些动植物的腐尸或残体。盲蛛的种间及种内相食现象较为普遍，盲蛛通常还是洞穴蜘蛛和洞穴蟋蟀的猎物，并常遭到某些真菌的寄生。盲蛛产卵量大，盲蛛卵也是洞穴中许多生物的营养来源，甚至一些有袋类、两栖类、爬行类动物有时都进洞觅食盲蛛及其幼体和卵。许多盲蛛晚上出洞觅食，主要以假网（pseudoweb）捕食在林冠上活动的飞虫，黎明前返回洞内，通常栖息于洞壁和洞顶，其活动节律受到基于光照强度变化的昼夜周期调控。盲蛛进入洞穴，在洞内排粪，把能量带入洞穴，但它们有时也取食洞穴中的"死物"（dead matter）。巴西洞穴盲蛛（*Goniosoma albiscriptum*）白天惯常在洞穴中栖息，黄昏之后才离开洞穴，到洞外的植被间觅食，而且并非所有的个体都通过同样的洞口进出洞穴。Willemart 等（2004）在一个洞穴中观察到这种盲蛛有 9 个群，每群都有雌体和雄体，仅雄体可在群间迁移，虽然迁移的机会很小，但有助于遗传多样性的维持。巴西洞穴盲蛛还具有机械性的防御行为，特别是雌体能够积极地保护其产下的卵，在受到入侵者攻击的情况下，它们在逃避之前会一起朝入侵者喷射驱避液。

洞生性盲蛛的眼睛和色素也有不同程度的缩减，有的种类甚至完全丧失了其仅有的一对单眼和体表色素，附肢也变得更长。一种生活在马来西亚捕食螨类的球状柄眼盲蛛（*Stylocellus globosus*）虽还有眼睛但没有了角膜，原以为其分布于 6 个互不相通的洞穴，但实际上这些洞穴之间通过一系列小缝隙相互连通，盲蛛可经这些缝隙进行扩散。分布于泰国的方亘盲蛛属（*Fangensis*）的所有种类都无眼，其地表近缘种栖息于地面的枯叶落叶间，眼睛虽然存在但缺乏角膜，而洞穴方亘盲蛛（*Fangensis spelaeus*）通常栖息在洞道宽阔、有机质较为丰富的潮湿黏土地面，勒氏方亘盲蛛（*Fangensis leclerci*）则喜栖于黑暗的洞道，通常在洞穴内河流附近的湿土上活动，室内养殖观察发现，这两个种都有在疏松湿土中挖洞隐藏的习性。还有一种洞栖性的方亘盲蛛（*Fangensis cavernarus*）生活在洞穴 300 ~ 600 m 的深处，常见其栖于地下河两边的潮湿土壤中，其种群数量明显少于前两种，但其嗅觉非常灵敏，对地面的震动反应更为敏感。

在新西兰的一个洞穴系统中有 2 种盲蛛和 1 种"萤火虫"之间的生态关系特别引人注目，该"萤火虫"实际上就是新西兰蕈蚊（*Arachnocampa luminosa*），它们能发出荧光以吸引猎物和配偶。虽然这两种盲蛛的眼睛已严重退缩，但还能最大限度地捕获光子，它们对紫外光具有负向性，但对荧光具有正向性，不仅利用荧光辨别方向，而且还捕食"萤火虫"，其中迈氏亨德盲蛛洞穴亚种（*Hendea myersi cavernicola*）喜欢捕食"萤火虫"的卵和早龄幼虫，而大眼盲蛛（*Megalopsalis tumida*）喜欢捕食其晚龄幼虫、蛹和成虫。有趣的是，这两种"萤火虫"除捕食摇蚊幼虫外，也捕食盲蛛的幼体（Gnaspini *et al.*，2003；Pinto and Kury，2003）。

8.3 多足亚门

身体分节而呈蠕虫状，足数很多，俗称百足虫（centipedes）、千足虫（millipedes）或多足虫（myriapods），分布于美国加利福尼亚州的冠足虫（*Illacme plenipes*）是世界上已知足数最多的物种，虽然体长通常仅有 3 cm 左右，但个体的平均足数多达 600 只以上，最多可达 750 只，而足数少的种类却不足 10 只。确切无疑最古老的多足类化石（纽氏呼气虫 *Pneumodesmus newmani*）发现于 4.28 亿年前的晚志留纪地层，但分子数据显示，在寒武纪时多足类已开始多样化。现生绝大多数种类营陆生生活，栖息环境多样，喜栖于腐烂物多的生境中，多营夜行性捕食生活。传统上，将多足亚门划分为 4 纲：唇足纲（Chilopoda）、倍足纲（Diplopoda）、少足纲（Pauropoda）和综合纲（Symphyla），已描述的种类有1.6 万多种，已知其中的 300 多种栖居于洞穴。

8.3.1 唇足纲

唇足类也即蜈蚣类（centipedes），体型扁平，体节数变化较大（15 ~ 193），第 1 体节的步足特化成颚足（毒颚），呈钳状，末端具毒爪，爪尖有毒腺开口。运动快速敏捷，以捕食习性著称。已知约2800种，世界性分布。已在除南极洲以外世界各大洲的洞穴中发现约60种蜈蚣。洞穴蜈蚣通常体表色素减退或消失，但附肢或附器（包括足、触角和数量密集的感觉毛）很长，有的种类附肢或附器可达15 cm（Foddai *et al.*，1999）。

洞穴蜈蚣可在较宽的温度范围内生活，属于普性捕食者（generalist predator），猎物可小到蚊类，大到蝙蝠。据报道，在委内瑞拉西北部一个石灰岩洞穴中生活的巨蜈蚣（*Scolopendra gigantea*）（体长可达30 cm）捕食3种蝙蝠。这种蜈蚣能够爬上洞穴的侧壁和顶壁，捕食栖挂在那里的蝙蝠，而蝙蝠的体重比其大许多倍（Romero，2009）。

在武陵山地区的一些溶洞中，大蚰蜒（*Thereupoda clunifera*）较为常见，可捕食在洞穴中活动的灶马等动物（图8-8）。

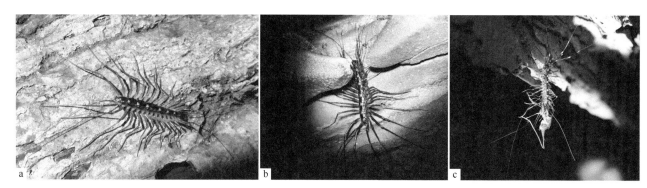

图8-8　在洞穴中活动的大蚰蜒（*Thereupoda clunifera*）（a、b）和正在捕食灶马的大蚰蜒（c）（刘志霄 摄）

8.3.2　倍足纲

倍足类也即马陆类（millipedes），体型大致呈圆筒状，具足体节数11～192节，通常第1节短而无足，第2～4节各有1对步足，其后的每一体节（实际上是胚胎期由2个体节融合而成）都有2对足，这也是"倍足"名称的由来。喜栖于潮湿的环境中，常见于石块下及植物凋落物间，取食植物碎屑、腐烂的有机体或动物粪便。已知16目140科约1.2万种（有人估计地球上的倍足类可能多达8万种），在洞穴中已发现5目约200种，大多数种类的色素褪减，单眼数减少，表皮钙化程度降低，与地表种类相比附肢和触角也相对细长。

以前，大多数被描述的倍足类物种其标本都采自欧洲和北美洲，但自20世纪90年代以来，许多倍足类新种陆续在世界各地被发现，使我们得以更好地认识洞穴倍足类的物种多样性及其非同寻常的生态生物学特征。

地面倍足类和洞穴倍足类在体型大小方面似乎不存在明显的差异。在洞穴倍足类中，约80%的种类属于泡马陆目（Chordeumatida）（Romero，2009）。泡马陆外观大致呈"腊肠"状，身体略显粗短，体长一般为4～25 mm，头后具有26～32体节，第一体节稍窄，在某些种类似乎给人以一种"颈"部的感觉，其最主要的特征是：每一体节的背面具有6根粗大的刚毛。身体后部逐渐变窄，末端（尾节）具有吐丝器。一条背沟纵贯全身，某些种类具有侧背板（由外骨骼向体侧伸展而成）。虽然带马陆目（Polydesmida）等其他一些多足类也有侧背板，但泡马陆具有20多个体节和一个背沟，易于与其他类群相区别。已知泡马陆目动物约1200种，广泛分布于世界各地。

洞穴马陆通常以动物粪便或被动物搬入洞内的腐烂木质为食。有的洞栖性姬马陆目（Julida）种类因取食菌膜而发生形态上的特化，其梳状口器还有助于过滤水中的食物颗粒（Culver and White，2005）。发现于美国加利福尼亚州国王峡谷国家公园和红杉水晶洞的倍足虫（*Motyxia* sp.）具有生物发光（bioluminescence）

的特性，还具有捕食其他霉食性（mold-eating）和粪食性（guano-eating）倍足类的习性，其体表色素缺乏，而带马陆目的种类经过几次蜕皮之后，其体表色素逐渐消退。

我国马陆资源丰富，早在 1980 年，张崇洲等就发表了分布于广西桂林地区的洞穴马陆新科——双舌马陆科（Bilingulidae），其模式新属和模式新种为双舌马陆属（*Bilingulus*）华双舌马陆（*Bilingulus sinicus*），该科另一新属和新种为拟双舌马陆属（*Parabilingulus*）无枝拟双舌马陆（*Parabilingulus aramulus*）。之后，陈建秀和张崇洲（1990）、陈建秀和孟文新（1990，1991）发表了分布于贵州溶洞中的一些新种，如棍跗雕背带马陆（*Epanerchodus stylotarseus*）、贵州带马陆（*Polydesmus guizhouensis*）和方钩雕马陆（*Glyphiulus quadrohamatus*）；张帆和张崇洲（1995）将采自云南省保山市一洞穴内的真穴居马陆鉴定为一新种——白体木球马陆（*Hyleoglomeris albicorporis*）。张汾（2017）野外调查发现，马陆倾向于在黑暗带活动，光照、温度、湿度，以及食物与隐藏条件是影响马陆分布的重要生态因子，马陆喜集群活动于蝙蝠粪便及动物尸体上。

在湘西州及武陵山区的溶洞中，马陆（图 8-9）的种类及数量也较多，值得予以立项，进行专题的系统研究。

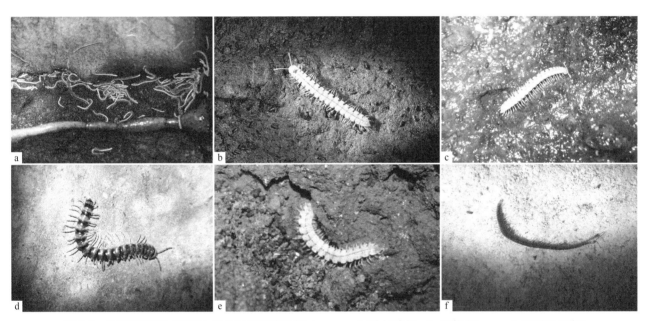

图 8-9　分布于湘西州溶洞中的几种倍足类动物（a、c～f. 刘志霄 摄；b. 王静 摄；a～f. 田明义鉴定）

a. 雕马陆（*Glyphiulus* sp.）；b、c、e. 雕背带马陆（*Epanerchodus* sp.）；d. 二叉陇马陆（*Kronopolites biagrilectus* Homan，1963）；

f. 地蜈蚣（*Geophilomorpha* sp.）

Koilraj 等（2000）曾将从来没有见过光的洞穴雕马陆（*Glyphiulus cavernicolus*）进行昼夜活动节律试验，结果发现，大多数个体呈现约 26 h 的活动节律。经过有规律的光 - 暗周期驯养一段时间之后，66% 的个体呈现出活动周期，但在持续光照条件下，80% 的个体出现活动节律紊乱现象。

8.3.3　少足纲

少足纲外形似蜈蚣，但个体微小，体长一般为 0.5～2 mm，头部具一对双分支的触角，头部两侧各有一圆盘状的感觉器，由一对大颚及一对小颚组成口器（mouthpart），小颚愈合形成下唇，相似于倍足纲的颚唇，无眼，体表通常缺乏色素（无论是否在洞穴中生活），喜栖于腐殖质丰富的土壤及腐烂落叶层中。世界性分布，已知 12 科约 830 种，在欧洲和日本的洞穴和矿井中发现了该纲的几个种，如在塞尔维亚的一个洞穴中发现了叉角少足虫（*Pauropus furcifer*）（Scheller *et al.*，1997）。

8.3.4 综合纲

综合纲具有倍足纲和唇足纲的综合性特征，俗称花园蜈蚣（garden centipedes），体型微小，体长通常不超过 10 mm。头前有 1 对线状触角，大颚与倍足类的相似，第 1 对小颚狭长，末端具 1 对钳状物，第 2 对小颚左右愈合形成下唇；躯干部由 14 体节组成，步足 12 对；尾端有一对尾铗，内有纺绩腺，开口于尖端。营土栖性（soil-dwelling）生活，所有已知种类全都无眼，体表的色素一般也存在不同程度的退化。全球性分布，已知约 200 种，其中 2 种发现于斯洛文尼亚的波斯托伊纳洞穴，1 种见于墨西哥的洞穴，另 1 种生活在澳大利亚塔斯马尼亚的洞穴（Scheller，1996），后者的体型及附肢相对细长。

8.4 六足亚门

六足类即六足亚门动物，是节肢动物门中最大的类群，包括内颚纲（Entognatha）和昆虫纲（Insecta）。传统上，把六足类和多足类视为姐妹群，但现今证据表明，六足类与甲壳类的亲缘关系更近，并有研究显示，大约在 4.4 亿年前的志留纪初期，六足类开始与其姐妹群——无背甲目（Anostraca）发生分歧，这刚好与陆地上维管植物的出现相吻合。

8.4.1 内颚纲

对于非昆虫六足类，一般认为它们属于一个进化线系，统归为内颚纲，包括原尾目、弹尾目和双尾目，但也有学者指出，这 3 个目与昆虫纲的亲缘关系并不一致，其中双尾目与昆虫纲的关系更近（Kjer et al.，2016）（图 8-10）。也有证据显示，六足类可能并非单系起源，尤其是弹尾目可能起源于别的类群。

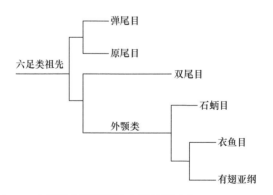

图 8-10　六足类之间可能的亲缘关系（自 Kjer et al.，2016）

弹尾目（Collembola）是六足类中的原始类群，体型微小，体长通常不超过 8 mm，见于世界各地，即使在寒冷的南极洲也有分布。已知 15 科约 7000 种，其中至少有 9 科 400 种生活于地下环境，即驼跳科（Cyphoderidae）、紫跳虫科（Hypogastruridae）等节跳虫科（Isotomidae）、长角跳虫科（Entomobryidae）、短角跳虫科（Neelidae）、地跳虫科（Oncopoduridae）、棘跳虫科（Onychiuridae）、圆跳虫科（Sminthuridae）、鳞跳虫科（Tomoceridae）。当然，还会发现更多的类群，特别是在热带地区，跳虫通常是地下洞穴中生物量的重要组成部分。洞生性的跳虫具有洞生性节肢动物的典型特征，如眼睛和色素退缩或完全消失、附肢延长、体型较大、繁殖力较低、发育较慢、代谢较低，许多种类是食粪性的（guanobitic）（Ferreira et al.，2007；Romero，2009）（图 8-11）。

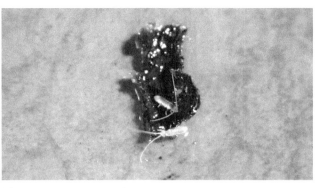

图 8-11　生活在洞穴中的食粪性弹尾目动物（刘志霄 摄）

双尾目（Diplura）已知 6 科约 800 种，体型较为细长，在地下洞穴中生活的均无眼，约有 100 种，分属于 2 科：尾虫科（Campodeidae）和铗尾虫科（Japygidae），某些洞生性种类具有形态趋同进化现象（Ferguson，1996）。

原尾目（Protura）身体微小，体长 0.5 ～ 2 mm，头卵圆形，无触角，具假眼一对和形状不同的下颚腺一对，前胸足较为发达，常向前伸举，跗节上生有若干形状不一的具有感觉功能的刚毛。已知 8 科 650 余种，但有关洞穴中的原尾目动物还有待调查。

8.4.2　昆虫纲

昆虫纲动物也称外颚类六足虫，身体分头、胸、腹三部分，胸部具有三对分节的附肢，头部具有一对复眼和一对触角，其种类极其繁多，是生物多样性的主要组成部分，地球上已描述的现生生物物种一半以上（100 多万种）属于昆虫纲，有待发现及描述的种类估计多达数百万种，有人估计，现生昆虫种类可能有 600 万～ 1000 万种之多，占地球上现生动物种类的 90% 以上。因此，不难理解，在地下洞穴环境中它们也是常见的动物类群。因种类繁多，其系统学关系还远未弄清，尚未形成统一的分类系统，但大多数文献都将昆虫纲分为 30 多目约 700 科。我国最新修订的《昆虫分类学》（蔡邦华等，2017）将昆虫纲分为 2 亚纲、3 大类、10 部、35 目，本章综合参考该分类系统与 Triplehorn 和 Johnson（2005）的分类系统，将洞穴环境中有代表性的重要目（order）分 10 部（cohort）简述如下。

1）原尾部

原尾部（Proturoidea）昆虫的腹部通常具有腹足或退化足，若腹部附器发达，则形成针状的腹刺及第 1 腹节下的腹管突等构造，主要包括石蛃目（Microcoryphia）和缨尾目（Thysanura），前者的某些种类已在洞口发现（Graening et al.，2006b），后者属于分解者（decomposer），是适蚁性的（myrmecophilous）（即通常与蚂蚁共生），约 20 种见于洞穴，主要是衣鱼科（Lepismatidae）和土鱼科（Nicoletiidae）的种类（Espinasa and Fisher，2006）。

2）蜻蜓部

蜻蜓部（Zygopteroidea）属于古翅类昆虫，其头部能够转动，触角鞭节短而呈刚毛状，胸部各节并合紧密，背板小，四翅相似，仅蜻蜓目（Odonata）1 目，其稚虫生活于水中，半变态。虽然蜻蜓可能在洞口附近活动或产卵，但目前尚缺乏该目的洞穴种类记录。

3）蜉蝣部

蜉蝣部（Ephemeropteroidea）也属于古翅类，其翅脉呈网状，后翅明显小于前翅，静息时翅呈竖立状，腹部具尾须和中尾丝，雄虫前足特别长，用以飞行中抓握雌虫进行交配，仅蜉蝣目（Ephemeroptera）1目26科，其中至少有1科已在洞穴中发现，即褐蜉科（Leptophlebiidae）（Trajano，2000）。

4）蜚蠊部

蜚蠊部（Blattopteroidea）昆虫，颈之左右颈侧骨片相遇于腹侧中线，足的基节圆锥形，中胸及后胸的后背板不发达，第7腹板扩大，产卵管短小，咀嚼式口器，丝状触角，复眼发达而呈肾形，翅较大，除螳螂为食肉性外，其他种类通常为杂食性。包括蜚蠊目（Blattodea）、等翅目（Isoptera）、螳螂目（Mantodea）和缺翅目（Zoraptera）。

蜚蠊目6科中有4科见于洞穴，即匐蠊科（Blaberidae）、姬蠊科（Blattellidae）、蜚蠊科（Blattidae）、穴蜚蠊科（Nocticolidae）。大多数洞生性种类都见于热带地区，其眼睛退缩或消失、体表色素减退、翅小、足长。等翅目的白蚁已在洞穴的粪便生物群落中发现（Ferreira et al.，2007）。

5）直翅部

直翅部（Orthopteroidea）昆虫的头部大体呈梨形，复眼位于其两侧的下部，触角位于近上颚的基部（蟋蟀式），或复眼为肾形，位于两侧偏背方，触角生于上颚基部的上方（蜚蠊式），包括襀翅目（Plecoptera）、竹节虫目（Phasmida）、蛩蠊目（Grylloblattodea）、螳䗛目（Mantophasmatodea）、直翅目（Orthoptera）、纺足目（Embioptera）、重舌目（Diploglossata）、革翅目（Dermaptera）。

已知直翅目20科中的3科（约250种）见于洞穴：蟋蟀科（Gryllacrididae）、蟋蟀科（Gryllidae）和螽斯科（Tettigoniidae）。它们既可在习见的岩溶洞穴中生活，也可在熔岩洞中生存。某些种类（如栖息于夏威夷洞穴中的种类）眼睛退缩，色素缺乏，不能飞行。只要洞内有它们的存在，通常数量就较多，往往是洞穴生物量的重要组成部分。特别是在北美洲等许多温带洞穴中其数量更是惊人，它们通常在白天或季节性地到地面环境中活动，如在肯塔基州猛犸洞中生活的蟋蟀白天出洞觅食，晚上进入洞穴中栖息及排粪，其粪便是洞穴生态系统的重要碳源（Poulson et al.，1995）。

在湘西州的溶洞中，驼螽科（Rhaphidophoridae）的裸灶螽（*Diestrammena* sp.）（图8-12）是常见的直翅目昆虫。我们利用体视显微镜和扫描电镜对短腿裸灶螽（*Diestrammena femorata*）成体头部感受器的类型、分布、形态与结构进行观察，发现其触角和下颚须上各有3种感受器、上唇和上颚各有2种感受器，总体上其头部有4种类型的感受器，即毛形感受器、刺形感受器、指形感受器（图8-13）和锥形感受器，每种类型还可分为2～3种形态。这些感受器在感知周围环境信息、觅食、求偶、寻找适宜栖息地和逃避敌害等方面可能起着相当重要的作用，但其对洞穴环境的适应性及进化机制还需从功能形态学、生理生态学、行为生态学、分子生态学和进化生物学等方面进行深入系统的研究。

已知15种革翅目昆虫生活于洞穴，它们似乎总是在洞穴中的粪堆周围活动。在热带地区（如泰国），蠼螋可能是洞穴生物量的主要组分，并呈现多种洞生性特征。生活在夏威夷洞穴中的霍氏肥蠼

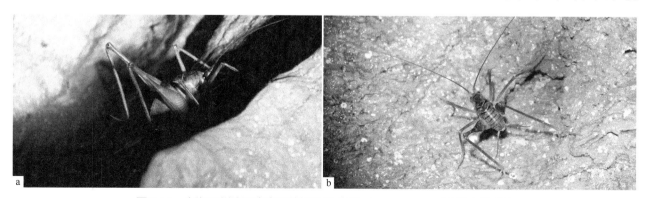

图8-12　在湘西州溶洞中常见的裸灶螽（*Diestrammena* sp.）（刘志霄 摄）

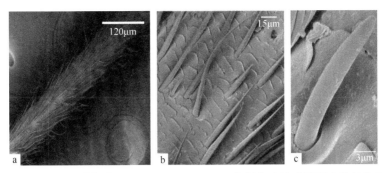

图 8-13　短腿裸灶螽（*Diestrammena femorata*）触角上的感受器（黄兴龙 供）
a. 触角鞭节中部的扫描电镜照片；b. 触角上的毛形感受器和刺形感受器；c. 触角上的指形感受器

（*Anisolabis howarthi*）是杂食性的，觅食其他的微小生物，或取食动物的腐烂尸体（Brindle，1980），而广泛分布于美洲热带地区尤其是西印度群岛洞穴中的美洲蟹肥螋（*Carcinophora americana*）具有重要的生物地理学研究意义（Peck，1974）。在湘西州的一些溶洞中，有时也可见到蠼螋（图 8-14）。

图 8-14　在湘西州吉首市堂乐洞拍摄到的蠼螋（刘志霄 摄）

6）半翅部

半翅部（Hemipteroidea）包括亲缘关系较近的 6 目：同翅目（Homoptera）、异翅目（Heteroptera）、食毛目（Mallophaga）、缨翅目（Thysanoptera）、啮目（Psocoptera / Corrodetia）和虱目（Anoplura）。

同翅目的菱蜡蝉科（Cixiidae）、木虱科（Psylloidae），以及异翅目的蝎蝽科（Nepidae）、宽蝽科（Veliidae）、水蝽科（Mesoveliidae）与臭虫科（Cimicidae）约 80 种已发现于洞穴，特别是在岛屿洞穴中，它们大都呈现如其他昆虫那样典型的洞生性特征（Lee and Kim，2006）。有时，它们可顺着树根产生的裂缝，或直接通过洞口进入洞穴，多在粪场及其周围活动，可能主要取食洞穴中腐烂的有机物。水生的半翅目昆虫有时可随水流进入洞内，在洞穴的水体及水边活动（图 8-15）。

缨翅目中至少已有 1 科（管蓟马科 Phloeothripidae）见于洞穴，是洞穴粪便生物群落中的成员。啮虫目的外啮科（Ectopsocidae）、虱啮科（Liposcelidae）、啮（虫）科（Psocidae）、跳啮科（Psyllipsocidae）、窃啮科（Trogiidae/Atropidae）在洞穴中均有发现，其中至少 10 种以上具有洞生性特征，某些种类还可营孤雌生殖，也是洞穴中粪便生物群落中的重要成员（Ashmole and Ashmole，1997；Ferreira *et al.*，2007）。虱目中的短角鸟虱科（Menoponidae）曾发现于洞穴中的雨燕身上（Clayton *et al.*，1996）。

7）鞘翅部

鞘翅部（Coleopteroidea）包括鞘翅目（Coleoptera）和捻翅目（Strepsiptera）。

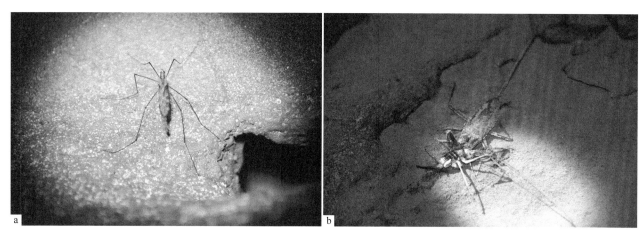

图 8-15　在湘西州溶洞中发现的黾蝽（a）和正在水中捕食灶马的蝎蝽（b）（刘志霄 摄）

鞘翅目动物俗称"甲虫"（beetles），是动物界的第一大目，迄今已描述的该目动物多达 35 万种以上，分属于 100 多科，其中至少有 18 科已在洞穴环境中发现。

甲虫可生活在各种各样的洞穴中，干洞、湿洞、水洞，甚至在地下潜水中都可能有甲虫生存，热洞、冷洞、风洞等温湿度相对稳定或变化较大的洞中均可发现甲虫的栖息。洞穴甲虫食性多样，肉食、粪食、腐食、菌食、植食等都有其代表，洞穴中的动物活体、鲜尸、腐肉、粪便等排泄物，以及伸入洞内的植物根系和生长在洞中的菌类等微生物均可被甲虫利用。有些甲虫食性广泛，可利用不同类型的食物，有些种类的食性则高度特化，只能取食某一类型的食物。洞生性甲虫也具有其他洞生性节肢动物的典型特征，如复眼、单眼退缩或消失，色素减少或缺乏，角质层变薄，翅膀缩减或缺失，身体和附肢延长，卵的数量减少（有时仅产一枚卵）但卵较大，幼虫期少，体内储脂较多，日活动节律减弱或完全丧失。

步甲科（Carabidae）是鞘翅目中最大的一个科，已知 150 属约 2600 种。营地面生活的步甲，其鞘翅通常呈黑色或黑褐色，具光泽，多数种类的足较为细长，鞘翅上具纵纹，触角呈丝状或念珠状，从眼和上颚之间伸出。洞穴步甲是洞穴甲虫中种类最多的类群，约占洞穴甲虫种数的 60%，分布于除南极洲以外的所有大陆，已知有 1000 多种是洞生性的，另有 1000 多种是喜洞性的或偶入洞性的。它们都是洞穴中的猎食者，游猎洞穴中其他的无脊椎动物，有时可攻击洞穴中任何潜在的猎物，有的种类则食性特化，专门觅食某些昆虫的卵或幼虫（Griffith，1991；Griffith and Poulson，1993；Culver et al.，2000；Romero，2009）。

在中国大陆，已记录洞穴步甲共 5 族 125 种，其中行步甲族（Trechini）111 种、细胫步甲族（Platynini）8 种、蝼步甲族（Clivinini）3 种、锥须步甲族（Bembidiini）2 种、刻鞘步甲族（Ozaenini）1 种。中国洞穴步甲中，行步甲族占全部种类的 89%，并且所有的行步甲族物种都是真洞穴动物，几乎全为盲步甲，如滇南云盲步甲（Yunotrechus diannanensis）、长颈洞盲步甲（Dongodytes giraffa）、殷氏罗霄盲步甲（Luoxiaotrechus yini）、张氏万华盲步甲（Wanhuaphaenops zhangi）等（黄孙滨，2016）。

小腐尸甲科（Cholevidae/Leptodiridae）的种类，其身体大致呈长卵圆形，体后端渐尖，从背面几乎看不见其头部，触角上有 5 节逐渐变粗，鞘翅上有横纹。已在美洲和欧亚大陆的洞穴中发现 700 多种该科动物（Casale et al.，2004），它们主要取食腐烂的有机物、月奶石或长有藻类、真菌和细菌的洞穴黏土。

象甲科（Curculionidae）的种类俗称"象鼻虫"，其喙由额向前急剧延伸成"象鼻"状，触角呈肘状，末 3 节膨大成端锤。多数种类的体长不足 10 mm，但少数种类的体长可达 70 mm，体最小者体长仅为 0.6 mm。大多取食活树根或死树根。洞穴象甲（图 8-16a）通常足、喙细长，有的种类眼睛退缩或消失，已描述的约有 30 种（Osella and Zuppa，2006）。

泥甲科（Dryopidae）的种类体长为 4～8 mm，鞘翅稍呈圆柱状，前胸背板窄于头部，足、爪较为粗大，触角短而常呈隐藏状。水生泥甲一般生活在南纬、北纬 45° 之间的泉水或井水中。在洞穴中已发现

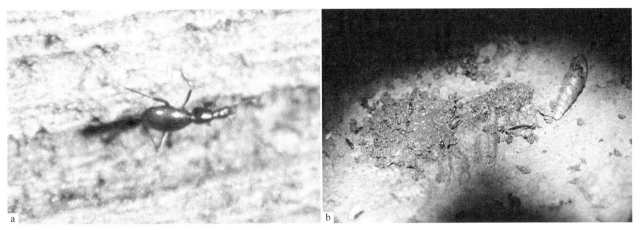

图 8-16　生活在溶洞中的一种盲步甲（a）和隐翅虫（b）（刘志霄 摄）

3 属 15 种，其中在美国大陆发现的 *Stygoporus* 和 *Stygoparuns* 都是典型的洞生性泥甲，均为单型属，已知仅 1 种（Culver *et al.*，2000）。

龙虱科（Dyticidae）的种类体长为 1.2 ～ 40 mm，触角呈丝状，足细长，足部密生缘毛以利游泳。在美国大陆的洞穴水体中可发现洞生性的龙虱（*Haideporus texensis*），而在古巴的洞穴中，Peck（1998）发现许多偶栖性的龙虱，如 *Copelatus*、*Derovatellus*、*Laccophilus* 和 *Dinetus*。当然，这些偶栖性的龙虱还没有呈现洞生性特征。生活在地面上的龙虱其成体通常都是贪婪的肉食者，擅长游泳及飞行，洞生性的龙虱也保持着这种捕食习性。

长角泥甲科（Elmidae）的体型大致呈卵圆形至圆柱形，体长一般为 1 ～ 8 mm，足长爪粗，主要分布于南纬、北纬 45° 之间的泉水或井水中。在地面生活的种类取食清冷而富含溶解氧的小溪流中的藻类、苔藓及其他植物材料，但有关洞穴种类的食性还缺乏相关的研究资料。生活于摩洛哥洞内河流中的洞穴溪泥甲（*Limnius stygius*），其体色稍褪，眼睛缩小，翅膀也较短（Hernando *et al.*，2001）。

阎甲科（Histeridae）的鞘翅较短，通常不能将腹部全部覆盖，肘状触角较短，末 3 节膨大成棒状。已知 12 种栖息于洞穴，并呈现不同程度的洞生性特征，营粪生性生活（Trajano，2000）。

水龟甲科（Hydrophilidae）的种类体长 0.5 ～ 50 mm，下颚须较长而触角较短，触角末端 3 ～ 4 节呈棒状膨大。已知 169 属 2835 种以上，主要分布于热带和亚热带地区。在古巴，常见奥斯水龟甲（*Oosternum* sp.）在洞穴内潮湿的粪堆中取食，其实在中美洲、南美洲的洞穴中都可发现它们的存在，其分布虽常见于洞穴，但并不限于洞穴，尽管在地面活动的个体是水生的，但生活在洞穴中的个体通常栖息于远离积水的粪堆区（Peck *et al.*，1998）。生活在西印度群岛的奥斯水龟甲至少有 10 种，其中 7 个是新种，它们分属于 5 个不同的种组（Species group），可能是从美洲大陆多次独立移居到群岛上的（Deler-Hernández，2014），并逐渐从地面移居到洞内。

球蕈甲科（Leiodidae）的体型大致呈球状，直径 1 ～ 6.5 mm，鞘翅具纵纹，触角末端 3 ～ 5 节呈棒状膨大，多数种类是食粪者（guano scavenger），可在洞穴中生存。

薪甲科（Merophysidae / Lathridiidae）的鞘翅稍长，通常有条纹，因前胸背板狭小而使头部显见，触角末端 2 ～ 3 节呈棒状膨大。洞穴种类的眼退缩。已知 16 属 108 种见于斐济群岛，营腐生性生活（Peck，1990）。

蚁甲科（Pselaphidae）的鞘翅短，末端平截，触角呈念珠状，末端有一个由 1 ～ 5 节组成的端锤。地面种类通常呈红色、红棕色或橙色，取食菌类或其他体型微小的无脊椎动物。除南极洲外，世界各地的洞穴中均有发现，已知洞穴蚁甲约 150 种（Culver *et al.*，2000）。

缨甲科（Ptiliidae）体长仅 0.4 ～ 1.5 mm，是鞘翅目中体型最小的类群，后翅呈羽状，触角相对较长并具毛，触角末端 2 ～ 3 节呈棒状膨大。洞穴缨甲取食粪便或动植物尸体，通常无眼、色素褪减、翅膀缺失，见于美洲和非洲大陆。

金龟子科（Scarabeidae）的体型多为卵圆形或椭圆形，体长一般为 2 ～ 20 mm；触角鳃叶状，由 9 ～ 11 节组成，各节都能自由开闭；前翅坚硬，表面光滑，多有金属光泽。洞生性的金龟子发现于大安的列斯群岛，但世界各地均可发现该科种类偶然进入洞穴中活动，某些喜洞性的（troglophilic）粪金龟也可将洞内的粪便推成粪球，并在粪球内产卵（Peck et al.，1998）。

苔甲科（Scydmaenidae）的体型微小，体长 0.6 ～ 2.5 mm，鞘翅略呈宽卵圆形，前胸背板稍宽于头部，触角较长而具毛，端部 3 ～ 4 节膨大成端锤。生活于南太平洋新喀里多尼亚群岛的艾氏苔甲（Scydmaenus aelleni）体色减退、无眼、无翅（White，1983）。

隐翅虫科（Staphylinidae）的体长 1 ～ 10 mm，鞘翅较为短小，触角呈丝状或棒状，主要以腐烂的动植物尸体为食。有学者在加那利群岛、马德拉群岛、北非、南欧、加拉帕戈斯群岛和阿森松岛的洞穴中发现约 30 种（Ashmole and Ashmole，1997；Peck et al.，1998）。近年，我们也在溶洞中拍摄到了隐翅虫的照片（图 8-16b）。

拟步甲科（Tenebrionidae）的大小差异很大，体长通常 2 ～ 35 mm，触角 10 节，呈丝状、念珠状或棒状。发现于墨西哥、波多黎各、古巴、委内瑞拉、阿森松岛及加拉帕戈斯群岛大多数洞穴的拟步甲都缺乏眼睛。生活在洞穴中的拟步甲和生活在地面上的拟步甲一样通常都是食腐动物（scavenger），以腐烂的有机物为食（Trajano，2000）。

8）脉翅部

脉翅部（Neuropteroidea）包括广翅目（Megaloptera）、脉翅目（Neuroptera）、蛇蛉目（Raphidioptera）。有关该部昆虫在洞穴中的分布情况尚缺乏文献资料。

9）长翅部

长翅部（Mecopteroidea）包括长翅目（Mecoteroidea）、毛翅目（Trichoptera）、鳞翅目（Lepidoptera）、双翅目（Diptera）和蚤目（Siphonaptera），尽管这 5 目之间的形态差异很大，但它们相互之间具有较近的亲缘关系。

毛翅目水生昆虫 34 科中的个 3 科已在洞穴中发现，即纹石蛾科（Hydropsychidae）、长角石蛾科（Leptoceridae）、等翅石蛾科（Philopotamidae），它们既可生活在洞穴的流水中，也可生活在静水中（Cianficconi et al.，2001）。

鳞翅目 90 科中至少有 3 科已见于洞穴，即潜蛾科（Lyonetiidae）、夜蛾科（Nocturidae）、蕈蛾科（Tineidae）（Romero，2009）。蕈蛾的分布通常与蝙蝠的粪便相关，其他的种类吸食伸入洞内的树根的汁液（Ferreira et al.，2007）。在湘西州的洞穴考察期间，我们偶然见到了灰翅串珠环蝶（Faunis aerope）（图 8-17a）栖息在洞穴的黑暗处，但在溶洞中较为常见的还是尺蛾科（Geometridae）的种类（图 8-17b ～ f）。

双翅目 110 多科中至少已有 13 科见于洞穴，即蝇科（Muscidae）、叶蝇科（Milichiidae）、果蝇科（Drosophilidae）、蚤蝇科（Phoridae）、小粪蝇科（Sphaeroceridae）、蝠蝇科（Streblidae）、毛蠓科（Psychodidae）、蚊科（Culicidae）、大蚊科（Tipulidae）、摇蚊科（Chironomidae）、眼蕈蚊科（Sciaridae）、菌蚊科（Mycetophilidae）、扁角菌蚊科（Keroplatidae）（Trajano，2000）。

蝇类和蚊类（图 8-18）通常在洞口段及动物粪堆或水体周围活动，但眼蕈蚊和菌蚊通常生活在洞穴深处空气流动性较差的洞道，周围气温、湿度和 CO_2 的含量相对较高而稳定。杨集昆和张学敏（1995）在福建省将乐县玉华洞采集并鉴定出眼蕈蚊科 2 属 4 新种：洞居厉眼蕈蚊（Lycoriella antrocola）、玉华洞迟眼蕈蚊（Bradysia yuhuacavernaria）、鞭长迟眼蕈蚊（B.dolichoflagella）、深居迟眼蕈蚊（B.defossa）。在湘西州一些温度、湿度相对稳定的洞穴深处，有时可见到菌蚊垂挂着的黏丝和在丝线上静候的菌蚊幼虫（图 8-19a），我们偶然还发现了正在洞穴中羽化的菌蚊（图 8-19b）。

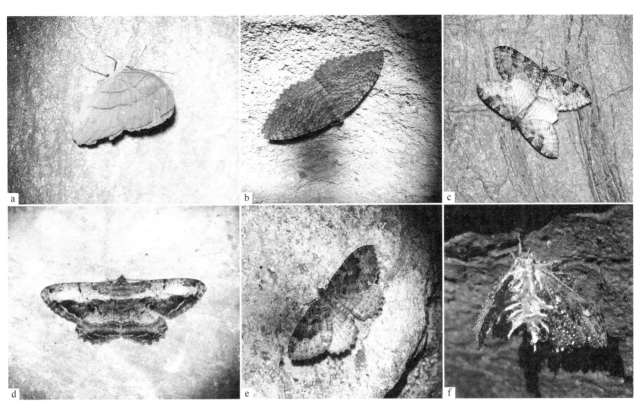

图 8-17　在湘西州溶洞中见到的几种鳞翅目昆虫（刘志霄 摄）
a. 灰翅串珠环蝶（*Faunis aerope*）；b～e. 尺蛾活体；f. 长满了霉菌，挂满了水珠的尺蛾尸体

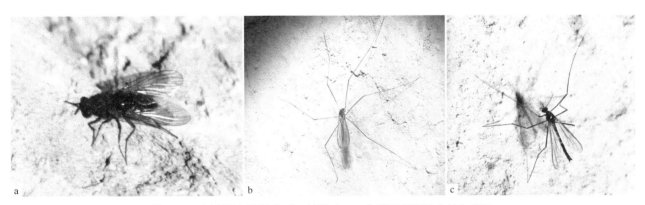

图 8-18　在溶洞中蝇类（a）、蚊类（b、c）等双翅目昆虫较为常见，
但通常在洞口段、动物粪便或水体附近活动（刘志霄 摄）

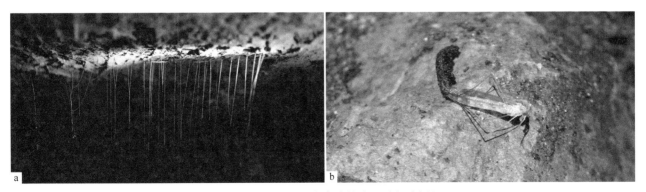

图 8-19　生活在洞穴中的菌蚊（刘志霄 摄）
a. 生活在溶洞深处的菌蚊幼虫及其垂挂在洞道中的黏丝；b. 在洞穴中正在羽化的菌蚊

扁角菌蚊科迄今仅发现一个非常有趣的种，即新西兰蕈蚊或小真菌蚋（*Arachnocampa luminosa*），其幼虫能以发射荧光的方式诱捕飞虫。它们爬上洞道的顶壁，吐丝形成一个巢区，然后垂下一些黏丝，在黏丝上再黏附一些具有黏性的水珠。黏丝和黏珠布设完成之后，虫体开始发放荧光。洞道内的飞虫受到荧光的诱惑而被黏丝及黏珠黏住。在上面守候着的蕈蚊幼虫会将被黏住的飞虫拉上去吃掉。幼虫、蛹和成虫都能发光，但这种诱捕行为仅限于幼虫，而成虫发光的作用在于吸引异性，成虫的寿命只有几天，交配、产卵后即结束生命。

蚤目 21 科中至少有 1 科已见于洞穴，即蝠蚤科（Ischnopsyllidae），它们是被哺乳动物带进洞内的，是洞穴中粪便生物群落中的成员（Ferreira *et al.*，2007）。

10）膜翅部

膜翅部（Hymenopteroidea）仅含 1 目，即膜翅目（Hymenoptera），其成虫的侧颈片与前胸侧板的前侧片愈合，中胸明显大于后胸，后翅明显小于前翅，后翅前缘有一列翅钩与前翅后缘相连，腹节第一背板并入后胸背板形成并胸腹节。两性分化，雄性为单倍体，雌性为二倍体。该目 38 科中仅蚁科（Formicidae）见于洞穴。龟裂驼切叶蚁（*Cyphomyrmex rimosus*）是一种体型很小的真菌蚁（fungus ant），常见于牛粪中，被认为是适洞性（troglophile）的食粪者。许多其他种类也是洞内粪便生物群落的成员。在美国得克萨斯州，红火蚁（*Solenopsis invicta*）已侵入洞穴，严重影响着洞穴生态系统的稳定（Roberts，2000）。

第9章

洞穴中的脊椎动物类群

鱼类和四足类动物运动能力较强，除了可随河流、泉水、洪水等水流进入洞穴外，通常还能够通过游行、爬行、跳行、步行或飞行进到洞内，在洞穴中隐藏、避敌、觅食、暂栖、休眠或繁育。但由于洞穴中黑暗潮湿，绝大多数脊椎动物只能在洞口附近活动，通常并不能在黑暗处久留或久栖，长期或终生在洞穴深处生活的脊椎动物种类较少。许多种蝙蝠惯常在洞穴中日眠、冬眠及繁育后代，少数鸟类也筑巢于黑暗的洞穴，但它们必须到洞外去觅食，从洞外获取营养和能量才能维持个体的生存和种群的繁衍。实际上，只有高度依赖水体的少数鱼类及蝾螈类才终生生活于洞穴，在洞穴中完成其生活史，并衍生出了典型的洞生性特征。

9.1 鱼纲

鱼纲（Pisces）是物种最丰富的营水生生活的脊椎动物类群，具有一系列适应于水生的形态结构特征，据最新统计，种类多达 2.8 万种以上。洞穴鱼类通常是指"在洞穴或地下潜水中完成全部或部分生活史的鱼类"，发现于除南极洲以外的所有大陆，但主要分布于喀斯特地貌发育良好、落水洞和地下河流众多的热带及亚热带地区。虽然洞穴鱼类总体上在地球上分布广泛，但许多洞穴"盲鱼"（blind fish）（图 9-1）或"透明鱼"（transparent fish）［典型或真洞穴鱼类（typical cave fish / troglobite fish）］仅分布于某一特定的洞穴或洞穴系统，属于该洞穴的特有种，并且种群数量稀少（Romero，2009；赵亚辉和张春光，2006，2009）。

据不完全统计，目前全球已记述的洞穴鱼类约为 400 种，典型洞生性鱼类有 205 种以上，其中亚洲 130 多种、南美洲 30 多种、北美洲约 30 种、非洲 9 种、大洋洲 5 种、欧洲 1 种。巴西是典型洞生性鱼类发现较多的国家，已报道 20 多种，约占全球已知种数的 9.6%，印度、墨西哥、泰国和美国已描述的种类为 9～12 种，其他国家都不超过 4 种。

中国是典型洞生性鱼类分布最丰富的国家，截至 2018 年 7 月 31 日，我们统计到典型洞生鱼类 90 种，约占全球已知种类的 44%，隶属于 2 目 4 科 13 属，其中鲤科（Cyprinidae）的金线鲃属（*Sinocyclocheilus*）（38 种）和条鳅科（Nemacheilidae）的高原鳅属（*Triplophysa*）（25 种）是优势属（表 9-1）（张佩玲等，2019）。

图 9-1　从洞穴水体中捞出后拍摄的（龙山县飞虎洞）湘西盲高原鳅（*Triplophysa xiangxiensis*）（a）和（花垣县大龙洞）红盲高原鳅（*Triplophysa erythraeous*）（b）（刘志霄 摄）

表 9-1　中国典型洞生性鱼类名录、分布及其典型的洞生性特征

物种	鳞片	眼睛	体表色素	分布
（一）条鳅科 Nemacheilidae				
I. 高原鳅属 *Triplophysa*				
1. 个旧盲高原鳅 *T. gejiuensis* Chu & Chen，1979	无	无	无	云南个旧市
2. 湘西盲高原鳅 *T. xiangxiensis* Yang et al.，1986	无	无	无	湖南龙山县
3. 石林盲高原鳅 *T. shilinensis* Chen & Yang，1992	无	无	无	云南路南县
4. 长须盲高原鳅 *T. longibarbata* Chen et al.，1998	无	无	无	贵州荔波县
5. 阿庐高原鳅 *T. aluensis* Li & Zhu，2000	无	退化	退化	云南泸西县
6. 响水箐高原鳅 *T. xiangshuingensis* Li，2004	无	退化	退化	云南石林县
7. 天峨高原鳅 *T. tianeensis* Chen et al.，2004	无	退化	退化	广西天峨县
8. 玫瑰高原鳅 *T. rosa* Chen & Yang，2005	无	退化	无	重庆武隆区
9. 邱北盲高原鳅 *T. qiubeiensis* Li & Yang，2008	无	退化	无	云南丘北县
10. 长鳍高原鳅 *T. longipectoralis* Zhang et al.，2009	正常	退化	退化	广西环江县
11. 环江高原鳅 *T. huanjiangensis* Yang et al.，2011	无	无	无	广西环江县
12. 龙里高原鳅 *T. longliensis* Ren et al.，2012	无	退化	退化	贵州龙里县
13. 大头高原鳅 *T. macrocephala* Yang et al.，2012	无	退化	退化	广西南丹县
14. 佳荣高原鳅 *T. jiarongensis* Lin et al.，2012	无	无	无	贵州荔波县
15. 里湖高原鳅 *T. lihuensis* Wu et al.，2012	无	无	无	广西南丹县
16. 凤山高原鳅 *T. fengshanensis* Lan，2013	无	无	无	广西凤山县
17. 浪平高原鳅 *T. langpingensis* Yang，2013	无	退化	无	广西田林县
18. 峒敢高原鳅 *T. dongganensis* Yang，2013	无	无	无	广西环江县
19. 田林盲高原鳅 *T. tianlinensis* Li et al.，2016	无	退化	退化	广西田林县
20. 天星高原鳅 *T. tianxingensis* Yang et al.，2016	无	退化	退化	云南丘北县
21. 西畴高原鳅 *T. xichouensis* Liu et al.，2017	无	退化	退化	云南西畴县
22. 罗城高原鳅 *T. luochengensis* Li et al.，2017	退化	退化	退化	广西罗城县
23. 安水高原鳅 *T. anshuiensis* Wu et al.，2018	无	无	退化	广西凌云县
24. 保田高原鳅 *T. baotianensis* Li et al.，2018	无	退化	退化	贵州盘县

物种	鳞片	眼睛	体表色素	分布
25. 红盲高原鳅 *T. erythraeous* Liu *et al.*，2019 *	无	无	正常	湘西花垣县
II. 间条鳅属 *Heminoemacheilus*				
26. 透明间条鳅 *H. hyalinus* Lan *et al.*，1996	退化	无	无	广西都安县
27. 小间条鳅 *H. parva* Zhu & Zhu，2014	无	无	无	广西靖西县
III. 云南鳅属 *Yunnanilus*				
28. 白莲云南鳅 *Y. bailianensis* Yang，2013	无	正常	退化	广西柳州市
IV. 岭鳅属 *Oreonectes*				
29. 无眼岭鳅 *O. anophthalmus* Zheng，1981	无	无	无	广西武鸣县
30. 罗城岭鳅 *O. luochengensis* Yang *et al.*，2011	退化	正常	无	广西罗城县
31. 都安岭鳅 *O. duanensis* Lan，2013	退化	退化	无	广西都安县
32. 东兰岭鳅 *O. donglanensis* Wu，2013	无	退化	退化	广西东兰县
33. 水龙岭鳅 *O. shuilongensis* Deng *et al.*，2016	无	正常	正常	贵州三都县
34. 大七孔岭鳅 *O. daqikongensis* Deng *et al.*，2016	无	无	无	贵州荔波县
V. 副鳅属 *Homatula*				
35. 后鳍盲副鳅 *H. posterodarsalus* Li *et al.*，2006	无	无	无	广西南丹县
36. 茂兰盲副鳅 *H. maolanensis* Li *et al.*，2006	无	无	无	贵州荔波县
VI. 南鳅属 *Schistura*				
37. 凌云南鳅 *S. lingyunensis* Liao *et al.*，1997	退化	退化	无	广西凌云县
38. 小眼戴氏南鳅 *S. daryi microphthalmus* Liao *et al.*，1997	无	退化	退化	贵州瓮安县
VII. 洞鳅属 *Troglonectes*				
39. 叉尾洞鳅 *T. furcocaudalis* Zhu & Cao，1987	退化	退化	退化	广西融水县
40. 透明洞鳅 *T. translucens* Zhang *et al.*，2006	无	无	无	广西都安县
41. 小眼洞鳅 *T. mirophthalmus* Du *et al.*，2008	退化	退化	无	广西都安县
42. 大鳞洞鳅 *T. macrolepis* Huang *et al.*，2009	退化	退化	无	广西环江县
43. 长体洞鳅 *T. elongates* Tang *et al.*，2012	无	无	无	广西环江县
44. 弓背洞鳅 *T. acridorsalis* Lan，2013	无	无	无	广西天峨县
45. 弱须洞鳅 *T. barbatus* Gan，2013	无	无	无	广西南丹县
（二）花鳅科 Cobitidae				
VIII. 原花鳅属 *Protocobitis*				
46. 无眼原花鳅 *P. typhlops* Yang & Chen，1993	退化	无	无	广西都安县
47. 多鳞原花鳅 *P. polylepis* Zhu *et al.*，2008	退化	无	退化	广西武鸣县
48. 前腹原花鳅 *P. anteroventris* Lan，2013	无	无	无	广西田林县
IX. 双须鳅属 *Bibarba*				
49. 小眼双须鳅 *B. parvoculus* Wu *et al.*，2015	退化	退化	退化	广西罗城县
（三）鲤科 Cyprinidae				
X. 盲鲃属 *Typhlobarbus*				
50. 裸腹盲鲃 *T. nudiventris* Chu & Chen，1982	退化	退化	无	云南建水县

物种	鳞片	眼睛	体表色素	分布
XI. 金线鲃属 *Sinocyclocheilus*				
51. 鸭嘴金线鲃 *S. anatirostris* Lin & Luo, 1986	退化	退化	无	广西凌云县和乐业县
52. 驼背金线鲃 *S. cyphotergous* Dai, 1988	退化	退化	退化	贵州罗甸县
53. 粗壮金线鲃 *S. robustus* Chen & Zhao, 1988	无	正常	退化	贵州兴义县
54. 无眼金线鲃 *S. anophthalmus* Chen & Chu, 1988	退化	退化	无	云南宜良县
55. 小眼金线鲃 *S. microphthalmus* Li, 1989	正常	退化	无	广西凤山县、巴马县和凌云县
56. 角金线鲃 *S. angularis* Zheng & Wang, 1990	退化	退化	无	贵州盘县
57. 高肩金线鲃 *S. altishoulderus* Li & Lan, 1992	正常	退化	无	广西东兰县
58. 短身金线鲃 *S. brevis* Lan & Chen, 1992	退化	正常	退化	广西罗城县
59. 犀角金线鲃 *S. rhinocerous* Li & Tao, 1994	无	退化	正常	云南罗平县
60. 透明金线鲃 *S. hyalinus* Chen & Yang, 1994	无	无	无	云南泸西县
61. 叉背金线鲃 *S. furcodorsalis* Chen et al., 1996	退化	无	无	广西天峨县
62. 双角金线鲃 *S. bicornutus* Wang & Lao, 1997	退化	退化	无	贵州兴仁县
63. 广西金线鲃 *S. guangxiensis* Zhou & Li, 1998	无	无	无	广西凌云县和乐业县
64. 长鳍金线鲃 *S. longifinus* Li，Wu & Chen, 1998	无	正常	退化	云南华宁县
65. 华宁金线鲃 *S. huaningensis* Li, 1998	退化	正常	退化	云南华宁县
66. 凌云金线鲃 *S. lingyunensis* Li et al., 2000	正常	正常	无	广西凌云县
67. 巨须金线鲃 *S. hugeibarbur* Li & Ran, 2003	正常	退化	无	贵州荔波县
68. 瓦状角金线鲃 *S. tileihornes* Mao et al., 2003	无	无	无	云南罗平县
69. 九圩金线鲃 *S. jiuxuensis* Li & Lan, 2003	正常	退化	无	广西金城江区
70. 田林金线鲃 *S. tianlinensis* Zhou et al., 2003	无	无	无	广西田林县
71. 乌蒙山金线鲃 *S. wumengshanensis* Li et al., 2003	退化	正常	退化	云南寻甸县
72. 圭山金线鲃 *S. guishanensis* Li, 2003	退化	正常	退化	云南石林县
73. 驯乐金线鲃 *S. xunlensis* Lan et al., 2004	正常	无	退化	广西环江县
74. 荔波金线鲃 *S. liboensis* Li et al., 2004	正常	正常	无	贵州荔波县
75. 鹰喙角金线鲃 *S. aquihornes* Li & Yang, 2007	无	无	无	云南丘北县
76. 宽角金线鲃 *S. broadihornes* Li & Mao, 2007	无	退化	退化	云南石林县
77. 短须金线鲃 *S. brevibarbatus* Zhao et al., 2009	退化	正常	退化	广西都安县
78. 马山金线鲃 *S. mashanensis* Wu et al., 2010	正常	退化	无	广西马山县
79. 洞塘金线鲃 *S. dongtangensis* Zhou et al., 2011	正常	正常	退化	贵州荔波县
80. 曲背金线鲃 *S. flexuosdorsalis* Zhu & Zhu, 2012	退化	退化	无	广西隆林县
81. 安水金线鲃 *S. anshuiensis* Gan et al., 2013	退化	退化	无	广西凌云县
82. 逻楼金线鲃 *S. luolouensis* Lan, 2013	退化	退化	退化	广西凌云县
83. 融安金线鲃 *S. ronganensis* Luo et al., 2016	正常	正常	退化	广西融安县
84. 灌阳金线鲃 *S. guanyangensis* Chen et al., 2016	退化	无	正常	广西灌阳县
85. 斑点金线鲃 *S. punctatus* Lan & Yang, 2017	退化	正常	退化	广西南丹县、环江县和贵州荔波县
86. 额凸盲金线鲃 *S. convexiforeheadus* Li et al., 2017	无	无	无	云南丘北县

续表

物种	鳞片	眼睛	体表色素	分布
87. 泗孟金线鲃 *S. Simengensis* Li *et al.*，2018	正常	退化	正常	广西东兰县
88. 平山金线鲃 *S. Pingshanensis* Li *et al.*，2018	正常	正常	退化	广西鹿寨县
XII. 拟金线鲃属 *Pseudosinocyclocheilus*				
89. 靖西金线鲃 *P. jinxiensis* Zheng *et al.*，2013	正常	退化	无	广西靖西县
（四）钝头鮠科 Amblycipitidae				
XIII. 修仁鮠属 *Xiurenbagrus*				
90. 后背修仁鮠 *X. dorsalis* Xiu *et al.*，2014	无	无	无	广西富川县

注："无"表示完全缺失；"退化"表示留有痕迹；"正常"表示无明显退化痕迹；* 红盲高原鳅新种的发现为湘西地质公园（Xiangxi Geopark）成功申报成为世界地质公园（World Geopark）提供了重要的支撑材料

　　2019 年 2 月，蒋万胜等在湖北省秭归县郭家坝镇的长江三峡库区 20 m 水深处又采集到中国特有金线鲃属鱼类的全盲个体 1 尾，其头背部仅轻微隆起而无头角状结构，体表色素缺乏，眼睛缺失，两对须极短，脊椎骨 34 枚，侧线鳞 41 枚（图 9-2），基于形态特征与分子数据将其鉴定为新种——三峡金线鲃（*Sinocyclocheilus sanxiaensis* sp. nov.），属于典型洞穴鱼类，推测其可能来源于与长江相通的某一地下暗河（Jiang *et al.*，2019）。该物种的发现将我国洞穴鱼类代表类群——金线鲃属鱼类已知的分布区北移了 5°，即从北纬约 25° 扩展到北纬 30° 附近。显然，有关其生态生物学特征、种群生存现状与保护问题值得深入研究。

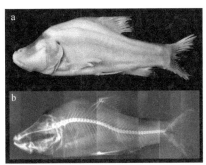
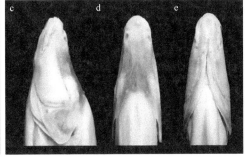

图 9-2　三峡金线鲃（*Sinocyclocheilus sanxiaensis* sp. nov.）的外形特征（蒋万胜 供）
a. 整体侧面观；b. 整体侧面 X 光扫描照；c. 头部侧面观；d. 头部背面观；e. 头部腹面观

9.2　两栖纲

　　两栖纲（Amphibia）是最早登陆的原始型四足类变温动物，现生种类遍及除南极洲和海洋性岛屿之外的各生物地理区，已知约 7000 种，隶属于 400 属 40 科 3 目：无足目 / 蚓螈目（Apoda / Gymnophiona）、有尾目（Caudata）和无尾目（Anura）。

　　无尾目即通常所谓的蛙蟾类，是洞口段比较常见的两栖类动物，有些种类（如中华蟾蜍 *Bufo gargarigans*、福建大头蛙 *Limnonectes fujianensis*、红点齿蟾 *Oreolalax rhodostigmatus*、花臭蛙 *Odorrana schmackeri*、务川臭蛙 *Oreolalax wuchuanensis*、沼水蛙 *Hylarana guentheri* 等）有时也可进入洞穴的深处（图 9-3），在黑暗处觅食或暂栖，但并未发现任何蛙蟾类物种呈现明显的洞生性特征（troglomorphic characters）。而有尾目（包括鲵类和螈类）的许多种类具有洞栖习性（cave-dwelling habit）（如中国大鲵 *Andrias davidianus* 喜栖于水流湍急、水质清澈、石缝和岩洞较多的山间水体中，湘西州的一些村民利用村寨附近的溶洞对其进行人工养殖），有些种类甚至完全生活在洞穴中，呈现典型的洞生性特征。

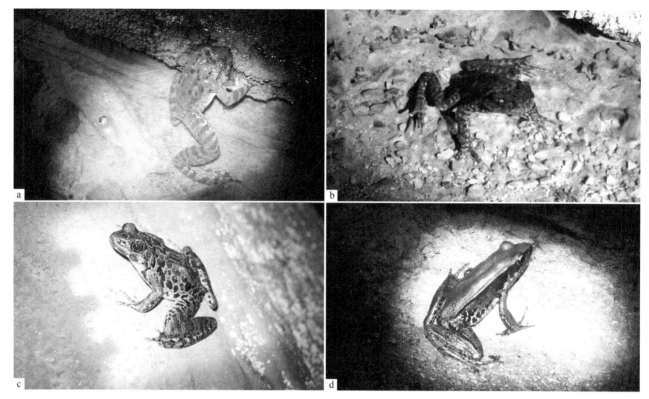

图 9-3　在溶洞深处拍摄到的蛙蟾类动物（刘志霄 摄）

a. 福建大头蛙（*Limnonectes fujianensis*）；b. 红点齿蟾（*Oreolalax rhodostigmatus*）；

c. 花臭蛙（*Odorrana schmackeri*）；d. 沼水蛙（*Hylarana guentheri*）（吴涛 鉴定）

洞穴蝾螈的分布范围非常狭窄，它们以机械感受器和化学感受器探测压力波和化学讯息，寻找食物及同种其他个体，主要捕食水生无脊椎动物，偶尔取食动物的粪便，也偶见其捕食同类个体，其种群数量一般都很低，处于严重受胁状态。

洞生性的两栖动物通常体型细长而平扁，已知两种洞穴蝾螈还一直保持着幼体的形态，具有外鳃，身体没有发育到成体的形态就达到性成熟［性早熟或幼态持续（neoteny）］，可交配受精，产生后代，直至生命结束。像其他一些洞穴脊椎动物那样，洞生性两栖类的性成熟也出现于生命周期的后一阶段，就洞螈（*Proteus anguinus*）而言，雄性与雌性达到性成熟的年龄分别是 11 ～ 14 岁和 15 ～ 18 岁（Romero，2009）。

已知洞生性蝾类在 10 种以上，隶属于洞螈科（Proteidae）和多齿蝾科（Plethodontidae）（表 9-2）。

表 9-2　几种代表性的洞生性蝾类

科名	种名	分布	备注
洞螈科 Proteidae	洞螈 *Proteus anguinus*	斯洛文尼亚、克罗地亚	体长可达 40 cm，具有典型的洞生性特征，但个体之间体表色素减退的程度差异较大，可活 80 年
多齿蝾科 / 无肺蝾科 Plethodontidae	扁头水巫螈 / 莱尔山螈 *Hydromantes platycephalus*	美国加利福尼亚州、意大利撒丁岛	鳃、肺缺乏，用口腔和皮肤呼吸
	德州盲螈 *Eurycea rathbuni*	美国得克萨斯州	外鳃呈血红色 美国及 IUCN 红皮书濒危物种
	奥斯丁盲螈 *Eurycea waterlooensis*	美国得克萨斯州爱德华兹蓄水层	美国濒危物种
	三齿河溪螈 *Eurycea tridentifera*	得克萨斯州中部的爱德华兹高原	眼睛和色素退减
	洞穴河溪螈 / 欧扎克盲螈 *Eurycea spelaea*	美国欧扎克山区	是唯一在野生状态下进行变态发育的洞生性蝾类。成体缺乏视觉功能，靠皮肤和口腔呼吸
	布兰科盲螈 *Eurycea robusta*	美国得克萨斯州欧扎克高原	
	乔治亚盲螈 *Haideotriton wallacei*	美国佐治亚州及佛罗里达州北部	具有外鳃，缺乏背鳍而有尾鳍

9.3 爬行纲

现生爬行纲（Reptilia）动物的体型普遍较小，分布于除南极洲以外的大陆生境及周围海域。据最新统计，已描述的种类多达 10 793 种，隶属于 1199 属 86 科 6 目：喙头目（Rhynchocephalia）、龟鳖目（Testudines）、蜥蜴目（Sauria）、蛇目（Serpentes）、蚓蜥目（Amphisbaenia）、鳄目（Crocodilia）（http://www.reptile-database.org/）。

现生大多数的爬行动物都有"掘洞穴居习性"（fossorial habits），能够自行挖掘洞穴或利用鼠类及其他动物挖掘的洞穴栖息、避敌、冬眠或繁育，但这里所谓的"洞穴"（hole/burrow/den）并非本书一般含义上的洞穴（cave）。

可是，许多爬行动物的确也能够在洞口及一定深度的溶洞内栖息、调节体温或觅食。何晓瑞和刘国才（2000）在云南建水县燕子洞（长约 8 km）和闫洞（长约 2.7 km）的洞口与洞内共发现 21 种爬行动物，占当地爬行动物总种数的 80.8%，包括 3 种龟鳖（乌龟 *Chinemys reevesii*、平胸龟 *Platysternon megacephalum* 和中华鳖 *Pelodiscus sinensis*）、6 种蜥蜴（大壁虎 *Gekko gecko*、云南半叶趾虎 *Hemiphyllodactylus yunnanensis*、铜蜓蜥 *Sphenomorphus indicum*、细蛇蜥 *Ophisaurus gracilis*、棕背树蜥 *Calotes emma* 和纵斑蜥虎 *Hemidactylus bowringii*），以及 12 种蛇（钩盲蛇 *Ramphotyphlops braminus*、黑眉锦蛇 *Elaphe taeniura*、紫灰蛇 *Elaphe porphyracea*、铅色水蛇 *Enhydris plumbea*、红脖颈槽蛇 *Rhabdophis subminiata*、孟加拉眼镜蛇 *Naja kaouthia*、云南竹叶青 *Trimeresurus yunnanensis* 等），并发现眼镜蛇具有捕食洞内白腰雨燕（*Apus pacificus*）活体及卵的习性。2017 年 7 月 10 日，我们曾在湖南小溪国家级自然保护区黄泥洞洞口侧壁的凹窝处捕捉到一条乌梢蛇（*Zaocys dhumnades*，图 9-4），该洞口呈扁平状，很低矮（最低处离地面不足 1 m）。傍晚时分，蝙蝠从洞的深处飞到洞口的顶壁上悬挂一段时间之后再飞出洞外觅食，但该蛇种除可能在洞口出没、觅食、隐藏或调节体温外，是否也伺机捕食蝙蝠？尚待今后观察。

图 9-4　在黄泥洞洞口栖息并被抓捕到的乌梢蛇（*Zaocys dhumnades*）（吴涛 供）

迄今，尚未发现任何爬行动物呈现任何形式的洞生性特征。

9.4 鸟纲

鸟纲（Aves）前肢特化为翼，飞行、迁移及适应能力强。现生鸟类约有 10 000 种，隶属于 3 总目 33 目约200科，但新近估计，可能多达15 845～20 470种（Barrowclough *et al.*，2016），分布于世界各地，可利用包括洞穴在内的几乎每一种生境，但能够在溶洞洞口附近的悬崖和岩石裂缝间做巢的鸟类主要是燕、鹟鹩、霸鹟、秃鹫、隼、猫头鹰等。

在云南嬉水燕子洞地区，通常有大嘴乌鸦（*Corvus macrorhynchus*）、北红尾鸲（*Phoenicu-rus auroreus*）、红尾溪鸲（*Rhyacornis fuliginosus*）、白颊噪鹛（*Garrulax sanio*）等40种鸟类在洞口并可不同程度地进入洞内觅食（何晓瑞和刘国才，2000）。

在湘西地区，紫啸鸫（*Myiophoneus caeruleus*）是溶洞中较为常见的鸟类，不仅能够在洞口弱光带的岩壁凹窝或岩隙间用苔藓、藤条、杂草等植物构件筑巢，还能够在黑暗的洞道中快速奔跑或飞行（可深入洞内100 m以上），已具有良好的洞栖习性，它们通常单只或成对在洞口附近隐藏、避敌及繁育（图9-5），对人为干扰较为敏感，具有弃卵习性（egg-discarding habit）。在没有人为干扰的情况下，巢窝中的卵都会正常孵化。若4枚卵都能孵出，对于已长大的4只雏鸟而言，巢窝实在太小，有时会有个体被挤出摔下致死。

图9-5　在溶洞中繁育的紫啸鸫（*Myiophoneus caeruleus*）（a～c、f. 刘志霄 摄；d. 吴涛 摄；e. 瞿勇 供）
a. 可在黑暗的溶洞中窜行、飞行、栖息及躲避敌害；b. 用苔藓、藤条与枯枝叶在洞壁横隙间或凹窝处筑巢；c. 通常产4枚卵；
d. 亲鸟正在巢中孵卵；e. 双亲孵卵换班（用红外摄像装置拍摄的视频截图）；f. 可能是从巢中被挤摔下致死的雏鸟

尽管上述鸟类能够在洞口附近活动或具有一定的洞栖习性，但最引人注目的还是集大群洞栖的油鸱科和雨燕科鸟类。

9.4.1　油鸱科

油鸱科（Steatornithidae）现已知仅油鸱（*Steatornis caripensis*）1种，其个体较大，翅膀狭长。通体大都呈红褐色，翅膀及颈部有一些小白斑。油鸱属于亚热带鸟类，分布区自特立尼达拉岛（Trinidad）和南美洲东北部沿着安第斯山（Andes）向南远至玻利维亚（Bolivia）。

油鸱是集群筑巢者（colonial nester），可集成约20 000只的大群，白天在洞穴中栖息，筑巢于洞道的凸壁上，主要巢材是粪块，窝卵数为2～4枚。夜间，它们离开栖所，到洞外活动，可能主要靠嗅觉寻找果实，觅食棕榈科（Arecaceae）的油棕（*Elaeis guineensis*）、樟科（Lauraceae）的热带月桂（*Laurus nobilis*）等植物的芳香水果，是已知唯一用果肉（fruit pulp）喂食雏鸟的鸟类，作为种子扩散者（seed disperser）起着重要的生态作用（Romero，2009）。

油鸱的眼睛敏锐，视网膜上的视杆（retinal rods）小而高度密集，密度高达 100 万 /mm²，是已知脊椎动物中视杆密度最高的物种，然而视锥（retinal cones）的数量却很少，这使得其眼睛对光非常敏感，但对物体的分辨率较低。油鸱同样具有类似于许多昼行性鸟类（diurnal birds）那样的双眼视觉（binocular vision）能力，但其视觉皮层（visual cortex）较其他鸟类的大，这有利于其在低光照条件下飞行时避开障碍物。此外，油鸱还是具有回声定位（echolocation）能力的两个鸟纲类群之一，其回声定位功能对于视觉上的不足有一定的补偿作用，但油鸱进行回声定位时使用的是低频率声波，而低频声波只能使其避开粗大的障碍物（Iwaniuk et al.，2008）。

9.4.2　雨燕科

雨燕科（Apodidae）已知鸟类约 100 种，其中有 4 属 30 种在洞穴中栖息。在云南建水县燕子洞宽阔而曲长的洞内（可深入洞内 400 ~ 500 m），每年春夏都有数十万只的白腰雨燕集群栖息及繁育（何晓瑞和刘国才，2000）。在武陵山地区的许多大型溶洞的洞口岩壁及洞内岩壁上也常见白腰雨燕集大群繁育后代，当地群众也普遍将这些岩洞称为"燕子洞"。

金丝燕是亚洲东南部、马来半岛、菲律宾及南太平洋岛屿岩崖上及洞穴中比较常见的雨燕科鸟类，其体型较小，翅膀狭长，飞行速度快；嘴细弱，嘴基宽扁，嘴须发达；可集大群筑巢于洞穴或洞口的峭壁上。筑巢时，用唾液将羽毛、泥土、苔藓、藻类等多种柔软植物巢材胶结在一起，这样的窝巢可被加工成著名的滋补食物"燕窝汤"（bird's-nest soup），由此对燕窝的开发利用和对金丝燕的保护已引起较多的关切（Tompkins，1999；Sankaran，2001）。

金丝燕也像其他的雨燕科鸟类那样，捕食昆虫。清晨，它们离开栖所外出觅食，靠翅膀和嘴须（bristles）协助抓捕飞虫，主要捕食膜翅目（Hymenoptera）和双翅目（Diptera）昆虫。黄昏时，返回巢穴。

金丝燕属（Aerodramus）和侏金丝燕属（Collocalia）的种类也如油鸱那样具有回声定位能力，可发射一系列的"滴答声"（clicks）以在洞穴中进行回声导航，其低频声波回声定位的分辨率也不高，虽比油鸱具有更精细的回声定位效能，可以较好地避开直径为 10 mm 的物体，但对于更细小的物体躲避效果较差。金丝燕是一个相当年轻的类群，而油鸱有化石记录的历史可追溯到 5000 万年前，金丝燕回声定位能力的发展似乎是晚近的事件，而油鸱可能要早得多；金丝燕白天出飞，飞捕昆虫，而油鸱夜间飞出，觅食芳香水果，因此鸟类的回声定位能力应该是独立进化的，主要用于在黑暗环境中导航，并有助于觅食及捕食，但其起源与进化的生态生物学机制值得系统研究和深入探讨（Price et al.，2004，2005；Romero，2009）。

9.5　哺乳纲

新生代是哺乳动物的时代，地球上现生哺乳动物至少有 28 目 152 科 1212 属约 5400 种（沃恩等，2017）。从生态学的角度来看，侵入地下洞穴环境的哺乳纲（Mammalia）动物可划分为两大类群：飞行性哺乳类（翼手类）和非飞行性哺乳类。所有洞栖性哺乳动物都是夜行性的，而种类和数量最多的是蝙蝠。

9.5.1　翼手类

翼手类（Chiroptera）动物俗称蝙蝠（bats），是哺乳纲中仅次于啮齿目（Rodentia）的第二大类群，已知 19 科 192 属 1131 ~ 1136 种，其中有 200 多种蝙蝠有规律性地栖息于洞穴，在洞穴中日眠、冬眠及繁育后代。有的区域洞穴中蝙蝠的种群数量丰富庞大，多达上百万至数千万只。

蝙蝠是哺乳纲中极为独特的类群，既能振翼飞行，又具有回声定位能力（绝大多数种类）。狐蝠科（Pteropodidae）（果狐类）的个体相对较大，仅果蝠属（*Rousettus*）的 3 个种具有回声定位能力。回声定位能力与飞行能力相结合，使得蝙蝠能够充分利用夜空，营夜行性生活，捕食夜间活动的昆虫。通过夜间活动，蝙蝠既可在很大程度上避免昼行性猛禽（raptor / predatory bird）（主要是隼类和鹰类）的捕食，又可在黑暗中隐藏身影使猎物（夜行性昆虫）难以发现。白昼来临时，它们必须寻找稳定而安全的庇护所，有的在树枝叶间或树洞中栖息，若有合适的洞穴，许多蝙蝠喜欢在洞穴中休眠。可以说，蝙蝠比其他的哺乳类能够更好地利用洞穴环境，它们依靠回声定位能力，可快速飞入洞穴的深处，栖挂于洞顶，以免遭洞外不良环境因子的影响和捕食者的侵害。虽然很多蝙蝠可利用多种栖息地，但洞穴无疑是许多蝙蝠的适栖环境（参见第 11 ～ 12 章）。

9.5.2 非飞行性哺乳类

在洞穴中，非飞行性哺乳动物（non-flying mammals）并不罕见。可是，任何与洞穴关联的非飞行性哺乳动物似乎都没有表现出对洞穴环境特别的适应性特征。某些营掘地穴居性生活的哺乳动物失去了视觉能力，但嗅觉器官较为特化，其他的生理生态或行为特化也可能与地下穴居生活有关。然而，有关这些掘地穴居性种类在（本书所意涵的）洞穴中生活的确切报道极为少见。

大多数洞联性（cave-associated）非飞行性哺乳动物在地面环境中度过其生活史的大部分时光。它们主要在洞口段隐藏、取食蝙蝠的腐尸，或在洞内排粪，但也有一些鼠类、浣熊和臭鼬可进入洞穴的深处栖息、筑巢或繁育（Romero，2009）。

尽管在普通人的想象当中，熊常与洞穴关联，但关于熊的穴居生态学（denning ecology）与巢址选择（den site selection）的研究表明，熊通常并不选择天然洞穴。Ciarniello 等（2005）报道，在加拿大不列颠哥伦比亚（British Columbia）的一个地区，灰熊（*Ursus arctos*）仅 26% 的时间利用洞穴。在绝大多数情况下，灰熊在泥坡、岩坡或树下挖洞做窝。Seryodkin 等（2003）观察到，在 27 只亚洲黑熊（*Ursus thibetanus*）中，仅有 3 只利用洞穴或岩崖凹窝，而所研究的 12 只灰熊根本不利用洞穴。这可能是洞穴可利用性的问题，因为相关的报道中并没有涉及所研究区域内洞穴的密度。如果一个研究区域内洞穴的可利用性高，熊就可能更普遍地在洞穴内栖息。可是，尚缺乏熊影响洞穴生态系统的相关报道，而在洞穴中发掘的熊残骸及化石证据显示，熊的确有时进入洞穴并在洞穴中死亡。

有些啮齿动物也能利用洞穴。林鼠（*Neotoma* spp.）喜栖于岩丘或石崖，常见于有洞穴的多岩区（Castleberry *et al.*，2001）。

在武陵山地区的许多溶洞中，小泡巨鼠或白腹巨鼠（*Leopoldamys edwardsi*）是很常见的哺乳动物，可在溶洞中隐藏、筑巢、觅食及繁育后代（图 9-6），我们多次观察发现，它们还可伺机捕食栖挂在洞壁上的蝙蝠。

在广西大石围天坑群（深达 200 ～ 600 m 的天坑与大面积的溶洞相连），张远海和艾琳·林奇（2004）下降到蜂岩洞绝壁 150 m 以下的转弯处和 300 m 以下的水道附近各发现一只"飞猫"，其体重 3500 g，眼大、毛色红白相间，尾巴粗长，几达体长之 2 倍，能爬树和滑行，可钻树洞、岩缝或岩洞，显然这两只红白鼯鼠（*Petaurista alborufus*）是偶然掉落到天坑里的，但我们在湖南小溪国家级自然保护区和张家界市武陵源区的调查发现，鼯鼠的确具有一定的洞栖习性，可在树洞及岩洞中栖息和繁育，并喜食杉树的种子。

处于极危状态的地中海僧海豹（*Monachus monachus*）能够利用海蚀洞，它们多选择海滩附近有隐蔽入口的海蚀洞作为栖息或育仔的场所（Gucu *et al.*，2004）。灰海豹（*Halichoerus grypus*）在其繁殖周期的某个阶段也利用洞穴（Lidgard *et al.*，2001）。

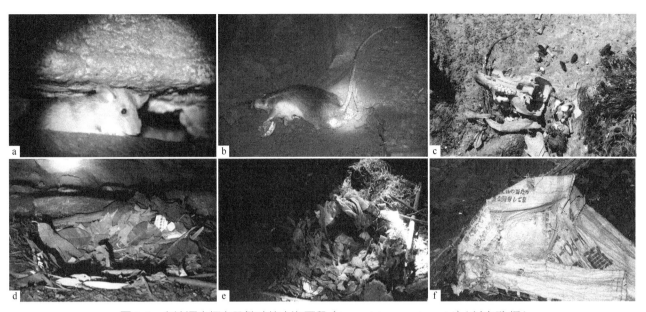

图 9-6　在溶洞中栖息及繁殖的小泡巨鼠（*Leopoldamys edwardsi*）（刘志霄 摄）

a. 通常在洞壁的平台上、凹窝内或狭缝间栖息、做窝及隐藏；b、c. 有时在洞道的地面上或水体中也可见到其尸体或骨骼残骸；d、e. 该鼠能够广泛收集洞内外的小木棍、枯枝落叶、竹节竹片（主要用于磨牙）、塑料袋、纤维袋、烂布条、烂烟盒、食品包装材料、废纸等植物材料、人类废弃物或垃圾，在洞壁平台或地面上做成碗状或深碟状的穴窝；f. 这是仅用一个纤维袋围成的地面巢穴，穴底没有任何其他的衬垫，该洞的旁边住着一家农户，该废弃纤维袋可能是这种鼠将其拖进洞内专用于做窝的

　　古人类普遍利用洞穴作为居所，现今的灵长类动物仍有利用洞穴的案例（Barrett *et al.*，2004；McGrew *et al.*，2003；邓怀庆和周江，2018）。在贵州的喀斯特地貌区，黑叶猴（*Trachypithecus francoisi*）选择峡谷峭壁人为干扰少的岩洞作为夜宿地。狒狒（*Papio* sp.）则主要利用洞穴作为庇护所，但洞内水源、盐分等矿物质丰富也可能促使其进入洞穴栖居。

　　洞穴内部的温湿度相对稳定，便于隐藏及躲避天敌可能是灵长类动物洞穴选择的重要因素。灵长类动物把食物带入洞穴，在洞口附近甚至可以在完全黑暗的洞穴深处进食、卧息、排粪、理毛、交配、育幼，把寄生虫、昆虫、叶片、果实、种子等洞外生物及营养物留在洞内，必然对洞穴生态系统产生深远的影响。

第三篇 真洞穴动物的生态生物学特征与洞栖性蝙蝠的栖息生态

洞穴的深处恒黑，空气的温度、湿度等生态因子也相对稳定，许多动物经过长期的适应性进化，衍生出了不同于地面物种的形态、生态、行为与生理特征，成为真洞穴动物。真洞穴动物是洞穴生物多样性中最令人惊异的部分，是动物适应性进化、系统发育与保护生物学研究的理想材料。

洞栖性蝙蝠则是洞穴生命系统中最具有活力的部分，是洞穴生物食物链及食物网的主要建立者与维护者。因此，对于洞栖性蝙蝠的栖息生态研究、生态价值评价与栖息环境保护是岩溶区域生态文明建设的重要内容。

第10章

真洞穴动物的生态生物学特征

在空间上，以洞口为界可将生物区分为洞穴生物和洞外生物，虽然洞穴生物的类群多样，洞穴生物的连续统（谱）也很值得从多方面予以深入系统地研究，但洞穴生态生物学关注的重点还是真洞穴生物或典型洞穴生物，特别是对于真洞穴动物的生态生物学特征人类有一些基本的认识和广泛的兴趣。

在黑暗潮湿的洞穴地面环境以及地下相对封闭的黑暗水体中，不同的动物类群趋同进化，形成了一些共同的特征，如眼睛缺失、色素消退等，但由于各分类群的基本结构、功能及行为生态差别很大，长期进化的结果也形成了一些各类群特有的适应性特征，而对于这些独特的适应性特征的研究资料甚少，因此以下主要针对真洞穴动物（尤其是研究资料较为丰富的真洞穴鱼类）的分布、形态结构、生理、生态、行为、繁育、生活史、遗传进化等方面的一般性特征及相关研究中存在的问题予以简要归纳，以期有助于今后更广泛而深入的研究。

10.1 真洞穴动物的分布特征

真洞穴动物终生生活在洞穴中，在洞穴中完成其生命周期及生活史，因此真洞穴动物的分布与洞穴系统尤其是大型洞穴系统的分布密切相关。就全球范围而言，大型洞穴系统比较集中的区域也就是真洞穴动物种类与数量发现较多的区域，特别是在地质历史上曾发生过剧烈山体隆升，气候温暖湿润以及水动力条件较好的区域真洞穴动物资源最为丰富。例如，我国迄今已发现的 90 种真洞穴鱼类中有 87 种（占96.7%）分布于广西（53 种，占 59%）、云南（19 种，21%）和贵州（15 种，17%）这三个喀斯特地貌发育良好的省（自治区）（另在湖南省和重庆市分别发现 2 种和 1 种）；从县域分布上看，真洞穴鱼类发现于 42 个县市，物种数排名前五的依次是贵州的荔波县（8 种），以及广西的凌云县（8 种）、环江县（7 种）、都安县（6 种）和南丹县（5 种），而这 5 个县域不仅处于云贵高原的边缘地带或岩溶斜坡地带，也是水动力和气候环境较为复杂的地带，这种岩溶斜坡和气候交替地带可能对于溶洞系统的形成及真洞穴鱼类的演化具有重要意义（张佩玲等，2019）。

真洞穴动物通常分布范围狭窄，多数种类仅局限分布于小区域内的地下水体甚或单一洞穴或洞穴系统中，并且几乎都是生活在恒黑及其他环境条件相对稳定的洞穴深处，仅偶尔可能在洞穴的弱光区或洞口附近采到其标本。

真洞穴动物的类群分布也差异很大，通常具有洞栖习性（如金线鲃）、食粪或食腐殖质习性（如甲虫）、活动能力较弱或活动范围较小（如钩虾、马陆、蜘蛛）的动物类群较易演化为真洞穴动物。

10.2 真洞穴动物的形态结构特征

鸟类和哺乳类活动能力强、代谢快，虽能在洞穴深处栖息或休眠，但在非休眠期必须出洞觅食，从洞外生态系统中获取营养与能量，因此像洞栖性蝙蝠和油鸱等鸟兽那样虽然对洞穴具有很强的依赖性，却并没有呈现真洞穴动物的特征。至于蛇类和蜥蜴类爬行动物，虽常见其在洞口附近活动，但由于其体温及卵的孵化对阳光的依赖性强，很难在洞内长期持续生存与繁殖后代，因此其洞生性种类也缺乏。可是，某些活动能力较弱而对水体依赖性较强的两栖动物（如蝾类）则可能在洞穴中衍生出真洞穴动物的特征，尤其是鱼类终生生活在水中，可在洞穴水体或地下潜水中觅食、生存与繁衍，长期适应性进化的结果可能衍生出典型的洞生性特征。

典型洞穴鱼类的主要形态特征是：眼睛退缩或完全缺失、体表色素减退或身体呈乳白色半透明或透明状、鳞片减少且缩小甚或无鳞、鳔变小，有些种类的触须或偶鳍延长，而金线鲃属（*Sinocyclocheilus*）的少数种类〔如犀角金线鲃（*Sinocyclocheilus rhinocerous*）、瓦状角金线鲃（*Sinocyclocheilus tileihornes*）等〕身体的头背交界处还有特别的"角状结构"（horn-like organ）（图 10-1）。

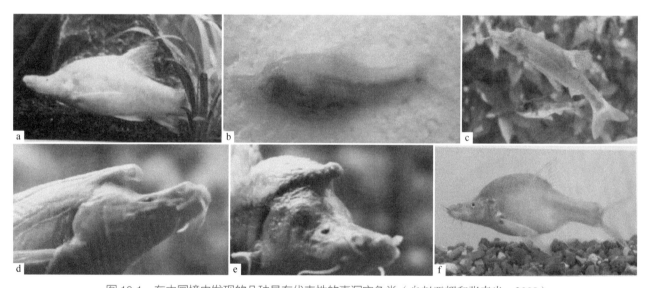

图 10-1　在中国境内发现的几种具有代表性的真洞穴鱼类（自赵亚辉和张春光，2009）

a. 小眼金线鲃（*Sinocyclocheilus microphthalmus*）；b. 鸭嘴金线鲃（*Sinocyclocheilus anatirostris*）；c. 无眼金线鲃（*Sinocyclocheilus anophthalmus*）；
d. 瓦状角金线鲃（*Sinocyclocheilus tileihornes*）；e. 犀角金线鲃（*Sinocyclocheilus rhinocerous*）；f. 高肩金线鲃（*Sinocyclocheilus altishoulderus*）

这种"角状结构"通常由顶骨后部和上枕骨向前突出而成，发育或发达程度不一，既存在细微的种内差异，也具有明显的种间差异，如双角金线鲃（*Sinocyclocheilus bicornutus*）和叉背金线鲃（*Sinocyclocheilus furcodorsalis*）的角端部呈叉状，犀角金线鲃（*Sinocyclocheilus rhinocerous*）和透明金线鲃（*Sinocyclocheilus hyalinus*）的角呈短棍状，瓦状角金线鲃（*Sinocyclocheilus tileihornes*）的"角"特化成平扁弯曲的瓦片状。与"角状结构"类似的被称为"挂钩"（hook）的结构已在鲈形目（Perciformes）钩鱼科（Kurtidae）格氏钩头鱼（*Kurtus gulliveri*）和印度钩头鱼（*Kurtus indicus*）的头额部发现，"挂钩"也是从上枕骨长出的突起。这两种鱼生活于地面水体，"挂钩"仅见于雄鱼，前者的挂钩用于孵卵，后者的挂钩较小，可能还不足以挂住卵块（图 10-2）。

可是，金线鲃属的某些种类两性都有"角状结构"，因此其作用是否与"挂钩"一样"用于钩挂卵

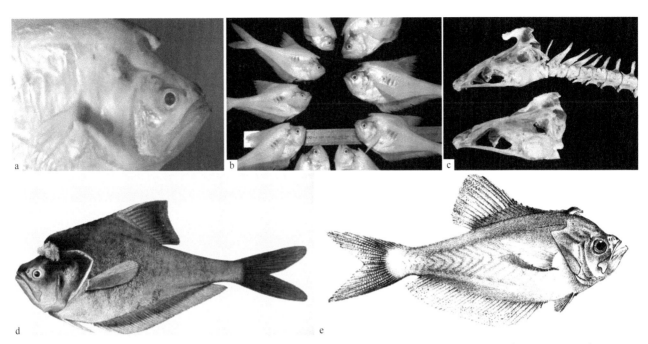

图 10-2　格氏钩头鱼（*Kurtus gulliveri*）（a-d. Berra and Humphrey、2002）和印度钩头鱼（*Kurtus indicus*）
（e. https://en.wikipedia.org/）头额部的"挂钩"

a. 雄性头额部的"挂钩"（hook）；b."挂钩"的个体差异；c. 雄性（上）与雌性（下）的头骨；d. 挂着卵块的"挂钩"；e. 印度钩头鱼

块"有待今后观察与实证。目前，有关这种"角状结构"的功能还存在以下几种观点：①是一种感觉器官，可部分替代触须、侧线等感觉器官的作用，具有综合感觉功能（陈银瑞等，1994）；②是一种保护器官，当鱼体与洞壁碰撞时可起到一定的缓冲作用，减轻对脑部的损伤（李维贤和陶进能，2002）；③可能具有悬挂固定鱼体的作用（可钩挂在暂养箱的铁丝上）（赵亚辉和张春光，2009）。作者认为，这种角状结构可能具有上述综合性的作用，但其主要功能还是感觉，可能具有强化收集来自身体前方及上层水域信息（如水压、水流、溶氧量等）的作用。此外，还特别值得注意的是，某些典型洞生性的金线鲃属鱼类还具有"驼背"（humpback）的体型，并且有些种类的角状结构因驼背体型而凸显（图 10-1），这是否意味着"角状结构"和"驼背体型"可能都有助于更有效地收集来自头前及上层水域的讯息？

的确，有关真洞穴鱼类的洞生性特征及其功能意义很值得深入系统地研究。

不仅如此，正如前面章节所述，许多洞生性无脊椎动物的形态结构特征以及其他重要的生态生物学特征（表 10-1）都还有待于进一步地系统归纳总结，或深入研究予以揭示。

表 10-1　洞生性（troglomorphism）无脊椎动物的一些生态生物学特征

性状	特征（与地面的亲缘种或近缘种相比较）	备注
一、外部形态与内部构造		
1. 体型	通常变小，但也有增大的情况（如弹尾目等）	
2. 眼睛	退缩、弱化、残存于皮下或完全消失，视力减弱或全盲	
3. 体表色素	减退或消失，体表色浅，呈白色、透明或半透明状	
4. 附肢、触角、喙	普遍延长，但也有附肢缩短的情况（如蜱螨目前气门亚目）	
5. 翅	缩减或缺失，飞行能力弱化或丧失	某些昆虫
6. 外壳	色浅、白色或半透明状	腹足类、双壳类
7. 表皮	钙化程度降低、角质层变薄	节肢动物
8. 感觉毛	发育良好或更为发达	节肢动物

续表

性状	特征（与地面的亲缘种或近缘种相比较）	备注
9. 平衡器及其他光感受器	退化或缺失	双壳类
10. 消化器官	齿舌特化，肠道高度盘曲（腹足类）；鳞茎形胃（盲鮡鱼）；肛门括约肌发达（盲鱼）；嗉囊内含有大量微生物（蟋蟀等）	不同类群有不同的适应特征
11. 呼吸器官	简化，栉鳃退缩或丧失	腹足类
12. 生殖器官	性腺简化，精囊缺失	腹足类
13. 骨针	中胶层中的骨针少而短小	海绵动物
二、繁育与生活史		
1. 生殖方式	孤雌生殖	某些类群
2. 性成熟	性早熟，配子释放得较早	某些类群
3. 繁殖的季节性	性成熟期与产卵期的季节性节律不明显，可全年繁殖	
4. 产卵量、卵粒及繁殖力	产卵量少，卵粒较大、营养较丰富；繁殖力较低，幼体数少	
5. 发育时间	普遍较长	
6. 幼虫期或幼态	幼虫期减少但幼龄期延长或具有幼态延续现象，呈稚态性	某些类群
7. 寿命及生命周期	普遍延长	
三、生理、生态与行为		
1. 耗氧量或代谢率	较低	
2. 体内储脂与耐饥力	体内储脂普遍增多，耐饥饿的能力增强	
3. 食性	主要营捕食性、寄生性、碎屑性或粪生性生活，有的种类则食性特化	
4. 种群数量、动态、遗传与分布	数量普遍较少，种群动态缺乏季节性波动，或受某种因素制约；种群遗传多样性降低；许多种群集中分布于粪场周围	
5. 生物群落	粪生性群落是主要的洞穴生物群落；微生物垫（或菌膜）	
6. 活动能力	普遍降低	
7. 对光照的反应	普遍较为敏感，但有的种类也较为迟钝	
8. 嗅觉、触觉、听觉	通常更为敏感，对地面或周围物体的震动也更为敏感	
9. 日活动节律	不明显或完全丧失	
10. 适应性与进化速度	高度适应于洞穴生活，狭温狭湿，离开洞穴环境后难以长期生存与繁殖；进化速度普遍较快	

可是，值得注意的是，绝大多数真洞穴动物的种群数量非常稀少，不容易发现，标本的获得通常具有一定的偶然性，并且通常不能在洞外及实验室长期生存及繁殖后代，使得有关其生态生物学特征及演化机制的系统研究难于推进。

10.3 真洞穴动物的生理、生态与行为特征

动物的形态结构与其生理功能相适应，动物的整体与其生存环境及生活习性相适应，这是一条基本的生物学规律。趋同进化的结果，真洞穴动物不仅衍生了共同的或相似的形态学特征，在生理、生态及行为等方面也呈现共同之处（表10-1），主要表现在以下一些方面：

（1）耗氧量较低，代谢较为缓慢，体内储脂普遍较多，耐饥饿的能力较强；

（2）种群数量低，季节性变化不明显，或受到某种特殊因素的制约，如武陵洞蛭（*Sinospelaeobdella wulingensis*）的数量及分布与蝙蝠的数量及栖点的分布密切相关（黄太福，2019）；

（3）种群的遗传多样性较低；

（4）粪生性群落是主要的洞穴生物群落，许多种群集中分布于蝙蝠及其他动物的粪场周围，洞生性动物主要营捕食性、寄生性、碎屑性或粪生性生活，有的种类则食性特化，专门觅食某些昆虫的卵或幼虫；

（5）活动能力普遍下降，运动器官普遍退缩或弱化；

（6）在灯光照射下，通常快速爬行，表现为受惊的行为（但也有的种类反应迟钝）；

（7）嗅觉、触觉通常更为灵敏，对声波或周围物体的震动通常反应敏感；

（8）已高度适应相对稳定的洞穴环境，日活动节律及季节性活动节律不明显或完全丧失，对温度、湿度等环境因子的耐受范围狭窄。

10.4　真洞穴动物的繁育与生活史特征

真洞穴动物的生长发育通常相对缓慢，但一些种类的性成熟较早，许多种类的性成熟期与产卵期缺乏季节性，虽可全年繁殖，但一般产卵量少、卵粒较大、幼虫期减少而幼龄期较长、繁殖力低、幼体数量少，有的种类还具有孤雌生殖现象，或稚态现象，寿命与生命周期普遍延长。

10.5　真洞穴动物的遗传变异与进化

对真洞穴动物的遗传变异及进化问题研究较多的是真洞穴鱼类。

虽然典型洞穴鱼类最令人惊诧之处在于：眼睛缺失、鳞片缺乏、身体透明，但迄今已知的大多数真洞穴鱼种，其眼睛、色素和鳞片发育的程度都很不一样。实际上，许多种类在眼睛、色素及鳞片等性状方面都呈现不同程度的缩减或弱化，甚至在同种的不同个体之间也存在大量的中间类型。这些中间类型既可能是地面物种与洞生性物种杂交所致，也可能与杂交毫无关系，但无论如何都呈现了让人惊异的特征组合：有些完全失去了体表色素但还有功能性的眼睛，或者完全相反，而在半封闭洞穴水体中生活的金线鲃，因能感受到弱光，眼睛往往趋向于变大（如大眼金线鲃 *Sinocyclocheilus macrophthalmus*），增大的眼睛可能对于在暗环境下观察物体有利，而在完全黑暗环境下生活的真洞穴金线鲃，由于用眼直接观察周围物体的作用已经消失，眼和与之相关的组织结构趋于退化或完全丧失，如小眼金线鲃（*Sinocyclocheilus microphthalmus*）的眼睛明显变小，田林金线鲃（*Sinocyclocheilus tianlinensis*）、无眼金线鲃（*Sinocyclocheilus anophthalmus*）等种类的眼睛已完全消失（赵亚辉和张春光，2009）。

真洞穴鱼类眼睛、鳞片、体表色素的减退或缺失，可能是由基因的随机突变引起并受信号通路调控。洞穴鱼类栖息在相互隔离的洞穴水体中，可能面临着不同的选择压，如光照强度、水流速度、水压、溶氧量、食物条件及敌害等非生物及生物因子都可能存在不同程度的差异，甚至可能完全不同；另外，不同的洞穴及其水体与外界联系或隔离的程度与时间也可能差异很大；再者，不同的鱼类种群在种群数量、种群遗传结构和种群进化历史等方面都可能存在某种程度上的差异，而物种的形态特征必然是基因型与环境因子综合作用的结果，因此不难理解不同的洞穴鱼类存在不同的形态特征，其眼睛、体表色素、鳞片等组织结构退缩的程度并不一致，而呈现各自独有的特征组合（张佩玲等，2019）。

近年，我们在湘西州花垣县大龙洞石块较多的浅静水池及缓流水中（图10-3）发现的红盲高原鳅（*Triplophysa erythraeous* sp. nov.）就呈现了它独有的特征组合，其身体相对延长而侧扁，体表具侧线，裸

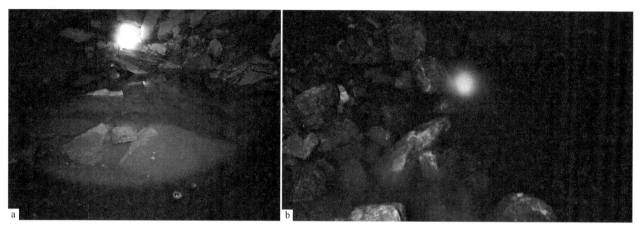

图 10-3　红盲高原鳅（*Triplophysa erythraeous*）的栖息环境（刘志霄 摄）
a、b. 多石块的浅水坑或缓流水体的近岸边是红盲高原鳅的适栖生境

图 10-4　红盲高原鳅（*Triplophysa erythraeous*）的背面观（a）和侧面观（b）（张佑祥 摄）

露无鳞，呈半透明状，可见口须、鳍、体侧的血管及内脏器官；眼睛完全缺失，外观无眼痕；身体呈现比较稳定的血红色（并非色素的颜色而是血液的颜色）（图 10-4）（Huang *et al.*，2019b）；洞外饲养观察3 天，其体色没有发生变化，但标本经 70% 乙醇浸泡后透明感缺失，大部分呈乳白色，少部分呈浅橘黄色，深浅不一。

　　我们对中国境内已描述的 90 种真洞穴鱼类的部分外形特征的发育情况进行整理分析发现，眼睛正常的有 16 种（18%）、减弱的有 40 种（44%）、缺失的有 34 种（38%）；体表色素正常的有 5 种（5%）、褪减的有 33 种（37%）、缺乏的有 52 种（58%）；鳞片正常的有 14 种（16%）、退缩的有 28 种（31%）、缺失的有 48 种（53%）；尾鳍形状为叉形的有 69 种（77%）、凹形的有 17 种（19%）、截形的有 4 种（4%）

（张佩玲等，2019）。

在黑暗的洞穴水体中，真洞穴鱼类的眼睛（Dowling *et al.*，2002）、体表色素和鳞片都趋于减缩，但减缩的程度各不相同，82% 的真洞穴鱼类的眼睛减弱或缺失，95% 的体表色素褪减或缺失，84% 的鳞片退缩或缺失；仅 26 种（29%）三者都完全缺失，8 种（9%）两者完全缺失，而有 56 种（62%）只是其中的某一特征缩减或缺失，其他的两个特征则是正常的或有些退减。因此，我们认为，这三种特征可能是独立演化的，相互之间没有必然的关联。尽管眼睛、鳞片和色素这三种性状在不同退缩阶段（正常、退减和完全缺失）的平均体长大小顺序呈现出一致性（即都依次由大变小），但它们对于不同的环境因子或生活条件（如光照、水温、水流状况、水质等）的敏感度与进化适应性可能差异很大，并且体型变小的主要原因可能是洞穴水体中食物条件的限制。

金线鲃属（*Sinocyclocheilus*）是中国特有属，主要分布于云贵高原东部，几乎所有的金线鲃属鱼类都有洞穴生活的习性；绝大多数高原鳅属（*Triplophysa*）的种类也分布于我国的青藏高原及其周边地区，其他的典型洞穴鱼类和许多非典型洞穴鱼类也集中分布于云贵高原的岩溶地貌区，因此我国洞穴鱼类的演化可能与青藏高原的隆升密切相关（赵亚辉和张春光，2006，2009；张晓杰和代应贵，2010）。

由于青藏高原的抬升，云贵高原的地质地貌也受到强烈的影响，有的区域抬升形成高山峻岭或丘陵，有的区域陷落形成峡谷或平原，相关的水系也发生显著的变化，或改道，或断流，或隔离形成新的地下水系及新的岩溶系统。由于海拔、植被类型、气候条件、地质岩层岩性及洞穴环境的千差万别，洞穴水体或地下水系（暗河或地下湖泊等）的长度、深度、容量、水温、水质、溶氧量、pH、有机物质的含量、生物的种类与数量，以及钙、镁、钠、碳酸根、硫酸根等水体非生物与生物因子也千变万化，因此，水体环境的多样性可能是洞穴鱼类多样性的主要原因。

洞穴深处终年黑暗，缺乏光照，大多处于封闭或半封闭状态，地下水体通常较地表水体深而相对稳定，水动力学条件弱，水中的含氧量较低但碳酸盐、硫酸盐的含量相对较高。由于长期的进化适应，洞穴鱼类也发生了形态结构与行为上的变化，如眼睛很小，有的隐于皮下，有的甚至完全消失；体表色素减少，或完全消失而呈透明状；鳞片变小，或覆于皮下，或完全缺失（可能是对水动力学条件弱的一种生态适应）；侧线器官发达，金线鲃属的头背面和颊部两侧还有特别发达的感觉管，某些种类的头部具有特殊的可能起保护作用的角状突起；攻击行为和领域行为减弱或消失等（赵亚辉和张春光，2006，2009）。

体表色素的稳定性及可塑性是洞穴鱼类及其他洞穴生物研究过程中需要特别注意的一个方面，在有光照的洞内、洞外环境中，许多洞穴鱼类的体色会发生明显的个体变化，如果按照传统的分类学方法，许多洞穴鱼类种群就有可能会被当作是不同的物种，如在墨西哥洞穴中生活的斑条丽脂鲤（*Astyanax fasciatus*），其种群完全与外界隔离而且个体数量稀少，从表型及生态特征上看，每一个个体都很独特，常会错误地将它们视为不同的物种。但只要我们正确地认识到了洞穴鱼类的表型可塑性，就不仅不会简单地根据体色或其他可塑性大的特征进行错误鉴定，而且还可以从进化生态学的角度予以深入研究，以弄清洞穴鱼类表型可塑性的原因与机制，这有助于我们理解趋同进化的自然现象与本质，对于"为什么有如此之多的洞穴动物是盲的和缺乏色素的？"，以及"为什么在特立尼达拉岛（Trinidad）上生活的克氏鲶（*Rhamdia quelen*）在不到 100 年的时间内就已经发生了形态上的惊人变化？"这些问题也不会那么茫然无措（Romero，2009）。

10.6　真洞穴动物研究中的"退化"概念与真洞穴动物多样性的 形成机制

关于洞穴生态生物学，最重要的问题依然是洞穴动物区系的起源与进化。洞穴生态生物学作为一门科学，达尔文主义在其发展历程中起着核心作用。然而，生物洞穴学（biospeleology）的历史几乎很少被描绘成达尔文进化论的成功。达尔文是真正试图对洞穴动物区系及真洞穴动物视觉器官以减弱或缺失的形式导致的所谓的"退化"（degeneration）进行科学解释的第一位科学家，可是他的解释是支持新拉马克主义的，更直接地说，他的解释是不完全的，是属于新拉马克主义的。也正因如此，再加上生物洞穴学主要是在法国发展起来的（在法国，拉马克主义非常强势），因此甚至是现代综合进化论都难以确切地纠正大多数生物洞穴学家（biospeleologists）对洞穴生物学现象的解释。

拉马克的"用进废退"（use and disuse）与"获得性遗传"概念及学说根深蒂固（参见第1章）。迄今，大多数生物洞穴学家及广大民众都普遍以"用进废退"的理念或观点解释洞穴生物的性状变化，乐于使用"退化"这一术语。而"退化"这一术语泛指事物由优变劣，由好变坏，通常作为"进化"的反义词予以理解，这当然很不合适，也是错误的。

进化（evolution），也即演化，在生物学中意指种群中的遗传性状随着世代的更替而发生变化。所谓遗传性状是指基因的外在表现，在繁殖过程中，基因经过复制后会传递给子代，而基因的突变可能使遗传性状发生改变，进而使得个体之间出现遗传差异（即存在遗传变异）。新出现的遗传性状又会因物种迁徙、杂交或物种间基因的水平转移而随着基因在种群中、种群间、物种间传递或扩散。当这些遗传变异受到非随机的自然选择或随机的遗传漂变影响在种群中变得较为普遍或不再稀有时，就意味着发生了进化。

简言之，进化的实质就是：种群基因频率的改变。显然，把"进化"等同于"进步"是不恰当的，而把真洞穴动物对洞穴环境的生态适应及形态改变理解为"退化"更是很不确切的。

因此，在描述真洞穴动物体型及器官变小、结构简化的性状表现时，应避免使用"退化"一词。

实际上，生物的演化是随机的，因应时空嬗变，在形态结构、生理生化和行为生态等方面衍生出与祖种（ancestor species）的一些差异，并没有"进步"（progress）与"退化"之分。事实上，生物组织器官的弱化或缺失也是对某一或某些特定环境条件的进化适应。

洞穴深处恒黑，温度、湿度等环境因子相对稳定，洞外动物主动或被动地进入洞穴，长期适应于洞穴深处这种异于洞外并相对稳定的环境条件而普遍衍生出"某些器官弱化而某些器官强化"的综合性的洞生性特征，从而由"洞外动物多样性"逐渐演化为"真洞穴动物多样性"（图10-5）。

图 10-5　真洞穴动物多样性的形成机制（刘志霄 供）

第11章

洞栖性蝙蝠的栖息生态

蝙蝠是具有真正飞行能力的哺乳动物类群，其体型一般较小，但体表面积相对较大，体内的热量及水分散发较快，因此白天隐藏在洞穴、岩缝、树洞、屋檐等黑暗潮湿的环境中呈日眠状态（即"睡觉"），夜间才从隐蔽场所飞出，到附近或数千米之外的远处活动，主要觅食昆虫或果实，也有少数种类吸食植物的花蜜或其他野生动物或家畜的血液，因此有食虫蝠（insectivorous bats）、食果蝠（frugivorous bats）、食蜜蝠（nectarivorous bats）和吸血蝠（vampire bats）之分，但绝大多数蝙蝠是捕食昆虫的，后三者的种类都很少。随着季节的变化，许多蝙蝠还有迁移或冬眠的习性。不同的蝙蝠具有不同的栖息地需求，通常可分为树栖性、宅栖性、洞栖性和兼栖性四类。由于原生植被被人类大量破坏，以及现代城乡建筑模式的水泥板化，树栖性和宅栖性蝙蝠的种类和数量越来越少，洞栖性及兼栖性蝙蝠的栖息生态研究和物种保护得到更多的重视。

11.1 栖息生态学的基本概念

生态学（ecology），是研究生物个体及以上的生命系统内部，以及生命系统与其外部环境之间相互作用的现象、过程及机制的一门综合性的学科，经历了从自然历史与机体适应性生态学 ⟹ 种群与群落生态学 ⟹ 生态系统与景观生态学 ⟹ 现代生态学与可持续发展生态学的发展历程。生态关系（ecological relationship）是指生命系统（life systems）与环境系统（environment systems）之间的复杂关系，也包括生命系统内部的各种关系。生命系统具有多样性、层级性、暂稳性、自演性及整合性；环境系统具有多元性、随机性、广延性、非线性与复杂性。环境系统因子的数量和质量会随着所研究的时空范畴及生命系统内涵的变化而变化（刘志霄，2014；沃恩等，2017）。

栖息地（生境，habitat），是动物生命活动所依赖的自然环境，是动物个体及种群觅食、隐蔽、繁育或越冬的具体场所，实际上也是一个由阳光、空气、水、岩石、土壤、食物、寄生物、天敌等一系列有益的及有害的非生物与生物因子所组成的，具有一定"弹性"（变化幅度）的自然生态综合体。依据功能的不同，可将动物的栖息地分为觅食地、庇护地、繁育地（交配场所、育幼场所）、越冬地等。但在许多情况下，动物的栖息地具有多种功能，即可能既是觅食地，同时也是庇护地、繁育地和越冬地。就居留型的物种而言，终年或终生都可能相对稳定地生活在一个地方，在这里完成其生命周期或整个生命过程。迁移型的种类则通常需要跨越地域，有规律地变换栖息地才可能完成其生命周期或生活史。无论是居留型还是迁移型，在整个生命历程中动物都具有选择和利用栖息地的行为模式与行为适应性，寻找适宜栖息地（suitable habitat）是动物满足其生理与生态需要的必然要求。

随着人类经济活动的日益加剧，自然环境被逐渐破坏和蚕食，动物的生存空间越来越小，在不断被挤压和掠剥的自然环境中，动物如何选择和利用栖息地并适应新的或被人类频繁干扰的自然、半自然或人工环境是重要的种群生态学问题，因此近几十年以来，栖息生态学或栖息地选择与利用的研究已成为动物生态学研究的热点。

栖息生态学（roosting ecology），聚焦于动物与栖息地之间的关系，主要研究栖息地的结构特征（包括地质、地理、土壤、水文、气候、气象、植物、微生物和其他动物等环境因子的类型、组成及相关关系）、时空变化及其对动物生活史的影响，探究动物选择与利用栖息地的方式、对栖息地的适应性，以及对栖息地本身的影响，旨在为种群、物种及自然栖息地的保护提供理论依据与宏观指导。

显然，"栖息地选择"（habitat selection）和"栖息地利用"（habitat use）是两个不同的概念。前者是在宏观尺度上对不同的栖息地类型及宏观环境因子（macroenvironmental factor）的感觉过程和"决定是否'占住'的行为反应"，而后者则是在较小的尺度范围内"对微生境（microhabitat）的偏好和实际栖占"。虽然对于这两个行为进化过程难以实际观察和实验验证，但对"适宜栖息地"的选择利用与集群（或散居）模式（简称"择居模式"，opt-resident pattern），是动物长期生态适应和行为进化的结果，也是物种及种群保护的基本依据。

在空间尺度上，可将对动物栖息生态的研究分为宏栖息生态（macro-roosting ecology）研究和微栖息生态（micro-roosting ecology）研究两个方面。前者，通常是指从数千米至数十千米以上的空间尺度上利用无线电遥测、"3S"技术、无人机等现代科技手段研究动物在大区域范围内对栖息地的选择模式、活动域限，以及栖息地的地域性、大气候与植被的宏观特征，旨在为区域性的土地资源开发利用及种群保护实践提供理论依据。后者，通常意味着在数百米甚至数米或更小的空间尺度上研究动物的巢穴、觅食场、繁育场、越冬场等微环境特征，弄清动物利用或偏好微栖息地（microhabitat）的具体方式，以及影响动物生活史的生态因子构成、变化幅度与关键因子，同时探究动物对微生境的影响，为物种及生物多样性演化机制的深入研究与保护实践提供基础的生态学依据和确切的微环境信息。

11.2 洞栖性蝙蝠栖点选择的概念与性质

迄今，有关蝙蝠的栖息地选择主要集中在对其夜间觅食地的飞行路径、活动范围，以及区域内的物理环境特征、植被类型、食物资源状况等方面的研究，而对于其日眠及冬眠场所的生态特征及择居模式的研究极为少见（Lumsden et al., 2002；Agosta et al., 2005；李玉春等，2005；张成菊和吴毅，2006；Wang et al., 2010；刘伟等，2011；Lee et al., 2012；Rutishauser et al., 2013；Womack et al., 2013；Maria et al., 2013；刘奇等，2014）。近年，我们充分利用武陵山地区溶洞众多的区域优势，对于洞栖性蝙蝠的栖点选择与择居模式进行了一些尝试性的研究，以期有助于蝙蝠栖息生态学的深入研究，以及对洞栖性蝙蝠空间分布规律及演化机制的系统理解。

虽然溶洞洞口附近的洞段受洞外气候、气象及生物因子的影响较大，但洞道深处的生态环境因子相对稳定，能减少有机体水分与能量的消耗，有利于蝙蝠的隐藏、日眠及冬眠，因此大多数蝙蝠以溶洞作为昼栖、越冬和繁殖的场所。

本书将整个溶洞视为蝙蝠的栖息地（habitat）（日眠处、庇护所、繁育场或冬眠处），将蝙蝠所栖居的具体洞段部位或微环境视为实际的"栖居场所"（roostsite），把在洞段中实际的栖挂或栖卧位点称为"栖点"（roostpoint），把蝙蝠在溶洞中对于具体栖挂或栖卧位点的选择或偏好称为"栖点选择"（roostpoint selection），以区别于一般意义上的"栖息地选择"（habitat selection）概念。基于多年的野外考察与研究，作者认为，洞栖性蝙蝠的栖点及栖点选择具有以下几个方面的性质。

1）多样性与随机性

绝大多数溶洞洞道的空间结构都很复杂，围岩洞壁窝沟、裂隙、突兀、尖角凹凸错杂，钟乳石、石帷、石笋、流石等洞穴次生性沉积构造纷繁复杂，为蝙蝠的双足爪提供了极其丰富多样的栖挂点位（roosting position）（图 11-1）。栖点多样性（roostpoint diversity）是洞栖性蝙蝠栖点的基本特征，也是其栖点选择的基础与条件。

图 11-1　洞内凹凸错杂的围岩壁面，以及洞顶壁和侧壁丰富多样的洞穴沉积物构造为洞栖性蝙蝠的栖挂提供了无数的栖点（刘志霄 摄）

当蝙蝠飞进洞内时，面临着无数的可供栖挂的点位，它们可随机地停息悬挂于任何一处可栖挂的位点，体现出栖点选择方面的随机性（stochasticity）。

2）物种特异性与点域性

虽然蝙蝠可随机地选择围岩洞壁或洞穴次生沉积物上的任何一个可挂之处栖挂，但不同的蝙蝠种类通常会选择某些特定的洞段栖息，具有明显的物种特异性（species-specificity），如大菊头蝠（*Rhinolophus luctus*）通常在洞口附近冬眠，而菲菊头蝠（*Rhinolophus pusillus*）通常在洞穴的深处栖居。

某些蝙蝠具有明显的点域性（roostpointality）或领域性（territoriality），不允许其他的蝙蝠靠近其所栖挂的位点或栖点，一旦有所冒犯，就会发起攻击，引起争斗，如集大群生活的大蹄蝠（*Hipposideros armiger*）个体之间就经常存在栖点争夺性的相互推挤现象。因此，点域性实际上就是蝙蝠个体之间可相互容忍的最小距离。

3）安全性与经济性

洞栖性蝙蝠在进行栖点选择时，除了要避免种间竞争与种内竞争外，还必须避免洞内其他动物（如小泡巨鼠、猫头鹰等）或人类的侵害，以确保自身安全，栖点安全性（safety of roostpoint）在洞栖性蝙蝠的进化过程中，可能具有行为生态意义。

有的洞段或栖点缺乏种间及种内竞争，天敌及人类也难以到达，通常不会对蝙蝠自身构成侵害或干扰，可能相当安全，但这些场所的温度、湿度等非生物因子可能并不太适宜，或者洞道狭长而弯曲（图 11-2），往返时需要耗费较多的能量，这样的洞段或栖点通常也不会被蝙蝠长时间占用或栖居。能量经济性（economical efficiency）对于营高能耗飞行生活的蝙蝠而言尤为重要，日常较多的能量损耗可能影

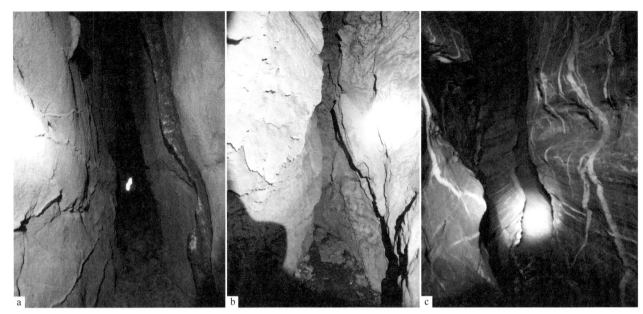

图 11-2　虽然蝙蝠具有较好的飞行灵活性与机动性，但狭长而多弯曲的洞道或
洞段（a～c）不利于蝙蝠的进出及洞内频繁的飞行活动（刘志霄 摄）

响其体内脂肪的积累及越冬。

4）偏好性与依恋性

当蝙蝠初次飞入一个溶洞时，通常会随机性地选择一处位点暂时性地栖挂，若此处环境条件适宜，也相对安全，则会长期地栖于该处，表现出对该栖点偏好性（roostpoint preference），甚至可能连续多年都在该处日眠或冬眠，对该栖点表现出很大程度上的栖点依恋性（roostpoint attachment），但这种依恋性与领域性是否存在关联值得深入研究。

11.3 湘西州一些洞栖性蝙蝠的栖息生态特征

近年，我们对湘西州境内洞栖性蝙蝠栖点的空间分布、栖息姿势、体温、栖点温度、个体的安全性，以及上述性质等栖息生态进行了一些观察与研究。

1）大菊头蝠

大菊头蝠（*Rhinolophus luctus*）是菊头蝠科（Rhinolophidae）中体型最大的一种，其模式产地虽远在爪哇，却广泛分布于中国的南方及台湾岛，是西南武陵山地区典型的洞栖性蝙蝠，每年的 10 月底至翌年的 4 月中旬在湘西州境内的一些溶洞中有时可见到大菊头蝠的冬眠个体。

在野外，大菊头蝠较易识别，其前臂长通常为 66～75 mm，马蹄叶发达，覆盖鼻吻部，两侧不具小附叶，鼻孔内外缘突起并衍生成杯状的鼻间叶；鞍状叶基部向两侧扩展成翼状，使鞍状叶呈三叶形；联（连）接叶先端低圆，始于鞍状叶后下方；顶叶狭长，呈舌状；翼膜黑褐色。大菊头蝠不仅体型大，具有独特的鼻吻部构造（图 11-3a），而且其栖息行为也很特别，总是单只栖居，倒挂在位置较低的岩洞侧壁，翼膜紧裹着身体（图 11-3b）。

在湘西州境内，大菊头蝠主要分布于海拔 420～1220 m 的范围内，平均海拔约为 758 m，所栖溶洞多处于人为干扰相对较少的深山，多数溶洞中仅有 1 只冬眠，少数溶洞中可见数只冬眠个体，但个体之

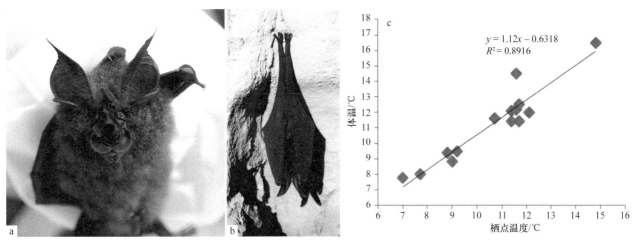

图 11-3 大菊头蝠（*Rhinolophus luctus*）的头部特征（a）、双足爪垂直倒挂的姿势（b）
及其体温与栖点温度之间的相关关系（c）（刘志霄 供）

间的距离较远（通常是数十米至百米以上），从未发现大菊头蝠个体靠近及群居冬眠的现象。

大菊头蝠冬眠期的栖点多选在洞道避风处、离地面低、离洞口近的位置，离洞口的平均距离为 38 m（7 ~ 87 m，SD=26.93），以孤居式主要（占 71%）栖挂于离洞口 20 ~ 40 m 的洞道区间，80% 的栖点离地面的高度为 0.5 ~ 3 m，多位于洞穴侧壁的凹窝处，偶见其栖挂于洞道地面岩块堆成的狭小处。尽管有些个体较为隐蔽，但 65% 的个体都处于"安全性低"的状态，即由于栖挂位置较低，容易受到人及其他动物的伤害或捕食，这或许也是其种群数量较少的原因之一。

大菊头蝠在洞口附近冬眠，周围空气的温度、湿度等气象因子波动较大，这意味着冬眠期间其能适应较宽的环境温度变化。与在洞穴较深处冬眠的其他菊头蝠种类相比，其明显处于深度冬眠状态，冬眠期间对周围环境的异常变化不太敏感，不容易因人类干扰而惊醒，这可能与其受外界气温的影响较大，体温降得更低，"睡得更死"而不易苏醒有关，或许这还是其种群数量较低的另一个重要原因。

多数大菊头蝠冬眠期间呈双足爪垂直悬空倒挂身体（简称"双足倒挂"）的姿势，但偶尔也可见其单足爪垂直悬空倒挂身体（简称"单足倒挂"）的栖姿。其栖点周围无滴水，但相对湿度通常在 70% 以上。其翼膜、背毛、耳部和鼻部的温度不存在显著性的差异，这 4 个部位温度的变化也不存在规律性。冬眠期间，其体温为 7 ~ 17℃，与栖点温度（roostpoint temperature）之间也不存在显著性的差异，但体温与栖点温度的平均值分别为（11.26 ± 2.4336）℃和（10.62 ± 2.0517）℃（$n=14$），且两者之间呈现显著的正相关关系，其关系式为：$y=1.12x–0.6318$（y 为体温，x 为栖点温度，$x \in [7,15]$，$R^2=0.8916$）（图 11-3c）（黄太福等，2016）。

2）皮氏菊头蝠

皮氏菊头蝠（*Rhinolophus pearsoni*）体型略小于大菊头蝠，体毛呈棕褐色或暗褐色，其鞍状叶较高，顶端稍圆，两侧缘中部稍内凹；联（连）接叶低圆；顶叶尖长，耳较短（图 11-4a），广泛分布于我国南方及其邻近区域的洞穴中。在湘西州的溶洞中全年均可发现该蝠的栖息，但夏秋季节的数量较少，而冬眠期间的数量较多，全年 80% 以上的个体都是分散栖息或独栖（图 11-4b、图 11-4e、图 11-4f），仅偶见数只至不足 20 只的母幼群，在某些溶洞的洞段内（如堂乐洞的石壁长廊）也可见其集成 20 只左右的小群冬眠，但相互之间仍保持着一定的距离而非紧靠在一起（图 11-4c、图 11-4d）。分布海拔为 200 ~ 1000 m，喜栖于多洞口、洞道较长、洞道分支多且分层的溶洞，其栖点较集中于离洞口 200 ~ 280 m 的区段，栖点高度（roostpoint height）多为 6 ~ 8 m，栖高在 2 m 以下的个体数所占比例低于 10%。

该蝠种主要栖挂于洞道的侧壁面（64%），其余则栖挂于洞道顶壁的岩板面、凹窝内及钟乳石的下段

图 11-4 皮氏菊头蝠（*Rhinolophus pearsoni*）的头部特征（a）、栖息姿势（b、e、f）、
非紧靠式的冬眠群（c、d）及体温与栖点温度之间的关系（g）（刘志霄 供）

或尖端（36%）（图 11-4b～f），通常采用"双足倒挂"（图 11-4b）的姿势栖息（63.8%），但"单足倒挂"（图 11-4e、图 11-4f）栖息的个体也较常见（36.2%），其中使用左足倒挂（20.2%）的频率稍高于右足（16%）。约 64% 的个体的栖点"安全性高"，而"安全性低"和"安全性中"的栖点分别为 17.6% 和 18.4%。

　　冬眠期间，其体温为 10.7～25.2℃，平均值为（15.9±3.5）℃（n=38），而栖点温度的变化范围是 10.2～22.7℃，平均值为（14.9±3.0）℃（n=38）。体温和栖点温度之间不存在显著性差异（P＞0.05），但体温（y）总是稍高于栖点温度（x）（平均值之差约为 1℃），并且两者之间呈线性正相关，其关系式为：$y=1.16x-1.3279$（$x\in[10.7,25.2]$，$R^2=0.9855$，图 11-2e）（龚小燕等，2019）。

3）大耳菊头蝠和贵州菊头蝠

　　大耳菊头蝠（*Rhinolophus mactotis*）的体型较小，体重多为 6～10 g，前臂长 41～49 mm，耳特大，可长达 24 mm 以上，前折时超过吻端，对耳屏相对较小。马蹄叶发达，中间缺刻明显，前面两侧下方均具一发达的小附叶；鞍状叶宽大，两侧缘平行而顶端宽圆，基部扩大并与鼻间叶连成一浅小的杯状叶；连接叶起自鞍状叶背面亚顶端上方，呈浅圆弧形，顶端高度超出鞍状叶；顶叶侧缘微凹，顶端呈舌状（图 11-5a）；下唇具 3 条纵行唇沟；体毛端部烟褐色，基部灰白色，腹毛色浅，翼膜黑褐色，股间膜上有稀疏长毛。

　　已知该蝠分布于我国山西、陕西、浙江、江西、福建、四川、贵州、湖南、云南、广西等省（自治区），国外分布于尼泊尔、泰国、印支半岛和菲律宾。在湘西州境内冬眠，但数量稀少，偶见于某些洞穴（如黄泥洞、堂乐洞、田马洞等）的深处，栖挂位置通常较低而隐蔽，呈独居沉睡状，受到人为干扰时觉醒速度很慢。深睡期间，强烈持久的人为干扰才可能使其醒来飞走，觉醒时间可长达半小时以上。偶见其呈"单足倒挂"的栖姿（图 11-5b）。

　　贵州菊头蝠（*Rhinolophus rex*）是中国的特有蝠种，体型较大，体毛棕褐色，腹毛较浅，体重可达 13 g

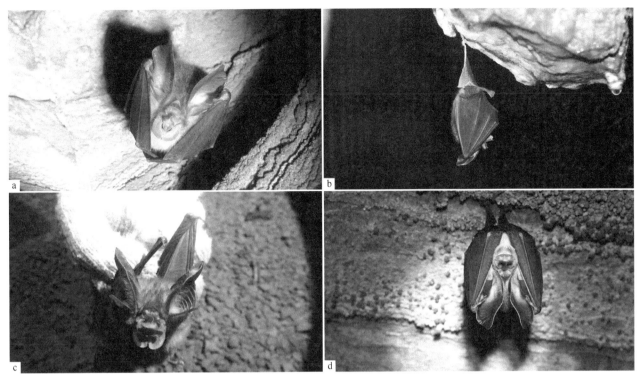

图 11-5　大耳菊头蝠（*Rhinolophus mactotis*）（a、b）和贵州菊头蝠（*Rhinolophus rex*）（c、d）的
头部特征与栖息姿势（a ～ c. 刘志霄 摄；d. 吴涛 供）

以上，前臂长 55 ～ 60 mm，耳较大，可长达 34 mm，对耳屏发达，约为耳长之半。马蹄叶宽大，超出
吻端约 2 mm，腹缘中央具一深缺刻，基部两侧无附小叶，下唇三裂。鞍状叶舌状，顶端圆弧形，中下部
两侧内凹，基部向两侧扩展成侧翼并与杯状叶相连接，杯状叶宽大，两侧边向后延伸几达连接叶之基部。
连接叶不发达，起自鞍状叶顶端下方，并向后下方呈浅弧形延伸。顶叶窄小，略呈钝三角形，其顶端仅
稍露出马蹄叶的上方（图 11-5c）。

　　分布于云贵高原及其附近山地，见于贵州、云南、四川、重庆、广西、广东、湖北、湖南，数量稀
少。在湘西州的冬季有时见其在某些洞穴（如堂乐洞、炎家桥大洞、季虎坪路边小洞等）的深处冬眠，
独居，栖挂点的位置一般较为隐蔽，发现时通常呈深睡状态（图 11-5d），受到人为干扰时觉醒速度较慢；
夏季更为少见，2007 年 7 月 7 日，在堂乐洞的洞深处一盲端，用捕虫网捕到一只飞行中的雄体。

4）菲菊头蝠

　　菲菊头蝠（*Rhinolophus pusillus*）也称小菊头蝠，体型小，前臂长多为 33.5 ～ 40.0 mm。鞍状叶中
间收缩，基部较宽，至顶尖渐窄；连接叶大致呈三角形；顶叶短且呈戟状；毛色多呈棕褐色，毛基部灰
白色（图 11-6a、图 11-6b）。广泛分布于我国南方，以及印度尼西亚、印度、尼泊尔、泰国、缅甸、老
挝等国。在湘西州境内的溶洞中较为常见，主要以"双足倒挂"［少见其"单足倒挂"（图 11-6c）］的
方式栖息于洞穴的深处（温度、湿度较高而稳定，人可明显感觉到要比靠近洞口的洞道暖和一些），独
栖，或集小群呈分散状栖息，少见多只聚栖一起的情况。夏季日眠时，几乎都处于浅睡易醒状态，人
不易靠近，或当人靠近后，它们会快速醒来飞走。即使是在深度冬眠期间，对外界的异常情况也反应
敏感，对于人靠近时的灯光照射、异常气流或发出的声响等情况会很快发生反应，通常是原来伸直
的后肢关节向上弯曲，使大腿和小腿之间略呈 45° 角，整个身体也随之抬升（图 11-6d），同时伴随着
呼吸加快，耳朵快速转动，最后头部及整个身体摆动或抖动，眼睛睁开，整个过程持续数分钟后醒来
飞走。

图 11-6　菲菊头蝠（*Rhinolophus pusillus*）的外形特征与栖息姿势（刘志霄 摄）

a. 正面观（为便于观察其头面部特征，对照片进行了倒转）；b. 侧面观；c. "单足倒挂"式的栖姿；d. 受到灯光照射等人为干扰时，其后肢的膝关节和踝部关节通常会由原来的伸直状态向上弯曲，使得大腿和小腿之间形成 45° 的夹角，整个身体因此也向上抬升

5）中华菊头蝠

中华菊头蝠（*Rhionolophus sinicus*）体型中等偏小，毛色为橙色、锈黄色至褐黄色；鼻叶较宽，连接叶侧面线条圆钝，呈三角形的顶叶发达，下缘凹陷（图 11-7a）。广泛分布于秦岭以南的我国南部省（自治区），以及越南、尼泊尔及印度北部等地。在湘西州境内的溶洞中，其数量较多、较为常见，全年都可见其栖息于洞道的顶壁或侧壁，通常在洞穴的深处呈"双足倒挂"状。日眠期间的个体浅睡易醒，人通常不易接近。育幼场所非常隐蔽，人迹罕至，安全性高，有的洞道人体不能进入。虽然独栖个体并不少见，但大多集群活动，通常能见到数只（图 11-7b）至数十只紧靠在一起栖息的情况，冬眠期间可集成数百只的大群（图 11-7c）。集群是一个动态的过程，每年 9 月中下旬开始集群，数量逐渐增多，原来分散在不同洞道中栖息的个体都聚集起来，但更多的个体是从其他的洞穴中飞来集群的，在堂乐洞数量最多时可聚集 500 只以上。至翌年 4 月，这些聚集的个体又都逐渐散开，飞往其他洞穴或散栖于该洞穴的不同洞道。

中华菊头蝠的体温为 3.70 ~ 27.88℃，平均值为（16.78 ± 3.79）℃（*n*=85），而栖点温度的变化范围是 2.57 ~ 24.30℃，平均值为（15.46 ± 3.11）℃（*n*=85）。体温平均值比栖点温度平均值高 1.32℃，但两者之间不存在显著性差异（*P* > 0.05），且两者之间呈线性正相关关系，其关系式为：y=0.9974x+0.7653（$x \in$ [2.57，24.30]，R^2=0.9614）（图 11-8a）。

6）大蹄蝠

大蹄蝠（*Hipposideros armiger*）体型大，体重一般为 40 ~ 60 g，前臂长 83 ~ 97 mm，鼻叶复

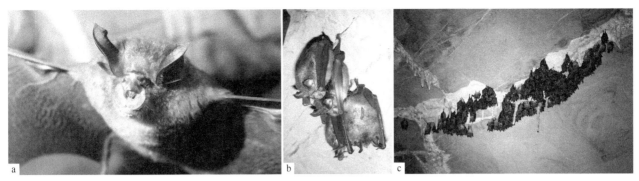

图 11-7　中华菊头蝠（*Rhionolophus sinicus*）的头部特征及紧靠式群栖与集群（刘志霄 摄）

a. 身体前部正面观；b. 数只紧靠在一起栖息（右侧那只的腹毛上还附着一粒排出不久的粪便）；c. 近几年，每年在堂乐洞（湘西州吉首市附近的一个旅游废弃洞穴）的这个洞顶部都可看见该群菊头蝠聚集在一起冬眠，数量最多时可达 500 只以上，翌年 4 月又陆续散开飞走

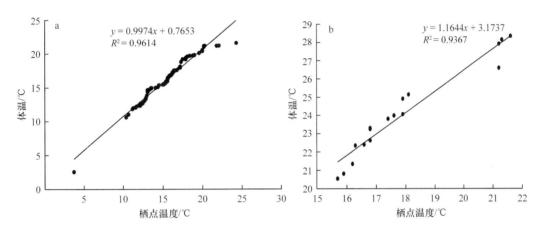

图 11-8　中华菊头蝠（*Rhionolophus sinicus*）（a）和大蹄蝠（*Hipposideros armiger*）（b）的
体温与栖点温度之间的线性关系（龚小燕，2019）

杂，前叶呈马蹄形，两侧各有 4 片小附叶，最外侧一片常退化，但仍可见毛丛中的隆突；中鼻叶中央稍显膨胀；后鼻叶较前鼻叶窄，呈三叶形，额腺囊位于后鼻叶的基部中央，耳部较大而尖，后缘内凹（图 11-9a）。毛长而细密，毛色变化较大，背毛多呈灰白色、棕褐色或黑褐色；翼膜黑褐色或灰黄色。

　　大蹄蝠属于蹄蝠科（Hipposideridae），在我国见于海南、云南、广西、广东、香港、台湾、福建、江西、浙江、江苏、安徽、陕西、四川、贵州、湖南等地，国外分布于尼泊尔、印度、泰国、缅甸、柬埔寨、老挝、马来西亚、越南等国。每年到湘西州境内的天然洞穴及湿度较大的废弃矿洞中繁育，常集大群栖息于宽大溶洞洞口的顶壁（图 11-9b），数量可多达数百只，但个体之间保持一定的距离，若个体之间靠得太近，通常会相互打斗（惯常用前臂推挤或击打对方）（图 11-9c），直至落败者飞走。前臂可用于打斗和辅助栖挂，靠前臂上第一指爪（拇指爪）的帮助，身体可在洞壁上爬行，变换位置。特别是幼蝠，其后肢的骨骼和肌肉发育还不完全，前臂和拇指爪的辅助栖挂和爬行作用就更为重要（图 11-9d、图 11-9e）。

　　大蹄蝠是湘西州境内夏秋季节最为强势的蝠种，近来种群数量发展很快，占住了许多洞穴的洞口及近洞口的洞段。不同洞穴中的大蹄蝠种群飞来的时间差异很大，最早的是 3 月下旬，最晚的要到 5 月中旬；同样，飞走的时间也大不一样，最早的是 9 月底，最晚的是 11 月初。这些种群之间是否存在地域来源及遗传上的差异性，其迁移规律如何值得今后研究。

　　当然，要弄清蝙蝠的迁移规律难度很大，主要存在种群标记与持续跟踪的技术问题，如何像鸟类那样对蝙蝠进行长久标志、长效性发讯器固定与长期跟踪监测是很值得研究的课题。作者认为，在缺乏相关技术支持的情况下，暂且可依赖种群中的某些特殊个体（如白化个体，图 11-9f）对种群的迁移情况进

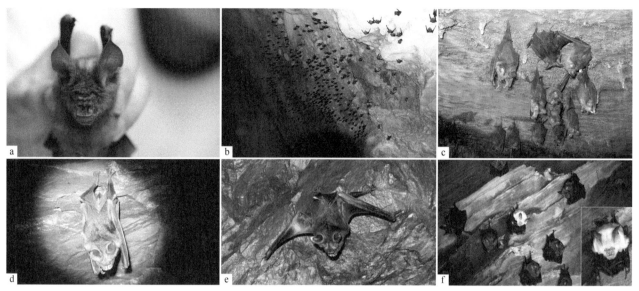

图 11-9　大蹄蝠（*Hipposideros armiger*）的外形、栖息姿势与集群（a～e. 刘志霄 摄；f. 李忠云 摄）
a. 头部正面观；b. 栖息在炎家桥大洞洞口的大蹄蝠群；c. 当个体之间靠得太近时，会用前臂或翼相互推挤或拍打，直至弱势者飞走；d. 新生仔蝠的栖挂姿势（注意其膝关节向外侧弯曲，使大腿与小腿之间形成约 45° 的夹角）；e. 日龄较大的幼蝠，靠前臂的拇指爪辅助栖挂；f. 在大蹄蝠群中发现的白化个体，右下角是其放大，示其腹下挂着的体色正常的仔蝠

行一些简单的观察。

非冬眠期，大蹄蝠体温的变化范围是 20.55～28.33℃，平均值为（24.06±2.46）℃（n=17），而栖点温度为 15.7～21.60℃，平均值是（17.96±2.05）℃（n=17）。体温的平均值比栖点温度的平均值高 6.1℃，并呈线性正相关关系，其关系式为：y=1.1644x+3.1737（$x \in$［15.70，21.60］，R^2=0.9367）（图 11-8b）。

7）普氏蹄蝠

普氏蹄蝠（*Hipposideros pratti*）体型比大蹄蝠稍小，前臂长通常为 75～91 mm。鼻叶复杂而独特，易于识别，其马蹄叶的形状不典型，基部两侧各具 2 片小附叶，前叶之上为短棍状的鞍状叶，其上有 4 个结节；顶叶为三角形宽带状，顶叶与连接叶两旁分开，形成左右 2 片具绒毛的三角形叶片，雌体的叶片较小，雄体的叶片很发达（图 11-10a），但也存在个体与年龄差异。腹部的毛色多为淡棕黄色，背毛多呈暗褐色。主要分布于我国境内，见于江苏、浙江、江西、安徽、福建、陕西、四川、贵州、广西、湖南等省（自治区），国外分布于缅甸、泰国、越南、马来西亚等国。

该蝠种与大蹄蝠一样在湘西州境内过夏，主要集成数十只以上的大群活动（图 11-10b），可与大蹄蝠群同栖一洞，群间保持一定的距离，但也常见它们混群而栖。在 6 月中下旬的产仔季节，通常可在蹄蝠群栖息处的地面尤其是地面积水处发现从母蝠身上掉落下来致死的新生仔蝠（图 11-10c、图 11-10d），这些死亡的仔蝠成为地面上其他动物的食物来源。在育幼期间，雌、雄蹄蝠是群栖在一起的，但雄蝠相对集中地栖挂在一起（图 11-10e），有时可见雄蝠栖息在雌蝠旁边（图 11-10f）。需要特别指出的是，自 2016 年 6 月起，我们在溶洞自然状态下，多次观察并拍摄到了有关皮氏菊头蝠、大蹄蝠和普氏蹄蝠的"教飞行为"（fly-teaching behavior），即母蝠教导幼蝠飞行的行为模式。这种"教飞行为"可能普遍存在于翼手目动物，是翼手类特有的育幼行为，很值得深入系统地研究。

8）西南鼠耳蝠

西南鼠耳蝠（*Myotis altarium*）属于蝙蝠科（Vespertilionidae）鼠耳蝠属（*Myotis*）中体型中等的种类，其耳部窄长，前折时可超过吻端，耳屏尖长（图 11-11a）；翼膜止于距部，距较发达，尾短于体长；体毛绒状而细长，背部棕褐色，毛基色泽深暗，呈黑褐色；腹毛明显浅于背毛，呈灰褐色。尽管该蝠的分布

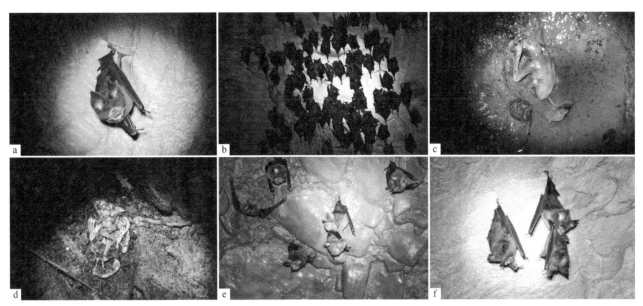

图 11-10　普氏蹄蝠（*Hipposideros pratti*）的外形、集群、栖姿及新生仔蝠的尸体

a. 雄体的外形特征；b. 集大群栖息；c. 分娩时从母体上摔掉到地面致死的仔蝠（连着脐带和胎盘）；d. 仔蝠的尸体已成为其他动物的食物；
e. 雄蝠相对集中而栖；f. 这是否为"一家三口"？此时，母蝠正在教导幼蝠学习飞行，"教飞行为"可能是蝙蝠普遍的育幼行为

可能延伸到泰国和越南，但主要在中国境内栖息及繁衍，因此可认为是中国的准特有种（quasi-endemic species）。其在湘西州分布的海拔大致为 250 ～ 730 m，种群数量存在明显的月变化，每年 4 月陆续飞往其他的区域繁育后代，仅少数个体留在湘西州境内过夏，9 ～ 10 月又陆续飞回开始冬眠，绝大多数个体都是在洞内分散栖息（散群栖），仅偶见两只抱对的现象。其栖点存在明显的月间变化，不同月份之间栖点离洞口的距离及离地面的高度都存在明显的差异，约 2/3 的栖点相对集中于离洞口 40 ～ 120 m 的洞段，并相对集中于离地面 2 ～ 6 m 的高度。

该蝠的栖息姿势与栖息场所较为多样，70% 以上的个体采取"腹部贴壁双足爪倒挂"（图 11-11b）（与菊头蝠的身体悬空倒挂明显不同）的姿势栖于洞道的侧壁，但也常见一些个体呈匍匐状卧栖于侧壁的平台上、斜台上、凹窝内（图 11-11c）、横缝间，或者从洞外被水流冲进洞内而沉积的枯枝草叶层上（图 11-11d），还有近 10% 的个体挤进石壁或钟乳石间的狭缝内（图 11-11e、图 11-11f），并曾发现一只个体挤进地面一个仅 1 ～ 1.5 cm 的泥缝间呈倒挂状冬眠（图 11-11g）。此外，偶尔还可见到悬挂在钟乳石尖上，两足爪呈抱柱状，后腹部紧贴在钟乳石尖上的冬眠姿态（简称"抱柱栖姿"）（图 11-11h）。尽管有不少个体隐藏在石缝间或凹窝内，但约 2/3 的个体冬眠时的栖挂位点比较暴露，隐蔽性差。位置低而隐蔽性差则安全性低，安全性评价结果显示，仅约 60% 的个体安全性高，其余约 40% 的个体安全性偏低，易受到人及其他动物的伤害。

该蝠主要在洞口附近冬眠，受洞外气温的影响较大，天气寒冷的月份，有时可见到背毛结霜处于深度冬眠状态的个体（图 11-11i）。全年其体温的变化范围是 3.57 ～ 20.25℃，平均值为（11.87±3.98）℃（n=140），而栖点温度为 2.40 ～ 18.90℃，平均值是（10.67±3.95）℃（n=140）。体温总是略高于栖点温度（其平均值之差为 1.2℃），两者不存在显著性差异（$P > 0.05$），但呈线性正相关关系，其关系式为：y=1.0075x+1.1243（$x \in$ ［2.40，18.90］，R^2=0.9972（图 11-11j）。

9）中华鼠耳蝠、大足鼠耳蝠和渡濑氏鼠耳蝠

中华鼠耳蝠（*Myotis chinensis*）体型较大，体重 30 g 左右，前臂长 53 ～ 64 mm，耳狭长（14 ～ 23 mm），耳屏细长，约为耳长之半，尾长 51 ～ 60 mm，后足长 13 ～ 18 mm；脸部具稀疏黑色长毛，背毛毛基及毛尖黑褐色，腹毛毛基黑色而毛尖灰白色；翼膜黑褐色，延伸附着于跖基部，股间膜及胫骨背

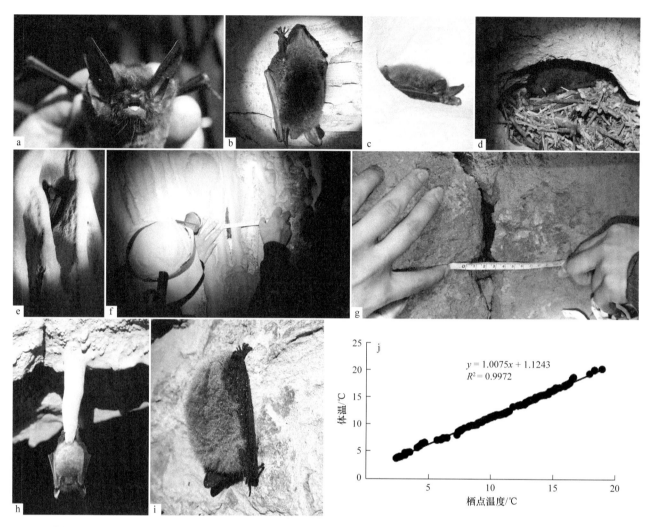

图 11-11　西南鼠耳蝠（*Myotis altarium*）的头部特征、栖姿、栖所及其体温与栖点温度的关系（刘志霄 供）

a. 头部正面观；b. 常见的腹部贴壁倒挂式的栖息姿势；c. 在石壁的凹窝处呈平卧状栖息；d. 呈匍匐状卧息于凹窝内的枯枝草叶上（此处的枯枝草叶是随水流从洞外冲进洞内堆积起来的）；e、f. 挤进狭窄的石缝间呈倒挂状栖息；g. 可挤进比自身还窄小的泥缝间呈垂直倒挂状冬眠；h. 悬挂在钟乳石尖上冬眠，两足爪呈抱柱状，后腹部紧贴在钟乳石的尖端；i. 深冬，有时可见某些处于深睡状态的冬眠个体的毛被上有水珠凝结成霜冻状；j. 体温与栖点温度之间的线性关系

侧光滑无毛，无距缘膜（图 11-12a）。国外分布于缅甸、泰国和越南，在中国境内则见于华中、华南、华东和华北等地。一般在每年的 9 ~ 10 月交配，通常栖息于洞顶的凹窝处，常见雄蝠在雌蝠背侧呈抱对状，但独栖或数只聚在一起的情况也并不少见（图 11-12b），主要栖息于洞口附近或离洞口较近的洞段。翌年 6 月间产仔，其间可集成数十只的大群，紧紧地栖靠在一起（图 11-12c）。

大足鼠耳蝠（*Myotis ricketti*）体型较大，体重 17 ~ 26 g，前臂长 52 ~ 60 mm，耳长 13 ~ 20 mm，尾长 48 ~ 59 mm，后足长 18 ~ 20 mm；后足爪特别发达，锋利而弯曲度大，足爪长度几乎与胫长相当；距长超过股间膜后缘的 2/3，距缘膜腹面浅白色，尾末节椎骨伸出股间膜；翼膜起始于胫基部，起始处膜细窄，翼尖长；背毛灰褐色，腹毛灰白色。国外仅见于越南和老挝，但在我国境内分布广泛，已在新疆、青海、黑龙江、内蒙古、陕西、北京、浙江、安徽、海南、云南、贵州、重庆、湖南等 24 个省（自治区、直辖市）有分布记录。属于肉食性蝙蝠，具有捕鱼习性。2016 年 11 月 26 日，我们在堂乐洞离洞口约 60 m 的钟乳石间发现一只处于冬眠状态的个体（图 11-12d）。我们推测，在繁育季节，该蝠种可能集群栖息，冬眠期间则分散独栖。

渡濑氏鼠耳蝠（*Myotis rufoniger*）体型中等，体重为 7 ~ 12 g，前臂长可达 46 ~ 51 mm，身体较为

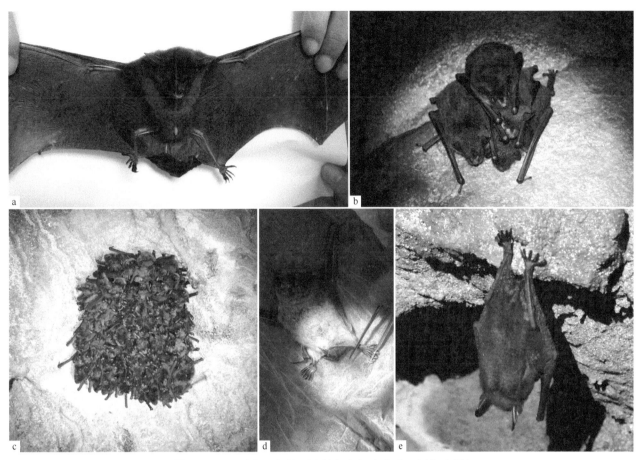

图 11-12　三种鼠耳蝠的形态特征与栖息方式（刘志霄 摄）

a. 中华鼠耳蝠（*Myotis chinensis*）的前面观；b. 数只中华鼠耳蝠挤靠在一起栖息；c. 中华鼠耳蝠可集成数十只以上的大群，
个体之间挤聚成团；d. 大足鼠耳蝠（*M.ricketti*）（示其发达的后足爪）；e. 渡濑氏鼠耳蝠（*M.rufoniger*）

艳丽，毛被橙棕色或红褐色，毛尖、耳缘、鼻端、第一指及后足爪均为黑色，掌间具三角形褐色大形斑块（图 11-12e），翼膜背面沿上臂覆有短绒毛；耳呈长卵圆形，耳屏略呈披针形，具一小基叶；趾间具长毛。已知分布于我国辽宁、吉林、陕西、四川、贵州、广西、广东、福建、台湾、浙江、安徽、上海、江西、湖北、湖南。2016 年 3 月 12 日，我们在湘西州龙山县洛塔乡海拔 986 m 的洞湾洞观察到一只正在冬眠的该蝠种个体，其以"双足倒挂"的方式栖挂在离地面约 1 m 高的洞侧壁，处于深睡状态，虽安全性很低，但几乎无人进洞干扰。

10）梵净山管鼻蝠

梵净山管鼻蝠（*Murina fanjingshanensis*）是 He 等（2015）在贵州梵净山国家级自然保护区发现并命名的新种，其体型中等偏小，体重约 8.4 g，鼻部呈短管状突出，开向两侧，其后方有疣粒突起，鼻吻部及下唇均具毛。背毛棕黄色，腹毛污白色，翼膜黑褐色，股间膜及后足密生棕黄色长毛，无距缘膜，距尖端和尾椎突出于尾膜。

2016 年 3 月 13 日，我们在湘西州龙山县里耶镇八面山燕子洞（北纬 28°51′56″，东经 109°16′15″，海拔 1213 m）发现 2 只并采集到其中 1 只处于冬眠状态的雄体（图 11-13a），其栖息于洞深约 200 m、离地高度约 3 m 的洞顶壁。该种数量稀少，孤居而不集群，目前仅发现于梵净山和八面山的洞穴中。

11）印度假吸血蝠

印度假吸血蝠（*Megaderma lyra*）体型中等，体重 45 ～ 47g，前臂长 56 ～ 72mm，背毛呈灰棕色，

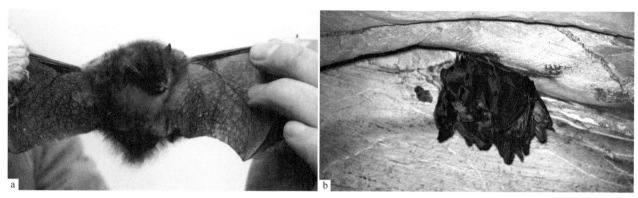

图 11-13　梵净山管鼻蝠的外形特征（a）和印度假吸血蝠的集群（b）（刘志霄 摄）

腹面较淡，毛基深灰色，毛尖白色；耳很大，卵圆形双耳的内缘在额部之上连接；鼻叶大，凸起呈卵圆形（图 11-13b）；尾退化或缺失；胫长超过前臂长之半。主要分布于印度半岛、中印半岛，以及我国南方，见于海南、广西、广东、福建、四川、西藏、云南、贵州、湖南等省（自治区）。肉食性，可捕食昆虫、鱼类、两栖类、蜥蜴类、鸟类、鼠类和其他种类的蝙蝠（如伏翼、鼠耳蝠、蹄蝠等）。

2016 年 6 月 9 日，我们发现，在湘西州凤凰县奇梁洞（旅游洞穴）离洞口约 200 m 的洞顶壁凹窝内隐藏着一群（10 余只）印度假吸血蝠，个体之间紧紧地拥挤成一团（图 11-13c），可能有利于保持体温。虽然游道就在侧下方，但其正下方是溪流，人难以靠近，它们隐藏在该凹窝内，人的视线被挡，不容易被人看见。

11.4　菊头蝠对溶洞的选择模型

菊头蝠科（Rhinolophidae），系旧大陆热带和亚热带地区的特有类群，一般认为仅有 1 属，即菊头蝠属（*Rhinolophus*）。它是翼手目中的第二大属，现已知 80 多种，广泛分布于印度马来区、非洲热带区、澳洲区，以及古北区的西南部。在我国境内，已发现菊头蝠 39 种，主要分布于长江以南地区，武陵山地区是其分布的中心区域，分布于武陵山地区的菊头蝠种类（11 种）占到全国总种数的 28.2%。

菊头蝠是洞栖性蝙蝠中的重要类群，白天主要栖息于洞穴之中，夜间则飞到洞外捕食昆虫（其中多数是农林害虫），在维护自然生态系统平衡和农林生产稳定方面起着非常重要的调控作用。它们对洞穴的依赖性强，对洞穴环境要求较高。

调查发现，不同的洞穴中所栖息的菊头蝠的种类及数量很不相同，许多洞穴不适合菊头蝠栖息，而有菊头蝠栖息的洞穴又不断地遭受着人类活动的各种干扰与破坏，一些洞穴中菊头蝠的种群数量在急剧下降，甚至已经绝迹。另外，饲养实践表明，与其他的蝙蝠类群相比，菊头蝠不易养活，人工饲养的难度很大。因此，菊头蝠自然种群的空间分布模式、对溶洞的选择利用及其进化机制等生态生物学研究与物种就地保护具有十分重要的意义。

近年，江苏师范大学梁亮博士与项目组合作，以武陵山地区作为研究区域，基于菊头蝠属（*Rhino-lophus*）野外调查数据、中等－分辨率成像分光计（moderate-resolution imaging spectrometer，MODIS）13Q1 数据、数字高程模型（digital elevation model，DEM）数据、气象数据以及土地利用数据，分别采用机理模型（mechanism model）、二元 Logistic 回归模型以及最大熵模型（maximum entropy models，MAXENT 模型），对武陵山地区菊头蝠的生境适宜性（habitat suitability）进行了分析，通过模型精度以及受试者操作特征曲线下面积（area under receiver operating character curve，AUC）值的比较，得出最优模型，并根据最优模型确定影响菊头蝠生境选择的主导因素（Luo *et al.*，2017，2020；

Liang *et al.*，2019）。

11.4.1　建模方法

1）机理模型

根据物种在生态位上的差异性，将物种对不同环境变量的生理响应用于模拟，是一种以物种生理特征和物种对环境变化的响应为基础而建立的模型。其建模过程为：先分析所选取的各个单因子对菊头蝠生境适宜性的影响特征。然后，分别分析地形因子、生物环境因子、气象因子对菊头蝠生境适宜性的影响，并综合地形因子、生物环境因子和气象因子分析菊头蝠生境的适宜性，得到武陵山地区菊头蝠潜在栖息地的分布特征，同时结合人类干扰因子得到人类活动对菊头蝠生境适宜性的影响强度的分布特征。最后，将所有选取的因子进行叠加分析，得到武陵山地区菊头蝠栖息地空间适宜性的分布特征。

2）回归模型

回归模型（regression analysis）是常用的统计分析方法，主要通过一组已知的自变量来预测一个或多个因变量的变化。利用 Logistic 回归模型建模，可预测菊头蝠的空间分布。首先对变量采用相关性分析和差异性分析进行因子筛选，然后建立所有可能模型，利用二阶 AICC 和权重 Wi 确定最佳模型，最后通过栅格计算得到菊头蝠空间分布预测图。

3）MAXENT 模型

MAXENT 模型是生态位模型中的一种，其基本原理是最大熵原理。它是将物种分布数据与环境数据结合起来，利用基于数据驱动的机器学习理论分析数据，预测目标物种的生态需求，最后将推算结果投射到不同的时间和空间以预测物种的分布。

通过上述方法计算得到所需的生境因子，经过相关性和差异性分析，对因子进行筛选，筛选出高程（海拔）、坡度、坡向、植被覆盖度、距道路最近距离、距河流最近距离、距居民区最近距离、距耕地最近距离、年均温以及年降水量这 10 个生境因子，分别代入机理模型、二元 Logistic 回归模型以及MAXENT 模型中进行建模，分析菊头蝠的生境适宜性。

11.4.2　菊头蝠生境适宜性模型评价

1）机理模型评价

机理模型是通过模拟物种在生态位上的差异性以及物种本身对不同环境变量的响应为基础而建立的模型。通过叠加景观适宜性因子，得到菊头蝠潜在适宜性图，其中适宜生境主要分布在中部、东部和南部，占研究区的 23.37%；一般适宜生境主要分布在中部，占研究区的 31.25%；较不适宜生境分布于西部和北部，占研究区的 41.29%；不适宜生境在西部和南部有少量分布（图 11-14a）。

综合考虑人类干扰因素，得到实际适宜性图（图 11-14b）。从中可以发现各等级的面积发生了较大的变化。其中，适宜生境减少了 13.43%，一般适宜生境减少了 10.45%，较不适宜生境减少了 10.25%，而不适宜生境显著增加，面积最大，主要分布于主干道路及居民区附近，说明人类干扰因素对菊头蝠的生境适宜性影响较大。

从实际适宜性图中可见，菊头蝠的适宜生境出现了斑块分离现象，而在人为因素的影响下，可利用生境面积由 93 911.56 km^2 下降到 52 834.43 km^2，进一步揭示了人类活动对菊头蝠生境适宜性的干扰作用。

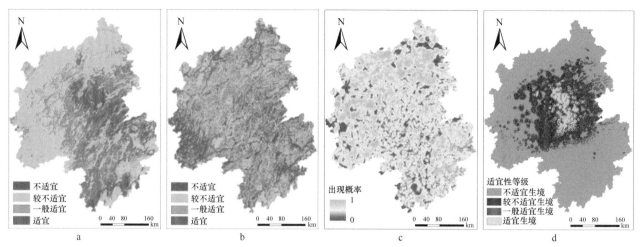

图 11-14　不同模型对武陵山地区菊头蝠栖息地的评估（参考 Luo *et al.*，2017，2020；Liang *et al.*，2019，梁亮 供）

a. 运用机理模型对菊头蝠潜在栖息地的评估；b. 运用机理模型对菊头蝠实际栖息地的评估；c. 运用回归分析模型（regression analysis model）对菊头蝠潜在分布区的预测；d. 运用最大熵模型对菊头蝠空间分布的预测

最后，对机理模型进行验证，验证结果显示，模型的精度较低，仅为 55.17%。这可能有两个方面的原因：其一，在进行因子等级划分和权重确定时主观性较强，导致因子等级划分不准确，影响最终结果；其二，机理模型要求知晓环境与所研究的物种之间的详细交互关系，而这种关系的获取耗时较长且一般不易获得。

2）回归模型评价

二元 Logistic 回归模型主要是用来描述因变量（主要是布尔值，其中 1 为存在分布，0 为不存在）和自变量（如环境变量）之间关系的统计方法。利用 SPSS18.0 中的二值 Logistic 回归建立包含上述筛选出的 10 个生境因子的所有可能模型，共建立了 1025 个模型，并利用二阶 AICC 和权重 Wi 确定最佳模型，通过栅格计算得到菊头蝠空间分布预测图（图 11-14c）。通过统计分析可得菊头蝠出现概率小于 0.5 的区域面积为 88 534.9 km²，占研究区总面积的 51.49%；菊头蝠出现概率大于 0.5 的区域面积为 83 408.65 km²，占研究区总面积的 48.51%。

从图 11-14c 中还可以看出，菊头蝠出现概率较高的区域主要分布于中部和北部，而出现概率较低的区域主要分布在南部，并且可利用生境出现了严重的斑块分离现象，对菊头蝠的生存和繁衍具有很大的威胁。

同样，对二元 Logistic 回归模型进行验证，模型的精度仍不太理想，为 72.73%，其原因可能是，在模型的建立过程中，使用了菊头蝠不出现点数据，而调查过程中没有发现菊头蝠痕迹的点位并不代表菊头蝠没有在该点位出现，从而导致不出现点数据的准确性产生偏差，影响模型结果。

3）最大熵模型评价

最大熵模型是将调查得到的物种出现点数据和环境数据结合在一起，基于数据驱动的机器学习理论分析数据，预测目标物种的生态需求，然后将推算结果投射到不同空间和时间中来预测物种的生境适宜性分布。将上述筛选出来的 10 个生境因子导入 MAXENT3.3.3 软件中，经过计算，对计算结果进行重分类，最终得到菊头蝠生境适宜性分布图（图 11-14d）。通过统计分析可得：不适宜生境面积为 127 233.33 km²，占武陵山区面积的 74%；较不适宜生境面积为 25 141.28 km²，占武陵山区面积的 14.62%；一般适宜生境面积为 13 373.08 km²，占武陵山区面积的 7.78%；适宜生境面积最小，为 6195.86 km²，占武陵山区总面积的 3.6%。最后，同样也对 MAXENT 模型进行验证，模型精度高达 96.55%，说明该模型的预测效果最好。

11.4.3　菊头蝠生境适宜性主要影响因素

为了进一步地研究菊头蝠的生境选择机制，对机理模型、二元 Logistic 回归模型和 MAXENT 模型进行择优选择。从模型验证的结果可见，MAXENT 模型的精度最高，其次是二元 Logistic 回归模型，而机理模型的精度最低，说明二元 Logistic 回归模型和 MAXENT 模型比机理模型更优。为了进一步比较二元 Logistic 回归模型和 MAXENT 模型，分别采用曲线下面的面积（area under curve，AUC）指标评价模型精度，并通过分析样本容量对模型 AUC 值的影响，判断两者的模型稳定性。结果表明，MAXENT 模型的 AUC 值更高，且模型稳定性更好，即 MAXENT 模型比二元 Logistic 回归模型更适用于武陵山地区菊头蝠空间分布的预测。在 MAXENT 模型的构建过程中，利用刀切法（jackknife method）判断各生境因子的重要性，主要得到以下结果。

1）年均温是菊头蝠生境选择的重要影响因素

当年均温在 13.3℃以内时，随着年均温的上升，菊头蝠出现的概率增大，而当年均温大于 13.3℃之后，菊头蝠出现的概率随年均温的上升而减小，直到年均温达到 15℃后，菊头蝠出现概率的值保持为 0 不变，表明此时年均温不太适宜菊头蝠生存。同时菊头蝠出现概率大于 0.3 对应的年均温范围为 12.6 ～ 13.5℃，说明该温度范围最适宜于菊头蝠生存。温度可能主要通过影响昆虫的丰富度而影响菊头蝠的捕食活动，但并不是温度越高，菊头蝠出现的概率越大。

2）年降水量也是菊头蝠生境选择的重要影响因素

当年降水量在 1400 mm 以内时，随着年降水量的增加，菊头蝠出现的概率逐渐增大，当年降水量大于该临界值后，菊头蝠出现的概率不再发生变化，即年降水量不再影响菊头蝠的生存与活动。说明菊头蝠偏爱潮湿的地方，这与菊头蝠属于洞栖性物种，而洞穴内部通常具有阴暗潮湿的生境条件相符。

3）在干扰因子中，距居民区最近距离是最主要的影响因素

当距居民区最近距离小于 2.5 km 时，随着距离的增加，菊头蝠生境分布概率呈上升趋势，说明在此范围内人类干扰作用较大，距居民区距离越近，人类活动越频繁，菊头蝠出现的概率越低。超出这个范围之后，菊头蝠出现的概率随距离的增加而逐渐下降，说明 2.5 km 范围之外其他生境因子的影响起主导作用。调查数据也表明，多数菊头蝠的栖息地距居民区的距离是在 2 ～ 5 km 的范围之内。模型分析的结果还表明，道路、河流以及耕地对菊头蝠的生境选择也有一定的影响。总之，人类活动对菊头蝠的生境选择影响较大。

4）重要性分析表明，植被覆盖度也是影响菊头蝠生境适宜性的重要因子

当植被覆盖度在 78% 以内时，随着植被覆盖度的上升，菊头蝠出现的概率增大，而当植被覆盖度大于 78% 之后，菊头蝠出现的概率随植被覆盖度的上升而减小，直到植被覆盖度达到 97% 以后，菊头蝠出现概率的值保持为 0.03 不变，表明此时植被覆盖度不再是影响菊头蝠生存的主导因子。并且，菊头蝠出现概率大于 0.3 对应的植被覆盖度范围为 50% ～ 86%，说明该植被覆盖度范围最适宜于菊头蝠生存。不同的蝙蝠对植被结构及盖度有不同的要求，这与其捕食策略、生态特征及翼的形态密切相关，低飞行机动性的蝙蝠喜欢开阔地带，而高飞行机动性的蝙蝠喜欢复杂地带，菊头蝠属于小蝙蝠亚目（Microchiroptera），体型较小，属于高飞行机动性物种，因此偏爱植被结构较复杂且盖度较高的地带。可是，当植被覆盖度过高，植被结构过于复杂时，也不再适合于菊头蝠栖息。

5）从模型分析来看，地形因子对菊头蝠生境选择的影响虽不甚显著，但也不应忽视

一方面，高程（或海拔）与温湿度、光照等气象因子密切相关；另一方面、山势、坡位、坡度、坡向等地形因素也直接或间接地影响着居民区的安置、道路的修筑、植被的丰茂以及人类的干扰类型与强度。

11.5 洞栖性蝙蝠择居模式及栖点选择研究的问题与前景

随着人类经济活动的日益加剧，动物的自然栖息地不断地被挤占和压缩，在不断片段化或破碎化（fragmentation）的自然环境和高度现代化的人工环境中，动物如何选择和利用生境是极其重要的生态生物学问题，因此栖息生态学的研究已成为当前种群生态学研究的热点和重点，而蝙蝠由于昼伏夜出，又擅长于飞行和隐蔽，其栖息生态学的研究难度较大，与鸟类及其他许多大中型兽类相比相对滞后，许多工作还有待开展或需深入探究。近年，我们采用传统方法、红外相机技术与便携式红外全天候录像技术相结合的方式，在湘西州及其周边地区对洞栖性蝙蝠的栖息生态进行了较为系统的野外调查与研究，发现了一些非常有趣的现象和很有意义的行为生态学问题，还值得今后进一步地野外系统调查与深入地实验研究。

1）洞穴的复杂程度与洞栖性蝙蝠的种类及数量的关系

一般而言，洞穴的内部结构越复杂，洞道越长而宽阔，可供蝙蝠栖挂的位点也越多，受到干扰时回旋的空间也越大，因此蝙蝠的种类及数量也越多。可是，在一些长而宽大的洞穴中，我们并未发现可期望的那么多的种类和数量，而是可见到的种类和数量出乎意料地少。因此，洞穴的复杂程度只是影响蝙蝠择居的因素之一，其他因素可能还包括洞内的温湿度、空气的组分与流通性，以及洞内、外人为干扰情况的历史及现状等诸多方面。一个洞穴中蝙蝠种类及数量的多少是多因素综合作用的结果，并且不同的洞穴可能具有不同的决定性因子（determinant factor），因此研究过程中应该针对不同的洞穴予以具体分析，不宜一概而论。

2）洞栖性蝙蝠对人为干扰的敏感性

洞栖性蝙蝠对人为干扰的敏感性既存在科、属及种间差异，也存在季节性的差异。大体而言，在繁育季节，菊头蝠科和蹄蝠科的种类比蝙蝠科的种类对人类的干扰更为敏感，菊头蝠科又较蹄蝠科敏感，菊头蝠的育幼场所人迹罕至，非常隐蔽，不容易发现或人难以到达。在菊头蝠科中，对人类的干扰活动最为敏感的似乎是体型较小的菲菊头蝠（*Rhinolophus pusillus*），即使在深度冬眠的状态下当人体靠近或灯光照射时，菲菊头蝠都会很快地发生反应，甚至快速地醒来飞走，而大菊头蝠、大耳菊头蝠、贵州菊头蝠处于深度冬眠状态时，通常"睡得很死"，若非持续强烈的干扰，就不会醒来；在觉醒的过程中，如果外界干扰中止，它们通常也会继续"睡"而不会醒来飞走。皮氏菊头蝠和中华菊头蝠的敏感性似乎介于大菊头蝠、大耳菊头蝠、贵州菊头蝠和菲菊头蝠之间。

但是，在春末夏初选择育幼场所和秋末冬初选择越冬场所的那段时间内，无论是哪一种蝙蝠，对于人为干扰都非常敏感。我们在堂乐洞、水牛洞、小东洞等溶洞的观察发现，当大蹄蝠群刚从外地迁来，进入溶洞的初期，对外界的异常情况及人为干扰特别敏感，一旦发现以前栖息的场所有些异常或受到较强的人为干扰而感到不安全时，就会马上迁离而另寻他洞或另择洞段，等过了一段时间之后，它们才有可能返回，但也可能不再回到该处。可是，一旦等到仔蝠出生之后，它们通常就不再迁离，即使存在较强烈的人为干扰，它们也只能忍受，只是稍加躲避而不再迁离，这可能有两个方面的原因：一方面，附近的其他洞穴或洞道已被其他的物种或种群占住，很难前去侵占；另一方面，母蝠的身上挂着仔蝠，飞行负载加重，耗能太多，尤其是在长距离迁离的过程中，仔蝠容易从母蝠的身上掉落，生存风险很大，因此母蝠通常只是短距离地飞离，稍微躲避人为干扰而不再变换栖息场所，这为我们对其育幼行为的系统观察与研究带来了一些方便。

3）从独栖到集群的连续统

我们的观察发现，洞栖性蝙蝠可能存在一个从独栖到集大群的集群连续统（colony continuum）：

独栖 $\Longrightarrow$ 散栖群 $\Longrightarrow$ 小聚群 $\Longrightarrow$ 小集群 $\Longrightarrow$ 大集群 $\Longrightarrow$ 超大集群

这个连续统的一端是不合群的种类，它们除了在繁殖期间雌雄配对和育幼期间母仔在一起外，平时很少相互接触；连续统的另一端是多达数千只以上的复杂的社群系统，社群成员长期相对稳定，甚至可数代成群，群员间具有复杂的通讯与社群行为。

大菊头蝠是典型的独栖（solitary roosting）种类，通常在一个洞穴中仅栖息一只，即使有两只以上的个体，相互之间的距离也隔得很远（通常在数十米以上）。

西南鼠耳蝠是比较典型的散栖群（individual scatted-group）种类，即在一个洞穴或洞段中，通常可发现由数只至数十只不等的个体所组成的小种群，每个个体都单独栖息，间距通常是从不足 1 m 到数十米不等。

皮氏菊头蝠是具有一定代表性的小聚群（clusterlet）种类，虽然其独栖个体并不少见，但在冬眠期间，通常可见其数只至 20 只左右的小群相对集中地在一处冬眠，育幼期间也可见其 10 多只的母幼群，小聚群的个体之间通常有 10 cm 以上的距离。

菲菊头蝠和中华菊头蝠单独栖挂一处的情况也不少见，但通常可见它们集成 2～3 只、数只至数十只的小群，而且个体之间通常紧靠在一起。在某些洞穴（如堂乐洞），中华菊头蝠在冬眠期间还可集成数百只的大集群，多数个体也是紧靠在一起。

中华鼠耳蝠和印度假吸血蝠也可集成十余只至数十只以上的小群相互挤靠在一起栖息，这可视为典型的小集群（colonylet），而大蹄蝠和普氏蹄蝠最常见的是数十只至数百只在一起栖息的大集群（macrocolony），但相互之间的距离并不像中华菊头蝠、菲菊头蝠、中华鼠耳蝠、印度假吸血蝠个体之间那么紧靠，而是保持数厘米至数十厘米的间距。

显然，尽管洞栖性蝙蝠可能存在上述一个大致的集群连续统，但实际上，每个物种及种群的集群性都存在一定的弹性或可塑性，并受到天敌、人类干扰、栖点可利用性及微环境条件等多方面因素的影响而处于不断变化之中。

传统观点认为，社群性（sociality）意味着利益的普遍性，选择营社群生活的动物具有较高的存活率，适合度增加。首先，可通过有效的群体防御，或所谓的"羊群效应"（herd effect）增强应对捕食者的能力，降低被捕食的风险。其次，个体之间可以交流信息，合作觅食。再者，夜栖或昼栖场所的安全性较低也可能在一定程度上促使其营集群生活。

可是，只要从进化的角度进行深入考虑，就不难发现社群或集群生活（group living）的严重缺陷：食物、配偶及空间竞争更为激烈；群体活动过于显眼，易被觉察，猎物过群体生活弊端显见，捕食者进行集体狩猎同样也易被猎物发觉，但无论如何，群体活动都有利于疾病的传播，或细菌、病毒、寄生虫等病原体的快速扩散。

因此，群体生活利弊兼具。理论上，当群体生活或社群性的利益大于代价时就会形成社群。社群形成之后，自然选择会对社群行为进行精细提炼，以提高群体生活的质量，增强社群优势。最重要的是，社群行为的进化从整体上影响群体之间的繁殖竞争及种群的繁殖性能。总体上，社群系统的进化有利于提高个体适合度和广义适合度，但任何一个社群系统都必然受到特定环境条件的影响。可能与许多其他环境因子一样，食物的丰度与分布限定了哺乳动物的进化方向。事实上，一些社群系统的进化可能主要受到食物时空分布选择压的影响。

如前所述，许多蝙蝠在繁育期、冬眠期及其他生活阶段也以社群单元（social unit）的形式存在。但每一种蝙蝠都可能有其独特的成本 - 利益比（cost-benefit ratio），同一种的雌、雄个体也可能存在不同的成本和利益权衡模式。

当然，对于翼手目的社群生物学研究还远远不够，仅对约6%的种类的交配系统有所了解。现已知翼手类具有广泛多样的社群系统，有些种类还具有复杂的社群行为。

目前认为，很少有雄蝙蝠履行父亲抚育的义务，雌蝙的活动范围一般也并不受保护，大多数蝙蝠的交配系统可能是多配制（polygyny）或随配制（promiscuity）的。一些种类完全营孤居生活，仅在交配期及哺乳期才可见2只以上的个体在一起活动。蝙蝠科及其他科的一些种类在仔蝙出生的时节存在性别分离（sexual separation）现象，雌蝙形成育幼群，雄蝙另栖他处。当幼蝙能够飞行和独自觅食时，雌蝙、雄蝙又开始相互联系。鞘尾蝠科、裂颜蝠科、菊头蝠科、假吸血蝠科及蝙蝠科的一些种类通常形成单配制的家群（沃恩等，2017），但这需要更多的野外观察与综合性的分析和验证。

4）湘西州及其周边地区超大集群蝙蝠缺乏的原因

在多年的野外调查期间，我们在湘西州及其周边地区并未发现数千只、上万只乃至数百万只以上的超大集群（extra-macrocolony）蝠群（图 11-15），这可能存在以下几个方面的原因。

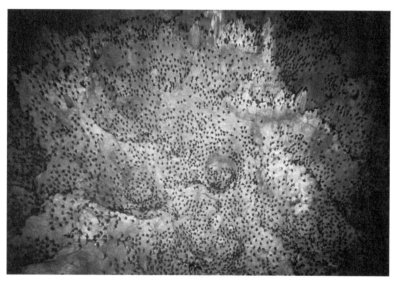

图 11-15　在日本冲绳县西表岛上的这个并不深的火山洞穴里栖息着 1 万多只蹄蝠，但洞穴周围的森林也面临着开发的问题，从而可能使得该蝠群失去其长年栖身的"庙"（自张树义，2004）

（1）大型溶洞少（当然，随着探洞专业人才队伍的壮大、探洞装备及技术的完备与更新，以及相关项目经营的稳定支持，今后可望发现更多如龙山飞虎洞、花垣大龙洞、凤凰奇梁洞和张家界黄龙洞那样的大型溶洞，特别在吉首市马颈坳镇一带具有溶洞群，地下很可能埋藏着仍处于发育之中的特大型溶洞），多数溶洞结构简单，洞道短小，而一些规模较大，结构较为复杂的溶洞已被开发为旅游洞穴，使得超大集群的蝠群丧失了可赖以栖身的"大庙"。

（2）对洞穴周围自然环境的破坏，城镇村寨建设、厂矿企业施工、道路修筑、农牧业开发及化肥农药的滥用等人类活动使得自然植被遭到大规模的破坏，残存的植被也不断遭受侵蚀，环境污染愈发严重，使得蝙蝠的觅食地或夜栖地逐渐地斑块化、片断化、破碎化和污浊化。

（3）对洞内环境的长期人为破坏与干扰，如历史上土匪的"占洞为王"、溃败军队的"坚守驻防"、当地民众或外来人员的炼硝、砸石，以及割舍不断的传统民俗"洞穴祭拜"等都在不同程度上使得超大蝠群的存在失去可能。

（4）蝙蝠通常每胎产 1 仔，并且经常受到寄生物的侵害，以及鸮类、鼠类等动物的捕食，大种群崩溃后需要若干年的有效保护才可能恢复到原有的数量水平。

5）大蹄蝠的"留守现象"、"侦察行为"与"救幼行为"

每当大蹄蝠群飞出洞外之后，当我们进洞察看时总能够发现少数几只个体（通常是两三只）没有出洞，它们是"轮流值班"的"守洞者"（cave-watcher），还是由于其他原因而没有出洞？显然，对于这种"留守现象"（staying home）的普遍性及其机制需要予以系统地观察与研究。更有趣的是，每当黄昏大蹄蝠大规模出洞之前，总有一两只先出洞，在洞口盘旋几圈后再进洞，之后陆续有少数几只也出洞盘旋后再飞进洞内，随后蝠群几乎是在 15 min 之内大规模地倾巢式出洞，有时是单只从洞内像箭一般的穿出，有时是两三只前后紧跟着一起飞出。我们推测，先出来的是"侦察兵"（scout），先出来侦察洞外的安全情况，然后再进洞通报蝠群，若洞外情况异常则会影响它们的正常出飞。同样，这种"侦察行为"（scouting behavior）的普遍性及其机制也需要进行深入地观察与探究。此外，我们还发现了大蹄蝠的救幼行为（infant-saving behavior），即当仔蝠掉落在地面或被人带走后，母蝠会通过超声波寻找仔蝠的位置，并且跟随仔蝠，在仔蝠的周围盘旋，甚至毫不惧人，紧紧地抓住人背着的背包或装有仔蝠的布袋，情绪非常急切，而当我们把布袋中的仔蝠释放后，母蝠便会很快地将仔蝠带走。这种救幼行为我们也在中华菊头蝠中发现，很可能是翼手目动物的一种普遍行为。

6）中华菊头蝠的"撞醒行为"

中华菊头蝠通常在人迹罕至的洞穴深处集群冬眠，若洞穴环境安全稳定（如洞口附近有水，通常不会有人进入，或者洞顶壁及侧壁高而危险，人和其他捕食性动物不易接近），冬眠群的大小通常可达数十只至数百只。几十只以上的个体紧靠在一起冬眠，但并非都"睡得很死"，有的个体睡得很浅，有的个体则处于清醒状态，一旦发现周围异常，有灯光照射或有人靠近，就会很快飞走，并在周围穿梭或盘旋，在展翅飞离和盘旋的过程中会将周围"浅睡"的个体惊醒，随后处于不同深度冬眠状态的个体会被逐个"唤醒"而飞走，但也有少数个体一直处于"沉睡"状态而"唤不醒"，于是，就有"着急的"的"早醒者"直接飞过去，撞击它们，试图将它们撞醒，我们称这种现象为"撞醒行为"（bumping for awakening companions）。经过多次撞击后，"沉睡者"也会很快地苏醒过来，飞走。我们推测，"清醒者"或"浅睡者"可能就是"哨兵"，而"哨兵"是轮换值班的（即不同的个体进入深睡状态的时间不同，并且整个冬眠期间有多个沉睡期和觉醒期，相互交错），这正是蝙蝠集大群冬眠所获得的利益之一。

7）菊头蝠属（*Rhinolophus*）对岩溶区域生态的指示作用

菊头蝠喜栖于洞穴，是典型的洞栖性蝙蝠。通过近年的野外考察，我们发现溶洞中菊头蝠的种类和数量可作为岩溶区域生态环境质量与人为干扰程度的一项指标。前已述及，在生态环境质量较好，人为干扰强度较低，或人们的动物保护意识较强的岩溶区域，菊头蝠的种类与数量较多，并且可集大群冬眠（如中华菊头蝠），还可能一直稳定地栖息在同一洞道，对于个体而言，甚至可能多年都栖挂在同一栖点冬眠。例如，在吉首市马颈坳镇黄牛洞的洞口附近，我们观察到，有一只大菊头蝠自 2016 年以来，已连续四年都栖挂在同一栖点冬眠。这种栖点的偏好性和依恋性需要进行个体标记予以验证，但个体标记本身也可能影响其后续的栖点选择行为。

8）日眠与冬眠期间的栖息姿势和抗疲劳问题

洞栖性蝙蝠在日眠和冬眠期间的栖息姿势多种多样，但其基本姿势可区分为"身体悬空倒挂式"和"非身体悬空倒挂式"两种类型。

前者，是菊头蝠典型的栖挂方式，又可分为"单足倒挂"与"双足倒挂"。我们通过"便携式主动红外录像装置"（图 1-2a ～ c）的连续录像视频分析发现，在完全自然的状态下，大蹄蝠可连续十多个小时"单足倒挂"（即仅依靠单一的左足或右足及其爪将身体悬空倒挂在岩壁上）而未见其交换左右足，由此引发的科学问题是："单足倒挂"是否引发肌肉疲劳（muscle fatigue），是否具有适应意义？如果不会引起肌肉疲劳而是具有适应意义，那么其生物学机制是什么，并且迄今有关肌肉疲劳的中枢学说、代谢物积累学说、能源耗尽学说（https://baike.baidu.com/），或骨骼肌形态与功能维持的"钙稳态学说"（张洁等，2019）等理论是否适用？

西南鼠耳蝠主要采取"非身体悬空倒挂式"栖息，其栖息方式呈现多样化（图 11-11b ～ i），可能与其个体所栖息的微生境特征有关。可是，西南鼠耳蝠不能像菊头蝠那样"身体呈悬空状倒挂"，而是呈"腹部贴壁状倒挂""抱柱状倒挂""匍匐状卧栖"或挤进缝隙间隐藏（龚小燕等，2018），必定有其形态学基础，初步观察发现：与中华菊头蝠和大蹄蝠相比，西南鼠耳蝠的后肢及其肌肉相对细弱，而前肢及其肌肉相对发达，其胸骨前段有一个较大的突起，剑突呈扁平扇状，胸廓具有较好的伸缩性（龚小燕，2019），因此其体型构造总体上不适合于"身体悬空倒挂"，但有利于爬行及将身体挤进石缝或泥缝间栖息。

9）日眠及冬眠期间的体温

在进化过程中，一些哺乳动物以暂时性放弃恒温（即暂时不维持一个恒定的体温）的方式节省能量，以应对低温环境。这种暂时性低体温的环境应对模式实际上也是一个连续统（图 11-16）。许多蝙蝠都采取这一模式序列中的某种方式降低代谢率、减少能耗，以应对冬季的冷环境与食物缺乏，即使是在非寒冷季节也通过日蛰的方式降低能耗，储存能量。

图 11-16　哺乳动物以降低体温的方式节省能量的连续统（刘志霄 供）

该连续统的一端是日蛰/日眠（daily torpor），即在一个 24 h 的日周期的某些时段，动物的体温、代谢率、呼吸率及心率降低。日蛰时，体温一般下降到 10 ～ 20℃。当从日蛰中节省的能量不足，又不可能迁徙到一个更合适的气候区的情况下，某些动物可将蛰眠时间从几天延长到数周甚至数月。这种延长的低体温现象一般是季节性的，称为季蛰（seasonal torpor）。对于蝙蝠而言，季蛰主要是指冬眠（hibernation）。

蝙蝠主要依靠体内储存的脂肪来维持冬眠期间的最低能耗，但不同的类群、种类及个体可能在储脂方式、储脂部位、储脂量、脂肪利用率、耐饥力或节省能耗等方面存在差异。

西南鼠耳蝠对栖点的选择及栖息姿势很可能有助于节省能量。如前所述，它们主要采用"腹部贴壁倒挂"的方式栖于洞道的侧壁，但这种栖挂方式是否比菊头蝠的"身体垂直悬空倒挂"节省能量？值得今后深入研究，而其选择在相对平缓的场所呈匍匐状卧栖，以及隐藏在洞壁的凹窝内，或者挤进石缝、泥缝、钟乳石间隐藏，无疑既有利于减少能耗又有利于躲避敌害。

在野外调查期间，我们对西南鼠耳蝠、中华菊头蝠和大蹄蝠的翼膜、背毛、耳部及鼻部进行温度测量，经统计分析发现，这 3 种蝙蝠身体的这 4 个部位的温度不存在显著性差异（$P > 0.05$），且变化不具有规律性。

　　在湘西州境内，夏季很难见到西南鼠耳蝠，从春、秋、冬三季来看，其体温存在一定的变化，秋季最高，冬季最低，平均值相差 2.14℃（差异显著，$P < 0.05$）；中秋之后，它们陆续从外地迁来，选择合适的场所，开始冬眠，春末则陆续迁走，冬季与春季体温的平均值变化很小，仅为 0.3℃；三季体温的平均值比栖点温度的平均值高 1.2℃（不存在显著性差异，$P > 0.05$）。

　　从我们目前所观察到的情况来看，大蹄蝠在湘西州境内育幼，9 月陆续迁走或隐藏到人难以进入的洞穴深处冬眠，只在深秋还偶尔能见到个别个体，直到翌年 5 月数量才逐渐增多，但很敏感，不容易抓捕，为了不影响其育幼行为，我们仅抓捕了少量个体进行体温测量，其平均值是 24.06℃，比栖点温度的平均值高 6.1℃（差异显著，$P < 0.05$），显然维持较高的体温有利于其正常的育幼行为。

　　中华菊头蝠在湘西州域内全年均较为常见，其四季的体温存在差异，冬季最低，秋季最高，相差 5℃；夏季日眠期间体温的平均值仅比春季的高 0.08℃，春、夏两季与秋季日眠期间体温平均值的差异分别为 0.79℃ 和 0.71℃，不存在显著性差异（$P > 0.05$）；全年体温的平均值比栖点温度的平均值高 1.32℃，不存在显著性差异（$P > 0.05$）。

　　从表 11-1 可见，这 3 种蝙蝠的平均体温差异很大，西南鼠耳蝠最低（10.67℃）、中华菊头蝠次之（16.78℃）、大蹄蝠最高（24.06℃）。

表 11-1　不同季节三种蝙蝠的体温与栖点温度　　　　（单位：℃）

蝙蝠种类	温度	春季（3～5月）	夏季（6～8月）	秋季（9～11月）	冬季（12～2月）	均值 $\bar{X}$
西南鼠耳蝠	体温	10.72±4.57（$n=29$）	—	12.56±5.02（$n=62$）	10.42±2.39（$n=49$）	11.87±3.98（$n=140$）
	栖点温度	9.68±4.11（$n=29$）	—	11.99±4.62（$n=62$）	10.03±2.25（$n=49$）	10.67±3.95（$n=140$）
大蹄蝠	体温	—	24.06±2.49（$n=17$）	—	—	24.06±2.49（$n=17$）
	栖点温度	—	17.96±2.05（$n=17$）	—	—	17.96±2.05（$n=17$）
中华菊头蝠	体温	16.90±3.60（$n=23$）	16.98±1.27（$n=5$）	17.69±3.89（$n=46$）	12.69±1.01（$n=11$）	16.78±3.79（$n=85$）
	栖点温度	15.06±2.49（$n=23$）	14.16±1.44（$n=5$）	16.61±3.34（$n=46$）	12.55±1.03（$n=11$）	15.46±3.11（$n=85$）

注："n" 表示个体数量；"—" 表示数据缺乏（因迁移或个体数量太少而没有抓捕到）

　　显然，对于洞栖性蝙蝠体温的变化规律、影响因素、调节机制，以及其他的栖息生态学问题有必要进行深入系统的研究，这不仅涉及形态学、生理学、生物化学、行为学、生态学等学科，也需要从地质地理变迁、气候变化及遗传进化等方面予以广泛探究，具有非常重要的生态生物学与保护生物学意义。

第12章

洞栖性蝙蝠的生态位与伞护性

自然生态系统（natural ecosystem）是一个多维系统（multidimensional system）。在这个系统中，每一个生物个体及种群都有其独特的地位和作用，并且相互关联，组成极其复杂的多维（n维）网状结构，既呈现各自特殊的生态价值（ecological values），又表现综合性的生态服务功能，从而为人类的生存和发展提供基本条件。

12.1 洞栖性蝙蝠的生态位

生态位（niche）是指生物种群或个体在自然生态系统中所占有的时间、空间及各种生存条件的总称，实际上也是一个多维的子系统。自然生态系统由无数个多维子系统构成，也即包含无数个生态位。为便于研究，通常将生态位予以降维，只研究其中的单维、二维或三维，如时间生态位、空间生态位、温度生态位、湿度生态位、营养（或食物）生态位等。

12.1.1　时间生态位

广义上，时间生态位（temporal niche）是指一个种群或个体在自然生态系统的时间维度上所处的位置或时间配置。在生物进化的地质年代或若干年度的大尺度上，时间生态位意味着一个种群在一个区域内的起源或奠基、建群、繁衍，直至绝灭的时间区段，实际上也就是自然生态系统持续演变过程中的一条"线段"（line segment）；就个体而言，则意味着其生态寿命（ecological longevity）的时间段，即从出生到死亡的整个时程。

在小尺度上（一年或一日），时间生态位是指种群或个体各种活动与非活动时间的配置，如求偶期、交配期、妊娠期、产仔期、生长发育期、哺乳期、断奶期、越冬期、出蛰期等繁育期与非繁育期的季相或月相，或者日眠、觅食、出巢、归巢、社交等日常活动的时间相，即通常所谓的季节性活动节律或日活动节律，实际上也就是种群或个体利用食物、空间或其他自然资源的时间配置。

蝙蝠昼伏夜出，白天栖息在房檐、树洞、洞穴等庇护所日眠，夜间飞出去觅食，总体上属于夜行性动物类群。可是，不同物种、同一物种的不同种群、同一种群的不同个体的日活动节律可能存在某种程度上的差异，即使是同一个体在不同的日期或在不同的环境条件下，其活动节律也可能存在一定的差异，这与物种特性、气候、天气、食物条件、人为干扰情况、个体的生理状态、饥饿程度等因素密切相关。

虽然蝙蝠的夜间活动节律存在一些差异，但通常可分为三种类型：一类是黄昏出洞，整夜在洞外觅食、暂栖及社交，黎明才回到洞内的"整夜不归型"（overnight cave-outer）；一类是黄昏出洞后，在洞外寻找食物或进行社交活动一段时间后返回洞穴栖息，之后又出洞活动，两次或多次进出洞穴的"多次往返型"（commuter）；还有一类是介于两者之间的，出洞后尚未到黎明就提前回到洞内，且不再出洞的一次性往返的"提前回洞型"（early returnee）。实际上，这三种类型也是一个连续谱（统），没有明确的界限，即使是同一种蝙蝠的不同个体，也通常会因自身的生理状态（如疾病情况、饥饿程度、哺乳等）或护幼的需要而出现日活动节律方面的调整或相应的变化。因此，在同一个洞穴中，蝙蝠的进出洞虽然具有明显的高峰期，但在高峰期之间也通常可以发现少数个体进出洞的情况，甚至还可能有一个或多个次高峰期。

在具体的研究过程中，要注意所研究对象夜间活动节律的普遍性，看主要是属于哪一种类型，在此基础上，还应关注其他的规律性、差异性、特殊性及其影响因素。例如，我们在野外多次观察发现，大蹄蝠大体上属于"整夜不归型"蝙蝠，其种群中的多数个体会在黄昏时刻外出觅食，直到第二天天亮前才返回洞中，即使它们出洞及觅食期间连续下大雨，它们也基本上是"守时"出洞，且并不提前返回洞穴，这与我们平常可能认为的"蝙蝠雨天不出洞或下雨会提前回洞"的情况不符。我们的观察发现，虽然天下着大雨，但林间仍有一些昆虫等动物在活动，然而大蹄蝠是在下雨的环境中觅食，还是远飞到了没有下雨的地方去捕食？我们并不清楚。今后可望借助无人机或其他专用的 GPS 定位系统予以跟踪研究。

我们的观察还发现，大蹄蝠通常在日落后的（8.1±2.5）min 内出飞，而在日出前的（26.3±6.7）min 内进洞；在育幼期间，一般在傍晚 19：00～20：00 时飞出，在 20：30～22：30 时飞进，进洞后直到凌晨 4：20～5：20 才再次飞出，5：30～6：00 又再次飞进洞内；大蹄蝠的出飞过程可分为探察预备期（第一只大蹄蝠从洞内飞出在洞口附近盘旋直到第一只悬挂在洞口顶壁）、洞口聚集等候期（从第一只在洞口顶壁悬挂直到悬挂的大蹄蝠数量达到最大值）和集中离洞期（洞口顶壁悬挂的大蹄蝠数量从最大值到全部飞离洞口）；大蹄蝠每年在 3 月底开始从冬眠中苏醒，4～5 月（具体时间因洞而异）陆续从洞穴的深处飞至离洞口约 100 m 的范围内活动与繁育后代，11 月至翌年 3 月则飞至洞穴的深处（人体无法进入的洞道）进行冬眠；影响大蹄蝠出飞与进洞的主要生态因子是光照，当光照强度为 100 lx 左右时，大蹄蝠开始从洞内飞到洞口附近盘旋；在光照强度约为 50 lx 时，大蹄蝠大规模在洞口顶壁悬挂，并有少量个体开始飞离洞口；在光照强度为 10 lx 左右时，大蹄蝠集中大量飞离洞口，到光照强度为 0 lx 时，基本上全部飞离洞口；而在凌晨光照强度小于 10 lx 前，几乎所有的大蹄蝠都飞进了洞穴（吴涛等，2019；吴涛，2020）。

栖息在同一山洞中的蝙蝠，具有各自的时间生态位，但彼此之间是高度重叠的，一般栖息于洞口附近的种群或个体先出洞，后进洞，而栖息于洞穴深处的种群或个体后出洞，先进洞，但通常是随机性的或混合式的，并没有明显的规律性，时间生态位分离的现象并不明显。

12.1.2 空间生态位

空间生态位（spatial niche）是指一个种群或个体在自然生态系统中所占的三维立体空间位置。在洞穴中，蝙蝠总是栖挂在洞的顶壁和侧壁，通常不会在地面活动，主要原因是，其前臂及掌、指骨细长以支撑翼膜，后肢骨也很细弱，前肢、后肢的肌肉特化，整个体型构造只适合于倒挂栖息和悬空起飞，而不适合在地面爬行运动。在同一洞穴中通常有多种蝙蝠栖息，它们通常栖挂于不同的洞段或同一洞段的不同顶壁、侧壁位置，存在某种程度上的种间、种群间及个体间的空间生态位分离（niche separation）现象（洞穴中的栖点多样性为洞栖性蝙蝠的空间生态位分离创造了条件，参见第 11 章），但混群现象也较为常见，如普氏蹄蝠常与大蹄蝠混群，在中华菊头蝠的冬眠群中有时也可见到皮氏菊头蝠等其他种类的个体。

12.1.3　温度与湿度生态位

温度和湿度是重要的生态因子，每一种生物都只能生活在一定的环境温度与湿度范围之内，即在自然生态系统的温度与湿度维度上具有其特定的温度生态位（temperature niche）与湿度生态位（humidity niche）。蝙蝠翼膜宽大，体表面积大，体内的水分散失较快，因此必须生活在空气相对湿度较高的环境中；另外，蝙蝠体型小，代谢快，体热散发快，相对较低且稳定的环境温度有利于其保存体热，节省能量，而洞穴空气中的相对湿度通常都在 80% 以上，有的甚至高达 95% ~ 100%，空气温度通常也相对稳定在 12 ~ 20℃，这对蝙蝠体内水分及热量的保存非常有利，这也就是许多蝙蝠选择在洞穴中栖息的重要原因之一。由于不同的洞段具有不同的温度、湿度条件（如洞口段的温度、湿度因受洞外天气的影响波动很大，而洞的深处温度、湿度相对稳定），栖于同一洞穴不同的洞段即意味着在空间生态位分离的同时，温度、湿度生态位也存在一些差异，但总体而言，洞栖性蝙蝠的温度、湿度生态位是高度重叠的。

当然，正如第 3 章所述，洞穴的空气温度与湿度还存在明显的季节性变化，而这种变化可能也是洞栖性蝙蝠种类与数量发生季节性变化的重要原因之一。例如，每年的秋末冬初，西南鼠耳蝠就飞到湘西州境内溶洞的洞口段冬眠，第二年春末飞走，其迁飞行为很可能受到环境温度、湿度变化的调控。

12.1.4　营养生态位

生物体最基本的生存需要是对营养与能量的需要，因此营养关系（如捕食者与猎物之间的捕食关系；寄生虫与宿主之间的寄生关系等）也是自然生态系统中最重要的一类生态关系，而营养生态位（trophic niche）是指一个种群或个体在自然生态系统的食物网（food web）中所处的位置，或在物质循环和能量流动过程中所发挥的作用。

洞栖性蝙蝠白天在洞内"睡觉"，傍晚才开始出飞，到洞外觅食，主要捕食夜间活动的昆虫等无脊椎动物。饱食后飞回洞内，食物经消化后，大量的粪便被排到栖挂处下方的地面上，日积月累，可堆积成非常厚实而宽大的蝙蝠粪场（图 12-1a），为洞内许多动物的生存及繁衍提供营养与能量来源。实际上，许多无脊椎动物的活动范围及微生物的分布都局限于蝙蝠的粪场及其周围（图 12-1b）。因此，蝙蝠不仅对于洞外自然生态系统及农林生态系统的稳定起着非常重要的作用，而且对于许多洞穴生物类群的生存和繁衍也具有关键性的作用，发挥着伞护性（umbrella-covering）的功能。

图 12-1　在湖南小溪国家级自然保护区金鸡洞二洞堆积的大蹄蝠粪场上，可见大蹄蝠捕食后所遗留的蝉的膜翅和甲虫的鞘翅等昆虫的残体（a），一群马陆正在蝙蝠的粪场周围活动和取食（b）（刘志霄 摄）

12.2 洞栖性蝙蝠的关键作用与"伞护种"功能

在洞穴生态系统中，许多生物种类的生存和种群发展都依赖于洞栖性蝙蝠。缺乏蝙蝠栖息的洞穴，其生态系统的结构与功能会极度简化，蝙蝠种组的存在是洞穴生物多样性和洞穴生态系统复杂性的主要指标。

蝙蝠的活体、尸体和粪便等排泄物都可成为许多洞穴生物生活的营养条件或藏身之所。

小泡巨鼠（*Leopoldamys edwardsi*）（图 12-2a）是湘西州境内溶洞及废弃矿洞中较为常见的大型鼠类，其攀爬及跳跃能力很强，有时可窜到蝙蝠栖挂之处捕食蝙蝠，对蝙蝠种群存在一定程度上的威胁。

灰林鸮（*Strix aluco*）等鸮形目（Strigiformes）鸟类，傍晚时分，经常在洞口附近守候出飞的蝠群，伺机捕食，有时还可见其飞进洞内栖息（图 12-2b）或搜捕蝙蝠。

图 12-2　小泡巨鼠（*Leopoldamys edwardsi*）在洞壁窜行，可伺机捕食蝙蝠（a）；在湘西州吉首市马颈坳镇炎家桥大洞栖息的灰林鸮（*Strix aluco*）可伺机捕食栖息在洞内的蝙蝠（刘志霄 摄）

蝙蝠还是洞内蜱、螨、蠼螋或蝠螋（简称"螋"）、洞蛭（参见第 7 章）、蠕虫、线虫、原虫等内、外寄生生物，以及病毒、病菌等微生物的主要宿主。蝙蝠的粪便（图 12-1）及尸骸（图 12-3）更是洞穴甲虫、灶马、蝇、蚊、潮虫、马陆、软体动物、蚯蚓、扁虫、原虫等无脊椎动物及菌类等微生物的主要营养、能量来源，或栖息、藏匿场所。

图 12-3　在洞穴地面上正在腐烂的蝙蝠尸体（a）、腐烂后残存下来的骨骼及毛丛（b），以及较为完整的新鲜尸体（其后肢和前臂上的肌肉可能是被灶马等动物啃食掉了）（c）（刘志霄 摄）

因此，蝙蝠在维持洞穴生态系统稳定方面起着关键性的作用（图 12-4），犹如一把巨"伞"伞护着许多洞穴生物的生存，洞栖性蝙蝠无疑是自然生态系统中最具有代表性的"伞护种"之一。

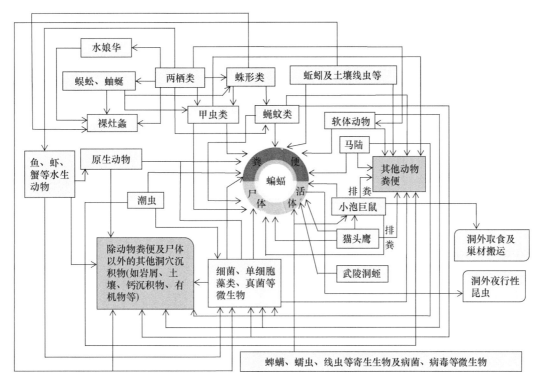

图 12-4　蝙蝠在洞穴生态系统中的关键性作用简图（刘志霄 供）

伞护种（umbrella species），是保护生物学上一个非常重要的概念，是指一个物种或同资源种团（guilds，即由生态学特征很相似的生物所构成的物种集）的生境需求能涵盖其他物种的生境需求，因此对该物种或种团实施保护的同时也为其他物种提供了保护。与洞穴中的无脊椎动物类群及某些其他的脊椎动物种类相比，洞栖性蝙蝠的个体及种群规模通常较大，其活动范围或地理分布也较广，能够在同一地区或不同地区的洞穴之间迁移，其生境需求又能综合体现许多洞穴粪生性动物及其他洞栖性动物的生境需求，虽对人类的干扰较为敏感，但只要控制干扰的频度与强度，其种群会长期维持相对稳定，并且其世代周期也较长，既有复杂的生态关系，又易于取样和观测，因此是洞穴中具有"全局"意义的典型的伞护种。

如何将洞栖性蝙蝠在"伞护种"概念下予以切实保护则是今后洞穴生态系统与洞穴生物多样性深入研究与保护实践所需努力的方向。

12.3　洞栖性蝙蝠的生态（服务）功能

洞穴生态系统是全球生态系统（global ecosystem）的重要组成部分，虽然相对独立，但与洞外的生态系统密切关联，时刻都在进行着物质交换、能量流动与信息传递，因此洞穴生态系统也是洞外生态系统生态（服务）功能的重要贡献者，为人类提供给养、调节、支持和文化四大生态功能服务，如提供食物、水源、药物、原材料；减缓旱涝灾害、调节气候、净化空气、缓解干扰、控制有害生物；维持地球生命生存环境的养分循环，保持或更新土壤肥力，维护生物多样性的格局及演化，协同保证其他所有生态系统提供所必需的基础功能；使人们通过精神感受、知识获取、主观印象、休闲娱乐、美学体验等方式从生态系统中获得非物质利益等。

洞栖性蝙蝠作为洞穴生态系统中的关键种组及伞护种组，其生态（服务）功能主要体现在以下5个方面。

（1）蝠群夜间出洞，利用夜间洞外许多空间生态位，捕食夜行性昆虫等无脊椎动物（包括大量的森林、草原及农业害虫），在维持农、林、草地生态系统结构、功能及生产力方面起着非常重要的作用。

（2）白天，蝠群在洞内栖息，将大量的粪便排在洞穴的地面上或水体中，维护着洞穴陆生、水生、寄生、粪生、腐生等许多生物类群的生存，是洞穴生态系统结构与功能的"忠实"维护者，也是地球物质循环、能量流动、信息交流及生物多样性演化与维护的重要环节。

（3）蝙蝠的干燥粪便可用作中药，俗称"夜明砂"，《神农本草经》将其列为中品，其味辛、性寒，具有清肝明目、散淤消积的功效，主治青盲、雀目、小儿疳积、瘰疬、疟疾、目赤肿痛、白晴溢血、内外翳等病症。

（4）蝙蝠的粪便是良好的肥料，洞穴周边的群众普遍都有到洞内采集蝠粪用作田地肥料以提高耕田、旱地肥力的传统做法（图12-5）。当然，从当前生物多样性保护的角度来看，这种对洞穴生物群落毁灭性的做法不宜提倡。

（5）蝙蝠是人类文化及艺术创作的重要源泉，特别是在中国传统文化中，因"蝠"与"福"同音，蝙蝠的形象倍受推崇。

图12-5　这是图12-1a的粪场被当地村民"一扫而空"之后（将蝙蝠的粪便用作旱地或水田的有机肥料）所留下的场面（刘志霄 摄）

12.4　洞栖性蝙蝠的生态代理性

生态代理性（ecological surrogation），是指在自然生态系统中，某一物种或种组的生态习性及生境需求具有一定的普遍性和代表性，基本上能反映其他同域分布的同一分类群、相近分类群或相关分类群的生态学特性与生态保护价值，对其实施就地保护，也就意味着对所有这些类群予以了保护。具有生态代理性的物种即为"生态代理种"（ecological surrogate species）。除了上述的"伞护种"外，生态代理种通常还包括"环境指示种"（environmental indicators）、"种群指示种"（population indicators）、"生物多样性指示种"（biodiversity indicator species）和"旗舰种"（flagship species）（李晓文等，2002）。

如上所述，在洞穴生态系统中，洞栖性蝙蝠既是"生态关键种"（ecological key species），也是"生物多样性指示种"和"伞护种"。因此，洞栖性蝙蝠的种类和数量可作为洞穴生物多样性与洞穴生态系统复杂性和稳定性的衡量指标。当然，不同的蝙蝠具有不同的生态习性，有的营孤居生活，有的可集成数百只乃至数百万只以上的大群，并且不同的地域也具有不同的生态条件，因此生态代理的适合性也因蝙种及地域而异。

就湘西州乃至整个武陵山地区的溶洞而言，大蹄蝠（*Hipposideros armiger*）是最合适的"生态代理种"，特别适合于作"旗舰种"，其主要原因有如下几个。

（1）体型较大，特征明显，易于识别，并且性情凶猛，具有"霸气"，容易引起人们的关注。

（2）迁移能力强，地理分布范围较广，在洞栖性蝙蝠中具有广泛的代表性。

（3）常在洞口集群栖息，对人类活动的干扰较为敏感，其种群数量的变化与人类的干扰活动密切相关。

（4）大蹄蝠能够与多种蝙蝠共栖或混栖一洞，在大蹄蝠种群多年稳定栖挂的地面上总是堆积着很厚实的粪场，粪场及其周围的生物种类丰富多样。

因此，尽管目前大蹄蝠的种群数量尚未达到濒危的程度，没有被列为保护动物，但确实是比较理想的洞穴生态系统及洞穴生物多样性保护的"旗舰种"。

而洞栖性蝙蝠作为一个整体，不仅在现生洞穴生态系统中起着关键性的作用，具有伞护种的功能，是生态代理种组，而且其在洞穴中留存下来的骨骼化石及粪化石在洞穴古生物学研究方面也具有重要的参考价值。

第四篇　洞穴古生物学与洞穴考古学、旅游探险及资源保护

　　洞穴生态系统经历了漫长的地质历史变迁和复杂的物理、化学与生物学过程，是地球表层物质演化、生物进化及人类文化演进信息的忠实记录者。发掘、揭示、保护和利用洞穴系统的科学意义、景观价值与文化内涵既是基础洞穴生物学发展的现实要求，更是应用洞穴生物学研究与实践的基本任务。

第13章

洞穴古生物学与洞穴考古学

人类是具有历史厚重感的高级智慧生物，洞察自身和地球上其他生命形式起源与进化的过程及其影响因素是人类科学研究的重要方面。洞穴作为地球表层物质演化的综合体，隐藏着古地质、古环境、古气候、古生物、古生态及古人类演化的诸多信息，是古生物学和考古学研究的理想场所。

13.1 古生物学的基本范畴

地球上的生命推陈出新、生生不息，这主要有赖于地球表层物理、化学及生物的风化、侵蚀、溶蚀与分解等多种作用，在生物地化循环（biogeochemical cycle）的过程中，绝大多数生命体都被裂解消失，但在某些特殊条件下，生物的骨骼、身体的坚硬构件，有时软体部分甚至全体，都可被水沉淀物或地质堆积物迅速掩埋，在岩层中保存下来，经过长期一系列的生物、物理、化学作用而逐渐形成化石（fossil）。化石的石化程度差异很大，通常保存在较新地层中比重较轻且呈浅黄白色的化石石化程度较浅，称为亚化石（subfossil）。

化石的类型多种多样，主要包括：①整体化石，即生物体完整保存下来的化石，如在西伯利亚第四系冻土层中发现的生活在 2.5 万年以前的猛犸象的遗体；②硬体化石，即生物体的骨骼、硬壳等坚硬组织结构被保存下来而形成的化石，这也是最常见的化石类型；③分泌物或排泄物化石，如琥珀、粪化石（coprolite）；④活动遗迹化石，即动物或古人类活动所遗留下来的痕迹，如足迹化石（ichnofossil）；⑤模铸化石，即古生物遗体留在岩层或围岩中的印痕和复铸物，如植物叶片的印痕、贝壳的印模等。化石的发现、采集、鉴定及意义解读是古生物学工作者的主要任务。

古生物学（Palaeontology / Paleontology / paleobiology），是关于曾经存在过的生命形式及其发生发展规律的学问，主要研究全新世以前（即大约 1.17 万年前）在地球上生存过的生命系统的组成、分类、分布、行为、生态、进化及其相关的古环境、古气候的演化规律，其主要研究对象是保存在岩层中的生物化石。早在公元前 5 世纪人类就开始了对古生物现象的观察与思考，但直到 18 世纪初乔治·居维叶（Georges Cuvier）的《比较解剖学》问世才标志着古生物学的诞生。19 世纪，古生物学快速发展，迄今已成为一门重要的生物学和地质学交叉学科，其理论、方法和技术还涉及物理学、化学、工程学、数学和计算机等学科领域。古生物学内涵丰富，主要的交叉性分支学科有古脊椎动物学、古生态学、古气候学等。凭借现代科学知识与技术手段，古生物学家能够描绘 38 亿年以来地球生命的进化历程。

古生命体主要以实体化石（body fossil）或遗迹化石（trace fossil）的形式在地层中保存，对于体型微小难以留存化石的古生物也可以利用地球化学的手段获得相关的信息。弄清这些遗骸、遗物或遗迹的地质年代是古生物学研究的重要任务，但通常难度很大，在条件较好的情况下，可采集化石标本及相关的岩层样品进行同位素年龄测定（radiometric dating），测得的绝对年代可精确到 0.5% 以内，但大多数古生物学者只能利用传统的生物地层学（biostratigraphy）上所谓的"智力拼图法"（jigsaw puzzle）进行相对年龄的判定。对古生物留下来的痕迹进行分类也很不容易，因为绝大多数标本都残缺不全，甚至非常的破碎，许多可见的性状也模糊不清，很难将它们按照林奈的分类系统进行分类描述与归类编排，于是古生物学者通常采用简略的支序分类方法有选择性地绘制"谱系图"（dendrogram）以研究古生物之间的系统发育与分类关系。自 20 世纪 80 年代后期以来，分子系统学得以诞生并快速发展，使得研究人员可以通过提取化石标本中的 DNA 进行地质年代的判定、物种分歧时间的确定以及物种之间亲缘关系的分析，可是其基础概念"分子钟"（molecular clock）是否可靠仍存在一些争议。氨基酸地质年代分析法的运用通常也存在样品质量及可靠性方面的具体问题。因此，在实际工作中，宜采用多种方法进行综合性的分析与研究。

13.2 考古学的基本范畴

人类需要了解自然，也需要了解自身，知晓过去，可镜鉴未来。洞穴考古（cave archaeology）是人类洞察自身进化与文化历程的重要途径。

考古学（archaeology），是指通过对人类活动所遗留下来的实物进行分析或复原来探究过去人类的生活状况的一门学问，主要依托史前古器物（artifacts）、食物残骸（biofacts）、生活遗迹、古建筑（ancient architecture），以及其他人文景观等古人类（或古代人）所遗留的物质文化实物对其生活方式及生活状态予以追溯，探索人类进化与文化发展的轨迹及其影响因素，从而为人类的未来及可持续发展提供科学依据。考古学属于社会科学范畴，是历史科学的一个组成部分，欧洲人通常将其视为一门独立的学科或其他人文科学的一个分支，但在北美考古学从属于人类学（anthropology）。

考古学家不仅研究史前史（prehistory），也研究有正式文字记载之后的人类历史，其时间跨度最早可追溯到 330 万年前［在东非肯尼亚洛迈奎（Lomekwi）古人类遗址中发现了迄今已知最早的石器］，并可一直延续到最近的几十年。当然，不同的国家考古学研究年代的上限、下限也有所不同。在中国，下限通常定在 1644 年明朝灭亡的那一年，其上限则以人类活动所遗留下来的最早的实物年代为标志，因此一旦有新的实物被发现，上限就会随之前移。人类的旧石器时代约相当于地质历史时期的中更新世中期至晚更新世晚期。更早些的更新世早期旧石器多无确切的断代证据。

考古学的实践性很强，寻找、挖掘、修缮、鉴定、解读和展现远古人类及古近代历史留下的遗址、古物或古董等实体及其意义，是一系列繁重的科研与社会活动，涉及文学、艺术、社会及自然科学诸多领域的理论与技术，特别是地质学、古生物学、人类学和历史学是考古学的主要依托学科，多学科的综合研究是考古学的必然趋势。考古学也具有重要的理论意义，弄清一个国家或地区的来龙去脉、历史渊源和文化传承是考古学研究的主要目标，因此考古发现倍受各国政要及科学界的重视，但如今其本身仍面临着一系列的问题，如真赝品的鉴定与证伪、文物的偷窃与抢夺、墓穴的盗掘与乱挖，以及普通民众对考古工作的漠然等。

13.3 洞穴堆积及其在古生物学和考古学研究中的意义、方法及存在的问题

13.3.1 洞穴堆积的意义、来源及类型

古生物学者、考古学者及有经验的探洞者通常对洞穴中的沉积物或堆积物比较敏感，因为洞穴堆积层的存在意味着生物化石或文化层发现的可能性。

洞穴环境通常相对封闭而稳定，受外界气候及气象因子的影响较小，洞穴内物质的沉积速率快，条件相对温和，侵蚀率相对较低，洞穴深处的温度、湿度及气体组成通常较为恒定，有的洞穴或洞道的构造非常特殊，其内部的非生物因子、生物因子，以及物理、化学、地质及生物学过程有利于形成洞穴堆积，并可能在沉积岩中保存生物体、生物遗骸（biotic remains）或遗迹，形成各种类型的化石（图 13-1）。

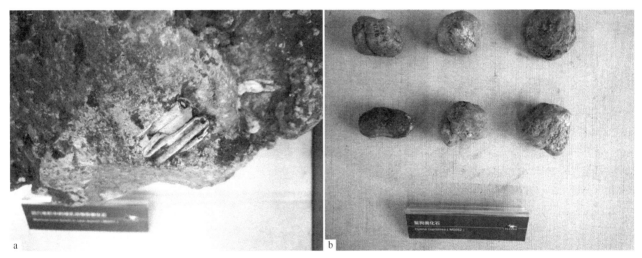

图 13-1　洞穴堆积中的哺乳动物骨骼化石（a）和鬣狗粪化石（b）（刘志霄 摄于中国古动物馆）

不同的洞穴堆积具有不同的厚度，有的洞穴堆积可厚达数十米，还可划分为多层，不同的堆积层形成于不同的时期，其颜色、组成、质地及形成过程可能差异很大，有的层位可能含有丰富的化石，隐藏着古生物或古人类及其所生存的环境的诸多信息。

洞穴堆积一般有两种来源：一种是洞穴本身或内部物质的堆积，即由于地壳运动、海陆变迁、地震、崩塌、侵蚀、溶蚀、酶解等地质构造运动或物理的、化学的、生物的综合作用，洞穴围岩裂块、洞内的化学沉积物碎块、泥沙、土壤、生物体等堆积在一起形成沉积岩；另一种是洞外的石块、泥沙、土壤、生物体被洪水、河水、溪流或其他生物带入洞内，在洞内累积并逐渐堆积而石化成层。洞穴堆积通常是复合性的，即既有洞内成分，也有洞外成分，只是洞内、洞外成分的比例与内含不同而已。纯粹的洞穴内部物质堆积，或纯粹的洞穴外来物堆积都极为少见。

根据堆积物的位移情况可将洞穴堆积分为原生堆积（primary deposit）和次生堆积（secondary deposit），前者是指堆积物并没有发生大的位置变化而是在原来的位置及其附近发生了沉积过程；后者则指堆积物发生了较大范围内的位移，经搬运之后在新的场所发生了沉积。次生堆积的情况比较复杂，堆积物的位置变换既可能发生于不同的洞穴之间，或同一洞穴的不同洞道之间，也可能是从洞外转移到了洞内。位移的主要动力是洪水的冲刷泛流和动物的搬运。就某一洞穴堆积而言，往往既有原生堆积，也有次生堆积。

13.3.2   洞穴堆积中的动物化石

现在一般认为，在洞穴堆积物中能够找到化石通常并不是因为这些动物生前就生活在洞穴中，而是动物在地表死亡之后，其尸体与泥沙一起被洪水或激流冲到了洞穴中，经过石化作用，得以保存为化石。这一水流搬运过程通常距离较远，同时伴随着石块、砂砾、泥沙、水体的挤压、碰撞、磨蚀、冲蚀或水蚀作用，因此动物身上的软体组织、较为脆弱的头骨和其他骨骼在这一过程中都容易破碎，很难完整地保存头骨或整体骨架，而较为坚硬的牙齿、颌骨、肢骨、蹄、角、贝壳等硬体部分相对容易保留下来，逐渐形成化石。但这些硬体部件在多数情况下也残缺不全，时常还残存着被鬣狗、豪猪等具有食腐、啃骨、啮咬习性的食肉类、啮齿类等动物噬啃过的痕迹。

对于破碎而零散的化石（图13-2a～k）进行挖掘、修复与鉴定，需要丰富的古生物学知识、技术与经验，也需要对现生生物的区系、形态、结构、分类、分布、行为、生态等现代生物学知识有比较透彻的理解，才可能正确地解读化石所隐藏的古生物及其环境信息。还须注意的是，洞穴化石的石化程度可能差异很大，一般可通过颜色及重量予以大致判断，通常石化程度较高的化石颜色较深，也较重，石化程度较低者较轻且略呈白色或灰白色。

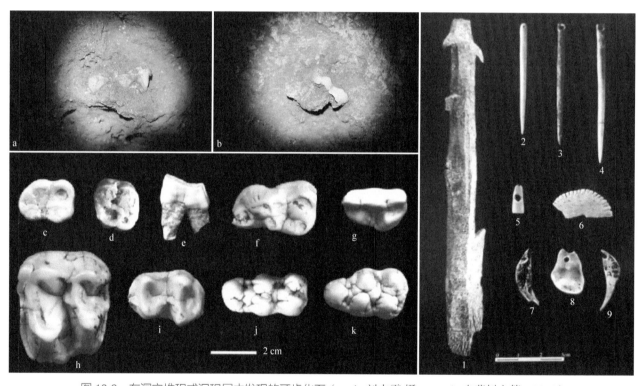

图13-2   在洞穴堆积或沉积层中发现的牙齿化石（a、b.刘志霄 摄；c～k.自裴树文等，2010）
及旧石器时代的骨角工具和垂饰（右图，自黄慰文和傅仁义，2009）

a、b.仍埋藏在洞穴堆积中的哺乳类牙齿化石；c.步氏巨猿（*Gigantopithecus blacki*）左下第三臼齿（m_3）冠面观；d、e.步氏巨猿左上第一臼齿（M^1）冠面与侧面观；f.武陵山大熊猫（*Ailuropoda wulingshanensis*）右下第一臼齿（m_1）冠面观；g.武陵山大熊猫左上第四前臼齿（P^4）冠面观；h.中国貘（*Tapirus sinensis*）左上第四前臼齿（P^4）冠面观；i.中国貘右下第二臼齿（m_2）冠面观；j.裴氏猪（*Sus peii*）左下第三臼齿（m_3）冠面观；k.裴氏猪右上第三臼齿（M^3）冠面观。右图：1.渔叉；2～4.骨针；5、7～9.穿孔兽牙；6.小骨盘

除了骨骼类（图13-1a）或硬体类化石外，洞穴环境还相对有利于其他生物材料的石化，如较易形成粪化石（图13-1b），或鼠类的食场（feeding site）、粪场遗迹等。

在洞穴堆积物中较为常见的化石是哺乳类（图13-2a～k）和贝类的化石。前者除了喜栖于洞穴中的翼手类外，还包括奇蹄类、偶蹄类、有袋类、啮齿类、食肉类、灵长类、长鼻类等许多类群，也有不少人类的化石。有的哺乳动物化石可追溯到 6550 万年前的早新生代（early Cenozoic），自那以后一直到现代各个时期的化石都有。基于对洞穴中哺乳动物或古动物群化石的研究可以评价气候变化对生物演化及人类活动的影响。

从洞穴堆积物中获得的化石有助于研究古动物群，尤其是新生代动物群的演化史。含第三纪动物化石的洞穴大部分都已经遭受了破坏，但是，洞穴的含化石的地层有时还保存着，它们填充在侵蚀沟和凹坑内〔如发现于法国凯尔西（Quercy）、捷克斯洛伐克诺娃韦亚（Nova Véa）、波兰维则（Węzé）以及其他地方的一些洞穴动物化石〕，而第四纪的动物化石通常发现于尚未受到严重破坏，保存还相对完好的洞穴中。在英伦三岛的洞穴中，所发现的化石种类特别丰富多样，类群齐全，曾发现大量的中生代（1 亿年前）鱼牙、鱼鳞和爬行动物的牙齿，在 2 亿年前（三叠纪）的洞穴中，还发现了蜥蜴、小恐龙和早期哺乳动物的化石。约 200 万年前的第四纪早期，由于全球性的气候变冷，英伦三岛的动物群发生了显著的变化，一些喜暖的动物向南迁徙；当气候转暖时，它们又向北迁移，因此，在洞穴化石群里，既有南方型的河马、古象，又有北方型的披毛犀、驯鹿和獾。据考证，英伦三岛的洞穴至今还有动物、植物遗存在继续堆积（黄万波，1981a）。

由于组织自溶和微生物的分解作用，动物尸体会很快腐烂，在植物根和腐质（植）酸的作用下，尸体中的骨架逐渐解体。只有在沙漠、河流的沉积层及洞穴这些缺乏植物生长的地方，动物骨架的整体或部分才可能得以不同程度地保存下来而成为化石。与沙漠及河流沉积层相比，洞穴更有利于动物遗骸的聚积和保存。一方面，肉食性鸟类和哺乳类有时可能将其捕获的猎物带进洞内取食或储藏，石器时代营穴居生活的人类也惯常将在洞外捕获的动物带进洞内烧烤、食用或洞藏。另一方面，洞穴环境相对稳定，遗骸的裂解作用相对缓慢，并且洞穴堆积里的大量碳酸钙也有助于很好地保存骨块，即使如蝙蝠等小型哺乳动物身上那些细小的骨节也可能完整地保存下来（图 13-3）（科瓦尔斯基，1964）。

图 13-3　在河南确山洞穴中发现的属于中新世最晚期（大约 500 万年前）含有零散蝙蝠骨骼化石的洞穴堆积（刘志霄 摄于中国古动物馆）

化石的形成需要苛刻的条件，因此化石的发现通常具有很大的偶然性。在缺乏任何线索的情况下，要在大面积的河流沉积层或沙漠堆积里搜寻化石，无异于大海捞针。可是，在挖掘覆盖面积相对窄小的洞穴堆积时，人们比较容易在洞内发现动物的化石或骨块。

因此，不难理解，许多第四纪的哺乳动物化石最初发现于洞穴，尽管它们生活时的分布范围可能并不局限于溶洞丰富的喀斯特地区。这一事实，已反映在许多沿用至今的动物拉丁学名里，也即许多动物的拉丁学名中都包含"spelaeus"这一种名，意为"洞穴的"，如洞熊（*Ursus spelaeus*）（图 13-4）、洞狮（*Panthera spelaea*）、洞穴鬣狗（*Crocuta spelaea*）等。特别值得注意的是，许多前人（Prehuman）和原始人类化石（如南方古猿、中国猿人和尼安德特人）也发现于洞穴。

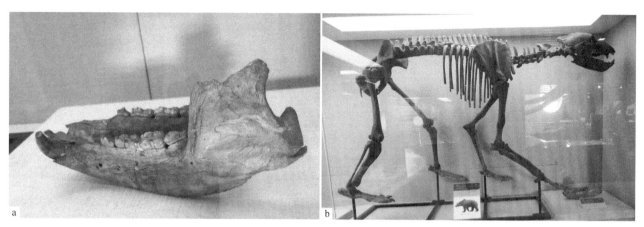

图 13-4　产于北京周口店晚更新世洞穴堆积中的洞熊（*Ursus spelaeus*）头骨化石（a）和整体骨骼化石（b）（刘志霄 摄于中国古动物馆）

13.3.3　洞穴堆积与古人类化石及遗物

自史前时代以来，洞穴及其周围环境一直是人类喜欢探究和勤于利用的自然景观。在世界范围内，早期人类及古人生活情形的许多方面都可在洞穴中找到一些线索或痕迹。

早在 1924 年，就在南非约翰内斯堡（Johannesburg）附近一个山洞的洞穴堆积中发现了一个不完整的 7 岁左右的南方古猿（*Australopithecus*）（简称南猿）的头骨化石。次年，澳大利亚解剖学教授雷蒙德·达特（Raymond Dart）对其进行了首次描述与报道。之后，又在东非及非洲南部的其他地区陆续发现类似的化石，包括头骨、骨盆和四肢骨等。南猿是人科（Hominidae）动物中一个早已绝灭的属，是正在形成中的人的晚期代表，大致生活于距今 550 万～ 130 万年前。

尼安德特人（*Homo neanderthalensis*）简称尼人，被认为是现代欧洲人祖先的近亲。从大约 12 万年前开始，他们统治着整个欧洲、亚洲西部以及非洲北部。但大约在 2.4 万年前，这些古人类消失了。科学家在德国尼安德特山谷（The Neanderthal Valley）的一个洞穴中首先发现了早期尼人曾经在这一带生活的证据。

在 4 万～ 3.1 万年前，克鲁马努人（Cro-Magnon）在现今法国南部和西班牙北部的洞穴中居住，他们在洞穴中御寒，并开展日常生活，还在洞壁上绘制了对于现今的我们来说具有艺术渊源价值的壁画。克鲁马努人被认为是新人阶段（Neoanthropus period / stage）的代表。新人阶段，又称晚期智人（*Homo sapiens sapiens*）阶段，大约开始于 5 万年前。新人与现代人在体态上几无差别，制造的石器已经相当精致，器型的式样与功用呈现多样化，并能制作骨器、角器及装饰品（图 13-2 右图），还具有绘画、雕刻等艺术活动。

大约从 1 万年前起，人类进入全新世［即新石器时代（Neolithic Age）或现代人的发展阶段］，开始使用磨制的石器进行生产与生活。晚期智人走出非洲之后，石器的制作和早期智人差异很大，不再是那些简单粗糙打制的切割用具，而是一系列种类繁多、制作工艺精细、使用目的多样的新型石器。

在距今大约 5000 年前，古人进入了文明时期，考古出土的陶器、青铜、铁器、玉器、炭化纺织品残片和水稻硅质体等文化遗存表明，几千年前古人的冶铸技术、农业、制陶、纺织业等已相当发达。青铜、铁器为金属品，易被腐蚀，而陶器、玉器相对易于保存，因此在洞穴堆积及墓葬中发掘较多。但必须指出的是，并非所有的洞穴都适合人类居住，也不是任何岩洞都能发现远古人类的遗址。

13.3.4　洞穴堆积的形成与动物群遗骸的积聚

绝大多数洞穴可能都经历了漫长的地质历史演变。在不同的地质历史时期，随着地球海陆变迁、地块升降、地震、山体崩塌、泥石流、洪水泛滥冲蚀、地下水对岩层的溶蚀，以及雨水或地表水对岩壁的侵蚀、岩壁的自然风化与崩落等地质事件的发生而形成不同的洞穴形态与结构，洞道内部结构的形成过程可能非常复杂。因此，洞道的层次结构、洞内沉积物的种类组成及成因也可能错综复杂。

洞穴堆积物（speleothem）的形成时间通常晚于洞穴本身的形成时间。在不同的地球演化阶段，生物门类千差万别，但生物界总的趋势是由简单到复杂、由低级到高级演化，每个时期都有其占优势的门类，在地层中埋藏着具有时代特征性的化石，生物群落的演替是地球演化最重要的表现形式之一。在具有优越埋藏条件的地方，尤其是在洞穴堆积层内，生物群落演替过程中所保存下来的化石可能隐藏着地球环境演变的诸多信息。

不同的洞穴堆积（cave deposit）具有不同的形态、颜色、内涵与成因。依据洞穴堆积形成的主要动力条件可将洞穴堆积分为两种类型：水成堆积（water-laid deposit）和崩塌堆积（colluvial deposit）。

当洞穴的位置还处于地下水渗透循环范围之内时，大致在洞穴形成的同时通常会在洞口附近和洞穴深处的石质基底上直接覆盖、沉积一些来自洞外的物质，形成水成堆积。水成堆积中通常不含任何的动物化石。在中欧，水成堆积常常是冰期之前形成的。水成堆积的时代必须用地质学和地貌学的方法，通过鉴定与之几乎同时形成的洞穴岩壁的时代才能确定。

可是，当由于河谷的下切以及地下水面的下降，洞穴变干之后，洞穴深处的沉积也就几乎停止了。这种水成堆积停止的现象，可以由这样的事实予以证明：在东欧的一些山洞里，洞熊和旧石器时代的人的足印完整地保存了下来而没有被任何的沉积物所覆盖（科瓦尔斯基，1964）。

水位下降后，虽然洞穴深处的沉积过程停止了，但洞口附近的沉积过程并未停止，甚至还在加强。洞外的土壤、有机物（动植物的尸体）和洞顶崩落下来的石块堆积在洞口形成崩塌堆积。特别是在中欧，在更新世特有的严寒气候条件下，洞顶岩层的机械风化和崩塌作用剧烈，因此这一时期的洞穴沉积物大部分是由碎石块所组成的。霜冻以及随之而产生的洞顶的剧烈风化并不会向洞内深入很远。但是，洞口附近洞顶岩层的剧烈崩塌，使得洞的开口逐渐向内移动。这样，洞口附近的崩塌堆积也不断地向洞内伸展，使得早先形成于洞口的堆积后来就位于洞外了，而洞穴堆积缺乏洞顶的保护之后，就更容易受到侵蚀或植物根的破坏。

这样看来，在研究洞穴堆积的过程中，只关注洞穴堆积的上下层横剖面是很不够的，还应更多地关注洞口附近洞道方向上（即纵剖面）的情况，并且要明确堆积层的纵剖面通常是楔向洞内的。有关这方面已获得一些很有意义的研究结果：①虽然洞穴及其水成堆积通常是在冰期之前形成的，但就中欧来说，含有动物化石的地层却是属于晚更新世的；②最老的地层往往发现于洞口附近剖面的底部，或者是在现今洞口（如果还保存的话）的外面；③寒冷时期的堆积主要是由碎石组成的，明显厚于温暖时期的堆积；④洞穴堆积通常具有较好的连续性，即除了介于老的水成堆积和靠近洞口的较新的堆积之间的主要间断外，在洞穴堆积的序列里，几乎不存在其他任何较大的沉积间断，而洞口附近常常是进行发掘和采集动物化石的理想场所（科瓦尔斯基，1964）。

然而，堆积在洞口附近的沉积物不可能不受洞外气候因素的影响。在寒冷时期，受过冰寒冻裂之后聚积起来的石块通常具有棱角。在寒冷的气候条件下，堆积物的形成速率快，但化学风化作用较弱。而在温暖时期，表面已经积聚的或正在积聚的（虽然比较缓慢）碎石是圆形的，并因温暖条件下化学风化作用较强，在堆积层中有时还可形成一定规模的矿物带。

同样，在不同的气候条件下，地层中动物骨骼的保存情况也不相同，在寒冷气候下是带棱角的，在温暖气候下是呈圆形的。并且，在比较温暖的时期，洞口附近通常还有植物生长，根系的侵蚀及化学风化作用可能完全毁坏当时聚积在堆积层顶部的小动物的遗体，而在最温暖的时期，动物遗骸通常会销蚀殆尽，在剖面上留不下任何骨块和化石。

至于在干旱、热带和亚热带地区，洞穴堆积的情况可能完全不同。显然，不同气候区内洞穴堆积方式与过程的比较研究具有非常重要的古地质学与古生物学理论与实践意义。

当然，对于洞穴古生物学来说，更重要的是洞穴内或洞穴堆积中埋藏的化石动物群的来源问题。

很多食肉类动物喜栖于洞穴，特别是在寒冷的冬季，它们通常会躲藏在洞穴中御寒或冬眠，洞熊（*Ursus spelaeus*）就是具有洞栖习性的代表，其骨骼化石大量发现于欧洲很多的山洞里，有的山洞不仅洞熊骨骼或骨骼化石、亚化石丰富，而且还保存着洞熊在洞壁上摩擦时留下的擦痕，在洞壁上或黏土中行走留下的爪印或足迹等。洞熊是草食性动物，因此在洞熊曾经栖居过的洞穴内通常找不到其他动物（猎物）的骨骼化石。

可是，在洞穴鬣狗栖居过的洞穴里，除了鬣狗本身的骨骼化石外，通常还可发现其粪化石，以及许多猎物的骨骼化石。这些猎物化石一般都残存着被鬣狗咬过的痕迹。鬣狗啃咬骨头的时候具有一种特殊的方式，因此即使鬣狗本身的骨骼没有保存下来，仅根据猎物化石被啃咬的情况也可以确定鬣狗是否曾经在这一带生活过。

除了洞熊、洞穴鬣狗、洞狮等大型兽类曾栖居于洞穴外，狐狸、獾等中型、小型兽类也可能曾栖于洞穴，在许多洞穴堆积的化石群中，它们本身及其猎物的骨骼也较为常见。曾经过着穴居生活的古人类也惯常把猎物带进洞内，在洞穴中留下各种猎物的骨骼。

小型动物遗骸的积聚方式虽然多种多样，但猛禽吐出的"食团"（bolus）是其中最重要的积聚方式之一。与猛兽不同，猛禽在进食时并不咀嚼猎物，大多是将猎物连皮毛带骨骼囫囵吞下。骨骼、羽毛、毛皮、昆虫外骨骼等组分难以消化，为减轻飞行时的负荷，猛禽总是将这些不易消化的食物残渣及时地从口中吐出而非随粪便排出，这种口吐"食团"的习性大大减少了食物残渣在消化道中的滞留时间，是对捕食性飞行生活的一种适应性对策。通过分析食团中的骨骼等内含物组分，可大致了解猛禽的食性或食物结构。

在猛禽的"食团"中，既可能发现某种单一猎物的残渣，也可能发现多种猎物的复合残渣，通常可以发现被严重啄破的啮齿类或食虫类动物的脑壳及其碎片，上、下颌骨和爪、齿等结构较为厚实的硬物则保存相对完整。小哺乳动物的遗骸常成堆地发现于洞穴中某一狭小的范围内，其上方的洞顶壁也必定有一个特别适合于猛禽栖息的场所。猛禽的捕食活动通常在距其栖所数千米的半径范围内，其主要食物包括小哺乳类、鸟类、两栖类、爬行类、鱼类及某些无脊椎动物类群。

还需注意的是，在洞穴堆积中化石动物群的组成与当时生活在该洞附近地区的动物群的组成可能很不一样，其主要原因是：①某些食肉类动物喜栖于洞穴，另一些则回避洞穴；②某些种类比其他的种类可能更容易成为洞栖性食肉动物的猎物；③营穴居生活的古人类有选择性狩猎的习惯，并且不同的猎物易捕性不同；④不同种类的猛禽及食肉目动物通常具有不同的食性，其食性具有多样性与变异性，既存在区域差异，也存在种间或种内差异。就猛禽而言，其食物中通常包括较多的生活在开阔生境中（如草原、草地、荒漠等）的小动物种类及个体数量，而森林种类及其个体数量较少（尽管附近的森林可能比较繁茂）。

因此，在进行洞穴古生物学研究时，应持审慎的态度，不宜仅根据洞穴化石的组成简单地推断洞穴附近地区古动物群的群落结构及其演替规律，而应广泛收集洞内、外相关的地质学、气候学、生物学与生态学信息进行综合分析与谨慎推测，在进行不同洞穴动物群之间的比较研究时更应如此。只有当洞穴化石动物群的来源相似时（如只有当两个化石动物群都是被古人类狩猎带进洞内的，或者都是在猛禽的

"食团"中发现的），对特殊层位的一些动物群进行对比分析才有意义。

尽管通过洞穴动物群推测洞外动物群时需要考虑许多影响因素，但这并不否定洞穴化石动物群在鉴定洞穴堆积物时代方面的价值。尤其是洞穴化石动物群中某一指标性物种的出现或消失可能也是洞外动物群、植被及气候演替（如森林动物群演变为草原动物群，由温暖气候演变为极地气候等）的直接反映，具有非常重要的地层学、古气候学、古生态学与古生物学意义。

13.3.5　古生物学在确定洞穴堆积物时代中的作用

上述事实使得许多古脊椎动物学者以很大的兴趣研究关于化石动物群聚积的条件和在动物群的基础上确定堆积物的时代等问题。

洞穴堆积物的时代鉴定是一件非常复杂而困难的事。洞穴的内、外环境条件千差万别，其地质历史交错或地层错乱更是繁杂难辨，不同的洞穴面临着不同的时代鉴定问题，须采用不同的或综合性的地层时代鉴定方法，如根据洞内地层的沉积特征，结合洞外第四纪堆积的有关信息，对洞穴沉积物中可能有价值的颗粒（如木炭、花粉等）进行分析，就可以确定该地层形成时的大致时代、植被及气候类型，而地层中的石器等考古材料也是地层相对年代的一个有价值的指标。如果要更精确地以"年"来表示地层的绝对年龄，则可以通过对地层中所包含的植物遗骸（如木炭等）或沉积物中某些放射性同位素含量的测定予以确定。

可是，在洞穴沉积物中，木炭、花粉、石器等古植物及古人类遗迹或遗物的发现偶然性很大，并且由于地质演变的复杂性，放射性同位素分析法的效用或可靠性也值得商榷，因此留存在洞穴堆积物不同层位的化石动物群对于洞穴堆积物本身的时代鉴定具有十分重要的意义。在很多情况下，对洞穴堆积物中化石动物群的全面分析已成为了解洞穴中地层的时代、形成该地层时的植被与气候状况，以及洞居者的文化和狩猎习性等方面最重要的并且通常是唯一有效的手段。

更值得注意的是，洞穴堆积的类型、来源及内涵各不相同，在干燥地区和温暖地区的洞穴堆积可能是在完全不同的条件下形成的，小哺乳动物及无脊椎动物的化石在洞穴堆积时代鉴定方面也可能起决定性的作用。

13.3.6　鉴定洞穴堆积地层时代的古动物学方法

以古动物学的方法鉴定洞穴堆积的时代，这是洞穴古生物学的重要内容。

众所周知，地质时代与地层的划分要以标准化石为依据。生物的进化过程是不可逆的，在 40 多亿年的地球演化史上，某一地质时代及地层总与某种或某些古生物化石相关联，某种或某类特殊的化石往往可被认定为某一特定时代及地层的标准化石或标志性化石，它们并不出现于其他地质时代或地层。明确这种标准性的对应关系后，就可以通过化石的种类确定其所在地层的时代而无须考虑地层的外貌特征。动物化石的替代不仅意味着古动物群的演替，同样也标志着气候、植被、地质沉积物与地层的演替，并且由于地球历史上气候与地质变化的不均衡性，使得不同地质时期的时间尺度差异很大，如古生代、中生代等较老地质时代的时间尺度一般是百万年或千万年，而较近的更新世的时间尺度通常缩短为万年或千年。

从时间尺度上来看，第四纪虽然相对短暂，但却发生了显著的气候变化，而气候变化又导致了动物群的变化。因此，又可根据气候变化引起的动物群的变化来鉴定洞穴堆积的大致时代。例如，如果一些极地物种的化石出现在洞穴堆积的底层，然后在中间层消失，到顶层又再度出现，我们就可以推测在这一堆积形成的过程中有过两次较冷的气候期，中间隔着一个温暖期。

总之，洞穴化石动物群中有两种变化可以作为"古动物群用以测定洞穴堆积时代"的基础：①动群本身的进化（具有不可逆性）；②由于气候变化而引起的动物群的变化（气候变化可导致动物群的迁移，同种或同类化石可能重复出现）（科瓦尔斯基，1964）。

13.3.7 洞穴堆积中黏土矿物组合与氧化物含量的气候指示意义

黏土矿物（clay minerals），在各种类型的沉积物和沉积岩中都有分布，其形成和分布受气候和环境条件的影响。因此，洞穴堆积物中黏土矿物组合的变化，可以作为古气候变迁的重要指标之一。

研究表明，高含量的蒙脱石通常与寒冷气候相联系，其含量随气候变暖而减少，伊利石和绿泥石一般与干冷气候相关联，而高岭石通常是在温暖湿润的气候条件下富集。另有研究显示，伊利石和伊/蒙混层含量的变化趋势相反，当气候转为潮湿，水分条件优越时伊/蒙混层含量增多。

李潇丽等（2017）对安徽东至县华龙洞的洞穴发育与古人类的生存环境进行研究，发现该洞堆积物的黏土矿物主要是伊利石和伊/蒙混层，但缺乏蒙脱石，并且绿泥石的含量较低，表明当时的气候条件相对温暖，而高岭石含量相对较低则意味着堆积物形成时期的气候并不太热。显然，这是与其地理位置处于北亚热带北部的气候特点相符合的。从伊利石和伊/蒙混层含量的变化来看，它们的变化趋势呈负相关关系，当水分条件不良或相对较干时，部分或绝大部分伊/蒙混层将转变为伊利石，因此，从华龙洞堆积物中伊/蒙混层一直表现为较高的含量值推测，堆积物形成时期的气候是比较温暖湿润的。

沉积层中氧化物的含量与其所在区域的气候条件也存在一定的相关关系，尤其是 SiO_2、Al_2O_3、Fe_2O_3、FeO、TiO_2 的含量对气候变化的反映比较敏感，常作为气候替代性指标用于第四纪沉积物及洞穴堆积的相关研究。沉积物中的 Al_2O_3、Fe_2O_3 在气候温暖湿润的条件下相对富集，而 SiO_2 和 FeO 则主要在相对寒冷和干旱的气候条件下富集。TiO_2 属于稳定氧化物，不易淋滤流失，在温暖湿润的气候条件下含量较高。在湿热的气候条件下，由于氧化作用强，铁以高价的形式存在，而在干冷的气候条件下，铁一般以低价铁（亚铁）的形式存在，所以沉积物中不同价态铁的含量可指示气候的温湿条件。

由于 Al_2O_3、Fe_2O_3 和 FeO 的含量呈负相关，故常采用 Al_2O_3/SiO_2 和 SiO_2/Fe_2O_3 作为反映气候温暖湿润和相对干凉的替代性指标，并用 Fe^{3+}/Fe^{2+} 值来推算沉积物沉积时的年均古温度，其古温度推算公式为：$t=T+T\times M/m$，式中，t 为推算的古温度；T 为某地区现今的年均温度；M 为某样品 Fe^{3+}/Fe^{2+} 值与该剖面各点平均值之差；m 为各测点样品 Fe^{3+}/Fe^{2+} 平均值。

相对于环境替代性指标揭示堆积物的气候变化信息而言，与古人类化石及石器伴生的哺乳动物群则在一定程度上可以反映古人类活动时期的古环境状况。李潇丽等（2017）研究发现，华龙洞动物群所体现的生境较为广泛，既有林地也有草地，其间还可能分布着不少的水体；植被类型有森林、竹林和草原；温暖湿润和凉爽干燥的气候可能在本地交替出现，这些都可能与华龙洞处于中国北亚热带山区和湖泊平原过渡区的特殊地理位置有关。

13.3.8 洞穴堆积物、化石及文物的年龄测定

自 20 世纪 50 年代以来，许多方法都被应用于洞穴堆积、化石及文物绝对年龄的测定，其中放射性碳法、铀系不平衡法、氨基酸外消旋法和氧同位素法的应用较多。在实际工作中，可根据条件选用或综合采用多种方法进行相对年龄的估测与绝对年龄的测定。

1）放射性碳法（^{14}C 法）

放射性碳法（radiocarbon dating），是一种重要的同位素地质年龄测定方法。自然界中的放射性同位素 ^{14}C 主要是高空大气中的 ^{14}N 在宇宙射线的轰击作用下产生的，同时又以半衰期为（5568±30）年的速度衰变为 ^{14}N（β衰变）。自然界中 ^{14}C 的含量实际上处于一种动态平衡状态。^{14}C 与氧（O_2）结合成 CO_2，

通过大气的对流、生物的吸收以及溶解于水中的 CO_2 与大气中的 CO,不断进行同位素交换,使得 ^{14}C 均匀地分布于大气圈、水圈和生物圈。当生物体死亡或溶于水中的 CO_2 沉淀为碳酸盐之后,上述同位素交换过程即行终止。此后,生物遗体及碳酸盐中的 ^{14}C 因衰变而减少。生物体死亡的时间越久,遗体及遗骸中的 ^{14}C 含量越低。通过测定埋藏在地下的生物遗体、遗骸、化石或碳酸盐中的 ^{14}C 的放射性强度,并以现代同类生物中 ^{14}C 的放射性强度作为原始强度,根据放射性衰变方程就可计算得到样品的年龄。由于大气中的放射性碳含量随时间发生过系统的变化,在年龄计算的过程中有时需作一些修正。放射性碳法能精确测出 5 万年以前的生物遗骸或化石,具有测量精度高、可测样品种类多和数据可靠等优点,特别适用于考古学和第四纪地质研究,常用的分析样品有木炭、泥炭、木材、贝壳、骨骼、纸张、皮革、衣物及某些沉积碳酸盐等。

2）铀系不平衡法

铀系不平衡法(uranium disequilibrium dating),是根据 $^{234}U/^{238}U$ 值及 ^{230}Th 等同位素的衰变以测定地质年龄的一种方法。^{234}U 的半衰期为 2.48×10^5 年,因此其测定的地质年龄范围为数万年至数百万年。在年轻的地质构造中,铀同位素 $^{234}U/^{238}U$ 值经常偏离平衡值,这就为其地质年龄的测定提供了可能性。应用该法测定年龄,必须了解初始 $^{234}U/^{238}U$ 值,而某些地球化学作用能够迁移放射性同位素,破坏铀同位素的原始组成,这是研究过程中必须注意的一个方面。

钟乳石类碳酸岩形成以后,与碳酸钙共沉淀的铀同位素不断衰变,^{230}Th 不断积累,若碳酸岩不再与环境交换铀及其子体,即可根据样品中 $^{230}Th/^{234}U$ 和 $^{238}U/^{234}U$ 值计算出该样品的实际年龄,计算公式如下:

$$\frac{^{230}Th}{^{234}U} = \frac{^{238}U}{^{234}U}(1-e^{-\lambda_{230}t}) + \frac{\lambda_{230}}{\lambda_{230}-\lambda_{234}}\left(1-\frac{^{238}U}{^{234}U}\right)[1-e^{-(\lambda_{230}-\lambda_{234})t}]$$

式中,$\frac{^{230}Th}{^{234}U}$、$\frac{^{238}U}{^{234}U}$ 是所测样品现今的放射性强度比值;λ_{230} 是 ^{230}Th 的衰变常数($9.217\times10^{-6}/a$);λ_{234} 是 ^{234}U 的衰变常数($2.794\times10^{-6}/a$)。

铀系不平衡法广泛应用于骨化石的研究,但其效用或可信度仍值得探讨,有研究认为,骨化石总体上不构成封闭体系,所载铀系年代信息只具有有限的分辨率(沈冠军,2007)。

尽管铀系不平衡法的应用需要谨慎,但的确是可供选择的一种重要的古生物学及考古学研究方法。通过这种方法可以获得一些重要的历史信息。例如,通过对印度尼西亚苏拉威西岛岩洞内史前岩壁画中微量铀放射衰变情况的分析发现,这些岩画是大约 3.5 万年前的古人类所绘制的,比法国著名的肖维(韦)洞窟(高祝鑫,2018)和拉斯科洞窟中的壁画要早数千年甚至上万年,而几乎与西班牙埃尔卡斯蒂约的红点绘画同龄。这一发现表明,洞穴壁画可能在同一时期独立出现在世界上不同的地方,包括欧洲与东南亚,岩画显示出了早先人类的抽象思维方式,也标志着"现代人类"艺术发展的开端(毛宇,2014)。

3）氨基酸外消旋法

氨基酸外消旋法(amino-acid racemization dating)是利用生物死亡之后,其尸体及遗骸中氨基酸的化学变化速率以推算其所在地质年代的定年方法,适用于数千年至数十万年之间的年代测定。其基本原理是:生物活体中的蛋白质仅由左旋体结构的氨基酸(L- 氨基酸)所组成,生物体死后被沉积物埋藏于地下或洞穴堆积物中,在自然条件下的成岩过程中,有机体内的蛋白质被水解为氨基酸并保存于化石或古土壤中,但 L- 氨基酸在一定的温度下,以一定的"半衰期"向右旋体结构(D- 氨基酸)转化,最后达到平衡,以致旋光作用消失,这个过程就是"外消旋反应"。该反应符合一级可逆动力学规律,在测得化石或沉积物中 L- 氨基酸和 D- 氨基酸的相对含量后,可根据以下公式计算其年龄:

$$\ln\left(\frac{1+[D]/[L]}{1-K'[D]/[L]}\right)-C=(1+K')k_1t$$

式中，$[D]$、$[L]$ 分别是 D-氨基酸或 L-氨基酸的浓度；k_1（k_2）为正（逆）向反应的速度常数；K' 为平衡常数的倒数；C 为积分常数；t 为反应时间，即化石或沉积物的年龄。

氨基酸外消旋反应的速度主要取决于环境温度，且各种氨基酸的外消旋反应速度也各不相同，如异亮氨酸在环境温度为 20℃时，"半衰期"为 11 万年，15℃时为 29 万年。因此，在采集氨基酸外消旋测年样品及数据分析的过程中，必须考虑的问题是"如何确定古温度、古温度的波动幅度及其他参数？"

只要参数设定恰当，根据化石中氨基酸外消旋程度推算的化石地质年龄一般是比较准确的，与用 ^{14}C 测得的年龄基本一致，并且该方法提供的是化石本身（氨基酸是化石的原生组分）的直接年龄，而非 ^{14}C 或铀系法所获得的间接年龄。

4）氧同位素法

在自然界中，氧以 ^{16}O、^{17}O 和 ^{18}O 三种同位素的形式存在，相对丰度分别为 99.756%、0.039% 和 0.205%。天然物质的氧同位素组成通常以 ^{18}O/^{16}O 值所确定的 δ^{18}O 来描述，一般采用标准平均海洋水作为标准品。氧同位素在地球科学中广泛用于确定成岩成矿物质的来源及成岩成矿温度。在生物学、医学、冰川学、考古学及全球气候变化等领域有广泛的应用前景。

近一二十年以来，应用洞穴次生碳酸盐稳定氧同位素进行古气候研究得到了迅速的发展，尤其是利用石笋中 δ^{18}O 重建不同地区不同时间尺度下的古气候环境，为全球气候变化提供了新的研究途径。早在 1992 年，Gascoyne 就指出，在平衡分馏的前提条件下，洞穴滴水的氧同位素（δ^{18}O$_p$）组成和洞穴沉积时的古温度是影响石笋中 δ^{18}O 记录的主要因素。由于洞穴通常处于相对封闭的状态，洞穴深处的温度较为稳定，在较长时间尺度下洞穴深处的温度与洞外的年平均气温相当，其碳酸盐 δ^{18}O 与温度之间存在以下相关关系：

$$\delta^{18}O_c-\delta^{18}O_w=2.78\times10^6/T^2-2.89$$

式中，δ^{18}O$_w$ 是介质水的氧同位素值；δ^{18}O$_c$ 表示碳酸盐氧同位素值，δ^{18}O$_c$ 的值多与海水平均标准（SMOW）和皮狄组拟箭石（PDB）标准相比较，即 δ^{18}OSMOW=1.030 864 18 OPDB+30.864；T 为所处环境的温度值。O'Neil 提出的这一经典方程对利用岩溶洞穴沉积物进行古气候环境重建产生了重要的影响，至今仍受到广泛的引用。由于 O'Neil 公式来自海洋生物壳体同位素-温度模式，其应用的前提是假设海水中的 δ^{18}O 组成稳定不变。可是，大陆区域的温标的重建受到的影响因素远比海洋复杂，因为洞穴-地表-海洋系统中的每个阶段对洞穴碳酸盐的同位素组成都有影响，如洞穴与海洋温度效应、降水量及雨水行程效应、冰期-间冰期冰量效应等（章程和袁道先，2001）。由于降水在洞穴-地表-海洋系统中的输送过程存在许多不确定性，可能导致不同地区对 δ^{18}O 的研究结论存在差异。

甄治国等（2006）分析认为，对洞穴碳酸盐的 δ^{18}O 环境（气候）意义的解译在不同地域存在不确定性。在季风影响强烈的地区，洞穴碳酸盐的 δ^{18}O 值可以作为指示季风强弱变化的指标，δ^{18}O 值越小，夏季风越强，而 δ^{18}O 越大，则意味着冬季风更强于夏季风。降水 δ^{18}O 一般与温度呈正相关关系，总体上越往内陆，温度与 δ^{18}O 值的正相关关系越明显，而在沿海地区，δ^{18}O 值主要反映的是降雨量的变化，并且需要注意的是，δ^{18}O 值可能还受到海拔及石笋时间尺度等因素的影响。因此，如果要更好地理解石笋形成过程中的同位素机制及其环境意义，必须详细研究石笋形成的洞穴内现代碳酸盐-水体系的同位素特点。此外，不容忽视的是，石笋的沉积纹层和沉积速率也是对气候变化的反映。在我国南方季风区，厚的沉积纹层和快的沉积速率反映温暖潮湿多雨的气候特点，而微细的沉积纹层与较慢的沉积速率反映干冷少雨的气候特征（张美良等，1998），当然，这些仍有待更深入地研究。

杨勋林等（2007）对青藏高原东部四川黄龙洞洞内石笋的氧同位素体系进行研究，结果表明：现代洞穴滴水与洞穴周围大气降水的氧同位素具有一致性，石笋方解石与洞穴滴水是在同位素平衡分馏状态下沉积的；将仪器测量所获得的数据进行对比分析发现，黄龙洞石笋 $\delta^{18}O$ 的轻重变化主要受西南季风（印度季风）带来的降水量效应所控制，受温度的影响比较弱。石笋 $\delta^{18}O$ 在短时间尺度上的轻重变化主要反映了季风降水 $\delta^{18}O$ 的信息，指示了西南季风的年际变化；最近 50 年来，黄龙洞石笋的氧同位素组成具有逐渐变重的趋势，即逐渐变得相对富集 ^{18}O，与亚洲季风区其他石笋 $\delta^{18}O$ 具有相同的变化趋势，而且也与东亚、南亚季风指数所指示的季风减弱趋势相一致，与全球季风指数密切相关；这种亚洲季风的减弱趋势主要受太阳辐射变化的影响，并紧密地匹配于高空平流层的温度变化。

杨邦（2014）研究表明，玉华洞滴水新生沉积物 $\delta^{18}O$ 的季节变化较好地反映了雨水的季节变化的变化特征，呈现显著的春末夏初负偏，秋末之后正偏的趋势；玉华洞沉积物 $\delta^{18}O$ 的季节性波动反映了冬季风和夏季风的进退与转换。孙喆（2017）研究认为，强降雨的影响在河南鸡冠洞洞穴滴水以及地下河中得到响应，洞穴滴水对降雨响应最为迅速，滴水 $\delta^{18}O$ 值随滴率增加而变重，之后缓慢变轻；地下河具有类似的波动模式，时间上稍有滞后。可是，洞穴池水的响应不同，靠近洞口的池水可以反映出不同阶段的降水 $\delta^{18}O$ 变化的差异，而在洞内深处的池水 $\delta^{18}O$ 对外界降水响应并不明显，滴水与地下河的 $\delta^{18}O$ 较降水年均值显著偏轻，反映其主要是由夏季风海源水汽的降水入渗形成。

13.3.9　分子化石及其气候意义

洞穴石笋是大气圈、水圈、生物圈和岩石圈等多圈层相互作用的产物，气候对其生长及物化组成的影响深刻，因此被视为陆地古环境、古气候研究的理想材料，其记录的气候信息时间序列准确，保真性好，稳定性高。可是，对于石笋古气候学的研究多偏重于其所包含的无机指标（如碳酸盐），对意义同样重要的痕量有机组分的研究较为少见。

分子化石（molecular fossil），也称为生物标志物（biomarker），是指那些在地质体（geologic body）中保存的具有明确生物源意义（biogenic significance）的有机分子。自 20 世纪 90 年代以来，随着分子生物学技术、有机分析化学及生化分离鉴定技术与设备的广泛应用和更新升级，利用分子化石研究全球气候变化已逐渐成为一种新的趋势，但是相关的研究主要针对的是海相和湖相沉积物，而对于黄土、红土、泥炭等陆相材料，尤其是石笋、石钟乳及钙华等洞穴沉积物的研究还极为少见。

易轶（2003）选择湖北清江沿岸和尚洞中的石笋为研究对象，利用气相色谱 - 质谱联用仪（GC/MS）从采自 HS-2 石笋的 18 个样品中检测到种类众多的分子化石，其中既有滴水携带而来的上覆土壤层中的有机分子，也有源于生长在碳酸盐表面的微生物的有机分子。通过对比讨论不同种类分子化石分布特征以及含量变化之间的相关性，大致可以区分出主要源自上覆土壤层的分子化石（正构烷烃和正构脂肪醇）和指示洞穴内原地生长的微生物的分子化石（脂肪酸）。其中醇和烷烃通过记录土壤生态系统中微生物的变化记录了过去气候状况的变化，脂肪酸则通过微生物对温度的生理响应记录了洞穴温度的变化，也即洞外环境年平均温度的变化。将这些有机分子指示的不同古气候状况，分别与石笋碳酸盐碳氧同位素和北半球高纬度地区的古气候记录进行对比研究，结果表明：分子化石指示的古气候状况与石笋碳酸盐氧同位素的指示可以很好地吻合，并可能为石笋中碳同位素记录的解释提供强有力的证据。

13.3.10　地球物理勘探法在洞穴探察与洞穴堆积研究中的应用

中国有约 90.7 万 km^2 的碳酸盐出露，岩溶面积广大，发育历史悠久，许多岩溶洞穴是早期人类赖以生存的重要场所，寻找此类埋藏洞穴具有重要的意义。地球物理方法可以应用于岩溶洞穴勘探并可为洞穴后期挖掘提供大量的决策辅助信息。周春林等（2005）将精密磁测（geomagnetic precision measurement，GPM）、探地雷达（ground penetrating radar，GPR）等地球物理勘探方法引入到洞穴环境考古研究中，并综合各种方法的优势，将它们集成构建了一套工作方案与流程（图 13-5）。

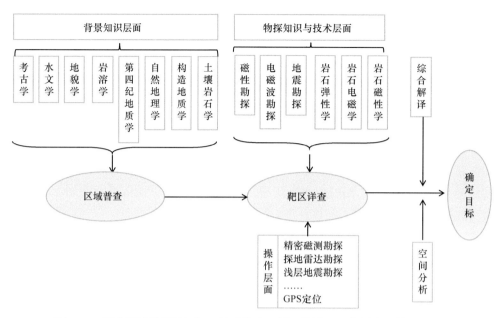

图 13-5 洞穴遗址勘探的知识、技术集成及其工作流程（仿周春林等，2005）

1）对未知洞穴的勘探

根据区域地质地貌演化、岩溶发育历史和洞穴分布规律的研究，初步确定可能的洞穴分布区（即靶区）后，可先利用旋进磁力质子仪进行面上精密磁测。GPM操作简便，成本很低，对场地条件的要求不高，即使是山坡也可用不同的分辨率进行三维测量。实地测量所获得的数据经室内处理与分析，通常就可提供靶区埋藏洞穴有无和洞穴平面分布的初步信息。在此基础上，对异常区进行浅层地震勘探（折射地震与反射地震），一方面可以验证精密磁测的结果，另一方面可以弥补前者在深度判别方面的缺陷。相对精密磁测而言，地震勘探的成本较高，但是可满足确定洞穴深度的需求，有助于后期洞穴的开掘。

尽管 GPR 在判断洞穴有无和埋深方面较为准确，但相关研究表明探地雷达对溶洞大小的预测比实际尺寸偏大，且对地观测环境要求较高，在起伏较大和有障碍的山坡上难以开展等，因此在未知洞穴勘探的过程中，探地雷达的使用效果不如精密磁测。

2）已知洞穴的内部勘探

对已知洞穴进行勘探主要是解决洞穴内部充填结构、洞穴基底形态与洞穴堆积厚度等问题。对于那些发现古生物、古人类化石或其活动遗迹的洞穴，地球物理勘探有助于了解洞穴内部埋藏堆积的基本情况。虽然地球物理勘探不能直接提供有关化石、石器、灰烬等主要目标物的确切信息，但它能够为考古及其他专业人员提供工作思路与决策信息。洞穴内部的勘探是在一个相对闭合的空间中进行的，探测的目标在洞底，但受到来自洞壁、洞顶的干扰，增加了未来解译、判别的难度。当洞底相对平整、洞穴规模较大时，浅层地震法和探地雷达法可发挥重要作用。

周春林和张志天（1997）通过对南京汤山等地区埋藏洞穴的精密磁测研究认为：①精密磁测技术可对一般情况下碎屑充填的岩溶洞穴、落水洞或竖井，以及观测环境较好的、有一定规模的埋藏洞穴等进行勘查；②可对指定区进行全面积测量、确定洞穴存在与否、判定洞穴的准确位置，并提供大致的形状规模；③可在一定误差范围内提供洞穴顶界埋深。这些都可为研究汤山和其他地方的洞穴演化及其与古人类活动的关系，为进一步寻找古人类的可能遗址和开发新的旅游洞穴资源提供新的技术支撑。

可是，与其他地球物理勘探方法一样，精密磁测技术也有其局限性，受磁场的遮蔽效应的影响，它不能分辨洞穴内部结构、内容和准确的边缘形状，也不能准确判别洞穴本身的高度，作为一种间接测量方法，也存在多解性问题。这一方面有赖对目标体物理模型及其磁学效应的研究，需要丰富相关的理论；另一方面，还须投入更多的精力以研究目标体自身的特征与区域环境背景。

13.3.11　洞穴堆积中的盖板与混杂堆积问题

石灰岩洞穴中文化层上面的石灰华堆积，在考古学中称为盖板（cover sheet），在岩溶学中称为钙华板（travertine plate / sheet）。关于洞穴文化层盖板的成因，过去一般认为，是在洞内滴水的长期作用下形成的，属纯化学沉积的产物，因而将其归入滴石类。

可是，翁金桃（1981）研究发现，甑皮岩洞穴中文化层盖板并非滴水作用所致，而是在积水的条件下形成的，并且这种积水具有静水状态和流水状态交替的特征；水的来源主要是地表水和地下水，顶板和洞壁的透水不是主要的；沉积方式虽以化学沉积为主，但其中也夹杂着机械沉积作用，因此主要属于水下沉积类型。

洞穴堆积过程可能记载着当地复杂的气候变化信息，不同气候类型的多次更迭通常表现为各洞穴沉积剖面上黏土层与薄层钙华板的多次交替。同样，剖面上其他厚薄不一的钙华板也分别标志着各沉积时期的干冷气候特征。薄层钙华板的出现，说明洞穴化学沉积物发育的自然力过程与文化堆积形成过程是交织在一起的，它们的形成与气候（如湿润多雨与干旱少雨）的频繁波动、物质的非稳态堆积，以及侵蚀与溶蚀的交替作用密切相关。薄层钙华板并非文化堆积层时期的划分界线，而是文化堆积层的组成部分，它们所能体现的只是气候的变化而非人类活动的情况。王丽娟等（1989）通过孢粉分析发现，甑皮岩从文化层堆积到钙华板形成的过程中，附近区域的植被发生了明显的演替，即由疏林 ⟹ 以阔叶植物为主的针阔叶混交林 ⟹ 以针叶植物为主的针阔叶混交林，相应的气候变化为温湿偏凉 ⟹ 暖热潮湿 ⟹ 温暖稍干。

在洞穴堆积中，还普遍存在混杂堆积现象，如陈水挟等（1995）通过对粤西一些洞穴堆积中化石氨基酸的年代测定分析发现，某些洞穴中晚更新世和全新世不同时期的堆积物及化石混杂堆积在同一层。混杂堆积为研究当时的气候与环境变迁提供了年代方面的证据，同时也对传统的形态断代法（根据沉积物或化石的形态类型划分地质年代）提出了新的研究课题。

洞穴堆积物混杂的情况可能有 2 种：①由于山洪暴发等原因，水动力增强，促使附近年代较老的含动物化石的堆积被冲刷和剥蚀，然后在水动力较弱的某处堆积下来，下一次更强的水动力又将上次搬来的年代较老的化石和"原地"年代较新的化石一并灌进洞内，于是就造成了新老两组化石相杂堆积于同一层的现象；②由于雨水增多及山洪暴发，洪水将远处年代较老的化石从洞口搬进洞内，同时山坡上年代较新的化石则随雨水从落水洞中注入洞内，这样也可能造成新老两组化石相杂堆积在同一层。

13.3.12　洞穴陷阱与洞穴堆积

南非因具有人类化石遗址群而被誉为"人类的摇篮"，其中最负盛名的遗址有 3 处，即斯泰克方丹（Sterfontein）、马拉帕（Malapa）（图 13-6a）和赖辛斯塔 / 明日之星（Rising Star）（图 13-6b）。

从斯泰克方丹洞穴中出土了一具约 360 万年前的几乎完整的南方古猿骨架，被称为"小脚"（Little Foot）。当"小脚"被发现的时候，其骨骼分布在一个相当小的范围之内，而且有很大一部分仍然是互相关联在一起的，说明"小脚"死亡之后并没有被搬运很长的距离便在该洞埋藏了下来。马拉帕的情形有些类似，从中出土了两具约 198 万年前的南方古猿源泉种（*Australopithecus sediba*）不完整骨架化石（图 13-6c），其中部分骨骼也依然关联着。

明日之星目前已出土至少来自 15 个个体的 1550 件纳莱迪人（*Homo naledi*）骨骼化石。可令人费解的是，除了这些人类化石外，几乎没有其他伴生的哺乳动物化石，而且这些个体中既有老年的，也有幼

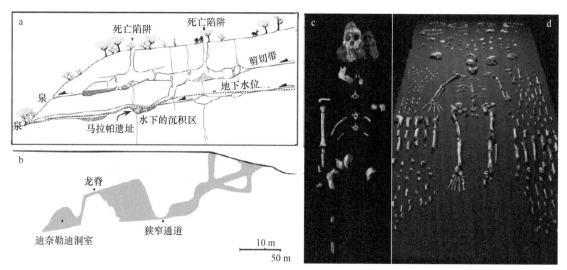

图 13-6　南非"马拉帕"（Malapa）遗址（a）和"明日之星"（Rising Star）遗址（b）洞穴剖面图
及其出土的古人类化石（c、d）（自崔庆武和张颖奇，2018）
明日之星洞穴（b）的平均宽度只有 20 cm（一般人无法进入），有深度大约为 12 m 的竖井，在洞穴的底部有一个小洞室
［迪奈勒迪（Dinaledi）洞室］，室内出土了大量的人类骨骼化石（d）

年的，发现这些化石的小洞厅没有任何通往地表的开口，也没有证据表明这些化石是水流搬运到该小洞厅中去的，更没有肉食动物会以这种方式积累古人类的骨骼。于是，研究人员推测，这些纳莱迪人的遗骸是当时的一种丧葬仪式所致，纳莱迪人为了缅怀死者，特意将他们放到了这个洞穴的深处。

结合斯泰克方丹洞穴剖面图和马拉帕的化石埋藏过程示意图，可以发现两者有一个共同点，即它们在化石埋藏之前都有垂直通向地表的开口，形成一个死亡陷阱（death trap）（图 13-6a）。古人类和其他动物在落入其中之后，不会再被搬运而形成原地埋藏，或者不会被搬运太远的距离而形成近原地埋藏。然而，明日之星洞穴中纳莱迪人化石（图 13-6d）形成的原因究竟是死亡陷阱还是丧葬仪式仍存在争议，有学者认为，纳莱迪人也可能经由其他通道进入洞穴，只是这些通道后来垮塌封闭了。

谈到死亡陷阱式洞穴，通常会想到天坑。所谓天坑，其实就是喀斯特地区规模宏大的垂直型洞穴，一般直径达 100 m 以上，深度可达数百米。人和动物一旦落入天坑，生还的概率很小，并且天坑周围的泥砂等沉积物通常也会随雨水或洪水在天坑的底部或与其相连的洞道中堆积，因此应该是化石原生堆积最理想的场所。

可是，崔庆武和张颖奇（2018）在广西乐业的大石围天坑群的调查发现，无论是大天坑还是小天坑都并非原生堆积的理想场所，因为天坑的形成过程决定了天坑不是封闭的洞穴系统，其底部通常都会有地下河的存在，所以即使在某些小天坑的底部能看到零星的现生哺乳动物的骨骼，但除了乱石堆，所谓的原生堆积也会被地下河带到别处形成次生堆积。

典型的洞穴原生堆积应该发生在几乎呈封闭状态的洞穴中，这种洞穴的洞口一般都较小、洞口通常以较大的坡度斜向下延伸至洞厅，形成死亡陷阱，人和动物从洞口进入或掉落到洞厅后不可能再从洞口爬出，并且洞穴堆积物也不会被流水冲到远处，只能在洞厅及洞口附近的洞道中堆积。

13.4 第四纪的气候变化及动物群的演变

第四纪（Quaternary）是新生代（Cenozoic）最新的一个纪，包括更新世（Pleistocene）和全新世（Holocene），大约从 260 万年前开始一直延续到现在。自更新世早期以来全球气候不断变化，冰期与间冰期交替。在冰期，大陆冰川可能一直延伸到纬度 40° 附近的区域，而在中纬度、低纬度地区的一些高海拔山区也发育了山地冰川。第四纪以来，生物界各类群逐渐演化成现代的面貌，尤其是灵长目中完成了从猿到人的进化，而人类社会的发展又对整个生物界的演变产生了深远的影响。

在第四纪的时代鉴定方面，标准化石只适用于比较长的时期。早更新世、中更新世、晚更新世和全新世都有其特有的化石种类。有学者认为，由一个物种衍生出一个新的物种大约需要 50 万年的时间，这就不难理解，全新世的生物类群与更新世晚期、中期、早期的生物类群之间的差异越来越大。然而，持续 200 多万年而不间断的化石聚积与洞穴堆积似乎并不存在，因此标准化石不宜直接应用于洞穴堆积的时代鉴定。

可是，物种是生物界发展的连续性与间断性相统一的基本间断方式，一个新物种既可能通过"渐变"产生，也可能通过"突变"产生。生物的进化序列或进化改变可用于鉴定地质时代，只要我们知道了变化的大致方向和速度，并拥有足够多的标本可供比较，就能够依据所研究的化石材料序列的细微变化（如在象的进化支系 *Elephas meridionalis*、*Elephas trogontherii*、*Elephas primigenius* 中，臼齿釉质齿板越来越密集）确定其所属的时代。

在狼（*Canis sp.*）的进化序列里，从更新世初期的 *Canis etruscus* 到现代的 *Canis lupus*，M_1 的长度与下颌齿列总长度的比率在增大。这一过程是连续的，从更新世初期到更新世晚期的变化率是 5.5%，从更新世晚期到现在是 1.1%。变化的速度一旦确定，就可以用已知其时代的一系列化石材料作为基准，通过比较而推断待定标本的时代。

狼等食肉类动物的活动范围很大，扩散能力很强，它们扩散到一个新的地区也就意味着该地区出现了一些新种，因此食肉类一些新种的出现能够用于很远地区地层的对比，甚至用于欧洲、东亚和非洲洲际地层的对比（科瓦尔斯基，1964）。

另外，一种动物的绝灭事件也可用于鉴定洞穴堆积的时代。当然，此处所谓的"绝灭"并不是指一个物种进化成了另外一个物种（这一过程相当于原先种的绝灭），而是指没有留下后代的一个进化支系的消失，如猛犸象、洞熊、披毛犀的绝灭。已知第四纪许多代表性的动物都有其确切的绝灭时代，因此根据其化石在洞穴堆积层的有无，大体上可判定相应地层的时代（当然，应该注意：一种动物并非在其所有的分布区内同时绝灭）。此外，还可根据地层中某种化石的缺失而反证该地层的大致时代。例如，如果在中欧某一研究得相当清楚的地区的某一地层内发现有猛犸象的化石，就可以确定该地层不属于全新世，若还发现有犀（*Dicerorhinus kirchbergensis*）化石存在，就可认为该地层大致处于倒数第二个间冰期（科瓦尔斯基，1964）。

气候变化可能促使动物体型发生变化，但这种变化不同于"进化改变"（evolutionary change）。进化改变是不可逆的，通常会引发动物各部位量度比例上的变化，而气候变化引发的是体型大小方面的绝对变化。通常，气候变冷时，动物的体型整体上有增大的趋势；气候变暖时，动物的体型整体上有变小的趋势，并且这种变化是可逆的，也即一个种在某些气候环境下可以有体型大小上的改变，但当它重新回到原来的环境后，其体型大小会恢复到原来的状态。因此，通过对化石的形态测量，研究一个洞穴内不同地层中同一种动物种群中个体平均大小的变化可能既具有重要的古生物学意义，也具有重要的古气候学意义。

而在洞穴堆积中，化石动物群物种组成上的变化对于气候变化的指示作用可能更强，其古气候学意义可能更为重要。一个区域内化石动物群物种组成上的变化，除了物种本身进化（如物种的起源、进化改变或绝灭）方面的原因外，还可能体现了气候与动物分布方面的变化。而关于地层的时代以及形成该地层时的气候情况，通常可根据这一地层中苔原种、森林种、草原种、荒漠种以及其他动物类群的出现和消失来推论，但推论的前提是已弄清这些物种生存所需要的基本的气候条件。

鸟类和哺乳类的运动及迁移能力很强，体温相对稳定，对气候的适应能力较强，因此根据其保存下来的化石材料进行气候变化推断时应持审慎态度。欧洲最初发现象和犀的化石时，被认为是找到了温暖气候的证据，后来才明白，它们并不是现今还生活着的象和犀的化石，而是曾经在寒冷气候条件下生活但现已绝灭的猛犸象和披毛犀的化石。现代典型的极地动物（如麝牛）大概是在更新世时才逐渐适应寒冷气候的，其祖先则生活在较为温和的气候环境中。在许多情况下，即使研究对象是早已绝灭的物种，我们也可以根据其形态、分布，以及当时与其生活在一起的动物群的组成等方面的证据来推论其生存所需要的气候条件，如灵长类动物通常生活在气候较为温暖的区域，河马不能生活在有较厚冰层覆盖的水体中。

对于现生动物的研究就简便得多，因为其分布范围和气候条件较为清楚，但仍需谨慎，还得考虑其他因素的影响。例如，蝙蝠现今并不生活在极圈附近的苔原，但在更新世某些极圈附近的山洞中曾发现有蝙蝠的骨骼存在，而这并没有任何的古气候学意义，因为限制蝙蝠在地球上分布的因素并非气候，也非食物条件。夏季苔原地区昆虫群聚，蝙蝠的食物资源比较丰富，另外，在寒冷和食物条件缺乏的季节，蝙蝠可进行冬眠，以抵御不利的环境条件，但极圈附近区域具有极昼现象，极昼现象可能直接影响蝙蝠的分布，而更新世的中欧苔原，由于地理位置特殊，夏天夜间长，这就为蝙蝠提供了良好的生活条件。

在欧洲中部最后冰期的洞穴地层中曾发现草原物种与苔原物种的化石混杂现象，曾经共同生活在这一区域的许多动物［如环颈旅鼠（*Dicrostonyx torquatus*）与灰仓鼠（*Cricetulus migratorius*）］的分布区现在已经完全分开了，这表明那时曾有过某种独特的气候环境条件，而这种特殊性难以直接与任何现在的情况相比拟。

尽管在进行动物化石与气候相关性分析时，需要注意上述情况，但化石材料有可能相当精确地重建古时代的气候和古气候的变化。在末次冰期，极地动物普遍向低纬度地区迁移，那时驯鹿（*Rangifer tarades*）、北极兔（*Lepus arcticus*）、北极狐（*Vulpes lagopus*）和旅鼠（*Lemmus* sp.）等曾南迁到比利牛斯山脉和地中海一带。在更新世晚期，由于冰期地球气候巨变，草原动物普遍向西迁移。在这次大迁移中，赛加羚羊（*Saiga tatarica*）、仓鼠（*Cricetulus* sp.）、田鼠（*Microtus* sp.）和其他草原动物曾到达法国和英国的大西洋海岸。

动物分布范围的巨变也可通过对比不同化石产地动物群物种组成上的变化予以探究。例如，在一个洞穴堆积里，如果从其底部到顶部，可以看到极地动物物种的出现，中间它们被森林、草原或其他类型的物种所代替，详细分析这些替代现象及其相关的原因，就可重建该堆积各层形成期间所发生的气候变化。而当某一区域更新世气候变化的大致轮廓得以建立之后，就有可能通过对气候变化的分析确定每一特定沉积层的时代，将其归入特定的冰期、间冰期或小间冰期。

地层之间或洞穴堆积层间的过渡并不一定意味着动物群的变化是一些物种的绝灭和另一些物种的诞生，有时动物群的组成在质的方面并未发生任何变化，但在量的方面可能已发生了显著的变化，曾经占优势的物种可能变得稀少或者相反。显然，要弄清动物群中各物种量的变化是一件非常繁重而细致的工作，但有助于揭示古动物群与古气候的时代特征及其变化之间的相关关系。

在洞穴堆积中，大型哺乳动物的化石通常非常少见，在气候变化与地层鉴定方面的作用相对有限。但小型哺乳动物，尤其是小型啮齿类动物在许多洞穴堆积层中的种类及数量通常较多，可比性较强，并且由于它们是植食性的，其分布范围通常与一定类型的植物分布密切关联，因此在气候变化与沉积物时代鉴定方面的意义较大。

通过对植食性小哺乳动物化石群聚积情况的比较，以判定气候与沉积物变化的方法通常被誉为"古动物学的花粉分析法"。基于对植食性小哺乳动物化石群的比较研究，即使当地层或堆积物中动物群的物种组成成分还没有显示出任何质的差异时，我们也能够得出很有意义的有关气候变化的结论。但必须注意的是，小哺乳动物化石采集是一件非常细致的工作，只有全面系统地采集了各堆积层中所有的化石材料，采用各物种数量的百分比（而非绝对数字，因为绝对数字一般不太稳定）予以层间比较，才有可能得到比较准确的分析结果。

更值得注意的是，食虫类和食肉类的分布范围通常较广，对植物类型与气候条件的依赖性较弱，在指示古气候与古时代方面的实际意义相对有限。

此外，在进行气候变化分析时，不能依靠个别物种的化石分布及其现生种群的分布予以推断，而应依据化石动物群的组成与结构变化予以审慎推断。例如，如果洞穴堆积物中森林物种在数目上逐渐减少而苔原物种逐渐增多，可能暗示着洞穴周边的气候曾经有过由暖变冷的趋势（科瓦尔斯基，1964）。

总之，古动物化石材料无疑是重建古气候变化的主要依据，其基本推论程式是：化石动物群的组成与结构变化 ⟺ 古植物类型变化 ⟺ 古气候变化。

化石动物群的演变不仅为我们认识古植被与古气候提供了线索，而且有助于我们理解现代动物界的来龙去脉与演化趋势。可是，仍需强调的是，虽然洞穴环境与洞穴堆积有利于化石的埋藏，但由于生物体死后在自然裂解、自溶、搬运、冲刷、侵蚀等生物、物理、化学作用下，生物体的构件通常会消失或散落，因此完整无损保存下来的化石极为少见，绝大多数化石都是残缺不全或破损的牙齿、头骨、肢骨或其他骨骼裂块等硬件碎片，并且还须考虑其年龄、个体差异，以及磨损、疾病和是否曾被其他动物啃咬过等多方面的情况。这就需要扎实的专业知识结构与丰富的研究经验，才可能取得比较有意义的研究结果。

13.5　中国境内发现的一些洞穴古生物及古人类化石

中国是世界上洞穴古生物与古人类化石及遗迹发掘最丰富的国家之一。早在 20 世纪 20 年代，中国的洞穴古生物与洞穴考古发掘就取得了举世瞩目的成就。中华人民共和国成立以来，政治、经济、文化、教育、科技等事业都取得了巨大的进步，在洞穴古生物与古人类化石发掘与研究方面也取得了丰硕的成果（表 13-1）。以下仅按华北、东北、西北、西南、华中、华东、华南七大地理区域对我国发掘的一些洞穴古生物及古人类化石的基本情况予以简要介绍。

表 13-1　在中国境内发掘的一些洞穴古生物与古人类化石

洞名	行政区	洞穴堆积	古生物化石、文化层	文献
和尚坡洞	重庆巴南区	下更新统黄色黏土堆积	剑齿象、虎、牛、豪猪、猪及灵长类化石	杨钟健，1940
神仙洞	江西乐平市	更新统棕红色疏松泥砂层及棕黄色角砾层	包括一种松鼠在内的 4 种小型啮齿类动物的牙床、椎骨及四肢骨化石 100 余件	章人骏，1947
大地村洞	湖北通山县	更新世晚期以来形成的红色黏土层	柯氏小熊（*Euactos kokeni*），以及牛科与鹿科动物的头骨、颌骨、牙齿化石碎片	黄万波和韩德芬，1959
盖头洞	广西来宾市	旧石器时代晚期灰黄色角砾岩层和红色土层	新人类型头骨及粗糙石器，所发现的动物化石主要是现生种，如鹿、猪、田螺等	贾兰坡和吴汝康，1959
花坪洞 长乐坪洞 鲁竹坝洞	湖北清江区	更新世中期的大冶灰岩堆积	属于"剑齿象 - 大熊猫动物群"，代表种如云南马（*Equus yunnanensis*）、巨貘（*Megatapirus augustus*）等	邱中郎等，1961
涌山岩（洞）	江西乐平市	第四纪崩塌块石堆积下的黄色砂质土层	属于更新世中期的"大熊猫 - 剑齿象"动物群，还发现了人工打击过的石英质石片	黄万波和计宏祥，1963a
仙人洞	江西万年县	更新世至全新世的洞穴堆积（黄色砂土层等）	智人头骨、肢骨及石器、陶器、灰烬等文化遗物，还有 16 种哺乳动物化石及少数鸟类、蚌类及龟类化石	黄万波和计宏祥，1963b
黄岩（洞） 大岩（洞）	广东封开县 广东罗定县	中更新世黄色砂质土堆积全新世灰褐色砂质土堆积	出土的哺乳动物化石都属于华南各地洞穴中常见的"大熊猫 - 剑齿象"动物群；有的洞穴堆积含有磨制石器和现代动物骨骼	黄万波，1963
小南海洞	河南安阳市	更新世晚期或旧石器时代的洞穴堆积	脊椎动物化石包括鸟类 1 种，哺乳类 6 目 17 种	周本雄，1965
一号洞	山东	更新世晚期的粉砂质黄色黏土	灰烬、烧土块、石器；野驴（*Equus hemionus*）、野马（*E.przewalskii*）等动物化石	戴尔俭和白云哲，1966

续表

洞名	行政区	洞穴堆积	古生物化石、文化层	文献
本溪湖洞	辽宁本溪市	更新世晚期的洞穴堆积，含黏土、角砾石共6层	哺乳纲5目10种，如梅氏犀（*Rhinoceros mercki*）、斑鹿（*Pseudaxis* sp.）等	黄学诗和宗冠福，1973
狮岗出米洞	广东肇庆市	第四纪棕黄色、棕褐色亚黏土与黏土堆积	更新世中期、晚期的"大熊猫–剑齿象"动物群21属21种，也有一些腹足类化石	肇庆市文化局和中山大学星岩调查组，1974
七星岩洞	广东肇庆市	更新世晚期的棕黄色或黄色亚黏土层	"大熊猫–剑齿象动物群"(ailuropoda-stegodon fauna)常见种类7目27属32种及亚种，也有一些腹足类化石	黄玉昆等，1975
石门山洞	吉林安图县	晚更新世棕灰色及棕绿色砾砂土层、灰黄色及棕黄色亚黏土层	哺乳动物化石9科10属10种，如熊（*Ursus* sp.）、真猛犸象（*Mammuthus primigenius*）、东北野牛（*Bison exiguus*）等	姜鹏，1975
明月沟石灰岩洞	吉林安图县	更新世晚期灰黄色亚砂土、棕黄色亚黏土和棕绿色含砾石夹碎石砂土层	哺乳类化石9科11属16种，属猛犸象-披毛犀动物群，还发现"安图人"齿化石	姜鹏，1977
陈贝屯灰岩洞	云南镇雄县	早更新世的洞穴堆积	类象剑齿象（*Stegodon elephantoides*）的左下第三臼齿化石	张兴永和郑良，1981
甑皮岩洞	广西桂林市	新石器时代早期的棕黄色、黄褐色及浅灰色砂质泥岩	人类骨骼和丰富的脊椎动物及腹足类化石，瓣鳃类11属23种，含1新属7新种	黄宝玉，1981
	广西桂林市	全新世的黄灰色泥岩堆积层	腹足类3属7种，如净洁环棱螺（*Bellamya purificata*）、削田螺（*Viviparus mutica*）	王惠基，1983
	广西桂林市	全新世初期的洞穴堆积（>9000年）	古人类和多种动物骨骼（包括瓣鳃类和腹足类化石）；陶片、骨器、石器、石料；孢粉分析发现植物181个科、属或种	阳吉昌和熊松，1985
龙潭洞	安徽和县	中更新世的浅棕色及棕黄色亚黏土堆积	"和县猿人"头盖骨及"和县猿人动物群"	黄万波和彭春，1981
龙骨洞	北京昌平区	黄棕色角砾及砂质黏土，有的层位含有灰烬	哺乳类化石12属14种，如熊、獾、鹿，其他主要是鼠类等小哺乳动物的化石	黄万波，1981b
柳河洞	河北兴隆县	更新世晚期的堆积化石的原生层位不明	哺乳类化石5种：斑鬣狗、熊、鹿、大仓鼠、小家鼠	
独石仔洞	广东阳春市	新石器时代早期灰褐色砂土、灰黑色及灰黄色砂质黏土	智人臼齿化石；石器、骨器、蚌器、角器；烧骨、灰烬、浇石和岩屑等文化遗物、遗迹；大量螺、蚌壳及20种现生哺乳动物化石	邱立诚等，1982
猫猫洞	四川筠连县	中晚更新世棕色含砾石砂质土层和石灰华土层	腹足类化石5科8属8种	蔡绍英，1982
大斜洞	四川珙县	中晚更新世的黄色黏土沉积	哺乳类胫骨碎片化石1块，腹足类蜗牛科1新种——奇异滑口螺（*Aegista mirabilis*）	
锡水洞	陕西蓝田县	中更新世早期的砾石层、灰烬层及粉砂土层	有石器、骨器、角器、灰烬和动物化石，如黑熊、中国犀、水鹿、斑鹿、羚羊等	黄春长，1983
龙牙洞	北京怀柔区	早更新世的洞穴堆积	哺乳类化石10属5种，包括新种燕山尖齿鼠（*Hyperacrius yenshanensis*）	黄万波和关键，1983
石门山洞	吉林安图县	晚更新世晚期灰黄色亚黏土及棕黄色亚黏土层	除前述动物群与安图人牙齿外，还发现孢粉种类23科属，如松属、云杉属、蒿属	夏玉梅和汪佩芳，1984
海口磷矿洞	云南昆明市	晚更新世晚期洞穴堆积	哺乳类化石4目9属11种，在该洞发现东北麅（*Capreolus manchuricus*）值得关注	江能人等，1984
白莲洞	广西柳州市	旧石器时代晚期的灰黄色及红色堆积物	贝类、鲤鱼、青鱼、蛙、陆龟及鸟类的硬体部或骨骼残片化石，哺乳类残骨化石3500件，已鉴定出23种，牙齿化石总计390颗，还发现两颗晚期智人的牙化石	周国兴，1986

洞名	行政区	洞穴堆积	古生物化石、文化层	文献
白石山南坡 1 号洞	江苏宜兴市	晚更新世晚期棕黄色红色亚黏土及粉砂质黏土	松属（*Pinus*）、栎属（*Quercus*）、榆属（*Ulmus*）、栗属（*Castanea*）等许多种子植物及蕨类植物的化石碎片或孢粉	
白石山南坡 2 号洞	江苏宜兴市	晚更新世晚期棕黄色红色亚黏土及粉砂质黏土	熊、山羊和野猪等哺乳类化石	冯金顺，1987
长山东坡洞	江苏宜兴市	中更新世灰黄色、浅黄色、灰白色钙质砾岩沉积	中国犀（*Rhinoceros sinensis*）、野马、水牛、鹿及食肉类动物化石	
黄岩洞	广东封开县	更新世晚期黄褐色、灰褐色及浅灰色砂质黏土堆积	"大熊猫-剑齿象动物群"及软体类化石，还发现晚期智人的头骨化石及伴生石器	李始文，1987
拱猪洞 灯杆洞	四川筠连县	上层为全新世未胶结的黄褐色黏土，下层为更新世黄褐色钙质胶结砾石	4 万年前的人齿化石和 20 余种哺乳类化石，如大熊猫、东方剑齿象、巨貘、中国犀、亚洲黑熊、古豺、猪獾、鹿、麝等	王金元，1992
第四系 灰岩洞	海南昌江县	全新世钙质黏土及灰黑色含炭质的钙质黏土	在低层洞穴中发现一些有时代意义的双壳类、腹足类和脊椎动物化石	卢宏金，1994
藏山洞	辽宁营口市	上组属于晚更新世灰黄色堆积，下组属于中更新世偏晚阶段的洞穴堆积	哺乳纲 6 目 13 科 18 属 21 种，还发现蚌壳、螺壳、龟甲、鸟类化石、孢粉，以及用火遗迹和石制品	崔德文和李有升，1994
汤山猿人洞	江苏江宁区	40 万年前的红色黏土沉积	较完整的直立人头骨化石，以及 10 余种哺乳动物化石	陈琪等，1998
周口店太平山西洞	北京房山区	下更新统的棕红色角砾亚黏土层与黄色砾石-砂砾层	哺乳类化石 5 目 15 属 17 种（如刺猬、野兔、鼠兔、大角鹿、豺），以及较多的鸟类化石	程捷等，1998
金斯太洞	内蒙古锡林郭勒盟	晚更新世的棕色或黄色砂土堆积	三层文化层共出土 3966 件石器及大量的动物骨骼化石	王晓琨等，2010
山羊寨洞	河北秦皇岛市	中更新世晚期至晚更新世早期红色-黄红色黏土	哺乳动物化石 17 属种	牛平山等，2003
大石围天坑群洞穴	广西乐业县	新第三纪的洞穴堆积	孢粉组合，如桤木粉属（*Alnipollenites*）、双束松粉属（*Pinuspollenites*）等	刘金荣等，2004
南王孔洞	山东青州市	中更新世洞穴堆积（时间下限约 70 万年）	呈火烧烤状的动物骨骼化石、石器及灰烬可证明该洞曾有古人类栖居过	付廷红，2018
张坪洞穴群	陕西洛南县	中更新以来不同时段形成的 6 层洞穴堆积	根田鼠（*Microtus oeconomus*）、洮州绒鼩（*Caryomys eva*）和岢岗绒鼩（*C.inez*）	李永项和薛祥煦，2007
黄龙洞	湖北郧西县	约 10 万年前的红色粉砂质黏土堆积	古人类化石及遗物；现生脊椎动物与软甲纲化石 80 余种，如普氏蹄蝠（*Hipposideros pratti*）、大长尾鼩（*Soriculus leucops*）等	武仙竹等，2007
高坪洞（巨猿洞等）	湖北建始县	更新世褐红色黏土	哺乳动物化石 15 种，如武陵山大熊猫（*Ailuropoda wulingshanensis*）、步氏巨猿（*Gigantopithecus blacki*）等	裴树文等，2010
猪仔笼洞	福建武平县	晚更新世中期或晚期的深棕红色砂质黏土层或浅黄色黏土细砂层	晚期智人牙齿化石；27 种哺乳类牙齿、下颌骨、肢骨化石，如大熊猫、剑齿象、梅花鹿、水鹿及某种灵长类化石	范雪春等，2012
蝙蝠洞	河南栾川县	晚更新世早期的红色黏土堆积	人牙齿化石；旧石器时代石器；包括灵长类在内的动物化石 5 纲 14 目 62 种，如马铁菊头蝠（*Rhinolophus ferrumequinum*）、扁颅蝠（*Tylonycteris pachypus*）等	李占扬等，2013
北山洞	黑龙江呼中区	新石器时期的黄土堆积	出土陶片、石器、箭镞、玉器残片等，还在洞内的文化层下发现了一处彩绘岩画	孙明泉，2014
狮子山洞	广东韶光市	更新世中期之末或晚期的红褐色黏土堆积	17 种哺乳动物的化石、马坝人（早期智人）头骨化石及石器	娄玉山等，2014
华龙洞	安徽东至县	中更新世褐黄-棕灰色角砾黏土层	华南大熊猫-剑齿象动物群 8 目 34 种；直立人头骨化石、石制品；鸟类和龟类化石	李潇丽等，2017

13.5.1　华北地区

1）北京周口店的化石发掘与洞穴堆积研究

"北京人"化石产地周口店（Zhoukoudian）是世界上古人类化石发掘最为完整的一个代表性的地点。探究"北京人"所在洞穴的堆积物组成、结构、时代及堆积过程，对于认识人类发展的历程和第四纪地质年代学具有重要意义。

早在1921年，当地工人就在北京周口店发现了中国猿人化石产地。1927年，加拿大解剖学家步达生（Davidson Black）根据地质学家李捷和步林（Birger Bolin）所发掘到的一颗完整的下臼齿而将其原物种命名为"中国猿人"（Sinanthropus），俗称"北京人"（Peking Man）。1928年，古生物学家杨钟键（Yang Zhongjian）、裴文中（Pei Wenzhong）等加入发掘队伍，采得一块中国猿人的下颌骨。1929年12月2日，裴文中教授在猿人化石产地的下洞里发现第一块中国猿人的头盖骨，从而确定中国猿人在人类发展史上处于半人半猿的位置，展现了其重要的古生物学与古人类学意义。

中国猿人化石产地洞穴，位于周口店龙骨山奥陶纪石灰岩中。龙骨山附近的石灰岩大体为一穹隆状背斜层，但局部地方褶皱很多（如山顶洞附近为一小型背斜层）。这里石灰岩的节理十分发育，有的地方还形成了断裂及角砾带。节理的方向大体上都与石灰岩的层面垂直，使石灰岩破裂成近于方块的形状。溶洞的形成，主要是沿着这些节理的方向。中国猿人化石产地洞穴，正好处于背斜的轴部和节理特别发育的区域，雨水及地下水就沿着这些裂隙溶蚀成洞穴。

在中国猿人化石产地周口店一带，不仅发掘了大量的石器、灰烬层以及约代表40个个体的人类化石，还发现了20多处埋藏着动物化石的洞穴（黄万波，1960a，1960b，1960c），发掘出94种动物化石，如中国鬣狗（*Hyaena sinensis*）、杨氏虎（*Felis youngi*）、居氏大河狸（*Trogontherium curieri*）、葛氏斑鹿（*Pseudaxis* cf. *grayi*）、肿骨鹿（*Euryceros pachyosteus*）、德氏水牛（*Bubalus teilhardi*）、纳玛象（*Palaeoloxadon namadicus*）、安氏鸵鸟（*Struthio andersone*）等。许多化石呈现明显的连续性，特别发现中国鬣狗、纳玛象、棕熊、洞熊、披毛犀等哺乳动物化石出现在同一堆积层的现象（这暗示着洞穴堆积过程的时间跨度较大），并且剖面中还含有更新世中期（Q_2）的标准化石（如肿骨鹿、杨氏虎等）。

基于地质学和古地磁学分析认为，灰烬层就是北京人生活时常年的用火。北京人把这种宝贵的火焰世世代代相传而保存下来，烧透了其居处附近的岩层和泥土。有的灰烬层色彩斑杂，质地松细，缺乏黏性，并含有木炭屑和火烧过的黏土块、石块，以及动物骨、角等，这些都是当时古人类使用火的确凿证据。与古人类文化遗物同层出土的动物化石有西藏黑熊、中国犀、水鹿、斑鹿、羚羊和水牛等。这些动物化石非常破碎，杂乱交错，多具有人工砍砸的痕迹，其中大部分并非穴居动物，由此，可推知是当时古人类食用之后所遗留下来的。

刘椿等（1977）通过古地磁学研究及综合分析还发现，"北京人"的年代小于69万年；"北京人"当时所居住的周口店一带比今天靠南些，约为北纬35°21′，具有北半球中纬度的气候特征，总体上比当今的周口店要暖和一些。

杨钟键、裴文中、贾兰坡等老前辈对中国猿人洞洞内约40 m的角砾岩堆积进行研究后，根据岩性的不同而将其划分为13层（图13-7a）。后来，贾兰坡教授将这13层堆积合并为三组：C组（1～3层）、B组（4～10层）、A组（11～13层）。黄万波（1960a，1960b，1960c）基于前人的研究和新发掘的资料，对中国猿人化石产地的洞穴堆积进行了新的分层划分，并且基于各层岩性的描述和动物化石的性质，对洞穴堆积轮回及人类的活动进行了综合分析。

刘泽纯（1983）将周口店第一地点厚达40余米的洞穴堆积进一步划分为17层，分别由角砾层与非角砾层（灰烬层、泥砂层以及钟乳石层）等组成。其中，角砾层代表冰期、寒冷期或氧同位素的偶数阶段；

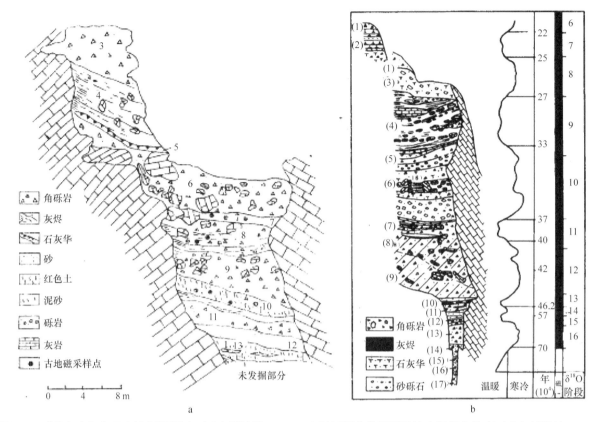

图 13-7　"北京人"化石产地剖面图（a）（自贾兰坡，1959a）及其洞穴堆积记录的古气候曲线（b）（自刘泽纯，1983）

非角砾层则代表间冰期、温暖期或氧同位素的奇数阶段。研究表明，在中更新世时，周口店一带气候的冷暖变化较为明显，而且气候的大陆性程度有逐渐增强的趋势；第一地点、新洞以及山顶洞等洞穴的沉积物与洞外的堆积、陕西洛川的黄土以及深海沉积物等均可进行气候地层学上的对比。根据洞穴堆积物的沉积特征所反映的气候变化，同时参考古生物和孢粉等方面的研究成果，按杨子赓等测绘的西洞壁地质剖面，定性描绘出北京猿人洞穴堆积时期的古气候曲线（图 13-7b）。可见，在距今 70 万～23 万年前，大致有 4～5 个冰期旋回的气候变化，而每个旋回包括温暖的间冰期和相对寒冷的冰期。

2）华北其他地区的洞穴古生物与古人类化石发掘

除了周口店外，在北京昌平区与怀柔区（黄万波，1981b）、河北兴隆县（黄万波和关键，1983）与秦皇岛市（牛平山等，2003）、内蒙古锡林郭勒盟（王晓琨等，2010）等华北地域也发现了许多洞穴古生物与古人类遗址（表 13-1）。

在北京市圣莲山奥陶纪石灰岩层中发育的龙骨石堂洞穴（海拔为 1055 m）发掘出新石器时期的人类文化遗物（如纹陶片、石锛、古臼等）、灰烬层和大量的动物化石，如鼠兔、狗獾、鹿、岩羊、青羊、绵羊、野猪、野牛、羚羊、膏羊、斑鹿、狍、野兔、狼、鼢鼠、蜥蜴、鸟类等动物的头骨、颌骨、牙、角或肢骨，根据洞内沉积物和化石分析，这里古人类生活的时期相当于山顶洞人生活的时期（杨鸿连等，2005）。

位于内蒙古锡林郭勒的金斯太洞曾于 2000～2001 年经历了两次发掘，面积约 80 m²，发掘出土石制品约 4000 件和大量动物化石。洞穴堆积厚达 6 m 以上，可划分为 8 层，第 3 层以下为旧石器时代文化堆积，可分为上、中、下三个文化层。经 ¹⁴C 测年，旧石器层位年代为距今 3.6 万～1.8 万年（王晓琨等，2010）。

牛平山等（2003）在河北秦皇岛山羊寨溶洞的洞穴堆积中发掘出哺乳动物化石 300 余件，经过对具有鉴定意义的头骨、角、颌骨和牙齿等材料的整理，共记述哺乳动物化石 17 属种（表 13-2），其中偶蹄目占 64.7%，食肉目占 23.5%，啮齿目和奇蹄目各占 5.9%。基于对这些化石种类生存条件与生活习性的综合分析，认为该化石群至少反映了 4 种宏观的生态环境（即森林、森林草原、草原和水域），其环境的时空变化虽与区内地形地貌的多样性及复杂性有关，但主导因素仍然是全球性的气候变化。

表 13-2　河北秦皇岛山羊寨更新世晚期至晚更新世早期洞穴碎石黏土层中的哺乳动物化石组成

一、啮齿目 Rodentia	8. 狍 *Capreolus* sp.
1. 阿曼鼢鼠 *Myospalax armandi*	9. 更新獐 *Hydropotes inermis*
二、食肉目 Carnivora	10. 麂子 *Muntiacus* sp.
2. 鬣狗 *Crocuta* sp.	11. 东北斑鹿 *Cervus manchuricus*
3. 虎 *Panthera tigris*	12. 黑氏上黑鹿 *Cervus hilsheimeri*
4. 水獭 *Lutra lutra*	13. 鹿 *Cervus* sp.
5. 水獭 *Lutra* sp.	14. 黑鹿 *Cervus*（*Rusa*）sp.
三、奇蹄目 Perissodactyla	15. 羚羊 *Gazella* sp.
6. 马 *Equus* sp.	16. 短角水牛 *Bubalus brevieornis*
四、偶蹄目 Artiodactyla	17. 水牛 *Bubalus* sp.
7. 东北狍 *Capreolus manchuricus*	

注：引自牛平山等，2003

13.5.2　东北地区

在吉林安图县石门山洞（姜鹏，1975；夏玉梅和汪佩芳，1984）、辽宁本溪市本溪湖洞（黄学诗和宗冠福，1973）与营口市藏山洞（崔德文和李有升，1994），以及黑龙江呼中区北山洞（孙明泉，2014）等许多地方都发掘了洞穴古生物化石及古人类遗址（表 13-1）。

自中生代、新生代以来，辽东地区长期处于缓慢抬升状态，因而常缺乏第三系沉积，并且第四纪时期剥蚀强烈，第四系发育不良，因此有关辽东地区第四纪地层的研究难度很大。可幸的是，辽东地区的洞穴堆积较为普遍，随着营口金牛山（出土脊椎动物化石 42 种）、本溪庙后山（出土脊椎动物化石 76 种）、辽阳安平、大连古龙山、海城小孤山（黄慰文和傅仁义，2009）和本溪湖等地洞穴堆积及化石的发掘，积累了丰富的洞穴古生物与洞穴考古成果。高尚华和于本刚（1990）基于对地层连续性、哺乳动物与古人类化石、文化遗物与古生态的综合分析，并结合古地磁和同位素测年法，建立了辽东地区中、上更新统地层标准剖面，从而为辽东地区古气候、古生物与古生态的深入研究与重建奠定了基础。

13.5.3　西北地区

在陕西省蓝田县锡水洞中更新世早期的砾石层、灰烬层及粉砂土层中发掘出石器、骨器、角器、灰烬和许多动物化石，如黑熊、中国犀、水鹿、斑鹿、羚羊等（黄春长，1983）。

对陕西洛南张坪洞穴群中更新世以来不同时段形成的 6 层洞穴堆积进行发掘，根据对根田鼠（*Microtus oeconomus*）、洮州绒鼩（*Caryomys eva*）和岢岚绒鼩（*Caryomys inez*）的层位分布与现生种的地理分布的对比分析，发现了一些重要的环境与气候演变信息（李永项和薛祥煦，2007）。

13.5.4　西南地区

在四川省巴县和尚坡洞的下更新统黄色黏土堆积中发掘了剑齿象、虎、牛、猪、豪猪及灵长类动物的化石（杨钟健，1940）。在四川筠连县的拱猪洞和灯杆洞发掘了 4 万年前的人齿化石，以及大熊猫、东方剑齿象、巨貘、中国犀、亚洲黑熊、古豺、猪獾、鹿、麝等 20 余种哺乳类化石（王金元，1992）。此外，在四川筠连县猫猫洞、珙县大斜洞（蔡绍英，1982），以及云南省镇雄县陈贝屯灰岩洞（张兴永和郑良，1981）、昆明市海口磷矿洞（江能人等，1984）等溶洞中都发掘出了具有重要古生物学与考古学意义的化石，特别是在镇雄县发掘的类象剑齿象（*Stegodon elephantoides*）左下第三臼齿化石填补了早更新世洞穴哺乳类化石的空缺（张兴永和郑良，1981）。

13.5.5　华中地区

黄万波和韩德芬（1959）对湖北省通山县大地村山洞更新世晚期以来形成的红色黏土层中的化石进行采集，发现柯氏小熊（*Euactos kokeni*），以及牛科、鹿科动物的头骨、颌骨和牙齿碎片化石。

周本雄（1965）对河南省安阳市小南海洞穴中更新世晚期（或旧石器时代）的洞穴堆积层进行化石发掘，发现脊椎动物化石 2 纲 7 目 18 种（鸟纲 1 种，哺乳纲 6 目 17 种）（表 13-3），其中安氏鸵鸟（*Struthio anderssoni*）、洞熊（*Ursus* cf. *spelaeus*）、最晚鬣狗（*Hyaena ultima*）和披毛犀（*Coelodonta antiquitatis*）早已绝灭，而其他种类都还有现生种。该化石动物群主要由森林型（如猩猩、野猪、豹、鹿）和草原型（如野驴、披毛犀、狼和羚羊）的物种所组成，其时代可能介于萨拉乌苏河动物群（有 8 种相同，占 44.4%）与周口店山顶洞动物群（有 9 种相同，占 50%）之间，这意味着在当时的小南海地区及其附近分布着大片的森林和草原，并且局部地区有河流或沼泽，因为小南海洞穴中还保存了少量的水牛（*Bubalus* sp.）化石。同时，安氏鸵鸟及野驴（*Equus hemionus*）的存在，也意味着在邻近地区，除了宽广的草原之外，还可能存在相当干燥的沙地。

表 13-3　河南省安阳市小南海洞穴中更新世晚期洞穴堆积层中的化石组成

一、鸟纲	8. 最晚鬣狗 *Hyaena ultima*
（一）鸵鸟目 Struthioniformes	9. 狼 *Canis* cf. *lupus*
1. 安氏鸵鸟 *Struthio anderssoni*	10. 豹 *Felis pardus*
二、哺乳纲	（六）奇蹄目 Perissodatyla
（二）食虫目 Insectivora	11. 野驴 *Equus hemionus*
2. 刺猬 *Erinaceus* sp.	12. 披毛犀 *Coelodonta antiquitatis*
（三）灵长目 Primates	（七）偶蹄目 Artiodactyla
3. 猩猩 *Pongo* sp.	13. 野猪 *Sus* sp.
（四）啮齿目 Rodentia	14. 狍 *Capreolus* cf. *manchuricus*
4. 方氏鼢鼠 *Myospalax fontanieri*	15. 斑鹿 *Cervus*（*Pseudaxis*）sp.
5. 黑鼠 *Rattus* sp.	16. 水牛 *Bubalus* sp.
（五）食肉目 Carnivora	17. 普氏羚羊 *Gazella przewalskyi*
6. 洞熊 *Ursus* cf. *spelaeus*	18. 苏门羚 *Capricornis* sp.
7. 狗獾 *Meles leucurus*	

注：引自周本雄，1965

在小南海洞穴堆积中，大量石器、火烧过的动物骨骼和灰烬等文化层的存在也说明人类曾经在洞内生活过。他们可能捕杀洞外的野驴、披毛犀等大型食草动物的幼体（乳齿）和老年个体（牙齿严重磨损），并在洞内将其烧烤后再吃。在洞内，还发现了鬣狗化石、完整的粪化石（内含碎骨渣），以及一些食草动物的碎骨片化石，表明该洞穴在人类进驻之前或之后，可能曾被具有穴居和嗜食动物尸骨习性的鬣狗占用过。而两颗类似猩猩（*Pongo* sp.）牙齿化石的发现，使猩猩的分布北缘由原来的广西桂林以南（北纬26°左右）北移10°，直到北纬36°附近的华北一带。

过去一般认为，到更新世晚期结束之前，即使在华南地区，猩猩也已经和剑齿象（*Stegodon* sp.）、貘（*Tapirus* sp.）等动物一同灭绝了，或迁徙到了其他地区。然而，在安阳小南海地区的更新世晚期，都还残存着这种大型的灵长类动物，这的确是非常有意义的发现。

安阳小南海哺乳动物群和北京周口店山顶洞动物群、陕西蓝田公王岭动物群的物种组成充分表明，猩猩、剑齿象、貘、猎豹（*Cynailurus* cf. *jubatus*）、果子狸（*Paguma larvata*）、大熊猫这些所谓的"华南动物群"在华北地区一直生存到更新世晚期才逐渐绝灭。

在湖南湘西州吉首市螺丝旋山洞的更新世晚期地层中也发掘了哺乳动物化石，尤其在保靖县洞泡山的石灰岩溶洞中，发掘了武陵山大熊猫、中国貘、长臂猿、东方剑齿象等18种哺乳动物化石。保靖县洞泡山动物群的发掘进一步证实在华南存在一个从"柳城巨猿洞动物群"向狭义的"大熊猫-剑齿象动物群"过渡类型的动物群（王令红等，1982）。

鄂西-三峡一带也是探索早期人类起源、演化和第四纪哺乳动物演化与环境变迁的重要区域，因为该区域石灰岩洞穴发育良好，在许多洞穴中都发现了哺乳动物与人类的化石及石制品（刘武等，2006），其中建始高坪一带，中生界灰岩特别发育，地质构造和气候条件特别有利于岩溶的发育和洞穴的形成，在海拔700～950 m的范围内溶洞数量繁多，埋藏与工作条件优越，可望发掘更多有价值的古生物与古人类化石（裴树文等，2010）。

13.5.6　华东地区

在江西乐平市神仙洞（章人骏，1947）、乐平市涌山洞（黄万波和计宏祥，1963a）、万年县仙人洞（黄万波和计宏祥，1963b，图13-8a）、和县龙潭洞（黄万波等，1981a，1981b，1981c）；江苏宜兴市东坡洞（冯金顺，1987）、江宁市汤山猿人洞（陈琪等，1998）；山东青州市南王孔洞（付廷红，2018）；福建武平县猪仔笼洞（范雪春等，2012）；安徽东至县华龙洞（李潇丽等，2017，图13-7）等华东地区的许多洞穴都发掘了洞穴古生物及古人类的化石及文化层。

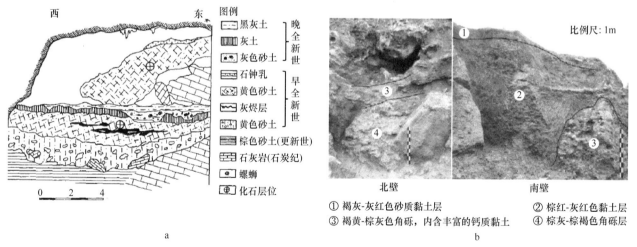

图13-8　江西万年县仙人洞洞穴堆积剖面图（a）（自黄万波和计宏祥，1963b）与安徽省东至县华龙洞遗址2016年发掘地层剖面图（b）（李潇丽等，2017）

特别是20世纪60年代和90年代，考古学者先后对位于江西省万年县的仙人洞和吊桶环遗址进行过5次考古发掘，共出土石器727件（片）、骨器245件、蚌器158件、原始陶片890余块、人头骨4个（片）

和人骨标本 20 多件及近 10 万件（片）兽骨等，其中尤以稻属植硅石和早期原始陶器的发现将稻作文明的历史推到 1.2 万年前，陶器发明的历史推至 1.7 万年前，这些具有重要标志性意义的考古发掘曾被评为"全国十大考古发现"和"20 世纪中国百项重大考古发现"之一。

还值得注意的是，在安徽和县龙潭洞发掘的"和县猿人动物群"（Hexian man fauna）已鉴别出 8 目 25 种以上，包括鳖、鳄、大河狸（*Trogontherium* sp.）、中国大角鹿（*Sinomegaceros paehyosteus*）、东方剑齿象（*Stegodon orientalis*）（图 13-9a）、中国貘（*Tapirus sinensis*）等。其中，食肉目的种类最多，偶蹄目次之，在数量上以斑鹿（*Pseudaxis grayi*）最多，共采集斑鹿角 300 多具，代表近 200 个个体。因此，和县猿人的主要猎物可能是偶蹄目中的斑鹿。鳖和鳄的存在表明，当时在和县汪家山西北一带有面积较大而相对稳定的水域，而食肉类、啮齿类以及大角鹿与鬣狗的存在则意味着这一带分布着茂密的森林，也有山前平原及草地，并且气候温暖。龙潭洞成为河狸化石发现的最南端（北纬 31°45′，东经 118°20′），填补了第四纪化石河狸在我国南方的空白（黄万波，1979a）。龙潭洞猿人头盖骨出土于长江下游，位于北京猿人与爪哇猿人之间的过渡地带，为研究南、北早期人类在演化上的差异、系统位置以及中华民族文化的渊源提供了可靠的化石证据；与猿人头盖骨伴生的动物化石，是一个南北混杂的动物群，既具有北方周口店时期的动物，如肿骨鹿、剑齿虎和大河狸，又有南方的剑齿象、中国貘和中国犀，对于研究第四纪动物的迁徙扩散、古地理和古气候的演变，了解长江下游古人类与古哺乳动物之间的依存关系，以及对于这一地区第四纪地层的划分与对比，都有极其重要的意义。总体上，和县猿人动物群代表着第四纪时期的一个新的哺乳动物组合，其地质时代属于中更新世，可能反映当时是一个以森林为主兼有草原的生态环境，其气候处于由凉爽向温湿转变的过渡阶段（黄万波和彭春，1981；黄万波等，1981a，1981b）。

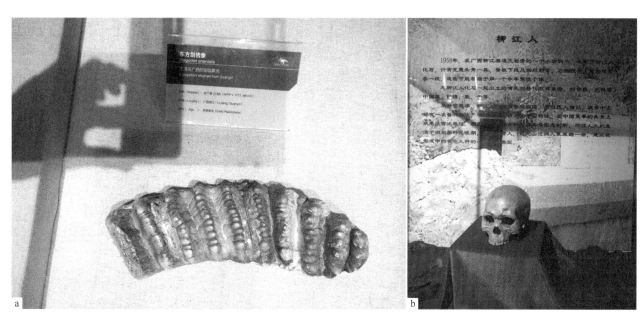

图 13-9　产于广西柳江早更新世洞穴堆积中的东方剑齿象（*Stegodon orientalis*）的左下第 3 臼齿（a）
和广西"柳江人"头骨化石（b）（刘志宵 摄于中国古动物馆"树华古人类馆"）
柳江人大约生活于旧石器时代晚期，属晚期智人，但比山顶洞人更原始一些，是正在形成中的黄色人种的一种早期类型

从前面的章节，我们了解到，岩溶地貌具有明显的地带性，可作为地质历史气候变化的一个标志。岩溶洞穴堆积物在一定程度上也受气候条件的制约，如我国南方广西和云贵高原上峰林特别发育，洞穴中沉积大规模的钟乳石，但（石）灰岩角砾稀少，碎屑物质主要是黏土和砂土，而北方温带地区的洞穴堆积物中含有较多的碎屑物，即使在青藏高原、天山等高寒地区石灰岩山地的洞穴堆积（属于上新世或第四纪间冰期）中，也由于当时气候温暖而几乎不含灰岩角砾碎块。在欧洲和北美洲等地的许多岩溶洞

穴堆积中，灰岩角砾总是同冰期相关联，而钟乳石类化学沉积和风化土层则多与间冰期有关。

在江西乐平和万年县的调查发现，在许多石灰岩洞穴中，绝大多数都是灰岩角砾堆积，这种堆积与洞穴海拔无关，并且不能用构造（地震）运动来解释，但与气候变化有关（黄万波和计宏祥，1963a，1963b）。刘泽纯（1979）对江苏溧水县神仙洞的研究发现，在堆积层中有两个不同时期的洞穴及裂隙之填积与阻塞，含角砾层的沉积在孢粉组合上都表现为偏冷的环境，而钟乳石层（或钙板层）所在的层位则趋向变暖。所以，古气候变化对于靠近地面或有开口的洞穴，在堆积物性质上是有一定反映的。

在洞穴发育过程中，因为地质构造的影响及地下水活动的改变，在一定的发展阶段上于某一部位产生一定量的灰岩角砾，是一种正常的自然现象。它们主要来源于洞顶的崩塌和洞壁的崩落。灰岩角砾按其同石灰岩层的关系可以分为岩块（block）、岩板（slab）和岩屑（chip）。岩屑角砾的形状不规则，直径小，以洞壁物理风化产生的角砾大多在 10 cm 左右。在十分凛冽的冰期气候下，其直径还会更粗大一些（刘泽纯，1983）。

13.5.7 华南地区

华南地区是我国洞穴古生物、古人类化石与文物发掘最丰富的区域之一。在广东省韶光市狮子山洞（娄玉山和马宁，2014）、封开县黄岩洞与罗定市大岩洞（黄万波，1963；李始文，1987）、肇庆市出米洞（肇庆市文化局和中山大学星岩调查组，1974）与七星岩洞（黄玉昆等，1975）、阳春市独石仔洞（邱立诚等，1982）；广西桂林市甑皮岩（黄宝玉，1981；王惠基，1983）、来宾市盖头洞（贾兰坡和吴汝康，1959）、乐业县大石围天坑群洞穴（刘金荣等，2004）、柳州市白莲洞（周国兴，1986）；海南昌江县第四系灰岩洞（卢宏金，1994）等许多地方的溶洞中都发掘了古生物与古人类的化石及文化堆积。

总之，我国南方洞穴动物化石的研究，自 20 世纪 50 年代以来，不断取得新的进展（包括新的地点和新的层位被发掘），所发掘化石动物群大体上可划分为 5 个不同的时期：①唯宁凤凰山动物群（上新世）；②柳城巨猿洞动物群（早更新世）；③柳州笔架山洞动物群（中更新世）；④柳江人洞动物群（晚更新世）；⑤全新世化石动物群（黄万波，1979a，1979b）。而在华南地区的第四纪洞穴堆积物中，最常见的哺乳动物化石群是"大熊猫－剑齿象"动物群（Ailuropoda-Stegodon fauna）（表 13-4）。

表 13-4 中国南方洞穴化石动物群总表中的哺乳动物化石名单

一、食虫目 Insectivora	9. 红面猴 *Macaca specious*
1. 短尾鼩 *Anourosorex kui*	三、食肉目 Carnivora
2. 蹼足鼩 *Nectogale* sp.	1. 狗 *Canis* sp.
3. 白鼹 *Scaptoschirus moschatus*	2. 豺 *Cuon simplicidens*
4. 歌乐山刺猬 *Erinaceus koloshanensis*	3. 豺狗 *C.antiquus antiquus*
二、灵长目 Primates	4. 爪哇豺 *C.javanicus*
1. 猿人 *Homo erectus*	5. 似巨豺 *C.dubious*
2. 智人 *Homo sapiens*	6. 貉 *Nyctereutes procyonoides*
3. 南方古猿 *Australopitheucs* sp.	7. 狼 *Canis lupus*
4. 巨猿 *Gigantopithecus black*	8. 狐 *Vulpes* cf.*vulgaris*
5. 猩猩 *Pongo* sp.	9. 密狗 *Charronia flavigula tyrannus*
6. 长臂猿 *Hylobates sericus*	10. 虎 *Felis* sp.
7. 金丝猴 *Rhinopithecus roxellana*	11. 中国虎 *Felis* cf. *Sinensis*
8. 猕猴 *Macaca* sp.	12. 德氏虎 *F. terlhardi*

13. 豹 *F. pardus*

14. 古中国猫 *F. palaoesines*

15. 椰子猫 *Paradoxurus hermaphroditus*

16. 灵猫 *Viverra zibetha expectata*

17. 大灵猫 *Viverra zibetha*

18. 小灵猫 *Viverricula malacensis pallida*

19. 食蟹獴 *Herpestes urva*

20. 剑齿虎 Machairodontinaoe

21. 艾虎 *Putorius sibiricus*

22. 猞猁 *Lynx* cf. *lynx*

23. 犯貂 *Martes sinensis*

24. 果子狸 *Paguma larvata*

25. 似巨獾 *Melodon* cf. *majori*

26. 沙獾 *Arctonyx collaris rostratus*

27. 猪獾 *A.collaris collaris*

28. 狗獾 *Meles meles*

29. 印度熊 *Indarctos* sp.

30. 可氏西藏熊 *Ursus thibetanus kokeni*

31. 小熊 *U.angustidens*

32. 水獭 *Lutra* sp.

33. 桑氏斑鬣狗 *Crocuta（Hyaena）licenti*

34. 中国斑鬣狗 *C.（H.）sinensis*

35. 最后鬣狗 *C.crocuta ultima*

36. 小种大熊猫 *Ailuropoda microta*

37. 大熊猫 *Ailuropoda melanoleuca*

38. 巴氏大熊猫 *A.melanoleuca baconi*

四、长鼻目 Proboscidea

1. 似锯齿嵌齿象 *Gomphotherium serridentoides*

2. 四棱齿象 *Tetralophodon* sp.

3. 先东方剑齿象 *Stegodon preorientalis*

4. 贵州剑齿象 *S.guizhouensis*

5. 东方剑齿象 *S.orientalis*

6. 纳玛象 *Palaeoloxodon namadicus*

7. 江南象 *Elephas kiangnanensis*

五、啮齿目 Rodentia

1. 黄鼠 *Citellus* sp.

2. 鼯鼠 *Petaurista* cf. *brachydus*

3. 河狸 *Castor* sp.

4. 飞鼠 *Pheromys* cf. *brachydus*

5. 竹鼠 *Rhizomys provestitus*

6. 短竹鼠 *Brachyrhizomys ultimus*

7. 中国竹鼠 *Rhizomys sinensis troglodytes*

8. 四川竹鼠 *R.szechuanensis*

9. 鼹鼠 *Ellobius* sp.

10. 小鼠 *Mus musculus*

11. 大鼠 *Rattus* cf. *subcristata*

12. 大鼠 *Epimys rattus*

13. 板齿鼠 *Bandicota indica*

14. 爱氏家鼠 *Rattus* cf. *edwardsi*

15. 褐家鼠 *R.norvegicus*

16. 家鼠 *R.rattus*

17. 硕豪猪 *Hystrix magna*

18. 华南豪猪 *Hystrix subcristata*

19. 扫尾豪猪 *Atherurus* sp.

六、奇蹄目 Perissodactyla

1. 爪蹄兽 Chalicotheriidae

2. 中国爪蹄兽 *Nestritherium sinensis*

3. 大唇犀 *Chilotherium* sp.

4. 犀 *Rhilotherium* sp.

5. 中国犀 *R.sinensis*

6. 苏门犀 *R.sumatraensis*

7. 貘（小型种）*Tapirus* sp.

8. 中国貘 *T.sinensis*

9. 巨貘（普通种）*Megatapirus auqustus*

10. 云南马 *E. yunnanensis*

11. 马（普通种）*Equus* sp.

七、偶蹄目 Artiodactyla

1. 柳城丘齿鼷鹿 *Dorcabune liuchengensi*

2. 水鹿 *Rusa unicolor*

3. 斑鹿（南方种）*Sika* sp.

4. 毛冠鹿 *Elaphodus cephalophus megalodon*

5. 梅花鹿 *Cervus nippon*

6. 鹿 *Cervus* sp.

7. 秀丽漓江鹿 *Lijiangocerus speciosus*

8. 河麂 *Hydropotes* sp.

9. 赤鹿 *Muntiacus muntjak margae*

10. 小鹿 *M.reevesi*	20. 野牛 *B.gaurus*
11. 麝 *Moschus moschiferus plicodon*	21. 山羊 *Capricornis sumatrensis kanjerreus*
12. 小猪 *S.xiaozhu*	22. 青羊 *Naemorhedus goral*
13. 猪（小型种）*Sus* sp.	23. 羊 *Ovis* sp.
14. 笔架山猪 *S.bijiashanensis*	24. 原始羚羊 *Protoryx* sp.
15. 猪 *S.domesticus*	25. 鬣羚 *Capricornis sumatraensis*
16. 水牛 *Bubalus bubalis*	八、翼手目 Chiroptera
17. 短角水牛 *Bubalus* cf. *brevicornis*	1. 蝙蝠 *Taderida* sp.
18. 野猪 *S.scrofa*	2. 鼠耳蝠 *Myotis* sp.
19. 野牛 *Bibos gaurus grangeri*	3. 黄蝙蝠 *Hesperopternus* sp.

注：引自黄万波，1979b

　　黄玉昆等（1975）在广东省肇庆市七星岩溶洞中发掘的更新世晚期的化石群就是"大熊猫 - 剑齿象"动物群的代表。该化石群包括哺乳动物 7 目 27 属 32 种及亚种，其主要特点是：①多数是单枚的牙齿化石，并且已被箭猪等啮齿类动物啃掉了牙根；②多数是成年和老年个体，因为牙齿冠面的磨蚀程度较大；③大熊猫的臼齿占其总齿数的 35%；④食肉目种类最多（11 种），约占总种数的 1/3；⑤有蹄类的个体数量最丰富，野猪和鹿类的件数都不少于百件，而食肉类每种仅发现一件或数件牙齿化石。从沉积环境及化石保存情况来看，这些动物多数是死亡之后被流水冲进洞内并堆积起来的，少数也可能是某些穴居性食肉动物猎食后在洞内残留下来的，而人类的发展和活动范围的扩大，可能是促使动物群的分布范围和结构成分（如各类动物之间在个体数量上的比例）发生变化的一个值得考虑的因素。

　　在植物孢粉方面，刘金荣等（2004）研究发现，广西乐业县大石围天坑群中马蜂洞、里郎洞新第三纪堆积中的孢粉组合以桤木粉属（*Alnipollenites*）、栎粉属（*Quercoidites*）、桦粉属（*Betulaepollenites*）、栗粉属（*Cupuliteroipollenites*）等被子植物，以及裸子植物双束松粉属（*Pinuspollenites*）、蕨类植物单缝孢属（*Polypodiaceaaesporites*）和桫椤孢属（*Cyathidites*）为主，反映当时的气候属于温暖阴湿的亚热带气候，森林广布。

　　贾兰坡和邱中郎（1960）根据广泛的实地调查，结合已有的文献资料将广西洞穴中的堆积划分为 4 个时期：①含巨猿化石的堆积，时代为更新世早期（Q_1）；②含剑齿象 - 大熊猫化石的堆积，时代为更新世中期（Q_2）；③含介壳（贝壳）及文化层的堆积，时代为更新世晚期（Q_3）；④含磨光石器或其他晚期文化遗物的疏松堆积，属于全新世（Q_4），并且第二类堆积的时代可能延续到晚更新世初期，第三类堆积的时代可能延续到全新世。

　　古人类乐于将贝类作为工具、饰品、货币及食物（王祖望等，2019）。在广西及华南地区的许多洞穴中凡是有大量斧足类或腹足类外壳的洞穴堆积里通常都可以找到一些烧骨、炭屑和石器，而这些软体动物的外壳可能就是古人类食剩的残余物（贾兰坡和吴汝康，1959；贾兰坡和邱中郎，1960）。

　　广东韶关狮子岩出土的约 13 万年前的马坝人是华南地区唯一的早期智人化石（娄玉山和马宁，2014）。广西古人类化石极为丰富，柳江人化石（图 13-9b）（约 4 万年前）和北京山顶洞人化石（约 3 万年前）都属于新人的代表，与克鲁马努人生活的年代大致相符。在柳江人周围 200～300 km 范围内，还有麒麟山人、白莲洞人、都乐岩人、九头山人、甘前岩人、九楞人、都安人、荔浦人、灵山人和宝积山人等，都是旧石器时代晚期的智人（易光远，1982）。广西桂林的甑皮岩更是有中华民族"万年智慧"的历史文化名片之誉。

　　显然，洞穴中古生物与古人类化石及其遗物的发掘，一方面为区域内古气候、古环境、古生物、古生态、古人类及其文化的演变提供了研究材料和佐证，同时也为现今区域经济尤其是洞穴旅游业的发展注入了新的活力。

第14章

洞穴旅游与探险

现代科学认为，地球已有大约46亿年的历史。伴随着太阳系的诞生而产生的早期地球是炽热的，呈熔融状态，之后较重的元素向地球的中心区域沉降，较轻的元素上升至地球的表层，并逐渐形成地球的圈层构造基础。随着地球热量的散发以及地球内、外物质的相互作用，地球逐渐冷却，并于42亿～38亿年前开始形成海洋和新的大气层，生物大分子、多分子体系、原始的生命形式也随之产生。30多亿年以来，地球上的生命系统与非生命系统（水、大气、岩石等）不断演化并相互作用，形成纷繁复杂、生机勃勃的生命世界，并发展成为"具有思想"的智慧圈（noosphere）。数百万年以来，人类作为智慧圈的主体，充分显示并发展着自身独特的智能，在认识、改造与利用自然资源的过程中创造了辉煌的科技与文化，构建了光辉灿烂的物质文明与精神文明。

从前面的章节中已经了解到，在人类的自然进化和社会发展过程中，洞穴资源（如洞穴中的矿物资源、水资源、生物资源、气候资源等）持续地发挥着重要作用，洞穴资源的丧失会直接或间接地影响区域经济的发展与社会的进步，但目前我国对于洞穴资源的保护仍缺乏足够的重视，洞穴旅游、探险及洞穴文化发展仍有待于从质量和效益上加以规划与推进。

现代旅游业已成为区域资源利用、区域经济规划与区域综合服务业结构调整的重要方面，洞穴作为区域性的地下景观资源，对于区域旅游经济发展具有重要意义。

14.1 洞穴旅游

洞穴旅游（cave tourism），是指以洞穴作为旅游目的地，以洞穴内部景观作为主要观赏对象的洞穴资源综合利用方式。在人类历史进程中，世界各民族都惯常对于所在地的洞穴资源予以探究、利用和观赏。

随着经济的发展、交通运输业的发达和现代科技的进步，许多洞穴被开发成规模化的旅游景点或旅游景区，使得原来零散、粗放的本土性洞穴观光或文人墨客的探险般游玩向集约化、外向化、大众化、经济化的洞穴资源管理模式转变，从而使洞穴环境及景观更增添了现代科技与区域经济文化的内涵。

14.1.1 国际著名的大型洞穴系统

洞穴虽然见于世界各地，但大型洞穴系统通常发育于富含易溶性石灰岩或石膏岩的喀斯特地貌区。如果降雨丰沛，生物资源丰富，生物呼吸作用产生的 CO_2 较多，山势平缓，水流缓慢，就更易于形成复杂庞大的长洞道系统。地球上长洞穴系统分布最集中的区域是美国肯塔基州南部的佩妮莱尔（Pennyrile）地区和南达科他州的黑山地区（the Black Hills），以及墨西哥的尤卡坦半岛（Yucatán Peninsula）（表 14-1）。这些大型的洞穴系统有的还处于保护或待开发状态，有的则已开发成世界著名的旅游景区，如美国肯塔基州的猛犸洞早在 1815 年英美战争结束后就成为公共游览的场所，至 20 世纪 70 年代中期，每年到猛犸洞旅游的游客已多达 150 万。由于洞道特长，大型洞穴中通常仅少数靠近洞口的洞段被开发为旅游区段，其他洞段仍处于自然状态或受保护状态，如果遭到人为的肆意破坏，洞内一些奇特的自然景观或独特沉积构造就会很快消失。

表 14-1　一些世界著名的大型洞穴系统（以洞道长度为序）

洞名	所属国家及地区	洞穴规模	发现时间	主要特色景点或重要发现
猛犸洞 mammoth cave	美国肯塔基州	5 层，洞道长达 651.8 km	1791 年	酋长殿、星辰大厅、洞穴熏肉、盲型动物群，等
白洞 sistema sac actun	墨西哥金塔纳罗奥州	洞长 346.7 km	1987 年	世界上最长的地下水洞穴系统，发现有更新世遗迹（乳齿象与人类头骨的残骸等）
宝石洞 Jewel cave	美国南达科他州	洞长 310.65 km	1900 年	典型的"呼吸洞"，洞穴沉积物形态多样，石膏晶体、霜花、水菱镁晶气球最具特色
三水道洞 sistema ox bel ha	墨西哥金塔纳罗奥州	洞长 270.2 km	1996 年	洞内发现西貘科一新属种的下颌骨化石，以及 9 000～13 000 年前的 3 具人类遗骸
乐观洞 optymistychna cave	乌克兰科洛里夫卡村附近	洞长 260.0 km	1966 年	全球已知最长的石膏洞穴，石膏晶体中渗入各种矿盐，形态多姿、色彩斑斓
双河洞穴系统 shuanghedong cave network	中国贵州省绥阳县	4 层，已探明洞道全长 238.479 km	1988 年	是亚洲第一长洞，洞道呈网络状，洞内发现有大熊猫的化石与新奇物种红蝎等
风洞 Wind cave	美国南达科他州	洞长 229.7 km	1881 年	有世界上规模最大而集中的蜂窝状方解石网格沉积构造
清水洞 / 克利尔沃特洞 clearwater cave	马来西亚沙捞越州	洞长 227.196 km	1978 年	相互贯通的洞穴系统的体积被认为是世界上最大的
列楚基耶洞 lechuguilla cave	美国新墨西哥州	洞长 222.6 km	1986 年	石膏沉积物种类特别丰富壮观，最奇特的洞厅是枝形吊灯舞厅
赫洛赫溶洞 hölloch cave	瑞士穆奥塔塔尔市	洞长 203.094 km，洞深 938.6 m	1875 年	是瑞士及西欧最长的溶洞，也是整个欧洲第二长的溶洞
费希尔山脊洞穴系统 fisher ridge cave system	美国肯塔基州	洞长 201.6 km	1981 年	洞道狭窄，但洞厅宽阔，有些洞厅内保存着熊及其他野生动物的爪痕

注：洞长是指最新记录的探测数据，通常是指所有洞道的总长度；发现时间是指近代或现代人最早的再发现时间，因为绝大多数洞穴都曾被古代人利用过

猛犸洞（mammoth cave），是目前世界上已知最长的洞穴系统，全长 651.8 km。我国贵州省绥阳县的双河洞最新探测记录，其洞道全长约为 238.5 km，是亚洲最长的洞穴，目前在世界排名第六。

洞穴系统的洞道长度是动态的，既可能随着时间的推移，形成新的洞道，使洞穴扩展延伸，也可能由于洞道崩塌、岩石堆积、泥砂充填等原因而使某些洞段消失，洞道变短，还可能由于探洞人员不断地探索，不断发现新的洞道而刷新数据。

在美国境内发现较多的长洞穴系统，既可能有其地质历史方面的特殊性，也可能与其洞穴探险历史悠久、基础扎实、装备精良、专业及业余探险队伍庞大，并不断进取有关。

因此，可以预料，随着中国洞穴探险专业队伍的壮大及洞穴探险工作的逐步深入与大众化，在中国境内将会发现更多的大型洞穴系统，因为中国的地质历史、地势地貌及水热等气候条件非常特殊，广袤的中华大地具有发育大规模岩溶的天然条件，必定孕育着许多庞大而复杂的洞穴系统。

14.1.2 中国旅游洞穴概貌

我国地域辽阔，天工造化，名洞众多，名山大川及其相关的洞穴游历或游览历史悠久。可是，我国的现代洞穴旅游业起步较晚，主要是在改革开放以后才逐渐兴起。

改革开放以来的 40 多年间，中国大陆掀起了自然资源探察与规模化开发的新浪潮。洞穴作为旅游资源开发利用受到了更多的重视，大量的溶洞被开发成为旅游洞穴。开发主题包括地质观光、历史遗迹、宗教活动、科普教育、医疗保健、地下漂流等许多方面。据曹翔等（2017）统计，截至 2016 年 7 月，中国大陆地区拥有旅游洞穴景区（点）708 个，其中 A 级旅游洞穴景区 177 家，以旅游洞穴景区作为重要组成部分的世界自然遗产地 2 处，世界地质公园 6 处，国家地质公园 24 处，国家级风景名胜区 26 处。中国南方喀斯特地区是旅游洞穴分布较多的区域，其中广西的旅游洞穴数量最多，有 91 个（占 12.85%），其次是贵州（78 个，11.02%），再依次是云南、湖北、湖南、重庆、浙江、安徽、四川、江西、福建、山东、广东、河南等省（直辖市）（表 14-2）。

表 14-2 中国旅游洞穴景区（点）的区域性数量分布

地理分区	省（自治区、直辖市）	数量 / 个	百分比 /%	地理分区	省（自治区、直辖市）	数量 / 个	百分比 /%
西南地区（213 个，30.09%）	云南	54	7.63	西北地区（18 个，2.54%）	陕西	9	1.27
	贵州	78	11.02		宁夏	0	0
	四川	33	4.66		甘肃	6	0.85
	重庆	45	6.36		青海	1	0.14
	西藏	3	0.42		新疆	2	0.28
华南地区（123 个，17.37%）	广西	91	12.85	东北地区（18 个，2.54%）	辽宁	7	0.99
	广东	22	3.11		吉林	8	1.13
	海南	10	1.41		黑龙江	3	0.42
	香港	—	—	华北地区（42 个，5.92%）	河北	12	1.69
	澳门	—	—		山西	17	2.40
华东地区（177 个，25.02%）	江西	31	4.39		北京	9	1.27
	福建	31	4.39		天津	1	0.14
	浙江	41	5.79		内蒙古	3	0.42
	上海	0	0	华中地区（117 个，16.52%）	湖南	45	6.36
	安徽	34	4.80		湖北	52	7.34
	江苏	13	1.84		河南	20	2.82
	山东	27	3.81				
	台湾	—	—				
总计数量				708 个			

注：基础数据引自曹翔等，2017；—表示数据缺乏

在国内外知名度较高，具有较大规模和影响力的旅游洞穴主要有贵州的织金洞（zhijin cave）、湖南的黄龙洞、湖北的腾龙洞（tenglongdong cave）、重庆的芙蓉洞（furong cave）和雪玉洞（xueyu cave）、广

西的芦笛岩（reed hute cave）和七星岩、福建的玉华洞（yuhua cave）、浙江的瑶琳洞（yaolin cave）、安徽的花山谜窟、陕西的柞水溶洞群（zhashui caves）、山西的万年冰洞、河北的白云洞、北京的石花洞（图14-1）、辽宁的本溪洞（benxi cave）等（表14-3）。

图 14-1　北京石花洞洞内形态奇特多样和壮观的自然景观（刘志霄 摄）
地处北京市房山区，共有 7 层，高差约 150 m。洞内次生性化学沉积物千姿百态，石花、石枝、石笋、石钟乳、石柱、
石瀑、石幔、石塔（a）、石匕、石剑（b）、石旗（c）、石盾、石灯、石梯田、月奶石等精华备至，美轮美奂

表 14-3　中国大陆一些具有代表性的旅游洞穴

洞名	所属行政区	洞穴规模	主要特色景观（点）
织金洞	贵州织金县	多层，全长约 12.1 km，总面积 70 多万 m²	万寿宫、银雨树、霸王盔、灵霄殿、广寒宫、嫦娥奔月、塔林世界、落钱洞、蘑菇云厅等
黄龙洞	湖南张家界市	四层，全长 7.5 km，洞底总面积 10 万 m²	定海神针、响水河、黄土高坡、迷宫、龙王宝座、花果山、天柱街、宝塔峰、天仙水瀑布等
腾龙洞	湖北利川市	5 层，旱洞全长约 60 km，总面积 200 多万 m²	佛倒池、龙鳞山、升烟井、神女洞、圆堂关等
芙蓉洞	重庆武隆县	主洞长 2.7 km，洞底总面积 3.7 万 m²	贵妃浴池、金銮宝殿、雷峰宝塔、犬牙晶花、巨幕飞瀑、生命之源、千年之吻、银丝玉缕等
雪玉洞	重庆丰都县	3 层，全长约 1.6 km	雪玉企鹅、沙场秋点兵、鹅管王、石旗之王等
芦笛岩	广西桂林市	洞深 240 m，游程 500 m	狮岭朝霞、红罗宝帐、盘龙宝塔、水晶宫、幽境听笛、高峡飞瀑、塔松傲雪、历代壁书等
瑶琳洞	浙江桐庐县	主洞长约 1 km，洞底总面积 2.8 万 m²	银河飞瀑、瀛洲华表、擎天玉柱、瑶林玉峰等
玉华洞	福建将乐县	主洞长 2 km，总长 5 km	鸡冠石、瓜果满天、峨眉泻雪、嫦娥奔月、苍龙出海、童子拜观音、马良神笔、瑶池玉女等
柞水溶洞群	陕西柞水县	已发现溶洞 115 个，占地面积约 17 km²	主要溶洞：佛爷洞、百神洞、风洞、玉霞洞、金铃洞、云雾洞、天洞等
崆山白云洞	河北崆山县	洞厅总面积 4200 m²，游道总长约 3000 m	天堂、人间、迷宫、地府、龙宫等
石花洞	北京房山区	7 层，洞道全长 5000 m，游览长度 2500 m	白玉银旗、腾流瀑布、火炬倒悬、龙宫帷幕、擎天鸳鸯柱、龙女绣花台、后宫仙帐、闪光壁等
本溪洞	辽宁本溪市	全长 3000 m，总面积 3.6 万 m²	银河宫、二仙宫、玉皇宫、北极宫、芙蓉峡、双剑峡、玉象峡等

　　当然，许多地方性的旅游洞穴也具有自身的区域特色及优势，如湖南省永州市宁远县的紫霞岩（图14-2）、湘西州凤凰县的奇梁洞（图14-3）、湖北省宜昌市五峰土家族自治县的长生洞（图14-4）等都具有较好的区域性的旅游休闲娱乐品味与文化感染力。

　　尽管自 20 世纪八九十年代以来，我国的洞穴旅游业得到了较大的发展，但在发展过程中也存在一

图 14-2　紫霞岩洞门（a）和洞口前的徐霞客塑像（b）（刘志霄 摄）

紫霞岩位于湖南省宁远县九嶷山舜帝陵附近，洞内有"九曲黄河""孔子拜舜""紫霞奇观"等著名景点，并留有元结、沈绅、寇准等名人骚客的石刻和墨迹。据《楚游日记》载，徐霞客当年考察该洞时，在洞中连居 4 日，他"闲则观瀑、寒则煨枝、饥则饮粥"，考察后，将紫霞岩列为楚南名洞之首

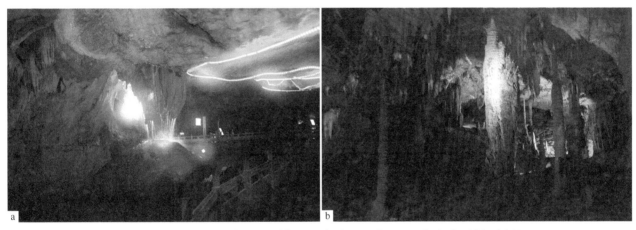

图 14-3　奇梁洞内的"雨洗荷花"景观（a）和天堂景区景点（b）（刘志霄 摄）

该洞位于湘西州凤凰古城附近，洞长约 6 000 m，洞内有"十里画廊""天堂""阴阳河""海底世界""龙宫"
"古战场"等特色景点及相关的趣闻、故事、传说

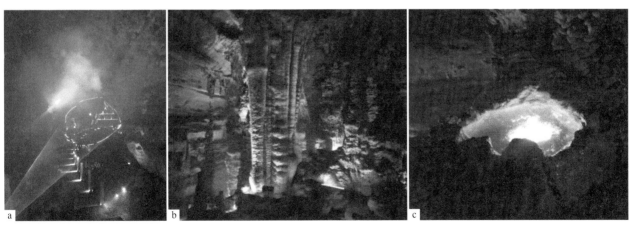

图 14-4　湖北省五峰县长生洞内仙境般的"迎客厅"（穿越时空）（a）、"顶天立地"的石柱景观（b）
和闪亮迷人的"金光盆"（c）（刘志霄 摄）

该洞形成于 1 亿多年以前，洞分 3 层，洞内有"穿越时空""水晶冰帘""凯旋门""福禄寿""玄妙星象"
"断臂女神维纳斯""唐僧西游图""转世莲花"等景观及一些民间传说

些明显的问题。例如,许多洞穴缺乏专业性的探索与评估,旅游资源本底不清或旅游价值低廉就被盲目开发,不少乡镇、村寨或个人在缺乏旅游市场调研、项目论证及审批的情况下,违法违规或肆意地将附近的山洞开发成旅游洞穴,结果由于资金不足、景观单调、管理不善、交通不便、客源不足,无法与其他旅游景点互补或契合等方面的原因,经营效益低下而被迫废弃,不良后果又得不到应有的处置,从而造成经济上的浪费和景观上的破坏。有的旅游洞穴虽然维持了下来,但设施简陋、管理粗放、服务落后、景观蚀变现象严重,可持续性差,不能满足我国区域生态文明建设新的要求。

14.1.3 旅游洞穴价值评价

对于有旅游开发前景的洞穴进行旅游价值评价,有助于避免旅游开发的盲目性,减少经济损失和对洞穴自然资源的不必要破坏。对于已开发的旅游洞穴,进行旅游价值评价,则有利于寻找差距,提升旅游服务的品位、质量和效益。

旅游价值评价可从洞穴规模、自然景观特色、自然科学价值、文化内涵、客源条件、知名度、管理服务水平及洞穴保护机制这 7 个方面予以赋分后进行综合评判(表 14-4)。得分低于 45 分的待开发洞穴完全没有必要投资开发;得分低于 45 分的已开发洞穴运营效益较低,可考虑废弃或升级改造;45 ~ 59 分的属于三级旅游洞穴;60 ~ 75 分的属于二级旅游洞穴;76 ~ 89 分的属于一级旅游洞穴;90 分以上的属于特级旅游洞穴。建议在评价之前,先对其他的旅游洞穴进行广泛的考察,掌握基本情况之后进行自我评判。然后,结合专家组、社会媒体及公众参与的评判结果确定等级。最后,根据定级的结果及其实际内涵制订新的建设规划,以有序推进洞穴旅游事业的发展。

表 14-4 旅游洞穴价值评价赋分表

评价内容	评价依据	赋分
洞穴规模 (20 分)	洞道长而宽阔,分支分层,结构复杂,洞厅及洞道众多且高大、壮观,游览区域面积大,正常行走速度可游览 4 h 以上	15 ~ 20
	洞道较长而宽阔,结构比较复杂,支洞较多,洞厅宽大,游览区域面积较大,可游览 2 ~ 4 h	8 ~ 14
	洞道的复杂度较低,洞厅及洞道较少,游览区域面积较小,可游览时间低于 2 h	1 ~ 7
自然景观特色 (20 分)	洞穴中的碳酸钙沉积物(钟乳石、石笋、石柱等)丰富多样,景观众多而壮观,并且生动迷人,惟妙惟肖,特色奇景多,易启发人们的思维与想象	15 ~ 20
	洞穴中的碳酸钙沉积物和景观较多,有一些代表性的特色景点或奇观,能激发游客丰富的想象力	8 ~ 14
	洞穴中的碳酸钙沉积物和景观较少,特色有趣的景点少或者缺乏,对游客的吸引力低,观赏性差	1 ~ 7
自然科学价值 (20 分)	洞穴古老,地质历史悠久,具有独特或罕见的洞穴沉积物、古生物化石类群或现代稀奇的生物种类;具有古地质、古气候、古环境、古生物、古人类,以及地球史或生物进化史研究方面的重大意义与综合性的保护价值	15 ~ 20
	洞穴的地质历史较为悠久,洞穴沉积物及洞内生物具有一定的特色或代表性,具有重要的科学研究与保护价值	8 ~ 14
	洞穴较为年轻,洞穴沉积物及洞内生物的特色及代表性不明显,但具有一定的科研和保护价值	1 ~ 7
文化内涵 (10 分)	洞穴内具有历史上著名的文人墨客或学者的题词或其书法、绘画等墨迹,具有引人入胜的系统的民间传说或历史故事	7 ~ 10
	洞穴内具有一般性的文人墨客或学者的题词或其书法、绘画等墨迹,具有相关的民间传说或历史故事	4 ~ 6
	洞穴内缺乏文人墨客或学者的题词或其书法、绘画等墨迹,文化内涵很少,缺乏风物传说	1 ~ 3
客源条件 (10 分)	离大城市近,交通方便,不仅本地人及周边游客多次前来游览,远处的外地游客也络绎不绝,全年的客流量多而相对稳定	7 ~ 10
	离大城市较远,交通条件一般,远方的游客较少,客流量季节性变化较大	4 ~ 6
	地理位置很偏僻,交通不便,主要是本地的游客到洞内观光且季节性较强	1 ~ 3

续表

评价内容	评价依据	赋分
知名度 （10分）	已获得世界性的景区（或景点）荣誉称号，每年都有一定数量的外国游客前往洞内观光游览	7～10
	已获得国家级重点景区（或景点）荣誉称号，在全国具有较好的声誉及影响力，每年的客流量多而稳定	4～6
	在区域内具有一定的名声，但客流量较少而不稳定	1～3
管理服务水平与洞穴保护机制（10分）	旅游设施完善、安全、环保，游道设计合理，游览内容丰富；服务理念先进，管理制度健全，信息化、网络化、可视化、专业化、科普化程度高，是重要的科研与科普基地；具有洞穴环境监管技术人员与科学的保护机制，日常管理高效，应急处理快捷方便	7～10
	旅游设施基本完善、安全、环保，游道设计基本合理，游览内容相对单调；服务理念较为一般，管理制度存在一些缺陷，信息化、网络化、可视化、专业化、科普化程度一般，具有一定的科研与科普价值；洞穴环境监管技术人员与保护机制缺乏或不健全，日常管理效率一般，应急处理较为缓慢	4～6
	旅游设施不太完善、安全性低、非环保，游道设计不尽合理，游览内容单调；服务理念较为落后，管理制度存在严重缺陷，信息化、网络化、可视化、专业化、科普化程度低，科研与科普意义有限；缺乏洞穴环境监管技术人员与洞穴保护机制，日常管理效率低，缺乏应急处理方案与措施	1～3

14.2 洞穴探险

洞穴探险（caving/spelunking/potholing），是指对未知或不甚了解的洞穴进行探究，旨在摸清其洞道的基本走向、大体构造、基础量度，以及地下水资源、矿产资源、生物资源、景观资源、古生物及古人类化石等洞穴内部的基本信息、保护利用价值或洞穴本身的形成机制等方面的科考性活动。广义上，对不熟悉的洞穴或洞穴系统进行探索性探玩或体育性探察也称为洞穴探险。

人类天性好奇，富有探索及探险精神。在远古时代，就不断地对周围环境中的洞穴进行探察和利用，将洞穴作为庇护所或资源索取地。随着文明的推进，人类对洞穴进行更系统地调查、探索和记录。

我国明朝时期著名的旅行家徐霞客是世界上最早的探洞先驱，其足迹遍及大半个中国，给人类留下了洞穴学不朽的先导性巨著《徐霞客游记》。大约自 17 世纪中叶起，欧洲的探险家（如瓦尔瓦泽、基歇尔等）也开始对所在区域内的洞穴进行探测与描绘。但真正深刻地认识到洞穴的科研价值并对洞穴探险技术予以系统研究和改进的学者是被誉为"现代洞穴学之父"的爱德华－艾尔弗雷德·马特尔（Edward Alfred Martel，1860～1938 年）。在朋友的帮助下，他经过反复试验，成功研制出了既便于携带，又安全可靠的绳梯、保险绳及相关的测量工具，他一生探测了 1500 多个洞穴（包括大量的地下河和竖井），积累了丰富的探洞知识与经验，为现代洞穴学的发展奠定了基础（张远海和艾琳·林奇，2004）。

洞穴探险促进了洞穴科学（cave sciences）的发展，洞穴科学的发展又进一步丰富了洞穴探险的内涵。现今洞穴探险已成为集知识性、娱乐性、冒险性和体育性于一体的休闲技艺运动方式。欧洲、美洲、亚洲等许多国家早在 20 世纪上半叶就成立了全国性、区域性或校园性的洞穴探险组织或洞穴研究团体，并积极开展国际性的洞穴探险合作与研究（汪训一，1999；斯沃特，2006）。中国的现代洞穴探险活动起步较晚，主要从 20 世纪 80 年代开始陆续开展了中外合作的一些探险项目，取得了一系列卓有成效的探险成果（张远海和艾琳·林奇，2004）。近年，崔庆武和张颖奇（2018）尝试将洞穴探险与古生物化石的搜寻及探掘有机结合起来，试图为中国的洞穴探险事业注入新的活力。

洞穴探险最重要的是安全问题，影响探洞安全的因素很多，主要可从以下一些方面着手以预防事故的发生，提高探险效益。

（1）探洞前要做好充分的准备，尽可能详细地了解洞穴周边的环境与水文情况，以及探洞期间的天气情况，特别需要注意的是当雨天洞外的洪水暴涨时，通常会涌入洞内形成庞大的急流，从而给洞穴探险者带来严重的生命威胁。若不幸被洞穴中的洪水困住，切勿在汹涌的水流中奋力前行以摆脱困境，而应及时寻找一个足够高的干燥场所落脚，同时注意保存体热及体能，耐心地等待水位下降或外界的救援。

（2）准备好有关的探洞装备、工作及生活用品（如个人的安全防护服、头盔、安全绳索、急救包；充足的水、食物；打火机、蜡烛、电石灯、头灯或手电筒等多种照明用具；卷尺、测距仪、倾斜仪、指南针、GPS、照相机、记录本等测量记录工具，以及标本采集器具和相关的药品等），特别对于天坑、落水洞、洞口直下的洞穴或危险性较大的洞道的探险还必须具备单绳技术（single rope technology，SRT）装备及相应的技术经验。

（3）要与有探洞经验的人同行，不可单独进洞（一般要求 3 ～ 5 人或以上才能进洞），队友之间不能离开太远，以能够相互呼应为好。

（4）遇到危险之处时，必须多人密切合作，通常可考虑使用安全帽、救生衣、安全绳梯、绳索及相关的 SRT 技术，以确保绝对安全之后方可前行、涉水、游泳、上攀或下爬。

（5）对于迷宫般的复杂洞穴，务必在每个岔道口做好明显的标记，以免返回时迷失方向，找不到出口而被困于洞内。

（6）洞道内很多石块是崩塌的或松动的，很不稳定，容易踩翻，使人跌倒，伤人手脚，有的洞口及洞口附近的水边岩石上长有青苔，比较湿滑，容易使人滑倒，因此切勿性急，而应试探性地踩稳走实。

（7）有些洞穴的洞口附近有时还可能有毒蛇或其他有毒的动物栖息，应注意观察和留心避让或设法驱离，尽量避免被其伤害。

（8）在有些通风不良的洞道或洞穴深部的低处或盲端，空气中 CO_2 的含量通常较高，而 O_2 的含量可能较低，还可能存在某些有毒气体，因此探洞期间必须时刻注意身体的感受（表 14-5），若稍感不适，就应及时离开危险区域；若发现有人昏迷，应及时将其抬送到通风处，让其呼吸新鲜空气，必要时进行人工呼吸，予以迅速抢救。

表 14-5　洞穴探险过程中，需要参考的（空气中）O_2 和 CO_2 的含量以及人体的反应

O_2 的含量	人体的反应或灯焰的状态	CO_2 的含量	人体的反应
20.9%	有利呼吸，灯焰正常	1%	呼吸加快，次数及深度增加
19%	尚未感觉不适，灯焰降低 1/3	3%	呼吸次数加至两倍，劳动时有沉重感
17%	从事紧张工作时感到心跳和呼吸困难，停止时无影响；灯焰熄灭	5%	感觉到憋气、耳鸣，太阳穴跳动明显加快
15%	人体缺氧，呼吸与脉搏急促，判断力减弱，肌肉功能下降	7%	有强烈的头痛感
12%	明显感觉到缺氧，电石灯熄灭	10%	出现昏迷状态

注：参考张远海和艾琳·林奇，2004

此外，还需注意饮食安全问题，在洞穴中取吃随身携带的食物时，不能直接用手拿取，而应隔着没有受到污染的干净食品袋抓取，以避免手上的病原微生物污染食物，造成不必要的感染。洞穴中的水貌似干净，实际上很可能含有寄生虫、病毒、病菌等微生物。如果不得不喝洞穴水，就必须使用事先预备的净水药片（要严格按照说明书操作）以预防疾病。

在蝙蝠粪便和鸟粪中通常有组织胞浆菌（*Histoplasma capsulatum*）生长，这种真菌在温暖的干洞中更为普遍地存在。受此真菌感染后，有的人可能会出现流行性感冒症状，有咳嗽和头疼感，遇到这种情况应及时到医院进行治疗。

每次洞穴考察或探险结束后，应及时的清洗身体、衣物及用品。

总之，每个探洞者（尤其是业余探洞者或初学探洞者）都必须要有足够的安全意识，并不断地积累、交流和传授探洞的经验与技能，团结协作，共同努力，时刻保持科学谨慎的态度，摒弃侥幸心理，珍惜生命，预防事故的发生，只有这样才可能保证每次探洞工作的顺利进行，提高探洞的效率与效益，取得优秀的探洞成果。

第15章

洞穴的基础性功能与科技文化价值

洞穴或洞穴系统除了可作为现代区域经济和旅游业发展新的生长点外，自古至今还是人类生产、生活、科学研究、科普与文化发展的资源宝库与重要场所，具有多方面的基础性功能与民生作用。

15.1 洞穴的基础性功能

天然的洞穴系统是地球表层岩石圈、水圈、大气圈和生物圈的重要组成部分，蕴藏着丰富的矿产资源、水资源、空间资源、不同于洞外的气候资源，以及与洞外密切关联的生物资源，同时也是智慧圈的基本构件，在人类的物质生产、经济活动与精神生活过程中发挥着不可或缺的作用。另外，人类还创造了许多人工洞穴，各地各式各样的人工洞穴杰作也已成为人类历史文化闪光的印痕。

15.1.1 穴居

人类在远古时代就把洞穴作为庇护所，在洞穴中避暑御寒、躲避猛兽、休养生息。

通常，能住人的洞穴，洞口向阳，洞内干燥，冬暖夏凉。黄万波（1981a）野外考察的经验表明，洞口朝北、洞口大、洞身长、洞内潮湿、洞内乱石很多的洞穴通常找不到古人类穴居的遗迹，而洞口朝东南方向、光照良好，洞道干爽、洞底平缓、洞口附近有泥土堆积物的洞穴（图15-1）才有可能找到穴居人类的遗迹。

随着劳动工具的不断改进和社会的不断进步，人类既能够在地面上建造石房、木房、砖瓦房等居室住所，又能够根据自身的需要在合适的地方雕凿石窟、开挖地道、穴室、洞厅或窑洞等穴居场所，在洞穴中进行更多更丰富的文化艺术创作或宗教活动等。即使在建筑技术高度发达的现代文明社会，在一些边远山区或贫困落后的地区至今也都还有极少数的人住在山洞里，仍过着洞居生活，甚至早些年在我国的西南地区都还存在特别引人关注的"洞穴学校"（cave school）。

可是，随着现代"水泥森林"（concrete forest）建筑模式及其他资源高消耗性生活方式所带来的一系列城市病（urban diseases）、全球气候变暖（global warming）、环境恶化、资源与能源危机以及人类健

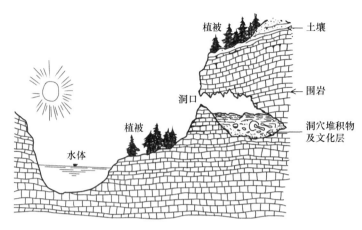

图 15-1　适合于人类居住的洞穴模式（自黄万波，1981a）

康问题的凸显，自 20 世纪 80 年代开始，西方兴起了"绿色设计"（green design）潮流和对"生态设计"（ecological design）的研究，倡导自然生态美好、人体健康幸福和以环境保护为主要目标的建筑设计理念，创造和谐宜人的居住环境。于是，以人类远古时期的"穴居"为原型的"穴居流派建筑"（cave-type architecture）也开始兴起，强调自然色彩与天然材料的应用。

窑洞（kiln cave）无疑是"穴居"的进化。窑洞建筑简单、"冬暖夏凉"、节能环保，是我国北方许多地方的理想居所。20 世纪末，我国北方广大农村，富裕起来的农民还纷纷改土窑为石窑，如陕北延安市 140 多万农民中，新修石窑 60 万～70 万孔，一半人迁入新居，又如兰州市政府在无法耕作的沟壑中建起了 1500 m² 的窑洞群，这些窑洞造价低廉、节电省地、抗震防潮，若再辅以适当的洞口及窑内现代装饰与美化，就是古今穴居模式的完美融合与古今人类生活模式的共同享受，这实际上也是在延续人类的"洞穴情结"（罗天昱和钟远波，2009；张锦，2009）。

15.1.2　洞穴水资源

洞穴的形成离不开水，洞穴内部及其附近几乎总是蕴藏着丰富的水资源，并且通常与洞穴关联的地下湖泊、地下河流或地下溪流的水质优良、水势较大，便于开发，因此人们通常利用现代化的设备或设施将洞内的水抽出或引出，在洞口附近修建矿泉水厂、发电厂、灌溉水渠或飞瀑旅游景点（图 15-2）等工程，以充分利用洞穴中的水资源。

另外，像新疆吐鲁番盆地等干旱区的群众为了能够利用从天山或高山流下并渗入荒漠或沙漠之下的雪融水而修建了规模浩大的地下引水洞道系统——坎儿井，从而有效地解决或缓解了干旱区的生产与生活用水问题。

15.1.3　洞穴肥料

洞外的淤泥及枯枝落叶被洪水冲进或被流水带进洞内，在洞道内沉积后，腐殖质比较丰富，具有良好的肥料效用。在洞穴中积存的动物粪便，尤其是蝙蝠和金丝燕的粪堆通常被当地的农民收集起来用作农田或庄稼的有机肥料，甚至还有人将钟乳石粉碎后用作磷肥。美国得克萨斯州的西勃罗洞，每年产生的蝙蝠粪便多达 70 t，新墨西哥州卡尔斯巴德地区的岩洞，蝙蝠粪产量竟超过 10 万 t；我国广西百色地区的燕子洞，农民曾从中挖出磷酸肥约 50 万斤[①]（黄万波，1981a）。

---

① 1 斤 =500 g。

图 15-2　湘西州花垣县大龙洞的高位悬瀑（落差达 208 m）（刘志霄 摄）

15.1.4　洞穴储藏、种养与洞藏酒

在穴居时代，人类惯常在洞穴中储存食物、薪柴、石器等各种生活及劳动用品。在冰箱、冷藏库、气调库等现代储藏设备或设施普遍推广之前，人们也惯常将主粮、杂粮、果蔬等生活必需品收藏于天然溶洞、地窖、窑洞、防空洞等地下洞穴中保藏。

在某些山区或农区，洞穴储藏至今仍有一定的现实意义。许多地方的群众还惯常利用洞穴中的恒温恒湿条件，种植蘑菇、麦芽、豆芽等蔬菜，或就势利用洞口、洞道、洞厅（图 15-3）关养牛、羊、猪等家畜或野生动物（黄万波，1981a；刘子琦，2005）。

图 15-3　曾建筑墙门用于关养牛羊的洞口（a）及洞厅（b）（刘志霄 摄）

特别是，近一二十年以来，我国在"洞藏酒"的实践方面又取得了一些新的成果，推动了中华"酒文化"（spirits culture/alcoholic culture）的发展。

　　人类的酒文化源远流长，在酿酒、品酒与饮酒的数千年历程中，我国人民积累了丰富的技术经验与文化传统，同时也在不断地创新。

　　刚酿造出来的"新酒"通常较为辛辣，刺激性强，口感度差，但经过一段时间的储存之后，"陈酒"中的醇类、酸类、酯类等成分之间相互作用，会生成口感性好而稳定的香味物质，给人以醇厚、香郁、绵柔的沁润感。陈酒的储放时间越久，酒的品质越好。而如果将酒存放于陶坛中，再将酒坛放置于地窖或溶洞中封藏（图15-4～图15-6），若干年后这种"洞藏酒"（cave-storaged liquor）就具有更高的品味，

图15-4　湘西州吉首市团结广场附近的龙泉洞洞藏酒基地（刘志霄 摄）

a. 大门紧闭的龙泉洞；b. 基地的老总正在给学生讲解洞藏酒的品味与品质；c. 早已定购封存的大酒缸

图15-5　湖北省五峰土家族自治县牛鼻洞的洞藏酒基地（刘志霄 摄）

图15-6　北京市房山区石花洞的洞藏酒基地（刘志霄 摄）

营养也更为丰富，酒体特别细腻、醇香、浓郁、宜人，有人还将洞藏 20 年以上的白酒誉为"液体黄金"（liquid gold）（魏然，2008；丁芃，2008；潘学森等，2009；吴兆征，2011；王某某，2013）。

因此，制作及饮用洞藏酒正逐渐成为一种新的时尚。洞藏酒之所以倍受青睐，主要在于洞穴的储存条件相对稳定。洞内黑暗，缺乏光照，温度、湿度及其他气象或气候因子都相对稳定，而相对稳定的外部条件有利于酒坛内各营养成分之间化学反应的持续进行或"老熟"过程。对于老熟后的浓香型及酱香型洞藏酒而言，其化学或营养成分可能多达数百上千种。

然而，不同的溶洞或地窖具有不同的储存条件，即使在同一洞穴的不同洞段储存条件也可能差异很大，一般封闭性较好的洞道的深处储存条件较为稳定，而洞口附近受洞外的影响较大，因此不同的洞藏酒，其质量或品味可能迥异。

显然，洞藏酒原料的明细化、洞藏条件的具体化、洞藏工艺流程的规范化，以及酒体质量评价的标准化有助于洞藏酒行业的健康发展。

15.1.5　洞穴排水与排污

洞穴低洼凹陷，地下空间容量大，且大多与地下水系连通，因此通常也是雨水或地表径流的汇集场所。过去，人们时常将未经处理的生活或工业污水、废水、垃圾、废料等废弃物直接排放在洞穴中。即使在环污管控日益受到重视和相关法律法规予以严厉约束与违法惩处的当前，这种行为仍不在少数，往往还造成情节严重的地下水污染或水源公害。因此，各地应进一步加强生态文明意识的大众化教育，以及环保执法监督与监控，确保排放到洞穴中的也是无环境公害的令人放心的"废水"。

15.1.6　洞穴矿产

矿产（minerals），是指经过地质成矿作用而埋藏于地下或出露于地表的矿物、岩石或有用元素的集合体，其含量达到工业利用的要求，具有现实的经济价值或潜在的开发利用价值。矿产资源（mineral resources）属于不可再生或再生很慢的自然资源，包括能源矿产和非能源矿产，后者又可分为金属矿产和非金属矿产两大类。

洞穴围岩及洞穴沉积物都是可供利用的矿产资源，只是不同的洞穴可利用的矿物种类、品质及规模大小不同而已。有些洞穴可能蕴藏着汞、钽、铌、铀、镭等稀有元素，或者下面埋藏着石油或天然气等能源物质，而洞穴中较为常见的磷矿、硫铁矿、锡矿、铝土矿、石英、方解石、冰洲石、文石、石膏石、天青石、泻利岩、钟乳石、硝石等矿产资源都可根据实际需要予以不同程度地开发和利用。

在武陵山地区，许多溶洞都被称为"硝洞"，也即曾经有人在洞内炼过"硝"，时至今日都还留存着一些当年炼硝时所砌灶台的残迹。而美国自 19 世纪早期直到内战结束，许多州也都曾在洞穴内开采过硝石，提取硝酸盐，以制造火药。虽然，为了保护洞穴资源，现今不再提倡在洞穴内炼硝，但洞穴黏土中硝晶的生长规律及硝石的形成机制（图 15-7）仍值得从生物矿物学（biomineralogy）的角度予以深入探究。

有人将洞穴矿床划分为近代岩溶洞穴矿床和古岩溶洞穴矿床两大类，这属于洞穴学与矿床学的交叉研究领域，研究前景较为广阔。

另值得一提的是，人类在开发利用非洞穴性的地下矿产的过程中，总会开挖出各种类型的矿洞（mine），而许多被废弃的矿洞成为蝙蝠等洞栖性动物的栖息场所。

15.1.7　洞穴驻防与国防

在战争或战备时期，许多国家及民族总会或多或少地把当地的大型天然溶洞当作军事基地或军备库

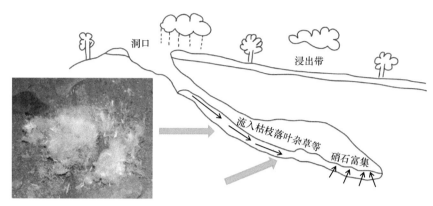

图 15-7　在洞穴黏土中生长的硝晶（刘志霄 摄）以及洞穴硝石形成的可能模式（仿汪训一，1999）

来使用，在洞内设置营房、战地医院、兵工厂、常规武器弹药库、导弹基地、核武库等。在某些缺乏天然洞穴的山区或平原地区通常还会人工挖掘具有一定规模的防空洞、地道等洞道系统以躲避空袭轰炸，或赖以开展游击战，特别是在中国的抗日战争和越南的抗美战争期间，人工地下洞穴系统发挥了非常重要的"地道战"作用。

在谨防外强侵略的 20 世纪六七十年代，我国各地掀起了"深挖洞，广积粮"大规模挖掘地下人防工程的热潮，许多当时遗留下来的"人防工程"至今仍具有一定的国防价值。当然，还值得记忆的是，在我国的解放战争期间，湘西一带的国民党残兵和土匪也主要驻防或窝藏在山洞中（图 15-8），给解放军当年的山区匪徒清剿造成了很大的困难。

图 15-8　湘西州永顺县小溪镇（原长官镇）土匪洞及其周围的防御工事（刘志霄 摄）

a. 土匪洞旁的一个小洞，洞道狭窄弯曲，洞道长约 40 m，大部分洞段只能容纳一人通过，洞道的末端是一个底部大致呈椭圆形的竖井式小型洞厅；b. 据说，这是真正的土匪洞洞口，洞口离地面较高，洞道斜向上升之后较为开阔，一般人爬不上去，或者必须借助木梯或绳梯才能上去；c. 残存的土匪当年堆砌的用于防御的石墙

15.1.8　洞穴交通

喀斯特地区通常重峦叠嶂，沟壑纵横，交通不便，往往近在咫尺，却要绕道数里，因此若能够利用天然洞道，在大型溶洞或穿洞内修筑公路、铁路等交通设施，便会显著地改善交通条件，方便人们的出行（图 15-9）。

贵州省长顺县代化镇斗篷村的"通组路"中有一段修建在天然溶洞中，该路段宽约 5 m，全长 540 m，顶部是形态各异的钟乳石，洞内有十余处急转弯，最窄处虽仅能容纳一辆越野车缓慢通行，但却给当地群众的生活带来了很大的方便。

也有的洞道千百年来，实际上就是人们出行的天然便捷通道，如贵州瓮安县峒河上的穿洞。该洞是

图 15-9　湘西州龙山县召市镇的穿洞公路是人、车来往的便捷通道（刘志霄 摄）

由瀑水钙华沉积而形成的灰华洞，瀑高 10 ～ 12 m，宽约 70 m，钙华沉积包在瀑壁上围成一条天然隧道，人们利用它作为过河的通路。

15.1.9　洞穴中的药物与洞穴医疗

洞穴中蝙蝠的粪便可被加工成中药"夜明砂"（bat's dung），具有活血化瘀、清肝明目之功效。洞穴中的钟乳石除了具有重要的观赏、装饰与收藏价值外，还具有温肺、助阳、平喘等功效，可用于寒痰喘咳、阳虚冷喘、腰膝冷痛、胃痛泛酸、乳汁不通等病症的治疗。洞穴中的许多矿物都具有药用价值。洞穴中的植物、微生物或动物体内也可能提取出某些具有特殊功效的药物。这些都需要将我国的中医药文化传统与现代科技结合起来予以深入挖掘和多学科探究，使之焕发出新的生命力，以持续地为人类的健康服务。

洞穴医疗（speleotherapy），是一种气候疗法，主要是指利用洞穴中优质或特殊的环境条件使病人的某些疾病得到治愈或缓解的一种非药物治疗方式。如果再辅以体操、音乐、棋牌娱乐、足浴、盐浴及某些药物等方面的调养，病人可能会获得更好、更快的康复效果，因此优越的洞穴环境也被誉为"天然的康复医院"（natural rehabilitation hospital）。

洞穴深处终年黑暗、气温相对稳定（与当地地表的年平均气温相当）、空气湿度大（相对湿度通常在90% 以上），并且空气相当洁净，空气中的粉尘、污染物、过敏源，以及病菌、病毒等微生物很少，但负氧离子、微量元素及 CO_2 的含量通常相对较高。除了可能存在的自然流水声或动物鸣叫声外，洞内相当宁静，呈现"混沌"状态，既缺乏城乡闹区的各种噪声、喧哗声，也没有复杂的社会关系。洞穴中的水通常也是非常的干净清澈，含有丰富的矿物质或微量元素，有的洞穴中还存在对治疗某些疾病有利的特殊矿物或特别的能量场。

尤其是，岩溶洞穴、岩盐洞穴或某些矿洞的洞内环境有助于慢性支气管炎、哮喘、肺气肿等呼吸系统疾病，以及神经衰弱、慢性运动失调、关节炎、心脏病、高血压或一些心理性疾病病人的康复与治疗。湿热的洞穴还有利于人体的微循环、腺体的分泌、皮肤病的治疗及机体美容。

虽然，我国的古人可能早在数千年前就知晓洞穴对人体身心的疗养作用，但现代意义上的洞穴医疗思想起源于二战时期。

当时，德国、波兰等欧洲国家的许多民众不得不经常性地利用天然洞穴或矿洞作为防空避难的场所。期间，有人发现洞穴环境有利于支气管炎、哮喘及肺结核等呼吸系统疾病病人的康复。之后，经过欧洲一些医护人员的宣导与实践，很快建立了"洞穴疗法"，德国还率先成立了"洞穴疗法协会"。除匈牙利、捷克、斯洛伐克、斯洛文尼亚、罗马尼亚、法国、意大利、奥地利、英国等欧洲国家以外，美国、澳大利亚等国也相继建立了洞穴医疗站、洞穴疗养院或洞穴医院（图 15-10）。1969 年，国际洞穴联合会还新成立了国际洞穴医疗委员会，旨在促进和宣传洞穴医疗活动的进展，为治疗日益增长的哮喘病、过敏性

图 15-10　匈牙利陶波尔曹市（Tapolca）的洞穴医疗站（自汪训一，1999）

疾病等提供规范和科学的方法（Gunn，2004；李溪等，2014）。

在我国，20 世纪六七十年代，由于战备的需要，一些军医院建立在南方的洞穴中。期间，有一些疾病也取得了很好的疗效。90 年代，在国家科委和中国科学院的支持下，在广西柳州工人疗养院的响水岩建立了首家洞穴医疗站，也取得了明显的效果（朱其光等，1998）。

需要指出的是，虽然我国喀斯特地貌发育广泛，特别是西南、华南、华东与华中地区具有开展洞穴医疗的天然优势和广阔前景，但需要正确引导、科研跟进、多方协作和不懈探索才有可能取得广泛认同和顺利发展。

15.1.10　洞穴的其他生态服务功能与文化意义

洞穴作为地球表层重要的结构单元，除了直接为人类的生产与生活提供上述多方面的服务外，还是地球物质循环、能量流动与信息传递的关键环节，间接地发挥着不可或缺的生态服务功能，尤其在涵养水源、维持水、气循环，以及维护生态平衡与生物多样性格局等方面，其作用更是许多地面生态系统难以比拟的。

鉴于洞穴生态系统具有多方面的功能，人们对洞穴的利用方式也多种多样，以至发展成为具有区域性特征的洞穴文化。

人们不仅在洞穴中居住或游玩，直接或间接地利用洞穴中的资源，还在洞穴中进行文化艺术创作，寻找精神慰藉，有的地方还在洞口或洞内建造寺庙或佛堂（图 15-11a），进行洞神或神灵祭拜（图 15-11b），甚至还将洞口或洞内大厅修建或改造成道场、寿堂、摆手舞堂、篮球场（图 15-12a）、高尔夫球场、冰室、

图 15-11　洞穴中的佛堂（a）及民间的洞神或神灵祭拜习俗（b）（a. 刘志霄 摄；b. 自张树义，2004）

图 15-12　湘西州龙山县飞虎洞洞口的"多功能厅"（寿堂、摆手堂、篮球场等）（a）和
湖南省永州市宁远县紫霞岩洞内的影视厅（b）（刘志霄 摄）

歌剧院、音乐厅、影视厅（图 15-12b）、酒店等，并且在洞穴医疗保健和科技文化发展方面也在不断地探索新的利用途径与方法。

15.2 洞穴科研与科普

科学技术是第一生产力，科学技术的专业水准和科技知识的普及程度是一个国家或民族社会进步与发展前景的主要衡量项目与关键指标。许多洞穴内涵充实，地质历史与环境演变信息完整，物理、化学和生物沉积与演替的景观、资源丰富多样，既是天然的"地质博物馆"（geological museum）与"自然艺术展馆"（natural art exhibition），也是天然的自然科学综合性实验室与哲学人文社会科学的实践基地，对于地层学、地貌学、水文学、地球物理学、地球化学、古地质学、古气候学、古环境学、古生物学、古人类学、旅游学、美学、文学、艺术创作等学科具有重要的专业教育与科普教育功能。

洞内的奇观异景（图 15-13）与科学艺术素材赋予教师及高级专门人才以直观的教材和不尽的学问，更能激发学生超常的思维力、想象力、创造力和探索精神，对于普通民众也有重要的启迪与引导作用，从而能够提高人们的科学素养，增强人们对自然美的鉴赏力，使人们自觉养成对洞穴资源及地球环境的积极保护意识，并付诸行动。

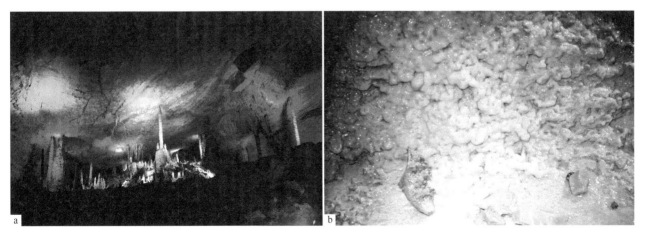

图 15-13　张家界市黄龙洞多姿多彩的景观（a），吉首市马颈坳镇水牛洞内呈粥肠状的沉积构造（b）（刘志霄 摄）

对于洞穴科研与科普，以下几个方面值得特别地关注、探讨与实践。
（1）洞穴多维结构的定量化、数字化、虚拟化的新理论与新技术，使洞穴的时空研究更加精细化、信息化、网络化和可视化。

（2）洞穴沉积物中所隐含的地球地质历史与环境演变信息的提取与过程再现。

（3）洞穴生物多样性的编目、类群演化机制与生命系统保护。

（4）洞穴系统（包括各类洞穴生物及洞内的各种无机环境因子）对全球气候变化、环境污染的响应模式和指示作用，及其全球生态安全意涵与人类的良性作为。

（5）将洞穴科普纳入洞穴旅游的必要环节，使洞穴资源及保护的基本知识成为基础教育和大众化教育的必需内容。

15.3 洞穴仿真

洞穴仿真（cave simulation），是指依托自然条件，利用天然的或人工的材料及艺术手段模拟、塑造、再现洞穴内外环境及景观，为人们提供洞穴环境体验及相关服务的建筑技术与文化集成。

选择山川秀美、风光旖旎、交通方便的石山或喀斯特地貌区域，充分利用山体及水流的自然态势，用岩石、矿物、钢材、水泥、陶泥、石膏、塑料、颜料、网绳等进行洞穴仿真建筑，再融汇一些文化创意，凸显区域性的自然历史与人文特色内涵，既可降低建造成本，又能提高经营服务的水平和质量，使人们获得身临其境的洞穴生活体验与穴居文化熏陶。

15.4 溶洞主题公园

在国内外经济快速发展及经济一体化的大背景下，广大民众的生活水平不断提高，许多国家及地区的教育文化、旅游休闲、康乐养生等事业也蓬勃发展，虽然不少地方已开展了洞穴旅游、洞穴医疗、洞穴休闲或养生等方面的文化产业服务，但似乎还缺乏综合性的溶洞主题公园方面的建设。

在我国全面推进生态文明建设的项目引领时代，溶洞主题公园（karst cave theme park）的建设具有广阔的前景。我国喀斯特地貌广布，溶洞资源丰富，溶洞文化悠久，具有开展溶洞主题公园建设的主客观条件与生态文化需求。

虽然天然洞穴以其自然、神奇、真实、野性著称，但通常也面临着洞内外生态环境脆弱、道路遥远、交通不便、危险性高、文化内涵太少、价值取向不够、管理难度较大、客源不稳定等因素的制约与困扰。

因此，非常有必要在城郊或城乡接合部，充分利用现有的溶洞资源基础，发挥现代建筑科技优势，进行规模化的溶洞仿真与溶洞旅游资源开发，构建集洞穴医疗养生、洞穴酒店娱乐、洞穴科学知识宣教、洞穴文化艺术展示等多位一体的服务体系，同时根据不同人群的身心需要对洞穴系统进行功能分区（如儿童欢乐洞、精英探险洞、长者养生洞、洞藏酒仙洞、健身洞、棋牌洞、智慧洞、艺术洞、中国或世界洞穴生物多样性观摩洞等），建立以洞穴生态文明为主题的现代化休闲娱乐与文化教育综合园区。

第16章

人类活动对洞穴生态系统的影响与洞穴资源保护

洞穴生态系统服务于人类，自古以来持续地为人类的生存和发展作出贡献，人类的活动也对洞穴系统不断产生深远的影响，洞穴的可持续利用问题已成为当今人类可持续发展研究与实践的重要方面。

16.1 人类活动对洞穴的影响

人类在洞口附近规模化的开发活动会对洞穴周边的环境产生深远的影响，在洞穴内部的资源开发与长时间的游乐等活动更会直接影响到洞穴中空气的温度、湿度、气体组成、气流路径及空气质量，甚至可能导致洞穴地质结构的蚀变、洞穴景观的破坏、洞穴环境的污染、洞穴生物物种或种群的衰退与消失，以及洞穴自然历史信息与文化特征的模糊、错乱或丧失。

总体而言，人类对洞穴资源与环境的影响是复杂而多方面的，特别对于洞穴动物的影响可从不同的角度与不同的层次予以系统理解（图16-1）。

16.1.1 对洞穴周边环境的影响

开拓是人类的天性，人类在对洞穴及洞穴周边的自然资源进行开发利用的同时，也对洞穴的周边环境产生诸多不良的影响。在农耕时代，主要是刀耕火种，毁林开荒造成洞穴周围自然植被的大面积破坏，从而改变洞穴内、外的物质循环、能量流动与信息交流的模式、方式与强度。在工业化时期，采石厂及其他矿厂的兴建，以及各类生活与工业废水、废气及废物的排放使得许多洞穴的周边面目全非，洞穴本身也早已成为许多工矿企业或附近居民的垃圾场或废料场（图16-2）。城镇设施的新建与公路、铁路、桥梁的修筑可能有时利用了洞穴的天然通道或空间，但多数情况下是将附近的洞穴直接填埋，而没有经过环评或环评过程中未能充分考虑洞穴的自然生态功能与洞穴资源的保护问题。

16.1.2 对洞穴空气的影响

比较研究开发前后或废弃前后洞穴中非生物因子的变化很有意义。Calaforra 等（2003）研究了西班

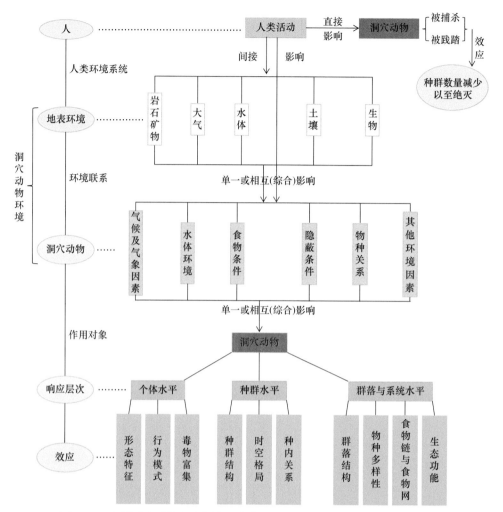

图 16-1　人类活动对洞穴动物的影响途径及效应［参考陈浒（2003）修改］

图 16-2　洞口旁边的采石场（a）、几乎完全被垃圾填埋的洞口（b）和洞内堆积的垃圾（c）（刘志霄 摄）

牙南部被关闭了 30 年之后再向公众开放的格拉纳达水洞的空气温度。他们观察了两次大规模（980 人和 2088 人）的实验性参观之后，洞内气温返回到正常时的情况。结果发现，游客一进入洞穴（2.5 min），洞内气温迅即上升，在参观开始后的 30～70 min 之后达到峰值，而在游客离去 5～6 h 之后气温才逐渐恢复到正常水平。这表明，人类参观洞穴会很快地影响空气的温度，但要花费很长的时间才能恢复其自然的状态。

洞穴中空气的湿度也受到人类活动的显著影响。Fernández-Cortes 等（2006）对西班牙一个矿洞的研究发现：由于人体水汽的呼出和体热的释放，洞穴中石膏晶体的表面会凝结水珠，即使是 2～3 人 10 min 左右的参观也可能导致对晶体的腐蚀，并且参观后洞穴要恢复到原来自然状态下的温度和湿度需要花费 27 h。

2014 年 1 月，我们在湖南小溪国家级自然保护区进行野生动物本底资源调查期间，将温湿光三参数记录仪（DJL-18，浙江托普仪器有限公司生产）置于有菊头蝠冬眠的溶洞中（海拔 920 m）（离洞口约 40 m，洞口段斜向下，最窄处只可容纳 1 人倒着爬进）连续 2 天（洞外为晴天），每 15 min 仪器自动测量记录气温、空气湿度和光照，结果如图 16-3 所示。根据图形，结合所记录的实测数据，我们发现：该溶洞内的气温稳定在 12.3 ～ 12.7℃，湿度稳定在 90.0% ～ 93.0%，光照度仅为 0 ～ 2 lx，但从仪器开始记录的最初一段时间内的气温和湿度数据来看（我们离开洞穴前将仪器调试好，仪器开始工作，所以最初一段时间自动记录的是我们进洞干扰之后洞内自稳态过程中所反映出来的数据变化），人类进洞活动（人体呼吸及体温和手电筒光照的辐射等）的确对洞内环境产生了明显的影响，使洞内气温升高（约 2℃），湿度下降（约 15%），并且要经过大约 1 h 之后洞内的气温和湿度才能恢复到原来的稳态。

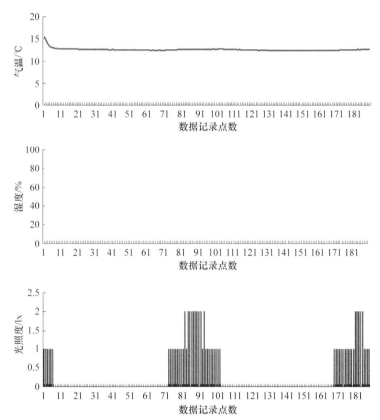

图 16-3　湖南小溪国家级自然保护区金鸡洞头洞菊头蝠冬眠处气温（上）、空气相对湿度（中）和光照度（下）的稳态及人进洞后对气温与湿度的影响（刘志霄 供）

"数据记录点数"是指仪器每隔 15 min 所自动记录的数据编号，2 天共自动记录约 200 个数据

如果空气流通不畅，人类的参观通常会导致洞内（特别是盲洞）CO_2 浓度的升高（参见第 3 章）。洞内缺乏适量的氧气可能影响洞内动物个体和进洞人员的呼吸，特别是大规模参观时，这种影响更大。

但更值得注意的是，在旅游开发与工程实施的过程中，现有洞口的封堵与新洞口的开掘通常会显著地改变洞内空气的流动或循环路径，导致洞内生态环境的急剧变化与生物群落的解体。例如，当新西兰的一个洞穴新开设一个洞口后，萤火虫的数量急剧衰退，并导致了洞穴的干涸（Bowie et al.，2006）。

16.1.3　对洞穴自然景观的破坏与污染

洞穴内令人叹为观止的场面在洞外是不存在的，钟乳石、石笋、石柱等洞穴沉积物千姿百态，拟像万千，这些天工造物是自然美的表达，是自然遗产，是自然赋予人类的瑰宝，是人类的共同财富。可是，某些人为谋取私利，擅自进入洞穴敲砸钟乳石等奇特石景瑰物（图16-4a），将其搬回家作为室内装饰景石或带到市场上去销售牟利。这种破坏是普遍性的，各地都有，即使是目前已受到严格保护的各地的旅游洞穴在旅游开发之前都受到过或多或少的人为破坏。这一方面是一些人对洞穴景观"自然无价性"（nature priceless）与"人类共有性"（human commonality）的无知或藐视，另一方面也的确反映了各有关部门或组织监管功能的缺乏。

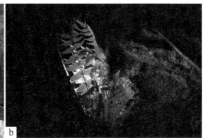

图 16-4　被破坏的洞内景观（a）、洞穴中的贯众（*Cyrtomium fortunei*）等灯光植物（b），
以及被射杀的蝙蝠残体和遗留在洞内的弹珠（c）（刘志霄 摄）

虽然，在普通民众自然保护意识普遍提高的当前，一些地方开始重视对洞穴资源的保护，但对洞穴环境破坏和污染的行为仍屡见不鲜，洞穴内外几乎随处可见人类排放或丢弃的各种垃圾或环境污染物（图16-2b、图16-2c）。对于旅游洞穴而言，虽受到旅游经营者的保护，但旅游开发本身及旅游运营的过程也给洞内景观造成不同程度的破坏，尤其是洞内灯光等人工设施的修建，以及游客的大量涌入，改变了洞内的原生态条件，使得水、热、气的原始组成与原来的循环模式发生变化，还可能滋生灯光植物（图16-4b）。

灯光植物（lampenflora）对洞内的自然景观具有侵蚀作用，使洞穴沉积物的自然形态与色泽逐渐蚀变。蓝藻是洞穴人工光照区内较为普遍的灯光植物，它们常与蕨类及苔藓植物生长在一起，而包含藻类的洞穴生物膜（biofilm）对洞穴环境造成的破坏通常可能超出我们的想象。西班牙东北部的阿尔塔米拉（Altamira）洞窟因旧石器时代的岩画而闻名，但这些岩画已遭受到了生物膜的严重侵蚀（Canaveras *et al.*，2001），其文化艺术特征渐趋模糊。蓝藻还可能损坏洞穴中保存的骨组织［这种现象称为生物侵蚀（bioerosion）］，使得留存在洞穴中的动物遗骸快速裂解，其生物学信息及意义逐渐丧失。对于这些灯光植物，通常可利用次氯酸钠（sodium hypochlorite）溶液予以清除。

16.1.4　对洞穴生物类群的影响

人类活动对洞穴生物的影响是复杂而综合性的，可分为直接影响和间接影响两个方面。

个体较大且具有一定食用或药用价值的洞穴脊椎动物（如栖息于洞中的小泡巨鼠、紫啸鸫、蝙蝠、蛇、蛙、大鲵等）通常会遭到一些不法分子或无知人员的肆意捕捉、驱赶或捕杀（图16-4c），其结果是这些动物种群数量急剧下降或逐渐减少，种群最终完全迁出或绝灭。至于生长在洞穴地面上的植物群落及在地面活动的各类小型动物，尤其是陆生无脊椎动物通常会因遭到进洞人员随意随处的践踏而大量死亡。

一些村民习惯于定期或不定期地进洞将洞内蝙蝠的粪便一扫而空，把蝠粪带到洞外，用作农田或庄稼的肥料，但从洞穴生物多样性保护角度考虑，这种做法不宜提倡和鼓励，因为对于粪生性的洞穴生物群落而言这实际上是毁灭性的破坏。

人类进洞后对水体的污染以及洞外污染物随水流进入洞内，对于洞穴水生动物尤其是脆弱的真洞穴动物（如真洞穴鱼类）种群更是致命性的。

虽然总体上，洞穴鱼类见于世界上的大部分区域，但许多真洞穴鱼种分布范围狭窄，通常仅限于某一个洞穴或洞穴系统，并且种群数量很少，有的仅残存数百尾或数十尾，有的数十年上百年都一直不见其踪影，处于极度濒危状态，甚至可能已在人类的不知不觉中绝灭。典型的洞穴鱼类生活在相对稳定的洞穴环境中，其对于水环境（如水温和含氧量等因子）的变化可能比洞外（环境因子的变化幅度较大）地表水体中的鱼类更为敏感。

对于洞穴鱼类最主要的威胁通常是人为抽取洞穴中的水，致使水位下降，以至完全干涸，对水生环境的破坏和对水体的污染更是全球范围内的普遍现象。当然，外来种入侵、网捕、诱捕、电击、抓捕等肆意捕鱼行为也是必须予以足够重视的致危因子，因为大多数洞穴鱼类通常都没有天敌，对其他动物和人类缺乏畏惧感，逃避行为欠缺，有时徒手也能抓到。

洞穴旅游对于洞穴生物的影响更为深远，因为旅游洞穴通常具有较为壮观的洞穴沉积物构造，地质历史悠久，洞道结构复杂多样，是洞穴生物理想的移植或栖居场所，但被开发成旅游洞穴之后，游道、灯光及景点的建造与修饰使得许多洞穴生物大规模地直接绝灭或因无处藏身、缺乏适宜的生活条件而逐渐消失。大量游客在洞内长时间的游玩活动对洞内的水、热、气等物质循环与能量流动的深远影响，更间接地影响着洞内残存生物的种群繁衍。

在怀托摩溶洞中发生的泥沙淤塞是由于不断恶化的土壤侵蚀所引起的，而根源则是由于该地区的道路建设，地下河流域的森林砍伐，再加上人为地提高水位以满足游客乘船旅行的需要。洞穴地下河的改变造成了摇蚊和蠓幼虫数量的减少，而它们的成虫会生活在溶洞里，并且是"萤火虫"幼虫的主要食物来源。与此同时，由于人为堵塞了洞口，造成了洞穴内气流和微气候的变化，增加了这些"萤火虫"对真菌致病菌的易感性。鉴于这些已出现的问题，新西兰政府已经开始实施一项修复和管理计划来逐步恢复"萤火虫"的数量，并且随即暂停了当地的溶洞旅游业（菲利普·查普曼，2017）。

16.1.5　对洞穴自然历史信息及文化特征的影响

在全球气候变暖的大背景下，人们对气候变化及其可能的后果既感兴趣也颇感担忧，而洞穴是气候变化的忠实记录者，也是人类文化或文明最不容忽视的重要源头，地下洞穴环境中隐含着地球环境与气候变化及人类历史演变的诸多信息。因此，近几十年以来，洞穴的自然历史与文化特征也引起了人们更广泛的关注与研究，如 Ku 和 Li（1998）检测了中国石灰岩洞穴堆积物中氧、碳、镁、锶同位素的组成，由此重构了过去 500 年以来降雨量、温度和植被的区域性变化，发现期间有 14 个降雨周期，每个周期历时 30 ～ 40 年，这可能大致反映了东亚夏季风到达中国东北地区时强度上的波动，同时还发现了 1620 年"小冰期"的证据、最近几十年人类活动所致的化石燃料燃烧后二氧化碳的变化情况，以及北京在人口数量激增和大规模建筑工程实施期间（13 ～ 16 世纪）区域性森林砍伐方面的证据。可见，洞穴能够为我们理解最近数百年以来所发生的气候与环境变化提供非常有用的信息。

在地质历史大时间尺度上，洞穴还可提供更令人惊异的信息。例如，Wang 等（2008）采用高分辨率的洞穴堆积物记录分析方法，发现湖北神农架林区三宝洞中记录着过去 22.4 万年以来东亚季风的变化情况，其中有一个约 2.3 万年的季风周期，这些周期性的热带 / 亚热带季风大体上直接反映了轨道时间尺度（orbital timescales）上北半球夏季隔热（summer insulation）的变化情况，在轨道尺度上较大的石笋生长速率能够有效地指示暖湿的气候条件，并且相关事件发生的年代很明确，可作为校正气候记录的基准（汪永进，2009；董进国，2013）。

人类可能经历了几百万年的洞穴文明史，40 万～ 50 万年以前的"北京猿人"和 1.8 万年以前的"山顶洞人"是中国域内具有代表性的穴居人群。大约在 1 万年以前，人类逐渐走出天然洞穴，开始营造比天然洞穴更适于居住的人工住所。根据地理位置和季节性气候的变化，中国远古先民发明了穴居和巢居两种最为原始的人工住宅形式。中国北方最早的人工洞穴是新石器时代前期的竖穴式窑洞，之后经由半穴居状的深穴窝棚式建筑向地面建筑演进。可以认为，中国北方民族在史前穴居的几千年也就是黄河流域物质文明不断进步的几千年，穴居本身不但是人类改造自然环境、创造人类文明的有力见证，而且穴居民族及其后裔在华夏大地上更创造出了光耀千秋的灿烂文化。

可是，最近几百年尤其是近几十年以来，随着工业革命在欧美的兴起及在全球范围内的迅猛发展，人类在繁荣物质文明的同时也对自然环境产生了深刻的影响，许多天然洞穴和一些具有显著文化特征或重要历史意义的人工洞穴受到不同形式或不同程度的破坏及污染，使得洞穴所储存的自然历史信息与文化特征逐渐模糊、错乱或丧失，从而失去研究价值。因此，对于洞穴的自然历史与人类文化意义的识别、研究和保护也是洞穴生态生物学学科发展不容忽视的重要方面。

16.2 资源新义及对资源等级的新划分

16.2.1 对资源概念及性质的新理解

资源（resources），是人类生存和发展的基础，是财富的源泉。尽管不同的部门、学科及学者对资源概念有不同的理解，但几乎都意涵着"有用即资源"的圈限。

人类社会正在向生态文明推进，人类在不断发展科学技术，创造更多更优质的物质财富的同时，对精神财富的追求显得越来越迫切和多样化，人与自然和谐相处、共生共荣以及可持续发展的理念逐渐深入人心。

另外，科技的进步不断地使原来所谓的"潜在资源"、"非资源"、"废物"或"有害物"被资源化利用，资源的边际不断地被刷新和拓宽。新的历史时期赋予资源概念更广泛、更丰富的内涵，因此基于前人的研究（蔡运龙，2001；刘成武等，2001；赵建成等，2003；于琳倩等，2014；Sverdrup and Vala，2014；王文玉等，2018），本书对资源的概念、性质和分类进行了一些新的梳理。

作者认为，资源是人类在创造物质财富与精神财富的过程中可以依托的物质、能源、信息、知识与技术要素，人类利用这些要素进行生产与生活，从而有了"获得感"和"幸福感"，资源具有以下多种性质。

（1）资源分布的广泛性与区域性。资源无处不在，人类可利用的资源是广泛的、无限的，但每一个区域或地方都有其独特的资源构成、资源优势与资源欠缺。

（2）资源环境的系统性与脆弱性。资源总是与特定的环境相联系，是自然环境系统或人文环境系统的重要组成部分，与其他的环境要素相互作用，在受到其他环境要素制约的同时也会对环境系统产生重要的影响，因此没有经过科学论证的、盲目的资源开发行为必然导致环境系统的受损与恶化。

（3）资源用途的多样性与转化性。一种资源的作用或价值既可以从多方面去认识和理解，也可以从不同的技术层面去开发和利用，"旧物他用""一物多用"是现代社会普遍的思维模式，随着科技的发展，曾经认为"无用"的东西或废物也逐渐被资源化利用（recycling use）。

（4）资源利用的主体性与政策性。国家、地方、私人团体或个人，不同的资源利用主体会有不同的资源开发理念、规模、技术、效益与后果，也必然受到相关政策与法律法规的制约。

（5）资源配置的相对性与流动性。资源分布的区域性或不均衡性决定了区域资源配置在数量与质量上的相对性，但由于现代交通运输业与信息产业的快速发展，资源的流动性进一步凸显，而区域资源的互补性与重新配置有助于区域经济、科技与文化的协调发展。

16.2.2 "零次资源"的概念与资源的分类

资源可分为自然资源（natural resources）和社会资源（social resources）两大类。前者包括阳光、空气、水、土地、森林、草原、动物、矿藏等要素，以及由这些要素所构成的综合性的自然景观及自然环境。后者包括人力资源、信息资源以及经过劳动创造的各种物质财富与精神财富。充分利用自然资源和已经积累的社会财富（尤其是资金、知识与技术体系）创造更多的财富，为人类谋取更优质的福利已成为现代文明的重要标志。

科学技术是第一生产力，资源开发主体的科技文化水平在很大程度上决定着资源利用的水平与效益，因此作者参考"情报分类"的方法，依据资源的现实性与资源开发主体的科技文化水平而将资源分为零次资源、一次资源、二次资源和三次资源。

零次资源（zero resources），是指在某一区域的某个时段内尚未被认识的、闲置的、没有得到开发利用的，或者还没有体现经济或文化艺术价值的潜在资源（potential resources）。

一次资源（primary resources），是指已具有开发主体，但总体上管理粗放，技术水平低的初级资源。

二次资源（secondary resources），是指开发主体具有良好的科技文化素养，但资源利用的技术水平与效益较为一般的中级资源。

三次资源（tertiary resources），是指开发主体具有现代科学管理理念与条件，科技含量高和综合效益好的优质资源。

基于这种分类方法，可以对现有的旅游洞穴及洞穴资源进行评价，当然也可对其他类型的资源进行分类评估。评估的目的在于，全面掌握目标资源保护和利用的现状与水平，以改进管理技术，改善管理措施，提高管理效益。

16.3 洞穴资源保护

洞穴是特殊的生态系统，也是自然遗产，是重要的自然资源及生物多样性的重要组成部分，具有重要的进化生物学与保护生物学意义，立法保护洞穴资源及洞穴生态系统是各国政府及相关部门的职责和义务。对于洞穴资源的保护也和洞外资源一样，需要从基础研究、科技人才、法律法规、科普教育、基层作为、伦理道德等多方面予以综合谋划与系统实践，特别需要结合我国的生态文明建设予以全面推进。

16.3.1　洞穴资源保护的基础研究与科技人才培养

在全球范围内，对于洞穴生态系统的研究普遍滞后于洞外生态系统。由于洞穴研究人才的缺乏及对洞穴认识上的偏颇，许多国家和地区没有进行过专门或系统的洞穴调查，洞穴本底不清，洞穴资源的家底不明，这为洞穴资源保护政策与方案的制订及实施带来诸多的困难。

因此，当务之急是提高认识，要正确地认识到洞穴是地球表层重要的结构单元，洞穴生态系统既是洞外生态系统的延伸，又有其不同于洞外生态系统的独特之处。鉴于洞穴生态系统在自然生态系统中的特殊性与多功能性，国家及地区的相关管理部门应该进行顶层设计，在科技政策、计划、项目制订与人才培养方面对于洞穴研究予以适度倾斜和长期扶持，鼓励多学科交叉融合，采取"3S"技术、空间制图、计算机模拟、同位素分析、自动气象记录、电镜观察、生化测试、DNA 分析等宏观与微观的科技手段与方法对区域内洞穴的数量、分布，以及洞穴环境、洞穴沉积过程、洞穴物种及其生态生物学特征等方面进行综合性的基础调查与长期的系统监测和研究，并进行洞穴资源类型划分，弄清零次、一次、二次、三次资源的基本状况，予以分类管理、保护及利用。

16.3.2　洞穴资源保护中的法制保障

洞穴资源保护任重而道远，但令人欣慰的是，世界上的一些国家和地区已经行动起来为保护洞穴及其周围环境构建法律体系。美国的科罗拉多州早在 1883 年就通过了美国历史上第一个州级洞穴保护法案。至 21 世纪初期，美国大约有半数的州都立有州级洞穴保护法律。美国联邦政府也在洞穴保护方面颁布了法律，其中最重要的是 1988 年颁布的《联邦洞穴资源保护法》，这为许多联邦陆地管理机构对洞穴资源进行有效管理提供了法律依据。其他重要的法律，如 1973 年颁布的《濒危物种保护法规》和 1976 年颁发的《联邦考古资源保护法规》，都将其法律条文的适用范围扩展到了联邦陆地及其他区域内洞穴资源的保护（Romero，2009）。

在欧洲，由于意识到采石、土木建设及其他污染物可能对溶洞造成威胁与破坏，欧盟专门成立了洞穴保护委员会，以负责对欧洲地域内约 5 万个洞穴的保护，同时制定了《欧盟洞穴保护委员会战略计划》。该委员会的使命是采取集体行动，把洞穴保护置于对栖息地、物种等进行保护的优先等级中，把洞穴视为文化点，而把喀斯特地貌视为保护区。要求成员国不仅必须强化现有的法律体系以保护好洞穴资源，还应结合实际制定一些新的法律，特别需要充分利用《世界遗产条约》《欧洲风景条约》《欧盟地质指令》等国际规范加强对地质遗迹的保护，把对相关地质地区的利益保护整合到生物多样性保护之中。此外，成员国还必须就其领土内具有特殊地质价值的区域进行识别，出台相关政策和指导方针以保护和管理这些地区，加强与一些国际组织的合作等（曾小路和陈静芝，2012）。

在英国，许多洞穴都已被指定为"有特殊科学价值的地点"（sites of special scientific interest，SSSI）。1981 年颁发的《野生动植物和乡村法》，规范了在 SSSI 范围内人类活动对自然区域的规划和管理行为。该法律对于英国洞穴资源的保护都起到了积极的推动作用（菲利普·查普曼，2016）。

在亚洲，菲律宾也颁布了《国家洞穴保护法》，其中明确规定，对于洞穴中的动物、植物或有任何科研价值的洞穴自然资源、矿产不得肆意损毁、破坏及盗取。

在我国，溶洞作为重要而不可再生的自然资源，在《中华人民共和国宪法》《中华人民共和国环境保护法》《中华人民共和国自然保护区条例》等国家层面上的法律法规中都有相应的保护条款。然而，尽管这些条款是我国溶洞资源保护的法律依据，但总体上其内容较为分散而宽泛，可操作性有些不足，并且只保护"著名溶洞"，对于众多的小溶洞（主要是零次资源）及"非著名溶洞"（一次资源）则缺乏相关的法律监管。而地方性法规主要针对当地的实际情况进行制定，更符合实际需要，可操作性较强，因此因地制宜地制定并施行地方性法规有助于我国洞穴资源的保护。

鉴于广西岩溶地貌分布广泛，溶洞资源保护迫切需要针对性强的法律保障机制与措施，因此早在 2002 年广西就颁布了具有鲜明特色的地方性法规——《广西壮族自治区钟乳石资源保护条例》，并于 2009 年进行了修订。该条例明确规定："钟乳石资源属于国家所有，禁止任何组织及个人侵占、破坏与擅自开采或非法经营"，至于科学研究需采集钟乳石样品的，应持科技行政主管部门下达的科研项目文件或证明材料，报自治区地矿主管部门批准，并须建立相应的档案以备查。对于钟乳石洞穴的旅游开发，条例也做了明确的规定。该条例还就侵占、破坏或擅自开采钟乳石的行为予以行政或刑事处罚。这是我国第一部专门保护钟乳石的条例，对我国其他省区的溶洞资源保护具有重要的参考与借鉴意义（曾小路和陈静芝，2012）。

此外，《湖南省武陵源世界自然遗产保护条例》（2011 年修正版）第十九条规定："市、区人民政府应当加强武陵源世界自然遗产保护范围内溶洞资源的保护。尚未开发的溶洞，应当予以封闭，设立标志；未经区人民政府批准，禁止任何人员进入。已经开放的溶洞，经营者应当保护好景观的自然风貌。禁止损毁、窃取钟乳石料，禁止在溶洞内烧香点烛或者从事其他污染破坏溶洞景观的行为"。第四十条规定："违反本条例第十九条第二款规定，损毁、窃取钟乳石料，破坏溶洞景观的，责令停止违法行为，没收钟乳石料和违法所得，依法赔偿损失，并处一千元以上、一万元以下的罚款"。

尽管在全球范围内已有一些法律条文或专门的法律法规作为洞穴资源保护与管理的依据，但如何依法加强管理仍然是需要解决的现实问题，实际上在许多情况下都是有法不依或执法不严。因此，开展制度性的监督监管工作显得尤为重要，特别是在我国广阔的地域范围内，各地可根据野生动物保护法、旅游法或相关的国家级及省级法律法规制定地方性的实施或执行细则，对于破坏洞穴资源和捕杀洞栖性蝙蝠的行为要予以严加惩处，决不姑息。作者建议各级人大、政协及政府相关部门把对洞穴资源与洞穴环境的保护作为执法监督、监察和监管的重要内容，并建立常规或常态化的监督监管制度与机制。

16.3.3　洞穴旅游及探险、工程建设与基层民众的保护作为

随着社会经济的发展和人们生活水平的提高，人们有更多的闲暇时间与经费出门旅游或到大自然中去休闲娱乐，洞穴旅游与探险已逐渐成为一种新的时尚，因此旅游洞穴的开发与洞穴探险爱好者俱乐部的组建方兴未艾。这虽然在一定程度上促进了区域旅游经济与文化的发展，但同时也为洞穴资源与环境保护带来了很大的困难。

地下景观与地面景观迥然不同，许多旅游洞穴中神奇壮观的宏大场面和惟妙惟肖的各种景点神态通常会使旅游者浮想联翩、流连忘返，从而更加敬畏和热爱大自然，这本身就是生态教育与生态文明建设的重要组成部分，应予以推崇。可是，旅游洞穴的开发必然伴随着洞穴生态系统的破坏与洞穴生物群落的崩解（图16-5），因此如何协调洞穴旅游与洞穴资源保护是迫切需要深入研究与着力解决的实际问题。

图 16-5　在旅游洞穴中发现的蝙蝠（刘志霄 摄）

a. 在湖北省五峰县长生洞出口附近顶壁高处栖息的几只皮氏菊头蝠（*Rhinolophus pearsoni*）；b. 在湖南省张家界黄龙洞龙宫中栖息的几只中华菊头蝠（*Rhinolophus sinicus*）；c. 在湖南省凤凰县奇梁洞"雨洗新荷"景点附近洞顶栖挂着的单只大蹄蝠（*Hipposideros armiger*）（其两耳间有明显的伤痕，我们推测可能是被栖息在洞内的印度假吸血蝠咬伤的，参见第11章）（注：在旅游洞穴中，仅偶尔能够看到零星的小群或少数几只蝙蝠隐藏在旅游者不易发现或不会对其构成安全威胁的高处、凹窝内或狭缝间，而在开发之前这些结构复杂的洞穴是多种蝙蝠及许多类生性动物的适栖场所）

从广义上讲，对洞穴环境的破坏可分为两种情况：①对于洞内资源与环境的直接破坏，包括洞内旅游开发工程建设、地下水抽取、钟乳石砸取、矿物开采等；②洞外经济开发活动与人类日常生活的间接影响，包括采石业、采矿业、建筑工程、森林砍伐、废物处理和其他各种农业活动所引发的洞穴内部资源与环境破坏。

长期以来，人们普遍关注的是洞穴外部强烈的人类干扰活动对洞穴环境的影响而忽视了探洞者本身对洞穴资源及环境的破坏，正如威利·斯坦顿所言：所有的洞穴都在不断恶化，有的洞穴被发现时非常的精美，可被发现之后很快就被破坏掉了，而问题是，如果你不知道那里曾经有什么，你就不会"怀念"它们。因此，对于探洞者的自然资源保护意识与素质的培养及其探洞行为的管理是洞穴资源保护不容忽视的重要方面。

在英国，尽管被指定为"具有特殊科学价值的地点"（SSSI）之后，许多洞穴在面对外部破坏时得到了一定程度上的保护，但是这一举措并没有证明它有效地影响了探洞者自身对保护洞穴的行为或态度。绝大多数被指定的受保护洞穴仅允许探洞者进入，他们是唯一有能力去探索、研究、监测和管理这些地下环境的团体。因此，对于洞穴探索者及其相关的组织（如英国的国家洞穴协会、英国洞穴研究协会、爱尔兰洞穴联合会等），我们有理由敦促他们承担起对洞穴保护的主要责任（菲利普·查普曼，2017）。

的确，作为具有专业知识、熟悉洞穴位置与内部状况的探洞者理应为洞穴资源保护做出表率，成为洞穴资源保护的倡导者与宣言师。可是，在现今全球生态文明建设广泛推进的时代，仅有探洞者的觉醒与表率作用是很不够的，还必须要有立法者、执法者、管理者、教育者、企业家与普通民众的广泛觉醒

和积极参与才可能取得较好的保护成效。

特别是，各种建筑工程项目（如铁路、公路、机场、城镇等）的规划、立项与实施都应充分考虑洞穴资源的保护问题，在工程建设项目的环境影响评价中应该把对附近洞穴及洞内生物多样性的影响作为一项重要的评价指标予以综合考察与评估，在这方面美国、欧洲、日本等许多国家良好的做法都很值得借鉴（张树义，2004）。

近20年以来，我国推行的"退耕还林还草"生态环境工程建设与"农民工经济"不仅对洞外生物多样性与生态环境的保护起到了很好的促进作用，对于洞穴生态系统的保护也具有重要意义。

可是，基于近年我们广泛的野外调查，就大区域内翼手目动物及洞穴生态系统的保护问题而言，我们明显地感觉到喜忧参半，忧的是随着我国经济、社会及科技的发展，城镇化及交通建设的力度及速度显著增大，自然环境遭到严重破坏，以至许多动物的栖息地支离破碎，特别是洞穴资源没得到应有的重视，蝙蝠等动物的栖息场所越来越多地被挤占、污染或消除；喜的是由于近二三十年以来，随着我国农村务工经济的发展，绝大多数农村青壮年都外出务工，到沿海或附近城市从事城区建设或制造业工作，留在农村的大多是老小病残弱的村民，他们对当地自然环境的影响非常有限，这给早已受到严重破坏的山区或农村生态环境带来了恢复的机遇。实际上，由于留守村民很少上山，许多山区道路已多年无人行走，荆棘丛生，甚至乡间小道都已完全被植被封闭，无法行走，必须重新砍伐辟路才可能前行，尤其是许多山洞周围都长满了杂草及灌木，洞口已难以找到，这为蝙蝠等洞栖性动物的生存和繁衍创造了较好的条件，也为洞穴生态系统及洞穴资源的保护带来了新的希望。

然而，值得注意的是，由于有的洞口几乎已完全被植被所覆盖（图16-6），从而严重影响了蝙蝠进出洞口时的飞行活动。我们的观察发现，有的蝙蝠（如大蹄蝠）经常在傍晚出飞时撞在洞口的树枝上或藤条上，有时个体之间也因出飞路径窄小而相互碰撞，这给蝙蝠种群在洞内的栖息和繁衍带来了一些不利的因素，最终可能使得蝙蝠因无法进洞而放弃该洞，因此我们认为，洞口周边的村民若对洞口附近的植被进行适时适当的清理可能有利于蝙蝠在洞内的栖息与繁衍，这方面的工作需要结合我国生态文明建设，在乡村生态环境管护中予以重视、试点及推行。

图16-6　洞口被周围的杂草、灌木、藤条逐渐封堵后，会严重影响蝙蝠的出飞与进洞（刘志霄 摄）

当然，基层民众对洞穴资源的保护行动不仅仅是对"洞口植被的适时适当清理"，还可以有更多的作为。他们生活在洞穴的周围，熟悉洞穴周边的环境状况与人员往来，是洞穴资源保护的主力军，因此国家及地方应从法律与政策层面上要求、引导、鼓励基层领导与民众积极参与对本地洞穴资源的监管与保护，这也是我国生态文明建设的必然要求。

16.3.4　生态文明建设、生态教育与洞穴资源及洞栖性蝙蝠的保护

生态文明（ecological civilization），是指生态思想贯穿于人类生产与生活的各个方面，也即人类习惯于用生态学的原理与方法思考和处置生产与生活中的实际问题，以实现可持续发展与社会和谐。

生态文明具体表现在人与环境关系的管理体制、政策法规、价值观念、道德规范、生产方式及消费行为等方面的体制合理性、决策科学性、资源节约性、环境友好性、生活俭朴性、行为自觉性、公众参与性和系统和谐性。生态文明建设，其实质就是"生态作为"（eco-doings）的自觉、规范与实施过程。而生态作为不仅包括政治生态的协和、个人与社会生态的协调，更主要的是指自然生态的维护（刘志霄，2014）。

我国地域辽阔，人口众多，区域发展很不平衡，传统的封建文化历史久远、影响深刻，现代工业基础薄弱，生态环境保护意识与技术落后，生态文明建设任重道远而又迫在眉睫。

教育是治国之本，也是生态文明建设之基石，加强生态教育是我国生态文明建设的根本所在。只有结合实际，将生态教育融入家庭教育、学校教育、社区或农区教育、社会教育的方方面面（图 16-7），使之成为国民全面教育、全程教育的主题，我国的生态文明建设才可望快速赶超国际先进水平。

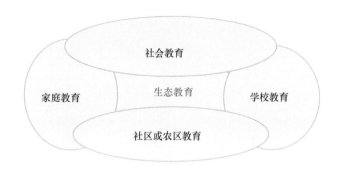

图 16-7　生态教育与人生"四大教育"的融合（刘志霄 供）

洞穴资源是大自然在漫长的地质历史演化过程中形成的不可再生资源，洞穴生物多样性是地球生物多样性的重要组成部分，洞穴赋予人类诸多的利益，因此对洞穴资源的保护实际上也是对人类长远利益的保护。显然，在家庭、学校、农区或社区、社会的生态教育过程中，融入洞穴资源保护内容，有助于洞穴资源保护事业的全面推进与快速发展。

在洞穴资源保护中，除了要保护好原生景观，避免人为破坏洞穴自然环境外，最重要的就是对洞栖性蝙蝠的保护，因为洞栖性蝙蝠是洞穴生态系统的伞护种团与关键种团，洞栖性蝙蝠种群的迁移或消失即意味着洞穴生物群落的崩溃或丧失。

对于洞栖性蝙蝠的保护可从以下三个方面着手。

（1）认识蝙蝠是保护蝙蝠的前提，因此应加强对翼手目动物物种多样性与行为生态等方面的基础研究，并持续观测与评价旅游开发等人为活动对洞栖性蝙蝠的影响，以提出科学合理的既具有可操作性又具有综合效益的保护策略与措施，协调洞穴旅游与洞栖性蝙蝠及洞穴生物多样性保护之间的关系。

（2）加强宣传力度，充分利用各种媒体广泛宣传有关蝙蝠的生态知识与种群保护意义，增强广大民众的物种保护意识，激励群众自觉保护蝙蝠资源及其生境，弘扬优秀的中华传统"蝠"文化（图 16-8），将"蝙蝠的居留"与"福气的永驻"（"蝠"与"福"同音）作为宣教的主题。

（3）保护蝙蝠应从学生抓起，学生既是现在，更是未来，学生的作为及影响是广泛而深远的，由学生自主开展"保护蝙蝠行动"，推动"蝙蝠日"的设立及相关活动（可定为阳历 5 月 5 日，因为晚春时节，蝙蝠迁徙频繁，开始繁育，这段时间它们对人为干扰比较敏感，应加强保护；5 月 5 日蝙蝠日，也有"五五有福"或"五福临门"之喻义），让大、中、小学生及各领域的研究生都深切地懂得蝙蝠的生态价值及保护意义，并付之于行动是保护蝙蝠种群及洞穴资源的关键所在。

总之，洞穴资源与生态环境保护教育应从娃娃抓起，建议在幼儿园、小学、中学的语文及其他相关课程中增加有关洞穴资源与保护方面的内容；另外，洞穴旅游应为生态旅游，而非神话、宗教或故事化的娱乐，因此应在洞穴旅游过程中淡化教义或神性色彩，要强化对导游科学素质及专业知识的培养与培训，加强对游客的生态教育，增强游客的生态意识，丰富洞穴旅游业的生态内涵。

图 16-8　有关蝙蝠的雕刻与壁画（a、b 自林良恭等，2004；c、d 自张树义，2004）

a. 雕刻在窗户上的蝙蝠木雕；b. 赐福壁画；c. 蝙蝠木雕；d. 雕梁画栋上的蝙蝠（注：西方人普遍将蝙蝠与鬼魅或吸血恶魔相联系，视其为恐怖不祥之物，经常在恐怖片中渲染这种错误的观念，严重伤害蝙蝠的形象，而在中华传统文化与艺术中，"蝠"与"福"同音，是美好吉祥的象征）

16.3.5　新的自然保护伦理观与洞穴资源的保护

在自然保护事业不断推进的过程中，保护主义者逐渐认识到，人们的文化价值观念经常与保护政策相冲突。

生态学者与保护主义者熟知，生态系统中的每一个物种都有其特殊的作用，即使一个很不起眼的物种的丧失也可能引发生态系统的微妙失衡，而少数微妙失衡的长期效应或许多微妙失衡的短期综合性效应就可能导致整个生态系统的崩溃。一般认为，物种数越多，生态系统越趋于稳定，生产力越高，但我们尚不清楚，绝大多数生态系统崩溃之前能够耐受多大程度上的人为干扰与破坏。

由于缺乏确切的答案，长久以来，普通民众尤其是企业主通常只关注经济效益而淡漠环境与生物多样性保护问题，习惯于以经济价值评判一切事物。根据经济价值原理，如果一个物种遭受破坏后，整个生态系统受到的影响很小或可忽略，那么就不应该对其加以保护！然而迄今，绝大多数物种都还没有被证明具有巨大的经济价值或者对整个生态系统的结构和功能具有决定性的意义。

可是，每一个物种都是数百万年以来衍生的生物区系组分，每一个物种都有其持续生存的权力和价值，至少它具有特殊的"自然艺术价值"（natural art value）。不难理解，如果埃及人把金字塔当采石场，法国人放任顽童在卢浮宫扔石块，世界都会震惊和愤怒。同样，若美国人在科罗拉多山谷随意筑坝也会遭到谩骂。敬畏并保护原生景观及历史文物是人类人道的体现，也是首要的人文精神。显然，仅根据人类的感官通常难以分辨一件艺术品和一件自然品的价值分量。尽管的确存在价值差异，但任何艺术品总有一天会被取代，而像热带稀树草原那样的和谐景观以及美国猛犸洞那样奇特壮观的洞穴生态系统一旦失去便绝不会再现。

因此，对于目前"非资源性"的物种或"零次资源"，我们必须从非经济层面去理解其自然保护价值。虽然某些物种数量的减少或种群的消亡并不会明显地影响到整个生态系统的正常运行，对人类生活的影响也可能微不足道，但任何一个物种的绝灭意味着整个世界一件伟大的"自然杰作"（natural masterpiece）的消失，这或许可比作为一个著名画家或雕刻家的一件"伟大艺术品"的损毁。然而，人造艺术品可以在短期内绘制、复制或修复，而物种却是大自然数百万年进化的产物，如何绘制、复制或修复？

显然，基于经济价值权衡的物种保护思想是极其狭隘的，我们迫切需要更崇高的物种保护理念，我们应该把物种的"自然艺术价值"看作地球上或宇宙中最伟大的价值。

其更基本的理念是：一个物种应该受到保护，因为我们必须敬畏其伟大的进化历史，每一个物种都有权充分展现自身在自然生态系统中的独特作用，完成其进化使命，人类无权以自我为中心而将它们驱出大自然的进化舞台。人类作为大自然的产物，道义上绝不能也绝不允许成为大自然的破坏性工具（沃恩等，2017）。

显然，这种全新的自然保护伦理（natural conservation ethic）有助于更多的人积极地投身于自然保护实践，从而促进自然保护事业的全面发展。

此外，我们还可以从传统生态知识和民族民间智慧中（王祖望等，2019）寻求洞穴资源或洞穴生物多样性的保护方案。民族生态文化是族群在长期生产实践过程中对区域生态系统及生物资源利用和维护的经验积累。挖掘收集、归纳总结、全面教育并正确运用这些传统生态知识有助于创建参与性研究的基本范式，推进喀斯特地貌区的参与式生态管理及洞穴生物的保护实践，取得生态建设与洞穴生物多样性保护的长期实效。

的确，如果我们对洞穴及大自然具有深刻的理解和深厚的感情，我们就会积极主动地去保护洞穴物种及其生存环境，并一代一代地传承美好的自然情感、深厚的洞穴情结与良性的环境作为。

最后，还应牢记湖南张家界黄龙洞洞口"猴捧人头坐书堆思索雕塑像"的告诫（图 16-9）。

今天，我们无法进口白云和蓝天；

明天，他们也无力再造河流与山川。

请不要随意消耗地球的资源！

否则，后天猴子会思索人类的今天！

图 16-9　湖南张家界黄龙洞洞外广场上的"猴捧人头坐书堆思索雕塑像"（刘志霄 摄）

主要参考文献

巴家文, 黎道洪. 2009. 中国洞穴蛛蛛多样性及其对洞穴环境的适应. 动物分类学报, 34(1): 98-105.

班凤梅. 2014. 岩溶洞穴沉积物的现代过程研究. 北京: 中国财政经济出版社.

彼得·斯沃特. 2006. 穿越洞穴: 装备与技巧指南. 乌鲁木齐: 新疆人民出版社.

蔡邦华, 蔡晓明, 黄复生. 2017. 昆虫分类学. 北京: 化学工业出版社.

蔡杰锦. 2013. 山西宁武"万年冰洞"的形成机制. 吉首大学学报(社会科学版), 34(S2): 92-94.

蔡绍英. 1982. 四川南部洞穴沉积中第四纪腹足类化石. 成都地质学院学报, (4): 50-62.

蔡奕雄. 1995. 中国洞穴盲虾一新种(十足目: 匙指虾科). 动物分类学报, 20(2): 157-160.

蔡运龙. 2001. 自然资源学原理. 北京: 科学出版社.

曹翔, 杨晓霞, 李溪, 等. 2017. 中国旅游洞穴景区(点)的统计分析. 中国岩溶, 36(2): 264-274.

陈浒. 2003. 贵州喀斯特地区人类活动的洞穴动物效应——以黔西红林地区为例. 贵阳: 贵州师范大学.

陈会明. 2009. 贵州洞穴蛛蛛研究. 保定: 河北大学.

陈建秀, 孟文新. 1990. 我国钩肢带马陆*Polydesmus hamatus* Loksa, 1960的种名订正及描述(倍足纲: 带马陆目: 带马陆科). 南京大学学报(自然科学版), (2): 277-281.

陈建秀, 孟文新. 1991. 雕马陆属一新种记述(倍足纲: 异蚆目: 仿角囊马陆科). 动物分类学报, (4): 394-397.

陈建秀, 张崇洲. 1990. 贵州穴居倍足类雕背带马陆属一新种(带马陆目: 带马陆科). 动物分类学报, (4): 406-409.

陈琪, 汪永进, 刘泽纯, 等. 1998. 南京汤山猿人洞穴石笋的铀系年龄. 人类学学报, (3): 8-13.

陈诗才. 2003. 洞穴旅游学. 福州: 福建人民出版社.

陈水挟, 王将克, 钟月明, 等. 1995. 粤西第四纪洞穴化石的氨基酸年龄及混杂堆积现象. 中山大学学报(自然科学版), (3): 89-94.

陈伟海. 2006. 洞穴研究进展综述. 地质评述, 52(6): 783-792.

陈银瑞, 杨君兴, 祝志刚. 1994. 云南金线鲃一新种及其性状的适应性(鲤形目: 鲤科). 动物分类学报, 19(2): 246-253.

陈永孝. 1992. 徐霞客对地理学的贡献. 贵州师范大学(社会科学版), (3): 22-25.

陈樟福, 张贞华. 1994. 浙江洞穴蜘蛛. 中国岩溶, (4): 369-374.

成清杨, 卢仲康. 2005. 早期智人的祖先——马坝人. 化石, (2): 27.

程捷, 田明中, 曹伯勋, 等. 1998. 周口店太平山北坡西洞动物群及其洞穴地层划分. 地层学杂志, 22(2): 87-93.

褚绍唐. 1988. 徐霞客在国土考察和地理学上的主要成就. 自然杂志, 11(9): 699-701.

崔德文, 李有升. 1994. 辽宁营口藏山洞穴地点试掘报告. 人类学学报, 13(3): 239-248.

崔庆武, 张颖奇. 2018. 当洞穴探险遇上古生物. 化石, (3): 69-76.

戴尔俭, 白云哲. 1966. 山东一旧石器时代洞穴遗址. 古脊椎动物与古人类, 10(1): 82-84.

邓怀庆, 周江. 2018. 贵州野钟保护区黑叶猴种群数量、分布及夜宿洞穴调查. 兽类学报, 38(4): 420-425.

邓自强, 林玉石, 张美良, 等. 1987. 桂林岩溶洼地和洞穴发生、发展的构造控制剖析. 中国岩溶, (2): 48-59.

丁芃. 2008. 酒鬼酒的"鬼". 新财经, (7): 86-87.

董进国. 2013. 湖北三宝石笋生长速率及其古气候意义. 第四纪研究, 33(1): 146-154.

董乙义, 艾义郎, 黄煜, 等. 2017. 人类活动对织金洞洞穴水中可培养细菌多样性的影响. 贵州师范大学学报(自然科学版), 35(4): 64-70, 76.

范雪春, 王银平, 林凤英, 等. 2012. 福建武平猪仔笼洞穴人类化石地点试掘简报. 南方文物, (1): 38-44.

菲利普·查普曼. 2017. 洞穴与洞穴生命. 于森译. 武汉: 湖北科学技术出版社.

冯江, 李振新, 陈敏, 等. 2002. 同一山洞中五种蝙蝠的回声定位比较及生态位的分化. 生态学报, (2): 150-155.

冯金顺. 1987. 江苏宜兴地区洞穴堆积中生物化石的发现. 江苏地质, (3): 37-38.

付廷红. 2018. 山东省青州市南王孔发现古人类栖居洞穴遗址. 中国民族博览, (4): 228-229.

盖山林. 1982. 郦道元与洞穴学. 内蒙古师院学报(自然科学), (2)144-147.

高尚华, 于本刚. 1990. 应用洞穴考古成果建立辽东地区中、上更新统标准剖面. 辽宁地质, (4): 359-368.

高祝鑫. 2018. 论史前洞穴考古遗址的保护与利用——以法国肖韦洞穴为例. 旅游纵览(下半月), (8): 170-171.

龚小燕. 2019. 武陵山地区三种代表性蝙蝠的栖息生态特征及相关的功能形态比较. 吉首: 吉首大学.

龚小燕, 黄太福, 吴涛, 等. 2017. 旅游热点洞穴与废弃洞穴温湿度、CO_2浓度及洞内生物的比较研究. 世界生态学, 6(4): 180-190.

龚小燕, 黄太福, 吴涛, 等. 2018. 西南鼠耳蝠(*Myotis altarium*)的栖息生态学研究. 生态学报, 38(21): 7549-7556.

龚小燕, 黄太福, 吴涛, 等. 2019. 皮氏菊头蝠(*Rhinolophus pearsoni*)的栖息生态特征. 生态学报, 39(15): 5718-5724.

郭新春, 卢冠军, 孙克萍, 等. 2010a. 2种共栖蝙蝠捕食时间差异. 江西师范大学学报(自然科学版), 34(3): 240-243, 276.

郭新春, 卢冠军, 孙克萍, 等. 2010b. 5种共栖蝙蝠的形态和回声定位声波特征. 江西师范大学学报(自然科学版), 34(1): 84-88.

郭照良, 江辉, 张明松. 1992. 湖南米虾属一新种记述(十足目: 匙指虾科). 四川动物, (2): 4-6.

何晓瑞, 刘国才. 2000. 云南建水燕子洞地区两栖爬行动物的考察研究. 四川动物, (3): 127-130.

侯仲娥, 李枢强. 2003a. 安徽华阳洞穴假褐钩虾属一新种(甲壳纲, 端足目, 假褐钩虾科)(英文). 动物分类学报, (1): 42-49.

侯仲娥, 李枢强. 2003b. 中国无眼钩虾一新种记述(甲壳纲, 端足目, 钩虾科)(英文). 动物分类学报, 28(3): 448-454.

胡开良, 杨剑, 谭梁静, 等. 2012. 同地共栖三种鼠耳蝠食性差异及其生态位分化. 动物学研究, 33(2): 177-181.

黄宝玉. 1981. 广西桂林甑皮岩洞穴遗址中的淡水瓣鳃类. 古生物学报, (3): 199-207, 277-280.

黄春长. 1983. 秦岭山区首次发现古人类洞穴遗址. 史前研究, (1): 17.

黄茂桓, 周韬, 井晓平, 等. 1994. 乌鲁木齐河源1号冰川2号冰洞的冰川学研究. 冰川冻土, (4): 289-300.

黄孙滨. 2016. 中国洞穴行步甲族分子系统发育初步研究(鞘翅目: 步甲科). 广州: 华南农业大学.

黄太福. 2019. 洞栖性蝙蝠的数量调查与食蝠血洞蛭的新发现. 吉首: 吉首大学.

黄太福, 龚小燕, 吴涛, 等. 2018. 梵净山管鼻蝠在湖南省的分布新纪录. 兽类学报, 38(3): 315-317.

黄太福, 彭乐, 吴涛, 等. 2016. 大菊头蝠冬眠期栖点选择的初步调查. 世界生态学, 5(3): 57-66.

黄万波. 1960a. 周口店各洞穴堆积简述. 地质科学, (2): 85-90.

黄万波. 1960b. 关于中国猿人化石产地的底砾石层和附近的上、下砾石层的形成及其时代问题的探讨. 古脊椎动物与古人类, (2): 169-176.

黄万波. 1960c. 中国猿人洞穴的堆积. 古脊椎动物与古人类, (1): 83-95.

黄万波. 1963. 广东高要、罗定、封开等地洞穴及其堆积物概述. 古脊椎动物与古人类, 7(1): 79-83.

黄万波. 1979a. 安徽省和县猿人化石及其动物群的初步观察. 安徽省考古学会会刊(第一至第八辑合订本)(安徽省文物考古研究所): 17.

黄万波. 1979b. 华南洞穴动物群的性质和时代. 古脊椎动物与古人类, 17(4): 327-343.

黄万波. 1981a. 洞穴世界. 南京: 江苏科学技术出版社.

黄万波. 1981b. 燕山山麓新发现的几处洞穴及堆积简报. 古脊椎动物与古人类, (1): 99-100.

黄万波, 方笃生, 叶永相. 1981a. 安徽和县龙潭洞发现的猿人头盖骨的观察. 科学通报, (24): 1508-1510.

黄万波, 关键. 1983. 京郊燕山一早更新世洞穴堆积与哺乳类化石. 古脊椎动物与古人类, 21(1): 69-76, 107.

黄万波, 韩德芬. 1959. 湖北通山县大地村洞穴的形成及其中的哺乳动物化石. 古脊椎动物与古人类, (1): 43-45.

黄万波, 计宏祥. 1963a. 江西乐平 "大熊猫-剑齿象" 化石及其洞穴堆积. 古脊椎动物与古人类, 7(2): 182-189.

黄万波, 计宏祥. 1963b. 江西万年仙人洞全新世洞穴堆积. 古脊椎动物与古人类, 7(3): 263-272.

黄万波, 彭春, 方笃生, 等. 1981b. 安徽和县猿人化石及其动物群的初步观察. 江淮论坛, (4): 117-121.

黄万波, 彭春. 1981. 长江下游古人类的重大发现——安徽和县出土完整猿人头盖骨化石. 化石, (1): 3-4.

黄慰文, 傅仁义. 2009. 小孤山——辽宁海城史前洞穴遗址综合研究. 北京: 科学出版社.

黄学诗, 宗冠福. 1973. 辽宁本溪晚更新世洞穴堆积. 古脊椎动物与古人类, (2): 211-216.

黄玉昆, 王将克, 袁家义, 等. 1975. 广东肇庆七星岩更新岩洞穴堆积及哺乳动物化石. 中山大学学报(自然科学版), (1): 66-80.

贾兰坡. 1959a. 中国猿人化石产地1958年发掘报告. 古脊椎动物与古人类, (1): 21-26.

贾兰坡. 1959b. 我国旧石器研究的昔与今. 文物, (10): 15-18.

贾兰坡, 邱中郎. 1960. 广西洞穴中打击石器的时代. 古脊椎动物与古人类, (1): 64-68.

贾兰坡, 吴汝康. 1959. 广西来宾麒麟山人类头骨化石. 古脊椎动物与古人类, 1(1): 16-18.

江能人, 杨正纯, 肖永福. 1984. 海口磷矿区晚更新世晚期洞穴堆积与哺乳类化石. 中国地质科学院成都地质矿产研究所文集, (00): 125-133.

姜鹏. 1975. 吉林安图晚更新世洞穴堆积. 古脊椎动物与古人类, 13(3): 197-198.

姜鹏. 1977. 吉林晚更新世哺乳动物化石分布. 古脊椎动物与古人类, 15(4): 313-316.

鞠继武, 潘凤英. 1980. 我国古代对岩溶现象的认识. 南京师院学报(自然科学版), (2): 1-17.

科瓦尔斯基. 1964. 洞穴堆积物时代的古动物学鉴定. 胡长康, 戳人杰, 译. 古脊椎动物与古人类, 8(1): 64-74.

蓝春, 吴知銮, 李维贤. 2017. 广西壮族自治区洞穴盲虾一新种——都安盲沼虾. 吉首大学学报(自然科学版), 38(2): 61-62, 81.

黎道洪. 2007. 贵州喀斯特洞穴动物研究. 北京: 地质出版社.

黎道洪, 罗泰昌, 陈德牛. 2003. 贵州洞穴陆生贝类一新种(肺螺亚纲, 柄眼目, 烟管螺科). 动物分类学报, 28(3): 446-447.

黎道洪, Sket B. 2005. 斯洛文尼亚和中国贵州喀斯特洞穴动物群的比较研究. 中国岩溶, 24(1): 65-70.

李俊波, 侯仲娥, 安建梅. 2013. 中国四川省洞穴钩虾属一新种(甲壳纲, 端足目, 钩虾科)(英文). 动物分类学报, 38(1): 40-49.

李始文. 1987. 继 "马坝人" 之后的重要发现——广东封开黄岩洞遗址的发掘. 中山大学学报, (1): 132-138.

李枢强. 2007. 洞穴蜘蛛的多样性. 昆虫知识, 44(2): 228.

李维贤. 2001. 滇池流域滇池金线鲃及部分土著鱼种的残存分布. 吉首大学学报(自然科学版), 22(4): 72-74.

李维贤, 陶进能. 2002. 犀角金线鲃的局部解剖. 云南农业大学学报, (3): 207-209, 219.

李溪, 杨晓霞, 向旭, 等. 2014. 国外洞穴医疗研究综述. 中国岩溶, 33(3): 379-385.

李潇丽, 董哲, 裴树文, 等. 2017. 安徽东至华龙洞洞穴发育与古人类生存环境. 海洋地质与第四纪地质, 37(3): 169-171, 173-179.

李晓岑. 1995. 徐霞客的地理学思想及其未来意义. 自然辩证法通讯, 17(3): 42-47.

李晓文, 张玲, 方精云. 2002. 指示种、伞护种与旗舰种: 有关概念及其在保护生物学中的应用. 生物多样性, 10(1): 72-79.

李学珍, 牛长缨, 焦忠久, 等. 2008. 广西雅长自然保护区洞穴动物调查. 生物多样性, 16(2): 185-190.

李学珍, 牛长缨, 雷朝亮, 等. 2007. 中国洞穴无脊椎动物的研究概况. 中国岩溶, 26(3): 255-261.

李艳丽, 邵永刚, 刘志霄, 等. 2014. 在不同状态和生境复杂度中大蹄蝠回声定位叫声的可塑性. 兽类学报, 34(3): 238-244.

李永项, 薛祥煦. 2007. 中更新世以来秦岭张坪洞穴群中田鼠化石的分布及其环境意义. 中国科学(D辑: 地球科学), (11): 1474-1479.

李玉春, 蒙以航, 张利存, 等. 2005. 中国翼手目地理分布的环境因子影响分析. 动物学报, 51(3): 413-422.

李占扬, 武仙竹, 孙蕾, 等. 2013. 河南栾川蝙蝠洞洞穴遗址考古调查简报. 华夏考古, (3): 3-9.

李植斌. 1986. 徐霞客在岩溶地貌学上的贡献. 衡阳师专学报(自然科学版), (1): 45-47.

李仲均. 1973. 我国古籍中记载岩溶(喀斯特)洞穴史略. 古脊椎动物与古人类, 11(2): 201-205.

梁象秋, 郭照良, 高杰. 1993. 湖南米虾的研究(十足目: 匙指虾科). 上海水产大学学报, (1): 41-47.

梁象秋, 严生良. 1981. 广西淡水虾一新属二新种记述. 动物分类学报, (1): 31-35.

林钧枢. 1994. 第11届国际洞穴学大会在京召开. 地理学报, (1): 92, 99.

林良恭, 李玲玲, 郑锡奇. 2004. 台湾的蝙蝠. 台中市: 自然科学博物馆.

林玉成. 2005. 贵州钩虾属(Gammarus)分类学及其相关环境因子的分析(甲壳纲, 端足目, 钩虾亚目, 钩虾科). 贵阳: 贵州师范大学.

林玉成. 2011. 云贵高原洞穴蜘蛛研究概况——以弱蛛科和泰莱蛛科为例. 见: 四川省动物学会. 《四川省动物学会第九次会员代表大会暨第十届学术研讨会论文集》: 122-123.

刘成武, 杨志荣, 方中权, 等. 2001. 自然资源概论. 北京: 科学出版社.

刘椿, 朱湘元, 叶素娟. 1977. "北京人" 化石产地洞穴堆积物的古地磁学研究. 地质科学, (1): 26-33.

刘金荣, 张断淹, 梁耀成, 等. 2004. 乐业县大石围天坑群洞穴第三纪堆积的孢粉组成特征及相关问题的探讨. 中国岩溶, 23(3): 239-246.

刘凌云, 郑光美. 2019. 普通动物学. 第四版. 北京: 高等教育出版社.

刘奇, 沈琪琦, 黄继展, 等. 2014. 犬蝠夜栖地及夜栖息巢特征的初步研究. 兽类学报, 34(3): 286-291.

刘伟, 王延校, 何新焕, 等. 2011. 太行山南段洞栖蝙蝠的分布及栖息地重要性分析. 兽类学报, (4): 371-379.

刘武, 高星, 裴树文, 等. 2006. 鄂西-三峡地区的古人类资源及相关研究进展. 第四纪研究, 26(4): 514-521.

刘英奎, 白义, 乔宁, 等. 2011. 中国蛭类分类研究进展. 北京: 中国科技论文在线 http://www.docin.com/week114.

刘泽纯. 1979. 岩溶洞穴堆积与第四纪冰期气候. 科学通报, 24: 889-892.

刘泽纯. 1983. 北京猿人洞穴堆积反映的古气候变化及气候地层上的对比. 人类学学报, (2): 172-183.

刘泽纯. 1985. 第四纪岩溶洞穴堆积与古人类活动. 第四纪研究, (1): 60-68.

刘志霄, 张佑祥, 张礼标. 2013. 中国翼手目动物区系分类与分布研究进展、趋势与前景. 动物学研究, 34(6): 687-693.

刘志霄. 2014. "生态学"概念的嬗变及生态文明建设的内涵与实质——兼谈澳大利亚生态文明与社会和谐的几个视点. 世界生态学, (3): 13-19.

刘子琦. 2005. 人类对喀斯特洞穴的利用分类与分析. 贵阳: 贵州师范大学.

娄玉山, 马宁. 2014. 马坝人. 化石, (2): 36-39.

卢宏金. 1994. 海南岛西部第四系灰岩洞穴中发现淡水双壳类化石. 中国区域地质, (2): 184-185.

卢耀如. 2001. 岩溶: 奇峰异洞的世界. 北京: 清华大学出版社.

罗鼎, 熊康宁, 王恒松, 等. 2015. 白虎麻塘洞穴分布特征与地貌关系研究. 贵州科学, 33(3): 52-60.

罗天昱, 钟远波. 2009. 浅析人类"洞穴情结"与现代建筑空间. 装饰, (11): 131-132.

马王堆汉墓帛书整理小组. 1975. 长沙马王堆三号汉墓出土地图整理情况. 测绘通报, (2): 17-24.

毛宇. 2014. 印尼古洞穴壁画改写人类艺术史. 科技日报, (2): 10-14.

孟凯巴依尔. 2003. 新疆钩虾属(*Gammarus*)的系统发育学与历史生物地理学研究(甲壳纲: 端足目, 钩虾亚目, 钩虾科). 乌鲁木齐: 新疆大学.

牛平山, 张燕君, 法蕾. 2003. 从山羊寨哺乳动物化石看柳江盆地洞穴堆积的时代与环境. 海洋地质与第四纪地质, (2): 117-122.

潘学森, 刘民万, 陈欣华. 2009. 云门洞藏酒工艺初探. 酿酒, 36(6): 33-35.

裴树文, 高星, 许春华, 等. 2010. 湖北建始高坪洞穴调查及其试掘简报. 人类学学报, 29(4): 383-394.

彭乐, 叶建平, 朱光剑, 等. 2019. 两种同域分布蹄蝠在开阔度不同的环境中回声定位声波的可塑性. 兽类学报, 39(3): 252-257.

邱立诚, 宋方义, 王令红. 1982. 广东阳春独石仔新石器时代洞穴遗址发掘. 考古, (5): 456-459, 475.

邱中郎, 张玉萍, 童永生. 1961. 湖北省清江地区洞穴中的哺乳类化石报导. 古脊椎动物与古人类, (2): 155-159.

冉景丞, 陈会明. 1998. 中国洞穴生物研究概述. 中国岩溶, 17(2): 151-159.

任美锷. 1984. 徐霞客对世界岩溶学的贡献. 地理学报, 39(3): 252-258.

沈冠军. 2007. 洞穴地点骨化石铀系年龄可信度的讨论. 第四纪研究, 27(4): 539-545.

施利民. 2010. 6种共栖菊头蝠共存机制及菲律宾菊头蝠组蝙蝠声波主频偏离机制研究. 长春: 东北师范大学.

石红艳, 吴毅, 胡锦矗. 2003. 中华山蝠的昼夜活动节律与光照等环境因子的关系. 动物学杂志, (5): 25-30.

孙明泉. 2014-09-23. 大兴安岭一天然洞穴发现新石器时期人类文化遗存. 光明日报, 第9版.

孙喆. 2017. 岩溶洞穴现代沉积间断的影响因素研究——以河南鸡冠洞为例. 沉积学报, 35(1): 93-101.

谈奇坤, 戴爱云. 1991. 安徽熔洞伪克钩虾属一新种记述(端足目, 钩虾科). 安徽师大学报(自然科学版), (1): 80-84.

谭明, 潘根兴, 王先锋, 等. 1999. 石笋与环境——石笋纹层形成的环境机理初探. 中国岩溶, 18(3): 197-206.

唐锡仁. 1988. 谈徐霞客的研究方法. 自然杂志, 11(9): 702-704.

汪训一. 1993. 第十一届国际洞穴学大会在北京召开. 中国岩溶, (3): 11.

汪训一. 1999. 洞穴探险. 郑州: 河南科学技术出版社.

汪训一, 杨日英. 1998. 旅游洞穴环境的变异与保护之研究. 中国岩溶, 17(3): 245-250.

汪永进. 2009. 过去224 000年千年和轨道尺度东亚季风变化. 中国基础科学, 11(2): 9-12.

王福星, 曹建华. 1997. 国外洞穴生物研究概况. 中国岩溶, 16(3): 259-267.

王惠基. 1983. 广西桂林甑皮岩洞穴中的腹足类化石. 古生物学报, (4): 483-485, 514.

王金元. 1992. 筠连县洞穴探古. 化石, (4): 27.

王静. 2013. 喀斯特洞穴旅游开发与景观保护研究. 北京: 中国旅游出版社.

王丽娟. 1989. 桂林甑皮岩洞穴遗址第四纪孢粉分析. 人类学学报, 8(1): 69-76.

王令红, 林玉芬, 长绍武, 等. 1982. 湖南省西北部发现的哺乳动物化石及其意义. 古脊椎动物与古人类, 20(4): 350-358, 378.

王某某. 2013. 洞藏酒迎来发展契机. 福建轻纺, (3): 10-12.

王文玉, 王懿男, 鲍竹. 2018. 自然资源统一确权登记自然资源分类问题初探. 国土资源, (12): 42-43.

王晓琨, 魏坚, 陈卓炜, 等. 2010. 内蒙古金斯太洞穴遗址发掘简报. 人类学学报, 29(1): 15-32.

王祖望, 冯祚建, 黄复生. 2019. 中国古代动物学研究. 北京: 科学出版社.

韦毅刚. 2003. 扬子洞——植物新种荟萃的秘境. 植物杂志, (2): 10-11.

魏然. 2008. 洞藏酒"天价"不愁卖. 经济, (9): 83.

温清. 2018. 贵州省喀斯特洞穴昆虫分类学研究. 贵阳: 贵州师范大学.

翁金桃. 1981. 石灰岩洞穴中文化层盖板的成因新见. 地质论评, 27(2): 181-183.

沃恩, 瑞安, 恰普莱夫斯基. 2017. 哺乳动物学. 刘志霄译. 北京: 科学出版社.

吴涛. 2020. 基于红外监测技术对大蹄蝠(Hipposideros armiger)行为生态学的初步研究. 吉首: 吉首大学.

吴涛, 黄太福, 瞿勇, 等. 2019. 基于红外相机与野外便携式主动红外录像装置对大蹄蝠活动节律与行为的观察. 见: 中国动物学会等. 西安: 中国动物学会第十八届全国会员代表大会暨第二十四届学术年会论文摘要集: 260.

吴秀杰. 2016. 马坝人头骨研究取得新进展. 化石, (4): 78-80.

吴兆征. 2011-09-16. 解析古贝春洞藏酒的贮存. 华夏酒报, (014): 1-2.

伍献文, 曹文宣, 易伯鲁, 等. 1977. 中国鲤科鱼类志(下卷). 上海: 上海人民出版社.

武仙竹, 吴秀杰, 陈明惠, 等. 2007. 湖北郧西黄龙洞古人类遗址2006年发掘报告. 人类学学报, 26(3): 193-205.

夏玉梅, 汪佩芳. 1984. 吉林省安图洞穴堆积的孢粉组合特征及其地质意义. 地质论评, 30(2): 187-189.

阳吉昌, 熊松. 1985. 桂林甑皮岩洞穴遗址古植物初探. 广西植物, 5(1): 31-37.

杨邦. 2014. 大气降水-洞穴滴水-现代碳酸盐沉积氧同位素传递研究——以福建玉华洞为例. 福州: 福建师范大学.

杨汉奎, 黄仁海, 朱文孝, 等. 1991. 陆相CaCO₃的环境相模式讨论. 海洋地质与第四纪地质, (2): 105-114.

杨鸿连, 刘增利, 张进来. 2005. 圣莲山的固态流变构造群落及新生代洞穴沉积与白草畔的生物多样性. 见: 中国地质学会. 旅游地学论文集第十二集: 291-297.

杨集昆, 张学敏. 1995. 中国洞穴昆虫探索之一——福建玉华洞眼蕈蚊科四新种. 武夷科学, 12: 84-88.

杨潼, 莫潇, 王德斌. 2009. 洞穴吸血陆蛭一新种在中国云南省西陲的发现. 动物分类学报, 34(1): 125-129.

杨文衡. 1983. 徐霞客对我国古代岩溶洞穴研究的贡献. 中国岩溶, 2(2): 137-144.

杨勋林, 张平中, 陈发虎, 等. 2007. 近50 a来青藏高原东部高海拔洞穴现代石笋氧同位素组成及其含义. 科学通报, 52(6): 698-706.

杨钟健. 1940. 四川巴县新开市和尚坡洞穴地层之发现及其意义. 地质论评, 4(5): 319-325.

叶根先, 施利民, 孙克萍, 等. 2009. 形态和声波相似的中华菊头蝠与中菊头蝠的共存机制. 生态学报, 29(10): 5330-5338.

佚名. 2002. 古佛洞发现"玻璃植物". 发明与革新, (2): 37.

易光远. 1982. 柳江人. 化石, (2): 15.

易轶. 2003. 分子化石在洞穴沉积物中的分布特征及其潜在的古气候意义——以清江和尚洞HS-2石笋为例. 北京: 中国地质大学.

于琳倩, 李景文, 李俊清, 等. 2014. 中国沙漠、戈壁自然资源分类体系及其组成特点. 内蒙古农业大学学报(自然科学版), 35(1): 59-66.

袁道先. 2010. 岩溶研究与洞穴考古. 史前研究, (00): 24-26.

曾小路, 陈静芝. 2012. 我国溶洞保护立法探析. 国土资源科技管理, 29(2): 125-130.

曾昭璇. 1987. 徐霞客对我国喀斯特地形研究的贡献. 自然杂志, 10(1): 17-24.

张朝晖, 艾伦·培特客斯. 2001. 法国阿尔卑斯-罗讷(Rhone-Alps)岩溶洞穴弱光带苔藓植物群落研究. 中国岩溶, (3): 70-74.

张朝晖, 艾伦·培特客斯. 2002a. 英格兰洞穴苔藓植物区系特征及其岩溶沉积研究. 西北植物学报, (2): 151-159.

张朝晖, 艾伦·培特客斯. 2002b. 英国钙华苔藓植物区系特征及其主要钙华沉积类型. 中国岩溶, (1): 38-45.

张朝晖, 艾伦·培特客斯. 2002c. 英国英格兰西北部和威尔士北部岩溶地区钙华苔藓植物群落研究. 广西植物, (1): 45-49.

张朝晖, 彭涛, 李晓娜, 等. 2004. 中国昆明地区岩溶洞穴洞口带苔藓植物研究(摘要)(英文). 中国岩溶, (3): 63-67.

张朝晖, 王智慧, 祝安. 1996a. 黄果树喀斯特洞穴群苔藓植物岩溶的初步研究. 中国岩溶, (3): 19-27.

张朝晖, 赵传海, 李晓娜, 等. 2005. 中国桂林岩溶洞穴苔藓植物研究(英文). 广西植物, (2): 107-111.

张朝晖, 钟本固, 王智慧, 等. 1996b. 黄果树喀斯特洞穴群苔藓植物群落. 贵州科学, (1): 37-46, 58.

张臣, 钱祥麟. 1988. 金牛山古人类文化遗址区地质构造特征及洞穴的成因条件. 北京大学学报(自然科学版), 24(6): 729-737.

张成菊, 吴毅. 2006. 洞穴型蝙蝠的栖息环境选择、生态作用及保护. 生物学通报, 41(5): 4-6.

张崇洲, 李志英. 1981. 我国南方喀斯特区倍足类一新科——双舌马陆科. 动物分类学报, (4): 373-377.

张帆, 张崇洲. 1995. 云南省真穴居球马陆一新种(倍足纲, 球马陆目, 球马陆科). 动物学研究, (1): 17-21.

张汾. 2017. 桂林漓江流域洞穴马陆类群及与环境关系. 桂林: 广西师范大学.

张慧冲, 方建新. 2009. 花山谜窟景区洞窟水体藻类植物调查研究. 黄山学院学报, 11(3): 70-72.

张洁, 常惠, 王慧平, 等. 2019. 冬眠期多重高应激条件下达乌尔黄鼠骨骼肌钙稳态维持机制的研究. 见: 中国动物学会等. 西安: 中国动物学会第十八届全国会员代表大会暨第二十四届学术年会论文摘要集: 259.

张锦. 2009. 论人类"洞穴情结"与现代建筑空间. 美术大观, (12): 124.

张美良, 袁道先, 林玉石, 等. 1998. 广西灌阳县响水洞石笋的同位素年龄及古气候意义. 中国岩溶, 17(4): 312-318.

张佩玲, 黄太福, 吴涛, 等. 2019. 中国典型洞穴鱼类名录、分布及保护. 中国岩溶, 38(6): 938-946.

张树义. 2004. 蝙蝠环志——一个科学家的发现与探索手记. 成都: 四川少年儿童出版社.

张晓杰, 代应贵. 2010. 我国喀斯特洞穴鱼类研究进展. 上海海洋大学学报, 3: 364-371.

张兴永, 郑良. 1981. 云南镇雄早更新世洞穴的象化石. 古脊椎动物与古人类, 19(4): 377-378, 392.

张英骏. 1987. 徐霞客在应用洞穴学方面的贡献. 中国岩溶, 6(4): 329-334.

张远海, 艾琳·林奇. 2004. 洞穴探险. 上海: 上海科学普及出版社.

章程, 袁道先. 2001. 洞穴滴水石笋与陆地古环境记录研究进展. 地球科学进展, 16(3): 374.

章典. 1985. 贵州喀斯特洞穴的气象特征和气候分带研究. 中国岩溶, (1-2): 140-148.

章人骏. 1947. 江西乐平县洞穴堆积之发现. 地质论评, (Z2): 249-250.

赵建成, 吴跃峰. 2003. 生物资源学. 北京: 科学出版社.

赵文静, 张晶, 修江帆. 2015. 中国洞穴动物概况. 中兽医学杂志, (11): 69-70.

赵亚辉, 张春光. 2006. 洞穴鱼类: 概念、多样性及研究进展. 生物多样性, 5: 451-460.

赵亚辉, 张春光. 2009. 中国特有金线鲃属鱼类: 物种多样性、洞穴适应、系统演化和动物地理. 北京: 科学出版社.

肇庆市文化局, 中山大学星岩调查组. 1974. 肇庆七星岩狮岗洞穴堆积及第四纪哺乳动物化石调查简报. 中山大学学报(自然科学版), (1): 124-125.

甄治国, 钟巍, 薛积彬, 等. 2006. 洞穴石笋同位素古气候重建应用. 华南师范大学学报(自然科学版), (2): 125-131.

周本雄. 1965. 河南安阳小南海旧石器时代洞穴遗址脊椎动物化石的研究. 考古学报, (1): 29-49.

周春林, 袁林旺, 张惠. 2005. 岩溶洞穴地球物理考古方法集成研究——以南京汤山直立人洞穴为例. 南京师大学报(自然科学版), 28(3): 102-105.

周春林, 张志天. 1997. GPM技术及其在埋藏喀斯特勘查中的应用——以南京汤山直立人化石地点洞穴为例. 中国岩溶, 16(3): 275-282.

周国兴. 1986. 中国广西柳州白莲洞石器时代洞穴遗址——对华南地区旧石器时代晚期文化向新石器时代早期文化过渡的探索. 东南文化, (2): 8-13.

周健桃, 潘丽君, 缪绅裕, 等. 2013. 连州上柏场报春苣苔所处岩洞植物区系特征. 生态科学, 32(5): 588-593.

朱德浩, 李慧芳. 1991. 世界岩溶地貌和洞穴考察研究的先驱——徐霞客. 中国岩溶, 10(3): 245-250.

朱德浩, 覃厚仁. 1988. 洞穴类型及岩溶洞穴成因研究. 旅游学刊, (S1): 41-46.

朱其光, 朱德浩, 陈华奇. 1998. 洞穴医疗及柳州响水岩洞穴医疗研究. 中国岩溶, 17(3): 269-277.

朱学稳. 1997. 洞穴学研究的进展. 科技导报, (12): 26-29.

Agosta S J, Morton D, Marsh B D, et al. 2005. Nightly, seasonal and yearly patterns of bat activity at night roosts in the central Appalachians. Journal of Mammalogy, 86(6): 1210-1219.

Airoldi L, Southward A J, Niccolai I, et al. 1997. Sources and pathways of particulate organic carbon in a submarine cave with sulphus water springs. Water, Air and Soil Pollution, 99: 353-362.

Allouc J, Harmelin J G. 2001. Mn-Fe deposits in shallow cryptic marine enviroment: examples in northwestern Mediterranean submarine caves. Bulletin de la Société Géologique de France, 172: 765-778.

Ashmole N P, Ashmole M J. 1997. The land fauna of Ascension Island: new data from caves and lava flows, and a reconstruction of the prehistoric ecosystem. Journal of Biogeography, 24: 549-589.

Baldock R N, Womersley H B S. 2005. Marine benthic algae of the Althorpe Islands, South Australia. Transactions of the Royal Society of South Australia, 129: 116-127.

Barr T C. 1966. Evolution of cave biology in the United States, 1822-1965. National Speleological Society Bulletin, 28: 15-21.

Barrett L, Gaynor D, Rendall D, et al. 2004. Habitual cave use and thermoregulation in chacma baboons. Journal of Human Evolution, 46: 215-222.

Barrowclough G F, Cracraft J, Klicka J, *et al*. 2016. How many kinds of bird are there and why does it matter? PLoS ONE, 11: e0166307.

Barton H A, Luiszer F. 2005. Microbial metabolic structure in a sulfidic cave hot spring: potential mechanisms of biospeleogenesis. Journal of Cave and Karst Studies, 67: 28-38.

Barton H A, Pace N R. 2005. Discussion: persistent coliform contamination in Lechuguilla Cave pools. Journal of Cave and Karst Studies, 67: 55-57.

Bell J J. 2002. The sponge community in a semi-submerged temperate sea cave: density, diversity and richness. Marine Ecology-Pubblicazioni della Stazione Zoologica di Napoli I, 23: 297-311.

Bellés X. 1991. Survival, opportunism and convenience in the processes of cave colonization by terrestrial faunas. Oecologia Aquatica, 10: 325-335.

Benedetti-Cecchi L, Airoldi L, Abbiati M, *et al*. 1998. Spatial variability in the distribution of sponges and cnidarians in a sublittoral marine cave with sulphur-water springs. Journal of the Marine Biological Association of the United Kingdom, 78: 43-58.

Berra T M, Humphrey J D. 2002. Gross anatomy and histology of the hook and skin of forehead brooding male nurseryfish, *Kurtus gulliveri*, from northern Australia. Environmental Biology of Fishes, 65: 263-270.

Bodon M, Cianfanelli S, Talenti E, *et al*. 1999. *Litthabitella chilodia* (Westerlund, 1886) in Italy (Gastropoda: Prosobranchia: Hydrobiidae). Hydrobiologia, 411: 175-189.

Boero F, Cicogna F, Pessani D, *et al*. 1991. In situ observations on contraction behavior and diel activity of *Halcampoides purpurea* var. *mediterranea* (Cnidaria, Anthozoa) in a marine cave. Marine Ecology, 12: 185-192.

Bowie M H, Hodge S, Banks J C, *et al*. 2006. An appraisal of simple tree-mounted shelters for non-lethal monitoring of weta (Orthoptera: Anostomatidae and Rhaphidophoridae) in New Zealand nature reserves. Journal of Insect Conservation, 10: 261-268.

Bowler P J. 1983. The eclipse of Darwinism. Anti-Darwinian Evolution Theories in the Decades around 1900. Baltimore, MD: The Johns Hopkins University Press.

Bowler P J. 2005. Revisiting the eclipse of Darwinism. Journal of the History of Biology, 38: 19-32.

Boxshall G A, Jaume D. 2000. Discoveries of cave misophrioids (Crustacea: Copepoda) shed new light on the origin of anchialine faunas. Zoologischer Anzeiger, 239: 1-19.

Brancelj A. 2000. *Morariopsis dumonti* n.sp.(Crustacea: Copepoda: Harpacticoida)——a new species from an unsaturated karstic zone in Slovenia. Hydrobiologia, 463: 23-80.

Brindle A. 1980. The cavernicolous fauna of Hawaiian lava tubes 12. A new blind troglobitic earwig *Anisolabis howarthi*, new species (Dermaptera, Carcinophoridae) with a revision of the related surface living earwigs of the Hawaiian Islands USA. Pacific Insects, 21: 261-274.

Buchanan J. 1936. Notes on an American cave flatworm, *Sphalloplana percaeca* (Packard). Ecology, 17: 194-211.

Calaforra J M, Fernández-Cortés A, Sánchez-Martos F, *et al*. 2003. Environmental control for determining Human impact and permanent visitor capacity in a potential show cave before tourist use. Environmental Conservation, 30: 160-167.

Canaveras J C, Sanchez-Moral S, Soler V, *et al*. 2001. Microorganisms and microbially induced fabrics in cave walls. Geomicrobiology Journal, 18: 223-240.

Carey P G, Sargent A J, Taberner A M, *et al*. 2001. Ecology of cavernicolous ciliates from the anchihaline lagoons of Mallorca. Hydrobiologia, 448: 193-201.

Casale A, Giachino P M, Jalzic B. 2004. Three new species and one new genus of ultraspecialized cave dwelling Leptodirinae from Croatia (Coleoptera, Cholevidae). Natura Croatica, 13: 301-317.

Castleberry S B, Ford W M, Wood P B, *et al*. 2001. Movements of Allegheny woodrats in relation to timber harvesting. Journal of Wildlife Management, 65: 148-156.

Chamberli J C, Malcolm D R. 1960. The occurrence of false scorpions in caves with special reference to cavernicolous adaptation and to cave species in the North American fauna (Arachnida-Chelonethida). American Midland Naturalist, 64: 105-115.

Christman M C, Culver D C, Madden M K, *et al*. 2005. Patterns of endemism of the eastern North America cave fauna. Journal of Biogeography, 32: 1441-1452.

Cianficconi E, Romano C, Salerno P. 2001. Checklist dei Tricotteri del Parco di Monte Cucco (Umbria, PG). Rivista di Idrobiologia,

40: 379-400.

Ciarniello L C, Boyce M S, Heard D C, *et al*. 2005. Denning behavior and den site selection of grizzly bears along the Parsnip River, British Columbia, Canada. Ursus, 16: 47-58.

Clayton D H, Price R D, Page R D M. 1996. Revision of *Dennyus* (*Collodennyus*) lice (Phthiraptera: Menoponidae) from swiftlets, with descriptions of new taxa and a comparison of host-parasite relationships. Systematic Entomology, 21: 179-204.

Corbera J. 2002. Amphi-Atlantic distribution of the Mancocimatinae (Cumacea: Bodotriisae), with description of a new genus dwelling in marine lava caves of Tenerife (Canary Islands). Zoological Journal of the Linnean Society, 134: 453-461.

Culver D C, Lawrence L M, Christman M C, *et al*. 2000. Obligate cave fauna of the 48 contiguous United States. Conservation Biology, 14: 386-401.

Culver D C. 1982. Cave Life: Evolution and Ecology. Cambridge: Harvard University Press: 189.

Culver D, White W. 2005. Encyclopedia of Caves. Amsterdam: Elsevier.

Culver D, White W. 2012. Encyclopedia of Caves. 2nd ed. Amsterdam: Elsevier.

Cunningham K I, Northup D E, Pollastro R M, *et al*. 1995. Bacteria, fungi, and biokarst in Lechuguilla Cave, Carlsbad Caverns National Park, New Mexico. Enrironmental Geology, 25: 2-8.

Deler-Hernández A, Cala-Riquelme F, Fikáček M. 2014. A review of the genus *Oosternum* Sharp of the West Indies (Coleoptera: Hydrophilidae: Sphaeridiinae). Deutsche Entomologische Zeitschrift, 61(1): 43-63.

Dirig R. 1994. Lichens of pine-barrens, dwarf pine plains, and ice-cave habitats in the Shawangunk Mountains, New York. Mycotaxon, 52: 523-558.

Doran N E, Richardson A M M, *et al*. 2001. The reproductive behaviour of the Tasmanian cave spider Hickmania troglodytes (Araneae: Austrochilidae). Journal of Zoology, 253: 405-418.

Dowling T E, Martasian D P, Jeffery W R. 2002. Evidence for multiple genetic forms with similar eyeless phenotypes in the blind cavefish, *Astyanax mexicanus.* Molecular Biology and Evolution, 19(4) : 446-455.

Dumont H J, Negrea S. 1996. A conspectus of the Cladocera of the subterranean waters of the world. Hydrobiology, 325: 1-30.

Dumont H J. 1995. The evolution of groundwater Cladocera. Hydrobiologia, 307: 69-74.

Engel A S, Porter M L, Kinkle B K, *et al*. 2001. Ecological assessment and geological significance of microbial communities from Cesspool Cave, Virginia. Geomicrobiology Journal, 18: 259-274.

Espinasa L, Fisher A. 2006. A cavernicolous species of the genus *Anelpistina* (Zygentoma: Nicoletiidae) from San Sebastian Cave, Oaxaca, Mexico. Proceedings of the Entomological Society of Washington, 108: 655-660.

Ewers W H. 1974. *Trypanosoma aunawa* sp.n.from an insectivorous bat, *Miniopterus tristris*, in New Guinea, which may be transmitted by a leech. Journal of Parasitology, 60: 172-178.

Fang P W. 1936. *Sinocyclocheilus tingi* a new genus and species of Chinese bardid fishes from Yunnan. Sinensia, 7(5): 588-593.

Ferguson L M. 1996. Condeicampa langei, new genus and species of Dipluran (Diplura: Campodeidae) from Whipple Cave, Nevada, USA. Memoires de Biospéologie, 23: 133-141.

Fernández-Cortés A, Calaforra J M, Sánchez-Martos F, *et al*. 2006. Microclimate processes characterization of the giant Geode of Pulpi (Almeria, Spain): technical criteria for conservation. International Journal of Climatology, 26: 691-706.

Ferreira R, Prous X, Martins R P. 2007. Structure of bat guano communities in a dry Brazilian cave. Tropical Zoology, 20: 55-74.

Fiers E, Iliffe T M. 2000. *Nitocrellopsis texana* n. sp. from central TX (USA) and *N. ahaggarensis* n. sp. from the central Algerian Sahara (Copepoda, Harpacticoida). Hydrobiologia, 418: 81-87.

Foddai D, Minelli A. 1999. A troglomorphic geophilomorph centipede from France (Chilopoda: Geophilomorpha: Geophilidae). Journal of Natural History, 33: 267-287.

Foissner W. 2003. Two remarkable soil spathidiids (Ciliophora: Haptorida), *Arcuospathidium pachyoplites* sp.n. and *Spathidium faurefremieti* nom.n. Acta Protozoologica, 42: 145-159.

Gabriel R, Bates J W. 2003. Responses of photosynthesis to irradiance in bryophytes of the Azores laurel forest. Journal of Bryology, 25: 101-105.

Gascoyne M. 1992. Palaeoclimate determination from cave calcite deposits. Quaternary Science Reviews, 11: 609-632.

Genty D, Vokal B, Obelic B, *et al*. 1998. Bomb ^{14}C time history recorded in two modern stalagmites-importance for soil organic matter dynamics and bomb ^{14}C distribution over continents, Earth and Planetary Science Letters, 160: 795-809.

George F, Barrowclough G F, Cracraft J, et al. 2016. How many kinds of birds are there and why does it matter? PloSone, Published: November 23, 2016. https://doi.org/10.1371/journal.pone.0166307.

Gittleson S M, Hoover R L. 1969. Cavernicolous protozoa—review of the literature and new studies in Mammoth Cave, Kentucky. Annales de Spéléologie, 24: 737-776.

Gnaspini P, Santos E H, Hoenen S. 2003. The occurrence of different phase angles between contrasting seasons in the activity patterns of the cave harvestman Goniosoma spelaeum (Arachnida, Opiliones). Biological Rhythm Research, 34: 31-49.

Graening G O, Slay M E, Bitting C. 2006b. Cave fauna of the Buffalo National River. Journal of Cave and Karst Studies, 68: 153-163.

Graening G O, Slay M E, Brown A V, et al. 2006a. Status and distribution of the endangered benton cave crayfish, Cambarus aculabrum (Decapoda: Cambaridae). Southwestern Naturalist, 51: 376-381.

Graening G O. 2003. Subterranean biodiversity of Arkansas, part 2: Status update of the Foushee cavesnail, Amnicola cora Hubricht, 1979 (Mollusca: Gastropoda: Hydrobiidae). Journal of the Arkansas Academy of Science, 57: 195-196.

Griffith D M, Poulson T L. 1993. Mechanisms and consequences of intraspecific competition in a carabid cave beetle. Ecology, 74: 1373-1383.

Griffith D M. 1991. The effects of substrate moisture on survival of adult cave beetles (Neaphaenops tellkampfi) and cave cricket eggs (Hadenoecus subterraneus) in a sandy deep cave site. Bulletin of the National Speleological Society, 53(2) : 98-103.

Gucu A C, Gucu G, Orek H. 2004. Habitat use and preliminary demographic evaluation of the critically endangered Mediterranean monk seal (Monachus monachus) in the Cilician Basin (Eastern Mediterranean). Biological Conservation, 116: 417-431.

Gunn J. 2004. Encyclopaedia of Caves and Karst Science. New York: Fitzroy Dearborn.

Halloy S. 1991. Islands of life at 6000 m altitude: the environment of the highest autotrophic communities on earth (Socompa Volcano, Andes). Arctic and Alpine Research, 23: 247-262.

Hayami I, Kase T. 1996. Characteristics of submarine cave bivalves in the northwestern Pacific. American Malacological Bulletin, 12: 59-65.

He F, Xiao N, Zhou J. 2015. A new species of Murina from China (Chiroptera: Vespertilionidae). Cave Research, 2(2): 1-5.

Hernando C, Aguilera P, Ribera I. 2001. Limnius stygius sp.nov., the first stygobiontic riffle beetle from the Palearctic Region (Coleoptera: Elmidae). Entomological Problems, 32: 69-72.

Hershler R, Holsinger J R. 1990. Zoogeography of North-American hydrobiid cavesnails. Stygologia, 5: 4-16.

Hill L. 1969. Feeding and food habits of the spring cavefish, Chologaster agassizi. American Midland Naturalist, 82: 110-116.

Hou Z E, Li P, Li S Q. 2004. On a new species of Gammarus (Amphipoda, Gammaridae) from Zuanyankong cave, Guizhou, China. Crustaceana, 77 (7): 825-834.

Hou Z E, Li S Q. 2003. Gammarus glabratus, a new cave amphipod from Guizhou, China (Amphipoda, Gammaridae). Crustaceana, 76 (4): 433-442.

Huang T F, Liu Z W, Gong X Y, et al. 2019a. Vampire in the darkness: a new genus and species of land leech exclusively bloodsucking cave-dwelling bats from China (Hirudinda: Arhynchobdellida: Haemadipsidae). Zootaxa, 4560 (2): 257-272.

Huang T F, Zhang P L, Huang X L, et al. 2019b. A new cave-dwelling blind loach, Triplophysa erythraea sp.nov. (Cypriniformes: Nemacheilidae), from Hunan Province, China. Zoological Research, 40(4): 331-336.

Hunter A J, Northup D E, Dahm C N, et al. 2004. Persistent coliform contamination in Lechuguilla Cave pools. Journal of Cave and Karst Studies, 66: 102-110.

Iwaniuk A N, Heesy C P, Hall M I, et al. 2008. Relative Wulst volume is correlated with orbit orientation and binocular visual field in birds. Journal of Comparative Physiology A-Neuroethology, Sensory, Neural and Behavioral Physiology, 194: 267-282.

Jiang T L, Feng J, Sun K P, et al. 2007. Coexistence of two sympatric and morphologically similar bat species Rhinolophus affinis and Rhinolophus pearsoni. Progress in Natural Science, 18(5): 523-532.

Jiang W S, Li J, Lei X Z, et al. 2019. Sinocyclocheilus sanxiaensis, a new blindfish from the Three Gorges of Yangtze River provides insights into speciation of Chinese cavefish. Zoological Research, 40(6): 552-557.

Juget J, Chatelliers M C D, Rodriguez P. 2006. Troglodrilus (Annelida, Oligochaeta, Tubificidae), a new genus from subterranean habitats in southwestern Europe. Hydrobiologia, 564: 7-17.

Kajihiro E S. 1965. Occurrence of dermatophytes in fresh bat guano. Applied Microbiology, 13: 720-724.

Karaman G S, Ruffo S. 1995. *Sinogammarus troglodytes* n.gen.n.sp. A new troglobiont Gammarid from China (Crustacea Amphipoda). International Journal of Speleology, 23(3-4): 157-171.

Karaman G S, Sket B. 1990. *Bodidiella sinica* sp.n.(Crustacea: Amphipoda) from southern China. Bioloski. Vestnik, 38 (1): 35-48.

Khang T F, Tan S H, Panha S, *et al*. 2017. Molecular phylogenetics and sequence analysis of two cave-dwelling *Dugesia* species from Southeast Asia (Platyhelminthes: Tricladida: Dugesiidae. Raffles Bulletin of Zoology, 65: 515-524.

Kjer K M, Simon C, Yavorskaya M, *et al*. 2016. Progress, pitfalls and parallel universes: a history of insect phylogenetics. Journal of the Royal Society Interface, 13(121): 121. doi: 10.1098/rsif.2016.0363. PMC 5014063. PMID 27558853.

Koilraj A, Sharma V, Marimuthu G, *et al*. 2000. Presence of circadian rhythms in the locomotor activity of a cave-dwelling millipede *Glyphiulus cavernicolus sulu* (Cambalidae, Spirostreptida). Chronobiology International, 17: 757-765.

Könnecker G, Freiwald A. 2005. *Plectroninia celtica* n.sp. (Calcarea, Minchinellidae), a new species of "Pharetronid" sponge from bathyal depths in the northern Porcupine Seabight, NE Atlantic. FACIES, 51: 57-63.

Ku T L, Li H C. 1998. Speleothems as high-resolution paleoenvironment archives: records from northeastern China. Proceedings of the Indian Academy of Scinces—Earth and Planetary Sciences, 107: 321-330.

Lee S, Kim H. 2006. A fern aphid, *Neomacromyzus cyrtomicola* Lee, new genus and new species (Hemiptera: Aphi-didae) on *Cyrtomium falcatum* (Dryopteridaceae) in basalt rock caves. Proceedings of the Entomological Society of Washington, 108: 493-501.

Lee Y F, Kuo Y M, Chu W C, *et al*. 2012. Ecomorphology, differentiated habitat use, and nocturnal activities of Rhinolophus and Hipposideros species in East Asian tropical forests. Zoology, 115: 22-29.

Lehnert H. 1998. *Thrombus jancai* new species (Porifera, Demospongiae, Astrophorida) from shallow water off Jamaica. Bulletin of Marine Science, 62: 181-187.

Lewis J J. 2000. Caecidotea cumberlandensis, a new species of troglobitic isopod from Virginia, with new records of other subterranean Caecidotea (Crustacea: Isopoda: Asellidae). Proceedings of the Biological Society of Washington, 113: 458-464.

Leys S P, Cheung E, Boury-Esnault N. 2006. Embryogenesis in the glass sponge *Oopsacas minuta*: formation of syncytia by fusion of blastomeres. Integrative and Comparative Biology, 46: 104-117.

Liang L, Luo X, Liu Z X, *et al*. 2019. Habitat selection and prediction of the spatial distribution of the Chinese horseshoe bat (*Rhinolophus sinicus*) in the Wuling Mountains. Environmental Monitoring and Assessment, 191(4): 1-15.

Lidgard D C, Kiely O, Rogan E, *et al*. 2001. The status of breeding grey seals (*Halichoerus grypus*) on the east and south-east of Ireland. Mammalia, 65: 283-294.

Lourenco W R. 2007. First record of the family Pseudochactidae Gromov (Chelicerata, Scorpiones) from Laos and new biogeographic evidence of a Pangaean palaeodistribution. Comptes Rendus Biologies, 330: 770-777.

Lozouet P. 2004. The European Tertiary Neritiliidae (Mollusca, Gastropoda, Neritopsina): indicators of tropical submarine cave environments and freshwater faunas. Zoological Journal of the Linnean Society, 140: 447-467.

Lumsden L F, Bennett A F, Silins J E. 2002. Location of roosts of the lesser long-eared bat (*Nyctophilus geoffroyi*) and Gould's wattled bat (*Chalinolobus gouldii*) in a fragmented landscape in south-eastern Australia. Biological Conservation, 106: 237-249.

Luo X, Liang L, Liu Z X, *et al*. 2020. Habitat suitability evalu-ation of the Chinese horseshoe bat (*Rhinolophus sinicus*) in the Wuling mountain area based on MA-XENT modelling. Pol J Environ Stud, 29(1): 1263-1273.

Luo X, Liang L, Wang J H, *et al*. 2017. Habitat selection and spatial distribution prediction of Rhinolophidae in wuling mountain based on 3S technology. International Conference on Agro-geoinformatics. IEEE.

Manoleli D G, Klemm D J, Sarbu S M. 1998. Haemopis caeca (Annelida: Hirudinea: Arhyncho-bdellida: Haemo-pidae), a new species of troglobitic leech from a chemoautotrophically based groundwater ecosystem in Romania. Proceedings of the Biological Society of Washington, 111: 222-229.

Maria S, Bernal R H, Richard D S. 2013. Macro and Microhabitat Associations of the Peter's Tent-Roosting Bat (*Uroderma bilobatum*): Human-Induced Selection and Colonization? Biotropica, 45(4): 511-519.

Marti R, Uriz M J, Turon X. 2005. Spatial and temporal variation of natural toxicity in cnidarians, bryozoans and tunicates in Mediterranean caves. Scientia Marina, 69: 485-492.

McGrew W C, Mckee J K, Tutin C E G. 2003. Primates in caves: two new reports of Papio spp. Journal of Human Evolution, 44: 521-526.

Mejia-Ortiz L M, Hartnoll R G, Viccon-Pale J A. 2003. A new stygobitic crayfish from Mexico, *Procambarus cavernicola* (Decapoda: Cambaridae), with a review of cave-dwelling crayfishes in Mexico. Journal of Crustacean Biology, 23: 391-401.

Meroz-Fine E, Shefer S, Ilan M. 2005. Change in morphological and physiology of an East Mediterranean sponge in different habitats. Marine Biology, 147: 243-250.

Messana G, Baratti M, Benvenuti D. 2002. *Pongycarcinia xiphidiourus* n.gen.n.sp., a new Brazilian Calabozoidae (Crustacea, Isopoda). Tropical Zoology, 15: 243-252.

Messana G. 2004. Africa: biospeleology. *In*: Gunn J. Encyclopedia of Caves and Karst Science. New York: Fitzroy Dearborn: 24-25.

Moore J. 1996. Survey of the biota and trophic interactions within Wind Cave and Jewel Cave, South Dakota: Final Report. Univeristy of Northern Colorado.

Morton B, Velkovrh F, Sket B. 1998. Biology and anatomy of the "living fossil" Congeria kusceri (Bivalvia: Dreissenidae) from subterranean rivers and caves in the Dinaric karst of the former Yugoslavia. Journal of Zoology, 245: 147-174.

Muchmore W B. 1997. *Tuberochernes* (Psuedoscorpionida, Chernetidae), a new genus with species in caves in California and Arizona. Journal of Arachnology, 25: 206-212.

Muchmore W B. 2001. An unusual new species of *Mundochthonius* from a cave in Colorado, with comments on Mundochthonius montanus (Pseudoscorpiones, Chthoniidae). Journal of Arachnology, 29: 135-140.

Northup D E, Lavoie K H. 2001. Geomicrobiology of caves: a review. Geomicrobiology Journal, 18: 199-222.

Osella G, Zuppa A M. 2006. *Otiorhynchus* (*Podonebistus*) *gasparoi* n.sp., a blind weevil from Greece (Coleoptera, Curculionidae, Entiminae, Otiorhynchini). Revue Suisse de Zoologie, 113: 67-75.

Pansini M, Pesce G L. 1998. *Higginsia ciccaresei* sp. nov. (Porifera: Demospongiae) from a marine cave on the Apulian coast (Mediterranean Sea). Journal of the Marine Biological Association of the United Kingdom, 78: 1083-1091.

Peck S B, Ruiz-Baliu A E, Garces-Gonzalez G F. 1998. The cave inhabiting beetles of Cuba (Insecta: Coleoptera): diversity, distribution and ecology. Journal of Cave and Karst Studies, 60: 156-166.

Peck S B. 1974. The invertebrate fauna of tropical American caves, part II: Puerto Rico, an ecological and zoogeographic analysis. Biotropica, 6: 14-31.

Peck S B. 1990. Eyeless arthropods of the Galapagos Islands, Ecuador: composition and origin of the cryptozoic fauna of a young, tropical, oceanic archipelago. Biotropica, 22: 366-381.

Peck S B. 1998. A summary of diversity and distribution of the obligate cave-inhabiting faunas of the United States and Canada. Journal of Cave and Karst Studies, 60: 18-26.

Perez T, Vacelet J, Bitar G, et al. 2004. Two new lithistids (Porifera: Demospongiae) from a shallow eastern Mediterranean cave (Lebanon). Journal of the Marine Biological Association of the United Kingdom, 84: 15-24.

Perez T. 1996. Particle uptake by a hexactinellid sponge, *Oopsacas minuta* (Leucopsacasidae): the role of the reticulum. Comptes Rendus de l'Academie des Sciences, Serie III, 319: 385-391.

Pinto D R R, Bonaldo A B. 2007. A new species of *Cryptocellus* (Arachnida, Ricinulei) from Oriental Amazonia. Zootaxa, 1386: 47-51.

Pinto D R R, Kury A B. 2003. Third species of Guasiniidae (Opiliones, Laniatores) with coments on familial relationships. Journal of Arachnology, 31: 394-399.

Popović S, Simić G S, Stupar M, et al. 2015. Cyanobacteria, algae and microfungi present in biofilm from Božana Cave (Serbia). International Journal of Speleology, 44(2), 141-149.

Poulson T L, Lavoie K H, Helf K. 1995. Long-term effects of weather on the cricket (*Hadenoecus subterraneus*, Orthoptera, Rhaphidophoridae) guano community in Mammoth Cave National Park. American Midland Naturalist, 134: 226-236.

Price J J, Johson K P, Bush S E, et al. 2005. Phylogenetic relationships of the Papuan Swiftlet *Aerodramus papuensis* and implications for the evolution of avian echolocation. Ibis, 147: 790-796.

Price J J, Johson K P, Clayton D H. 2004. The evolution of echolocation in swiftlets. Journal of Avian Biology, 35: 135-143.

Racovitza E G. 1907. éssai sur les problèmes biospéleologiques. Archives du Zoologie Experimentale et Generale, 6: 371-488.

Ran J C, Yang W C. 2015. A review of progress in Chinese troglofauna research. Journal of Resources and Ecology, 6(4): 237-246.

Roberts L P. 2000. Deep in the heart of Texas. Endangered Species Bulletin, 25: 14-15.

Romero A. 2001. Scientists prefer them blind: the history of hypogean fish research. Environmental Biology of Fishes, 62: 43-71.

Romero A. 2009. Cave Biology: life in darkness. Cambridge: Cambridge University Press.

Rowland S M. 2001. Archaeocyaths—a history of phylogenetic interpretation. Journal of Paleontology, 75: 1065-1078.

Ruggiero M A, Gordon D P, Orrell T M, *et al*. 2015. A higher level classification of all living organisms. PLoS ONE, DOI: 10.1371/ journal.pone.0119248.

Rutishauser M, Ecker K, Obrist M K, *et al*. 2013. Habitat selection of three cryptic Plecotus bat species in the European Alps reveals contrasting implications for conservation. Biodiversity and Conservation, 22(12): 2751-2766.

Sankaran R. 2001. The status and conservation of the Edible-nest Swiftlet (*Collocalia fuciphaga*) in the Andaman and Nicobar Islands. Biological Conservation, 97: 283-294.

Scheller U, Curcic B P M, Marakov S E. 1997. *Pauropus furcifer* Silvestri (Pauropodidae, Pauropoda): towards an adaptation for life in caves. Revue Suisse de Zoologie, 104: 517-522.

Scheller U. 1996. A new troglobitic species of *Hanseniella* Bagnall (Symphyla: Scutigerellidae) from Tasmania. Australian Journal of Entomology, 35: 203-207.

Schilthuizen M, Cabanban AS, Haase M. 2005. Possible speciation with gene flow in tropical cave snails. Journal of Zoological Systematics and Evolutionary Research, 43: 133-138.

Schiner J R. 1854. Fauna der Adelsberg, Lueger und Magdalener-grotte. *In*: Schmidle A. Die Grotten und Hölen von Adelsberg, Lueg, Planina und Lass. Wien: Braunmüller: 316.

Schiödte J C. 1849. Specimen Faunce Subterraneae. Bidrag til den Underfordiske Fauna. Kjöbenhavn: Bianco Luno.

Schmidt E. 1832. Beitrag zu Krain's fauna. Illÿrfches Blatt, 21: 9-10.

Secord D, Muller-Parker G. 2005. Symbiont distribution along a light gradient within an intertidal cave. Limnology and Oceanography, 50: 272-278.

Seryodkin I V, Kostyria A V, Goodrich J M, *et al*. 2003. Denning ecology of brown bears and Asiatic black bears in the Russian Far East. Ursus, 14: 153-161.

Shaw T R. 1992. History of cave science. The exploration and study of limestone caves, to 1900. Broadway: Sydney Speleological Society.

Simon K S, Benfield E F, Macko S A. 2003. Food web structure and the role of epilithic biofilms in cave streams. Ecology, 84: 2395-2406.

Smithers P. 2005. The diet of the cave spider *Meta menardi* (Latreille 1804) (Araneae, Tetragnathidae). Journal of Arachnology, 33: 243-246.

Smrž J, Kováč Ĺ, Mikeš J, *et al*. 2013. Microwhip scorpions (Palpigradi) feed on heterotrophic cyanobacteria in Slovak Caves – a curiosity among Arachnida. PLoS ONE 8(10): e75989. doi: 10.1371/journal.pone.0075989.

Sorensen M V, Jorgensen A, Boesgaard T M. 2000. A new Echinoderes (Kinorhyncha: Cyclorhagida) from a submarine cave in New South Wales, Australia. Cahiers de Biologie Marine, 4: 167-179.

Sötje I, Jarms G. 1999. Detailed description of *Thecoscyphus zibrowii* Werner, 1984 (Scyphozoa, Coronatae) with remarks on the life cycle. Mitteilungen aus dem Hamburgischen Zoologischen Museum und Institut, 96: 5-13.

Stepien C A, Morton B, Dabrowska K A, *et al*. 2001. Genetic diversity and evolutionary relationships of the troglodytic "living fossil" *Congeria kusceri* (Bivalvia: Dreissenidae). Molecular Ecology, 10: 1873-1879.

Sustr V, Elhottova D, Kristufek V, *et al*. 2005. Ecophysiology of the cave isopod Mesoniscus graniger (Frivaldszky, 1865) (Crustacea: Isopoda). European Journal of Soil Biology, 41: 69-75.

Sverdrup H U, Vala R K. 2014. Section 2. Classification of Natural Resources. Geochemical Perspectives, 3(2): 172-192.

Talarico G, Palacios-Vargas J G, Silva M F, *et al*. 2006. Ultrastructure of tarsal sensilla and other integument structures of two *Pseudocellus* species (Ricinulei, Arachnida). Journal of Morphology, 267: 441-463.

Tarburton M K. 2003. The breeding biology of the Mountain Swiftlet, *Aerodramus hirundinaceus*, in Irian Jaya. Emu, 103: 177-182.

Tessler M, Barrio A, Borda E, *et al*. 2016. Description of a soft-bodied invertebrate with microcomputed tomography and revision of the genus *Chtonobdella* (Hirudinea: Haemadipsidae). Zoologica Scripta, 45(5): 552-565.

Todaro M A, Leasi F, Bizzarri K, *et al*. 2006. Meiofauna densities and gastrotrich community composition in a Mediterranean sea cave. Marine Biology, 149: 1079-1091.

Tompkins D A. 1999. Impact of nest-harvesting on the reproductive success of black-nest swiftlets (*Aerodramus maximus*). Wildlife

Biology, 5: 33-36.

Trajano E. 2000. Cave faunas in the Atlantic tropical rain forest: composition, ecology and conservation. Biotropica, 37: 882-893.

Triplehorn C A, Johnson N E. 2005. Borror and DeLong's Introduction to the Study of Insects. Belmont, CA: Thompson.

Uriz M J, Rosell D, Martin D. 1992. The sponge population of the Cabrera Archipelago (Balearic Islands)—characteristics, distribution, and abundance of the most representative species. Marine Ecology-Pubblicazioni della Stazione Zoologica di Napole I, 13: 101-117.

Vacelet J, Duport E. 2004. Prey capture and digestion in the carnivorous sponge *Asbestopluma hypogea* (Porifera: Demospongiae). Zoomorphology, 123: 179-190.

Vandel A. 1964. Biospéologie: La Biologie des Animaux Cavernicoles. Paris: Gauthier-Villars.

Vinogradova O, Kovalenko O V, Wasser S P, *et al*. 1998. Species diversity gradient to darkness stress in blue-green algae/cyanobacteria: a microscale test in a prehistoric cave, Mount Carmel, Israel. Israel Journal of Plant Sciences, 46: 229-238.

Wang J, Gao W, Wang L, *et al*. 2010. Seasonal variation in prey abundance influences habitat use by greater horseshoe bats (*Rhinolophus ferrumequinum*) in a temperate deciduous forest. Canadian Journal of Zoology, 88(3): 315-323.

Wang Y, Cheng H, Edwards R L, *et al*. 2008. Millennial-and orbital-scale changes in the East Asian monsoon over the past 224, 000 years. Nature, 451: 1090-1093.

Welbourn W. 1999. Invertebrate cave fauna of Kartchner Caverns, Arizona. Journal of Cave and Karst Studies, 61: 93-101.

Went E W. 1969. Fungi associated with stalactite growth. Science, 166: 385-386.

White R E. 1983. A field guide to the beetles. Boston, MA: Houghton Mifflin. www.zin.ru/animalia/coleoptera/eng/koval3.htm.

Willemart R H, Gnini P. 2004a. Breeding biology of the cavernicolous harvestman *Goniosoma albiscriptum* (Arachnida, Opiliones, Laniatores): sites of oviposition, egg batches, characteristics and subsocial behavior. Invertebrate Reproduction and Development, 45: 15-28.

Willemart R H, Gnini P. 2004b. Spatial distribution, mobility, gregariousness and defensive behavior in a Brazilian cave harvestman *Goniosoma albiscriptum* (Arachnida, Opiliones, Gonyleptidae). Animal Biology 54: 221-235.

Womack K M, Thompson F R, Amelon S K. 2013. Resource selection by Indiana bats during the maternity season. Journal of Wildlife Management, 77(4): 707-715.

Worheide G. 1998. The reef cave dwelling ultraconservative coralline demosponge *Astrosclera willeyana* Lister 1900 from the Indo-Pacific-micromorphology, ultrastructure, biocalcification, isotope record, taxonomy, biogeography, phylogeny. FACIES, 38: 1-88.

索　引

Z